栄養管理と生命科学シリーズ

公衆栄養学

大和田 浩子・中山 健夫 編著

理工図書

編集者

大和田浩子　山形県立米沢栄養大学　健康栄養学部　健康栄養学科　教授
中山　健夫　京都大学大学院医学研究科健康情報学　教授

執筆者

平田　治美　松本大学 人間健康学部　健康栄養学科　准教授　(1 章)
衛藤　久美　女子栄養大学　栄養学部　准教授　(2 章)
金谷　由希　山形県立米沢栄養大学　健康栄養学部　健康栄養学科　講師　(3 章)
北林　蒔子　山形県立米沢栄養大学　健康栄養学部　健康栄養学科　教授　(4 章、5 章 5 節)
大和田浩子　山形県立米沢栄養大学　健康栄養学部　健康栄養学科　教授　(5 章 1～4 節)
阿部　絹子　公益社団法人　日本栄養士会　常務理事　(5 章)

はじめに

わが国では、活力ある「人生100年時代」の実現に向けて、健康寿命の更なる延伸が重要な課題となっている。健康寿命の延伸には、食環境の改善は特に重要であり、現在、産学官の連携により、健康無関心層も含め自然に健康になれる持続可能な食環境づくりが推進されている。また、新型コロナウイルスを想定した「新しい生活様式」における食生活の変化や課題への対応が急務となっている。こうした中、様々な集団や自治体、地域の人々の健康・栄養問題に関連する多様な要因を解明し、得られた知見を健康・栄養問題の解決に役立てる公衆栄養学の果たす役割はますます大きくなっている。そのため、公衆栄養領域の管理栄養士には、集団や地域の人々の健康・栄養状態及び社会・生活環境の特徴に基づいた健康・栄養施策や公衆栄養活動を計画して、適切な公衆栄養プログラムを提供するとともに、その結果を検証・評価し、より効果的なものとしていく、いわゆるPDCA（計画・実行・評価・改善）サイクルをマネジメントする能力が求められている。

このような動向を踏まえ、本書では次のような編集方針をとった。

①「管理栄養士国家試験出題基準（ガイドライン）」（2019年）に準拠した項目立てとした
②「管理栄養士養成課程におけるモデル・コア・カリキュラム」（2019年）の内容にも対応した構成とした
③可能な限り最新の法規、制度、統計データ等を盛り込んだ
④各章に達成目標を示し、学習内容の到達度が確認できるよう留意した
⑤豊富な図表と簡潔な文章を心がけ、わかりやすく解説した
⑥特に重要な箇所に例題を設け、問題を解きながら理解を深められるよう工夫した
⑦管理栄養士国家試験の過去問を解説付きで各章末に掲載し、管理栄養士国家試験対策や実力養成の一助とした

本書は、管理栄養士養成課程で必要な公衆栄養学の学修内容を網羅するとともに、最新の公衆栄養に関する専門的な情報を盛り込んだものとなっている。高度な専門知識と専門技能を持ち合わせた管理栄養士養成の教科書として、また、現在、公衆栄養分野に従事されている方々の参考書として、本書が活用されることを願っている。

2022 年 8 月

編集・執筆者を代表して　大和田浩子

目　次

第１章　公衆栄養の概念

第２章　健康・栄養問題の現状と課題

第6章 公衆栄養プログラムの展開

参考資料

第1章 公衆栄養の概念

達成目標

- 公衆栄養の意義と目的について説明できる。
- 公衆栄養活動の歴史的経緯を踏まえ、現在の公衆栄養活動の内容を具体的に説明できる。
- 多くの公衆栄養活動は栄養政策として実施されていることを理解し、その概要について説明できる。

1 公衆栄養の概念

1.1 公衆栄養学の意義と目的

「公衆栄養学」とは、地域社会を構成する個人または集団の「健康の増進・推進」と「疾病や介護の予防」の観点から実践する栄養活動に必要な理論と方法を研究する分野で、人の「健康と栄養・食生活に関わる問題」を地域社会の組織的活動により解決し、人々の健康を推進する科学である。

公衆栄養学の目的は、「**QOL（Quality of Life：生活の質）**」の向上にある。QOLの定義については、個人の充実感や満足度などの主観的な評価と健康状態、経済状態、社会的環境、生活環境といった客観的な評価を組み合わせて定義する場合がある[1)2)]。

世界保健機関（WHO）憲章では、「健康とは、肉体的、精神的および社会的に完全に良好な状態であり、単に疾病または病弱の存在しないことではない。」と定義している。健康は生涯を生きるための目的とするのではなく、QOLを構成する資源のひとつであり、日々の生活を送るうえにおいても重要である。

わが国は男女ともに平均寿命は80歳を超え、高齢化率は世界最高の28.7％（令和2（2020）年）である[3)]。「**ADL**（Activities of daily living：**日常生活活動**（食事、排泄、更衣、入浴、整容、移動など）」の維持は健康寿命の延伸につながる。加齢に伴う生理学的機能低下によって人や機械のサポートを受けたとしても、住み慣れた地域で生活をすることは、QOLの確保となる。高齢者のみでなく誰にとっても、「QOL」とは、物質的に満たされた生活ではなく、何かしらの疾患やサポートがあっても「毎日が充実し、心身が満たされ、自分らしく生活できる。」ことが重要である。

わが国の健康づくり施策である「**健康日本21**（実施期間：2000～2012年）」では、「栄養・食生活」分野の目標設定に、「栄養状態、栄養素（食物）摂取レベル」「知識・態度・行動レベル」「環境レベル」の大きく3段階に分けて検討され、環境が健康やQOLに影響を与えるものとしてプランニングされており、現行の政策である**健康日本21（第二次）**でも、栄養・食生活をはじめとした生活習慣の改善は、社会環境の改善があることの構造は変わらない（図1.1）。

公衆栄養学は、公衆衛生学や栄養学（広義）とともに食品学や調理学など、また生態学、社会学、経済学、疫学的手法といった多岐にわたる分野からの観点が必要である。

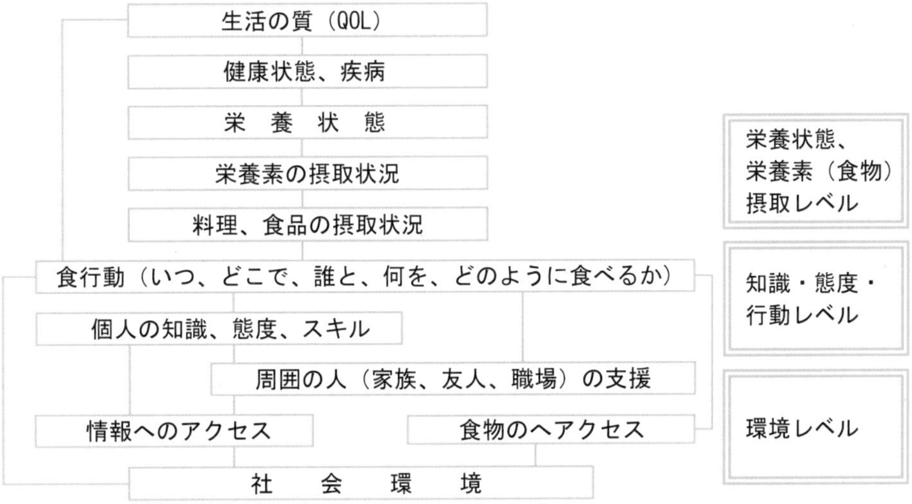

図1.1　栄養・食生活と健康・生活の質（QOL）などの関係[4)]

1.2 生態系と食料・栄養

人間は、生命を維持し健康であるためには、必要とする成分（水や栄養）を常に取り込まなければならない。

植物は太陽光や土壌、水からエネルギーを取り込み、生態系エネルギーを生み出す「生産者」であり、動物はそれを食べる「消費者」である。これを食物連鎖という。細菌や菌類などの消費者は、植物や動物の遺骸、排泄物など有機物を分解する「分解者」と分類される。自然界のあらゆる生物は相互依存の関係にあり、エネルギーを循環させている。自然の生態系は大気や水、土壌などにおける物質循環や生物間の食物連鎖などを通じて、バランスを保っている。

「消費者」である人は爆発的に増加し、人口が79億人（世界人口白書：2021年）と巨大化した。経済成長とともに革新的な食料増産の技術によって、効率的なエネルギー生産コントロールが行われ、食料の量（穀物）から質（畜産物）への食料消費構造の変化を可能とした。

人間活動による二酸化炭素の循環は、物質循環に大きな変化をもたらし、地球温暖化の進行にも結びついており、気候変動は干ばつや洪水を引き起こすなど世界食料の需要と供給のバランスを不安定なものにしている。人間の活動は、生物多様性の生息環境の劣化、不適切な農薬や肥料の使用、過剰な漁獲や不適切な養殖、大量消費に伴うプラスチック廃棄物に食品ロス（食べられるのに廃棄される食品）などさまざまな負荷を引き起し、自然生態系の循環システムに大きなダメージを与えている。

日本はNet Importer（純輸入国）として世界第2位にある[5)]。豊かな食料を確保するために世界から農林水産物を輸入し恩恵にあずかっている。農産物の輸入量は、日本国内の農地面積の 2.1 倍と試算されている[6]（図1.2）。

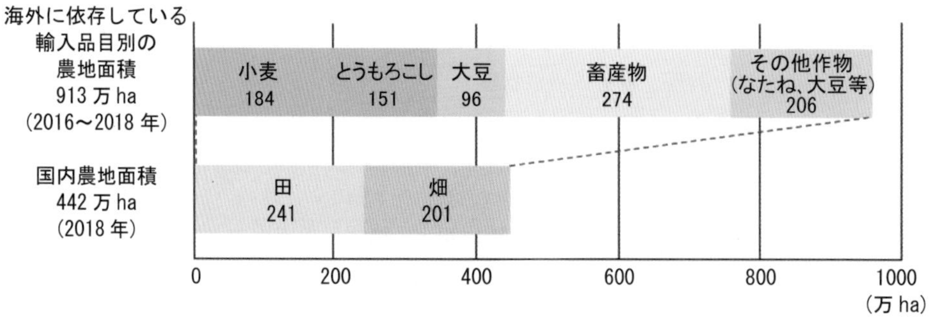

図1.2　日本の農産物輸入量の農地面積換算（試算）

1.3 保健・医療・福祉・介護システムと公衆栄養（図 1.3）

国民皆保険は、世界最長の平均寿命や高い保健医療水準を達成し、誰もが安心して医療が受けられる制度である。しかし、高齢者の急速な増加や高度医療の発達に伴い医療費の増加は著しく医療保険制度の崩壊が危惧されている。医療費の適正化のため、2008 年に「**高齢者の医療の確保に関する法律**」に基づき「**特定健康診査・特定保健指導制度**」が導入された。この制度の目的は内臓脂肪の蓄積に起因する生活習慣病の予防に積極的に取り組むことで、それらの疾患の患者を減らし、医療費の軽減につなげることにある。

「国保データベース（KDB）システム」は、地域の健康・医療・介護の連結を推進させる保険者の効率的かつ効果的な保健事業の実施のサポートを目的として構築された。健診・医療・介護情報が収載されており、BMI 情報からは「低栄養リスク者」の抽出ができるなど健康課題を抽出し、適切な保健指導、意識啓発・健康教育と公衆栄養活動に活用することができる。

住民一人ひとりの健康レベルやリスク、さらには保健・医療・福祉・介護ニーズに応じて、これらの取り組みを切れ目なく、住み慣れた地域で自立した生活を支援する総合的なサービスの提供体制（**地域包括ケアシステム**）を構築できるよう、2025 年を目標に取り組みが進められている。管理栄養士は地域における保健（一次予防）から医療（三次予防）に至るすべてのプロセスのなかで重要な役割を担っている[7]。

1.4　コミュニティと公衆栄養活動

WHO は、**ヘルスプロモーション**を提唱し、その活動方法のひとつとして地域活動の強化を掲げている。公衆栄養活動の取り組みを進めるにあたり、重要な役割を果

図 1.3　地域包括（保健・医療・福祉・介護）システムのイメージ[8)]

たすのが地域・コミュニティである。

コミュニティ（community）とは、生活地域、特定の目標や特定の趣味など、何らかの共通の結びつきをもつ集団のことである。コミュニティの重要な要素として価値観が共有されることがある。コミュニティは人と共存するために、人としての成長や安心の場としても重要である。コミュニティは①地縁団体（自治体、町内会、子ども会など）、②地域で特定の目的をもつ団体（消防団、子育て支援グループ、健康まちづくり委員会など）、③地域と関係のない特定目的団体（福祉ボランティア、スポーツクラブなど）などに分類される。また、情報通信技術の発達は地域を超えた多様なコミュニティを形成している。現在、厚生労働省は地域共生社会の実現に向けた取り組みを推進している。

健康行動においてなかなか実行に移せないことを、他者や組織的な社会サポートによって自己採択・自己決定し生活や環境をよりコントロールしようとしていくことを「**エンパワメント（自己管理能力）**」という。コミュニティエンパワメントは、誰もが安心して暮らせる健康な地域を目指して、地域の人々が対等な立場で対応するなかでお互いにつながり、支えあう関係を形成し、共通の課題解決に向かうための過程である。

「**コミュニティオーガニゼーション**」は、地域援助技術ともよばれ、地域全体の問題である場合、地域共通の問題として地域住民自身が地域ぐるみで問題を解決することができるように援助する方法である。公衆栄養活動は、住民の参加が主体であり、行政はコーディネータとして介する。

公衆栄養活動における地域組織活動で代表的なものに、「**食生活改善推進員**」の活動がある。市町村保健センターなど地域で開催される健康教室の受講者から、健康習慣を継続するための手段としてグループが組織され、「私達の健康は私達の手で」をスローガンに、食を通した健康づくりのボランティアとして活動している。

しかし、近年、ライフスタイルや価値観の多様化によって従来のコミュニティ機能の崩壊が指摘されるようになり、地域組織活動が包括的に継続していくには、「**ソーシャル・キャピタル（社会関係資本）**」が注目されている。コミュニティの「ネットワーク（絆）」から生まれる「信頼」、「規範」は、人々の協調行動を活発にすることによって社会の効率性を高めることができるという。ソーシャル・キャピタルが豊かな地域では、住民の主観的健康感が良好で死亡率や精神病の有病率、犯罪率が低いことなどが社会疫学調査から明らかとなってきた。健康日本21（第二次）の目標に「ソーシャルキャピタルの向上」があげられている。

例題1　公衆栄養の概念に関する記述である。正しいのはどれか。1つ選べ。

1. 公衆栄養の目的は、地域社会を構成する個人の生活習慣病の治療にある。
2. 公衆栄養の目的は、QOLの維持にある。
3. 老後の生活を支援する地域包括ケアシステムの構築が進められている。
4. 公衆栄養活動は、コミュニティエンパワメントを尊重する。
5. 公衆栄養活動は、行政が中心となり地域住民の参加を促して推進する。

解説　1. 地域社会を構成する個人の生活習慣病の治療ではなく、地域社会を構成する個人または集団の「健康の増進・推進」と「疾病や介護の予防」の観点から実践する栄養活動である。　2. 公衆栄養学の目的は、QOLの向上にある。　3. 住み慣れた地域で自立した生活を支援する地域包括ケアシステムの構築が進められている。　5. 公衆栄養活動は、住民の参加が主体であり、行政はコーディネータとして介する。

解答 4

2 公衆栄養活動

2.1 公衆栄養活動の歴史

(1) 明治時代から大正時代

わが国の公衆栄養活動は、経済の発展と軍事力の強化によって近代的な国家「富国強兵」を遂行する明治時代から始まった。食料不足を背景とする体位の低下などを改善のため、「栄養学」が発達した。また「欠乏（不足）」の栄養学ともいわれている。

海軍軍医であった高木兼寛（たかきかねひろ）は、脚気は食べ物に原因があると考え、イギリス海軍の食事を参考に兵食の改良を行い、明治 17（1884）年に脚気の予防策を見出した。脚気の原因となるビタミン B_1 の発見は明治 44（1914）年である。

佐伯矩（さいきただす）は、大正 3 (1914) 年に私設の栄養研究所を設立した。その後、大正 9 (1920) 年に国立栄養研究所が開設され、大正 11（1922）年には、国民に必要な栄養素量を設定した「日本人の栄養要求量標準」を発表した。大正 14（1925）年に私立の栄養学校を設立し、翌年「栄養技手」を輩出した。昭和 9（1934）年には日本の医学会分科会に「栄養学」の確立を果たした。

(2) 昭和初期

栄養行政の開始は、栄養士が各地方庁に配置された昭和 4（1929）年である。昭和 9（1914）年に東北 6 県に国家補助による栄養士 2 名が配置され、冷害救済対策のために協同炊事が行われた。昭和 12（1937）年には、栄養の改善に関する指導を行うべきことを定めた保健所法が制定され、翌（1938）年に栄養行政所管である厚生省が創設された。

(3) 昭和 20 年代（戦後・復興期）（表 1.1）（表 1.2）

昭和 20（1945）年 4 月に「**栄養士規則**」および私立栄養士養成所指定規則が制定され、栄養士の身分と業務が確定された。同年 12 月、諸外国から食料援助を受けるために連合軍司令部（GHQ）指令による東京都内の栄養調査が実施された。終戦後の混乱期（～昭和 24 年）の食糧事情はたいへん過酷な状態であった。昭和 22（1947）年には新憲法のもと、**栄養士法**が公布され、同じく「保健所法（現：**地域保健法**）」には、保健所への栄養士配置が規定された。

1945 年以降のわが国の公衆栄養活動は、1) 地域における栄養改善活動、2) 栄養の専門職制度の構築と養成、3) 国民の健康・栄養調査（モニタリング評価機能）の 3 つの面からみることができる。地域における栄養活動は、①1945～1965 年間の地域の自主活動を通した健康づくりと食生活改善、②1966～1999 年間の国の政策に基づいた地域主体の健康づくり施策、③2000 年以降の少子高齢化を背景とした栄養問題への多分野連携対応へと、経済や社会状況の変化のなかで対応した活動を推進してきた。

積極的な健康づくり施策への展開のきっかけは、1964 年 10 月開催の東京オリンピックである。健康・体力づくりの機運が高まり、同年 12 月に、「健康は他から与えられるものでなく自ら作り出すものである。」として「国民の健康・体力増強対策について」が閣議決定された。1970年代に入り、国民一人ひとりが「自分の健康は自分で守る」という自覚と認識をもつことが重要と考え、国民健康づくり対策を立ち上げ、これまでに4次にわたる健康づくり対策が行われている[9]。④新型コロナウイルス感染症予防行動（ステイホームの強調など）によって、国民生活のあり方が大きく変化した。「新しい生活様式」に対応した栄養・食生活および食環境に対応した課題策を検討し、健康の保持・増進につなげる活動の展開は重要となっている。

表1.1　公衆栄養活動の歴史（1945年以降）

戦後混乱期（食料・栄養不足への対応）	
1945	栄養士規則の交付
1945	私立栄養士養成所指定規則の制定
	第2次世界大戦の終戦
1945	連合国軍司令部（GHQ）東京都民の栄養調査
1946	厚生省公衆保健局に栄養課の独立
	国民健康栄養調査の実施
1947	食品衛生法制定
	保健所法（新）の制定より栄養士配置
	栄養士法の交付（栄養士規則廃止）→ 1948施行
1948	医療法制定
1949	栄養士試験制度発足
1952	栄養改善法制定
1954	学校給食法制定
経済成長期（急激に変化する食生活への対応）	
1958	食生活改善組織の育成の推進
	調理師法の公布
	6つの基礎食品の普及
1959	(社)日本栄養士会設立
1962	管理栄養士制度創設（栄養士法の一部改正）
	栄養改善法一部改正 → 集団給食施設に管理栄養士配置の努力規定
1963	第1回管理栄養士国家試験実施
1964	東京オリンピック → 国民の健康・体力増強対策について閣議決定
1965	厚生省栄養科で健康増進事業を実施
	母子保健法の公布
1969	日本人の栄養所要量の改定
1970	保健所事業として「保健栄養学級」が制度化 → 栄養・運動・休養の総合的指導
1973	病者用特別用途食品の規定設定
1974	学校給食法一部改正 → 学校栄養職員（栄養士）の配置規定

表1.2　わが国の健康づくり対策時代の公衆栄養活動

1978	第１次国民健康づくり対策実施（～1987）
	・市町村保健センターの創設
1982	・老人保健法の公布
1983	・食生活改善推進員の教育事業における国庫補助制度の創設
1985	・栄養士法の一部改正 → 管理栄養士国試験制度の開始
	・栄養改善法の一部改正 → 都道府県知事の指定する集団給食施設に管理栄養士の必置義務
	・健康づくりのための食生活指針の策定
1986	・日本人の肥満とやせの判定表・図の策定
	・加工食品の栄養成分表示制度の開始
1987	・第１回管理栄養士国家試験実施
1988	第２次国民健康づくり対策：アクティブ80ヘルスプラン（～1997）
	→ 健康運動指導士（1988年）、健康運動実践指導者（1989年）の養成開始
1989	・健康づくりのための運動所要量の策定
1990	・健康づくりのために食生活指針（対象特性別） → 成人病、成長期、女性（母性含む）、高齢者の４区分
	・外食栄養成分表示ガイドライン策定
1992	・第３次老人保健計画開始 → 栄養士は健康教育、健康相談、健診後の栄養指導、寝たきり者等の訪問栄養指導の推進を図るとされる
	・医療法の一部改正 → 特定機能病院の管理栄養士配置の制度化
1993	・健康づくりのための運動指針の策定
	・特定保健用食品の表示許可開始
1994	・地域保健法公布（保健所法大改正と名称の変更）
	・栄養改善法の一部改正 → 市町村が住民のニースに沿った栄養相談・指導サービスを行う（1997年から実施）
	・健康づくりのための休養指針発表
1995	・食品衛生法と栄養改善法の一部改正 → 栄養表示基準制度の創設（1996年から導入）
1996	・成人病に代わって生活習慣に着目した「生活習慣病」の概念が提案される
1997	・健康づくりのための年齢・対象別身体活動指針策定
	・介護保険法公布（2000年施行）
1999	・第６次改訂日本人の栄養所要量策定 → 食事摂取基準の導入
2000	・栄養士法の一部改正 → 管理栄養士の資格を免許制に変更、管理栄養士業務の明確化、国家試験の受験資格の見直し
2000	第３次国民健康づくり対策 →「健康日本21」（～2012）
	・食生活指針策定（文部・厚生・農林水産省）
2001	・厚生省 → 厚生労働省（省庁再編）
	・保健機能性食品制度創設
	・すこやか親子21策定 → 母子の健康水準を向上させる取り組み
2002	・健康増進法公布（栄養改善法の廃止）
2003	・健康づくりのための睡眠指針の発表
	・健康増進法による国民健康・栄養調査の実施（国民栄養調査から改称）
	・食品安全基本法の公布
2004	・食事摂取基準（2005年版）
	・栄養教諭制度創設（文部科学省）2005年より実施
2005	・食育基本法公布（内閣府）
	・食事バランスガイド発表（厚生労働省・農林水産省） → 食生活指針を具体的な行動に結びつけるための指導媒体

表1.2　わが国の健康づくり対策時代の公衆栄養活動（つづき）

2006	・介護保険法一部改正 → 介護保険施設に栄養ケア・マネジメントの導入、低栄養の高齢者に対する「栄養改善プログラム」の導入（2006 年の実施） ・健康フロンティア戦略の開始 ・老人保健法の改正 → 高齢者の医療確保に関する法律の交付（2008 年施行） 特定健康診査・特定保健指導制度 ・妊産婦のための食生活指針策定 ・健康づくりのための運動指針 2006 策定 健康づくりのための運動指針 2006〈エクササイズガイド 2006〉策定 ・食育基本計画策定（内閣府） ・新カリキュラムによる管理栄養士国家試験の開始
2007	・新健康フロンティア戦略の開始 ・標準的な健診・保健指導プログラム策定 ・健康日本 21 中間評価報告発表 ・授乳・離乳の支援ガイド策定
2008	・特定健診・特定保健指導開始 ・地域における行政栄養士による健康づくりおよび栄養・食生活の改善についての通知 → 行政栄養士の業務の基本方針が示される ・第 15 回国際栄養士会議開催（横浜）
2009	・消費者庁の設置 →食品衛生法健康増進法一部改正（食品等の表示制度が消費者庁に移管） ・食事摂取基準（2010 年版）策定
2010	・チーム医療における栄養サポート加算の新設（診療報酬の改定）
2011	・第 2 次食育推進基本計画策定（内閣府） ・健康日本 21 の最終目標に対する最終報告の発表
2012	・健康増進基本方針の全面改訂
2013	第 4 次国民健康づくり対策→健康日本 21（第二次）策定（～2023）
2014	・健康づくりのための身体活動基準 2013 および健康づくりのための身体活動指針（アクティブガイド）策定 ・食品表示法の公布（2015 年実施） ・日本人の食事摂取基準（2015 年版） ・健康増進法 一部改正 → 受動喫煙対策 ・母子保健法 一部改正
2015	・国立研究開発法人医薬基盤・健康・栄養研究所の設立 ・管理栄養士養成課程におけるモデルカリキュラム 2015 の提示 ・第 3 次食育推進基本計画（2016～2020 年度） → 食育事務が内閣府から農林水産省に移管、食育基本法一部改正 ・すこやか親子 21（2 次）策定　（～2024） ・食品表示法 施行（消費者庁） ・日本食品標準成分表 2015 年版の公布
2016	・食生活指針 一部改正
2018	・後期高齢者保健事業の全国展開 ・健康日本 21（第二次） 中間評価報告書発表
2019	・食品ロスの削減の推進に関する法律の交付 ・日本人の食事摂取基準（2020 年版） ・授乳・離乳の支援ガイド（2019 年改正版）
2020	・日本食品標準成分表 2020 年版の公布　全面改訂
2021	・第 4 次食育推進基本計画（2021～2025）（農林水産省）

2.2 生態系保全のための公衆栄養活動

WHOは、健康のための前提条件として、平和、住居、教育、食物、収入、持続可能な生存のための資源、社会的正義と公平性および「安定した生態系」をあげている。

効率的な食料のエネルギー生産コントロールを含め、人のさまざまな活動によって発生する二酸化炭素などの物質循環は、自然生態系をゆがめている。

世界の人口は、医学の進歩、食料の増産、環境衛生の改善によって死亡率が低下したことで、20世紀に入り驚異的に増加した。しかし、世界で8億2千万人以上が飢えている一方、成人20億人以上が肥満や食事に関連する生活習慣病で苦しんでいる。

2000年のFAO（国際連合食糧農業機関）報告（World Agriculture Towards 2030/2050）では、人口割合は先進国の20%に対し、開発途上国は80%である。先進諸国の穀類消費量は625 kg/人で直接消費量は140 kg、間接消費量は牛・豚・鶏などの家畜の飼料である。それに対し、開発途上国の穀類消費量は235 kg/人、そのうち直接消費量200 kgである。食料分配は平等ではない[10]。

WFP（国際連合世界食糧計画）は世界の食料の1/3が廃棄されており、その量は20億人分、経済損失額にして84兆円と報告している。日本も同様に、食べられる食品の1/3が廃棄され、家庭ごみではその半分を食べられる食品が占めている[11]。

食生活指針（2016年に一部改訂された）には「食料資源を大切に、無駄や廃棄の少ない食生活」の項目を掲げている。2019年には「食品ロスの削減の推進に関する法律」が施行された。

「SDGs：Sustainable Development Goals（持続可能な開発目標）」は、2015年に国連で開かれたサミットで、国際社会共通の2030年までに達成すべき17の目標をあげ、そのひとつに「飢餓の撲滅」がある。持続可能な食料生産と食生活への変革を訴えるEAT財団と環境汚染と健康を研究するランセット委員会のプロジェクト結果報告は、2019年に地球にやさしい健康な食事として、各地域で健康と文化を維持できる「食事の目標」を定めた。その内容は、バランスのとれた内容の食事量であり、日本人にとって大きな食事変革を起こすものでない。しかしながら、日本の食料エネルギー自給率は37%（2020年）であり、豊かな食は、海外より輸入されることで成り立っている。食料輸送に伴い地球環境に与える負荷として排出される二酸化炭素（フードマイレージ）量は、日本は世界のなかで際立って高い[12]。一人ひとりが地球環境を配慮した持続可能な食品選択、消費が重要となっている。

例題2　生態系保全のための公衆栄養活動に関する記述である。正しいのはどれか。１つ選べ。

1. 日本では、家庭ごみの1/3を食べられる食品が占めている。
2. 「食品ロスの削減の推進に関する法律」は事業者に協力を求めるものである。
3. 日本の食料エネルギー自給率は37%（2020年）である。
4. フードマイレージ量は、日本は世界のなかでは低い値である。
5. 地球環境を配慮した持続可能な食品選択は、個々人の消費行動には影響しない。

解説　1. 日本では、食べられる食品の1/3が廃棄され、家庭ごみでは食べられる食品が半分を占めている。　2. 事業者・消費者双方に協力を求めるものである。4. フードマイレージ量は、日本は世界のなかで際立って高い。　5. 一人ひとりが地球環境を配慮した持続可能な食品選択、消費が重要となる。　**解答** 3

2.3 地域づくりのための公衆栄養活動

公衆栄養活動は、安心していきいきと暮らせる住みよい地域社会の構築をするために、地域に生活し、その暮らしを熟知している住民自らが主体となって、地域課題を解決していく活動や取り組みをすすめることにある。都道府県等の保健所や市町村の保健センターの行政栄養士は、それぞれのパートナーの立場で住民と関係機関や関係者および専門家などを結びつけるコーディネーターとして活動を支援する。

住民参加には、第1段階「知らせる」、第2段階「相談・協議」、第3段階「パートナーシップ」、第4段階「権限の委譲」、第5段階「市民の自主管理」の段階がある。

わが国の健康づくり対策である「**健康日本21**」の総論では、「住民第一主義」の理念をあげ、「情報の提示と対話」、「本人の意思決定を重視した支援」、「専門家が価値づけせず、多様な選択肢の保証」などが計画策定の留意点としてあげられている。

健康日本21（第二次）の推進にあたり、2013（平成25）年に「地域における行政栄養士による健康づくりおよび栄養・食生活の改善の基本指針について」が定められた。

公衆栄養活動における地域づくりには、(1)ライフステージに応じた生活習慣改善に関する取り組み、(2)健康なまちづくり、(3)住民および住民組織の育成、(4)連携体制づくり、(5)健康危機管理などの活動項目がある。基本指針を実践するための資料に、「食は、健康や生活習慣病など身体状況との関わりが大きく、地域や環境との関わりも深い。これらの構造を整理したうえで、地域の栄養・食生活改善に取り組むことが求められる。」と示されている。地域における成果のみえる栄養施策のために、地域の実態把握・課題分析が必要である。地域集団の把握に健診データをはじめ、レセプトデータ、介護保険データ、その他統計資料などに基づいて健康課題を分析し、その集団においてどのような生活習慣病対策に焦点をあてるか、優先すべき課題はなにか、明確化を図ることが求められている。

社会に実践反映し、公共政策を健全に推し進めるには、評価する視点が必要である。公衆栄養マネジメントは**PDCAサイクル**（図1.4）に沿って実施する。行政や専門家が先導型ですすめるのでなく、情報収集の段階から地域住民が参加、協働して、役割や責任を担い、事業の計画策定、実施、評価のすべての場面において、決定のプロセスに関与することが重要となる。

保健事業（健診·保健指導のPDCAサイクル）

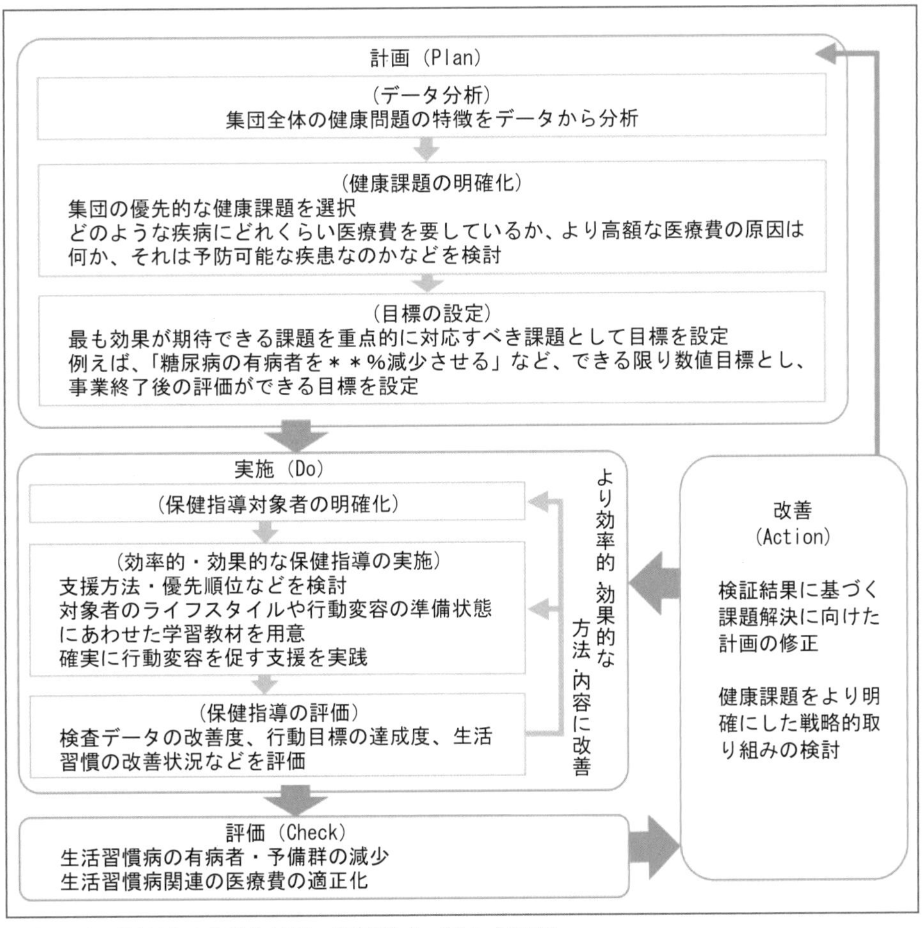

出典）厚生労働省健康局「標準的な健診・保健指導プログラム（改訂版）

図1.4　地域特性に応じた公衆栄養活動の展開（保健事業）[13)]

例題3　地域づくりのための公衆栄養活動に関する記述である。誤っているのはどれか。1つ選べ。

1. 公衆栄養活動は、住民自らが主体となってすすめる。
2. 保健所や保健センターの行政栄養士は、サブリーダーとして活動を支援する。
3. 公衆栄養マネジメントはPDCAサイクルに沿って実施する。
4. 行政や専門家が先導型ですすめるのでなく、情報収集の段階から地域住民が参加協働する。
5. 計画策定、実施、評価すべての場面に、地域住民が決定のプロセスに関与する。

解説　2. 保健所や保健センターの行政栄養士は、コーディネーターとして活動を支援する。

解答　2

2.4 ヘルスプロモーションのための公衆栄養活動

WHO憲章に、「すべての人々が可能な最高の健康水準に到達すること[14)]」があげられている。1986年WHOがオタワ憲章で新しい健康観に基づく「21世紀における健康づくり戦略概念」を定義した。それが**ヘルスプロモーション**である。

2005年のバンコク憲章で「人々が自らの健康とその決定要因をコントロールし、改善することができるようにするプロセス（過程）である。」と再定義された。

ヘルスプロモーションを推進するための具体的な活動方法として ①健康的な公共政策づくり、②健康を支援する環境づくり、③地域活動の強化、④個人技術の開発、⑤ヘルスサービスの方向転換の5つがあげられている。このうち、個人技術の開発は、健康のための情報や教育を提供したり、人々の生活技術を高めたりといった、従来の「健康教育」に該当する個人へのアプローチを意味するが、その他は環境整備に含まれるものである。個人レベルと環境レベルの両側面からのアプローチによる計画が重要となっている。

健康とその要因をコントロール（調整・管理）することとは、健康的な生活のためによりよい意思決定ができることである。しかし、健康は生きるための目的ではなく、毎日の生活を営むための資源である。住民がQOL（生活・人生の質）の向上を目指して健康的な生活を営むには、個人のライフスタイル確立のための知識・技術教育だけでなく、住民同士の支え合いや組織化によりパワーは強化される。あわせて法律や政策・保障の整備、食環境からのアプローチとして食品企業や飲食店による食塩や脂肪の低減商品など、健康に配慮した食品の提供によって、坂道の傾斜度は下がるのである（図1.5）。

日本における代表的なヘルスプロモーション政策である2000年にスタートした「健康日本21」は、2013年の「健康日本21（第二次）」に引き継がれ「健康を支え守るための社会環境の整備」について目標項目と目標値を掲げている。

なお、健康の決定要因は経済的・社会的要因とされる[15]。ヘルスプロモーションの究極の目標は、平和である。平和であるからこそ、健康やQOLが求められるのである。

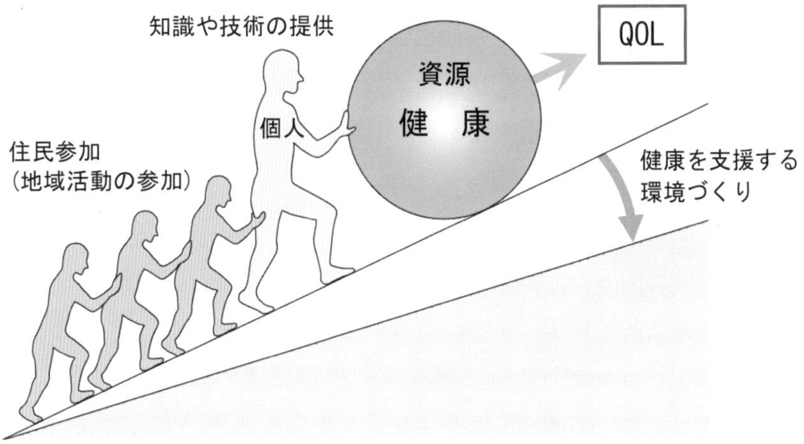

図1.5　ヘルスプロモーションの考え方

例題4　ヘルスプロモーションに関する記述である。正しいのはどれか。1つ選べ。

1. 人々が自らの健康とその決定要因をコントロールし、改善することができるようにするプロセス（過程）である。
2. 個人レベルでのアプローチによる計画が最重要となる。
3. 住民同士の支え、組織化は必要としない。
4. 日本における代表的なヘルスプロモーション政策は「アクティブ80ヘルスプラン」である。
5. 究極の目標は生活習慣病の予防である。

解説　2. 個人レベルと環境レベルの両側面からのアプローチによる計画が重要となる。　3. 住民同士の支え、組織化によりパワーは強化される。　4. 「健康日本21」である。　5. 究極の目標は平和である。　**解答**　1

2.5 エンパワメント（自己管理能力）のための公衆栄養活動

ヘルスプロモーション概念における**エンパワメント**（自己管理能力）は、住民自らが参加し、主体となることである。QOLの向上に必要な情報を取捨選択し活用する、それによって実行していくその過程において、力や能力を身につけていくことにある。

「特定健康診査・特定保健指導」では、特定健診実施率（受診率70%以上）を目標に掲げており、効果的な生活習慣病予防・改善のための健康診断で健康状態をまず知ることが重要である。その受診を自身で決め、行動に移すことを促すために支援するものである。公衆栄養活動において、専門家や行政が先導して住民の課題解決に関わるという関係性よりも住民自身が参加し取り組むことがより効果的であるため、その能力を最大限に発揮させ健康的な生活行動へと変容させるよう、専門家や行政が支援することが重要である。

個人エンパワメントと組織・コミュニテイエンパワメントは分けているが相互作用がある。組織・コミュニティのエンパワメントは、そこにいる人同士が助け合うつながりや信頼関係が、組織やコミュニティの「力」として、大きな社会的活動へと広げていくこととなる。

エンパワメントのプロセスを踏まえた住民組織・団体への支援における行政担当者の役割として、①地域の健康実態や健康資源についての情報提供、②活動の目的や内容について話し合う機会の確保、③活動の発表や交流の機会の提供、④成果の見える化など、活動の成果を実感できるための支援、⑤健康増進計画など、保健福祉計画の策定・推進への参画があげられている[16)]。

例題5　エンパワメントのための公衆栄養活動に関する記述である。誤っているのはどれか。1つ選べ。

1. エンパワメントは、住民自らが参加し、主体となることが重要である。
2. 「特定健康診査・特定保健指導」では、受診率70%以上を目標に掲げている。
3. 専門家や行政は住民自身の能力を最大限に発揮させるよう支援することが重要である。
4. 個人エンパワメントと組織・コミュニテイエンパワメントはまったく別物で分けて考える必要がある。
5. 住民組織・団体への支援における行政担当者の役割として、健康増進計画など、保健福祉計画の策定・推進への参画がある。

解説　4. 個人エンパワメントと組織・コミュニテイエンパワメントは分けているが相互作用がある。

解答　4

2.6 疾病予防ための公衆栄養学活動

医学の進歩や生活環境の改善によって感染症が激減した一方、がんや循環器疾患などの生活習慣病が増加し、疾病構造は大きく変化した。生活習慣病は、自らの心がけによって発症に関わる要因を減らすことで予防が可能となる。日頃から個々が健康の大切さを認識し、自らの健康づくりに責任をもって取り組むことが大切であり、国や医療機関、保険者などはそれをサポートし、それぞれの役割を果たすことが重要である。

健康状態を示す包括的指標である健康寿命と平均寿命の差が短縮できれば、一人ひとりのQOL低下の防止とともに、社会保障負担の軽減とその先の社会保障制度の持続にもつながる。

公衆栄養活動では、一次予防に重点が置かれ、すべての人を対象とした疾病予防活動政策である「**ポピュレーションアプローチ**」と疾病の危険因子をもつ人を対象とした「**ハイリスクアプローチ**」の2つの戦略があわせ実施されている（**図1.6**）。

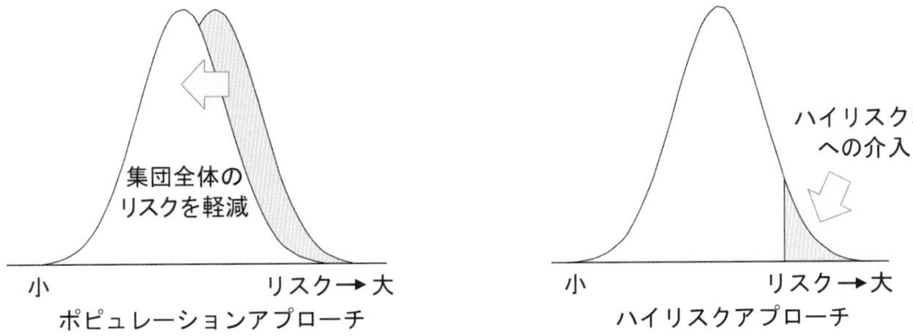

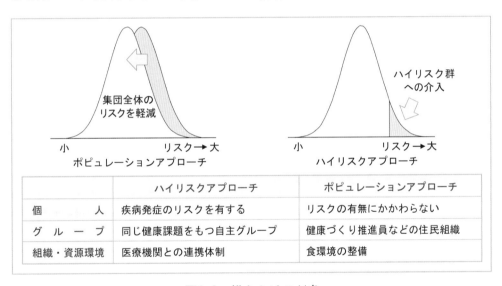

	ハイリスクアプローチ	ポピュレーションアプローチ
個　　人	疾病発症のリスクを有する	リスクの有無にかかわらない
グ ル ー プ	同じ健康課題をもつ自主グループ	健康づくり推進員などの住民組織
組織・資源環境	医療機関との連携体制	食環境の整備

図1.6　働きかけの対象

不適切な生活習慣（身体活動低下、食生活の質の低下、喫煙など）によって、肥満、脂質異常、血糖高値、血圧高値を引き起こし、その因子が重なるほど、動脈硬化を進行させ、心疾患、脳血管疾患を発症するリスクが高まる。2008年から始まった「特定健康診査・特定保健指導」は、**メタボリックシンドローム（内臓脂肪症候群）**に着目し、40～74歳以下の被保険者・被扶養者に対する医療保険者に義務づけた。健診結果に基づいて生活習慣を改善することで効果的な習慣病予防・改善ができるとしてハイリスクアプローチ戦略の代表的な政策である。ポピュレーションアプローチの代表的な政策は、国民の健康づくり政策である「**健康日本 21（第二次）**」がある。生活習慣病予防対策に「栄養・食生活」分野をあげ、科学的根拠をもとに、危険因子と生活習慣などとの関連から、その項目と目標値をかかげ改善に向けて取り組みを進めている（**図 1.7**）。

健康寿命延伸のために、生活習慣病予防推進として厚生労働省が展開する国民運動「**スマート・ライフ・プロジェクト**」がある。企業連携を主体とした取り組みで、「運動」「食生活」「禁煙」を具体的なアクションでよびかけている。

健康増進では、2015 年に国連サミットで採択された「**SDGs（持続可能な開発目標）**」で、国や行政と個人や地域を背景に「企業」も入り、企業が従業員などへの健康投資（従業員の健康保持・増進に取り組み）を行うことによって、従業員の活力向上や生産性の向上など組織の活性化をもたらし、結果的に業績向上や株価向上につながる「**健康経営**」という考え方が広まってきている。

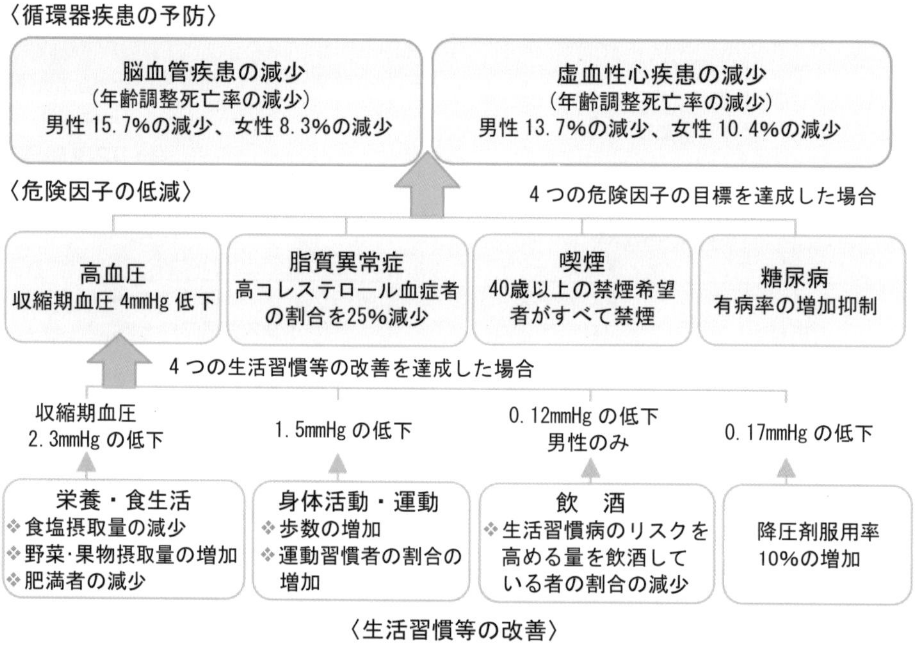

（循環器疾患予防対策のための4つの危険因子と生活習慣等との関連）

図 1.7　健康日本 21（第二次）における循環器疾患の目標設定の考え方

例題 6　疾病予防ための公衆栄養学活動に関する記述である。誤っているのはどれか。2 つ選べ。

1. ポピュレーションアプローチは一次予防に重点が置かれ、すべての人を対象とした疾病予防活動政策である。

2. ハイリスクアプローチは疾病の危険因子をもつ人を対象とする。
3. 「特定健康診査・特定保健指導」は、ポピュレーションアプローチの代表的な政策である。
4. ハイリスクアプローチの代表的な政策は、「健康日本21（第二次）」である。
5. 健康経営とは、企業が従業員の健康保持・増進に取り組むことで生産性の向上など活性化をもたらし、結果的に業績向上につながるという考え方である。

解説　3. 「特定健康診査・特定保健指導」は、ハイリスクアプローチである。4. 「健康日本21（第二次）」はポピュレーションアプローチである。　**解答**　3、4

2.7 少子・高齢社会における公衆栄養活動

わが国の高齢化の特徴は、世界に類をみない速さで進行したことにある。高齢化の主な要因として、死亡率低下に伴う平均寿命の伸長と合計特殊出生率の低下による年少人口の減少である。2020年9月の高齢化率（総人口における65歳以上の割合）は28.7%と世界最高である。**合計特殊出生率**（1人の女性が一生の間に出産する子どもの平均数）の低下は、人口減少社会を招き、労働力人口や消費人口が減少し、人口の高齢化を促進させる。

人口構造の変化は世帯構造にも影響し、高齢者の単独世帯、夫婦のみの世帯を増加させている。特に高齢者単独世帯の約7割が女性で、6割以上が後期高齢者である（図1.8）（図1.9）。高齢者の介護をはじめ支援を要する負担は増大している。

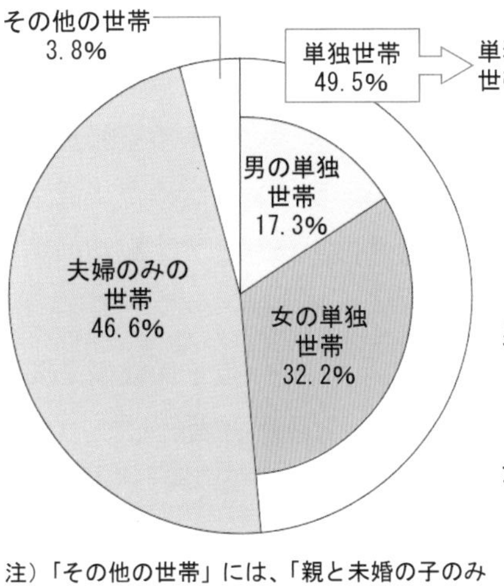

注）「その他の世帯」には、「親と未婚の子のみの世帯」および「三世代世帯」を含む。

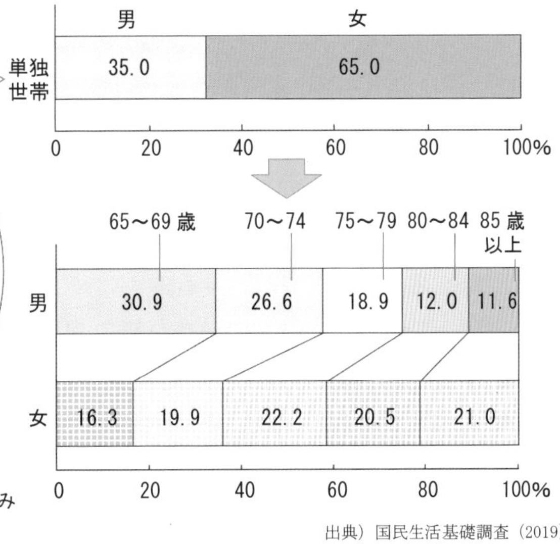

出典）国民生活基礎調査（2019）

図1.8　高齢者世帯の世帯構造[17)]　図1.9　65歳以上の単身世帯の性・年齢構成[17)]

「低栄養傾向」の基準は、要介護や総死亡リスクが統計学的に有意に高くなるポイントとして示されているBMI 20以下が有用と考えられている。健康日本21（第二次）の目標項目では「低栄養傾向（BMI 20以下）の高齢者の割合の増加の抑制目標値22%」をあげている。指標の評価は、国民健康・栄養調査によって得ている。

農林水産省農林水産研究所は、高齢単独世帯で調理食品の支出の増大、食の外部化がより進むと分析している。農林水産省は65歳以上の高齢者で、食料品店舗まで500m以上ありかつ自動車を利用できないことを「食料品アクセス困難者（買い物弱者）」と定義している。2010年と比べ2025年には56.4%増加すると推計し、農村的地域でなく都市的地域により深刻な問題になると指摘している。高齢者の健康な食は食品摂取の多様性維持と食の外部化の両立であることが示されている。[18]

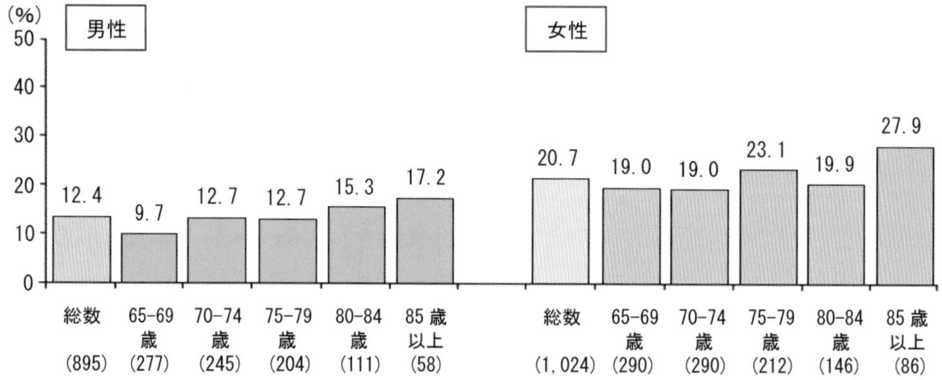

出典）国民健康・栄養調査（2019）

図1.10　低栄養傾向の者（BMI≦20 kg/m²）の割合（65歳以上、性・年齢階級別）[19]

高齢者の医療機関退院後の行き先は「家庭」が約7割と最も多い。厚生労働省より2017（平成29）年に示された、「地域高齢者等の健康支援を推進する配食事業の栄養管理に関するガイドライン」は、地域高齢者等の健康支援を推進する配食事業において望まれる栄養管理について、事業者向けのガイドラインを定めた。低栄養の防止・改善と地域高齢者等の食生活を支援する手段のひとつとして、配食の果たす役割は大きいと期待されている。[20]

少子化対策の一環として「**健やか親子21（第2次）**」がある。母子保健の主要な取り組みを提示するもので、その達成に向けて取り組む国民運動計画として、「健康日本21（第二次）」の一翼を担うものである。社会背景として「子どもの貧困」など、母子保健領域における健康格差が注目されている。「すべての子どもが健やかに育つ社会」として、すべての国民が地域や家庭環境などの違いにかかわらず、同じ水準の母子保健サービスが受けられることを目指している。すべての子どもの育ちを確実に保障する観点が重要である。[21]

2005年制定の食育基本法の前文に「子どもたちが豊かな人間性をはぐくみ、生きるうえでの基本であって何よりも食が重要である。」と明記されている。国連児童基金は「世界子供白書2019」の報告のなかで、日本の過体重の割合が世界のなかでも低く抑えられている理由として「学校給食制度」の効果をあげている。第4次食育推進基本計画の重点課題の方向性では、少子高齢化を背景として「高齢化のなかで、健康寿命の延伸が課題であり、子ども（乳幼児期を含む）から高齢者まで生涯を通じた食育の推進が重要」と示され、「生涯を通じた心身の健康を支える食育の推進」が重点項目とあげられた。

公衆栄養活動は、子どもから高齢者まで生涯を通じて取り組むことが重要である。

章末問題

1　公衆栄養活動に関する記述である。誤っているのはどれか。1つ選べ。

1. 生活習慣病の重症化予防を担う。
2. 医療機関で栄養管理がなされている患者は対象としない。
3. ヘルスプロモーションの考え方を重視する。
4. ポピュレーションアプローチを重視する。
5. 住民参加による活動を推進する。

（第34回国家試験）

解説　1. 正しい　対象は一次予防から三次予防まで。また健康日本21（第二次）の基本指針にあげられている。「生活習慣病の発症予防と重症化予防の徹底」　2. 通院で栄養管理されている地域で生活する患者も対象とする。

解答 2

2　地域における公衆栄養活動の進め方に関する記述である。誤っているのはどれか。1つ選べ。

1. PDCAサイクルに基づいた活動を推進する。
2. 住民のニーズを把握するため、自治会を活用する。
3. 活動を効果的に推進するため、関係機関と連携する。
4. 住民の参加は、事業評価段階から行う。
5. 行政栄養士は、コーディネータとして活動する。

（第33回国家試験）

解説　4. 事業計画の段階から参加する。

解答 4

3　地域における公衆栄養活動に関する記述である。誤っているのはどれか。1つ選べ。
1. 科学的根拠に基づいた地域保健活動を推進する。
2. 疾病の重症化予防の推進を含む。
3. ソーシャルキャピタルを活用する。
4. 健康危機管理体制を構築する。
5. ポピュレーションアプローチは、高いリスクをもつ個人を対象にする。　（第29回国家試験）

解説　2. 正しい　健康日本21（第二次）の基本指針にあげられている。「生活習慣病の発症予防と重症化予防の徹底」　5. 高いリスクをもつ個人を対象にするのは、ハイリスクアプローチである。　解答 5

4　公衆栄養活動に関する記述である。誤っているのはどれか。1つ選べ。
1. QOLの向上を目指した疾病予防と健康増進を使命とする。
2. 地球生態系における多様な生物との共生を考える。
3. 保健・医療・福祉・介護システムの連携のなかで進められる。
4. 生活習慣病の重症化予防対策が含まれる。
5. 活動の主体は、保健分野を専門とする行政機関に限られる。　（第30回国家試験）

解説　5. 活動の主体は地域住民にある。　解答 5

5　公衆栄養に関する記述である。誤っているのはどれか。1つ選べ。
1. フードセキュリティの達成を目指す。
2. 地域住民のエンパワメントを重視する。
3. 地域の特性を考慮した健康なまちづくりを推進する。
4. 健康格差の解消に向けた取り組みを行う。
5. 生活習慣病の治療を第一の目的とする。　（第32回国家試験）

解説　1. 正しい　フードセキュリティ＝食料安全保障　5. 生活習慣病の治療も対象に含まれるが、第一の目的はQOLの向上である。　解答 5

6　地域の公衆栄養活動についての記述である。誤っているのはどれか。1つ選べ。
1. 主な目的は、疾病の治療である。
2. 主な対象者は、地域住民である。
3. 主な活動の拠点は、保健所や保健センターである。
4. さまざまな団体と連携して取り組む。
5. 食の循環を意識した活動を行う。　（第31回国家試験）

解説　1. 主な目的は、QOLの向上である。　解答 1

7　公衆栄養活動の考え方に関する記述である。正しいのはどれか。2つ選べ。
1. 疾病を有する者に対する治療の支援を第一の使命とする。
2. 集団を構成する個人は、対象でない。
3. 地球生態系への影響を考慮する。
4. ヘルスプロモーションの考え方を重視する。
5. ハイリスクアプローチでは、社会全体への働きかけを行う。（第28回国家試験）

解説　1. 公衆栄養活動に治療の支援も含まれるが、目的はQOLの向上である。　2. 集団を構成する個人も対象である。　5. 社会全体への働きかけを行うのはポピュレーションアプローチである。　解答 3、4

8　地域の公衆栄養活動についての記述である。誤っているのはどれか。1つ選べ。
1. 対象者は地域住民である。
2. 活動の拠点には保健所や市町村保健センターがある。
3. 活動の目的にはQOLの向上を目的とした疾病予防と健康増進がある。
4. ヘルスプロモーションの考え方を重視する。
5. ハイリスクアプロ―チでは、地域社会全体への働きがけを行う。

解説　2. 正しい　保健所は都道府県、保健センターは市町村　5. 地域社会全体への働きがけは、ポピュレーションアプローチである。　解答 5

9　公衆栄養マネジメントに関する記述である。誤っているのはどれか。1つ選べ。
1. 目標値は、改善可能性を考慮して設定する。
2. 公衆栄養活動は、PDCAサイクルに従って進める。
3. アセスメントでは、既存資料の有効活用を図る。
4. 評価では、投入した資源に対する効果を検討する。
5. 活動計画の策定段階では、住民参加を求めない。（第34回国家試験）

解説　5. 活動の計画策定段階においても住民参加を求める。　解答 5

10　公衆衛生活動とPDCAサイクルの組み合わせである。正しいのはどれか。1つ選べ。
1. 地域活動において減塩教室を開催する -- Plan
2. 中間評価を実施する ------------------ Do
3. 運動しやすい生活環境を整備する ------ Do
4. 最終評価を次期計画へ反映させる ------ Check
5. 数値目標を設定する ------------------ Act（第30回国家試験）

解説　1. Do（実行）　2. Check（評価）　4. Act（改善）　5. Plan（計画）　解答 3

11　地域における生活習慣病に対するハイリスクアプローチである。正しいのはどれか。1つ選べ。

1. 広報紙による情報提供
2. 公共施設におけるポスターの掲示
3. 特定保健指導における積極的支援
4. スーパーマーケットにおける減塩キャンペーンの実施
5. 市民公開講座の開催　（第33回国家試験）

解説　1.　2.　4.　5.　ポピュレーションアプローチ（リスクの有無かかわらず集団全体を対象とする）
3. ハイリスクアプローチ（疾病を発症しやすい高いリスクをもった特定を対象）　解答 3

12　C市で循環器疾患予防10か年戦略を策定し、公衆栄養プログラムを実施することになった。行政と住民の関わりに関する記述である。誤っているのはどれか。1つ選べ。

1. プログラム推進委員会に住民代表の参加を求める。
2. 対象住民への問診は、住民代表が実施する。
3. プログラムの優先順位決定には、住民の意見を取り入れる。
4. 食生活改善推進員によるボランティア活動と連携する。
5. プログラムの効果判定時に住民が意見を述べる。　（第29回国家試験）

解説　2.　研究の倫理において、個人の特定や個人情報流出防止等のために、調査対象に所属する者が調査に直接関わらないことは鉄則である。　解答 2

13　公衆栄養マネジメントに関する記述である。（　　）に入る正しいものの組み合わせはどれか。1つ選べ。

公衆栄養活動は、計画の策定、実施、評価、改善という過程を踏んで実施する。これを（　a　）と呼ぶ。活動には住民参加が大切であり、専門家が現状分析を行い、課題を明確化した後に住民参加を求める手法を（　b　）という。また、活動実施中も常に評価し、活動に反映させることを（　c　）という。

1. a：PDCAサイクル　b：課題解決型アプローチ　c：介入調整
2. a：PDCAサイクル　b：目的設定型アプローチ　c：フィードバック
3. a：PDCAサイクル　b：課題解決型アプローチ　c：フィードバック
4. a：モニタリングシステム　b：目的設定型アプローチ　c：フィードバック
5. a：モニタリングシステム　b：課題解決型アプローチ　c：介入調整　（第29回国家試験）

解説　公衆栄養活動は、P(Plan)：計画の策定、D(Do)：実施、C(Check)：評価、A(Act)：改善という過程を踏んで実施する。
フィードバックとは、活動実施中にも評価し、修正などその活動に反映させることをいう。
住民参加には2つのアプローチがある。
課題解決型：専門家が現状分析を行い、課題を明確化した後に住民参加を求める。
目的設定型：住民を含めた参加者全体で、目的となる理想を協議し共有することから進める。
解答 3

参考文献

1) QOL-厚生労働省（WHOQOL Measuring Quality of Life. PROGRAMME ON MENTAL HEALTH pp1－13、DIVISION OF MENTAL HEALTH AND PREVENTION OF SUBSTANCE ABUSE WHO）(https://www.mhlw.go.jp/shingi/2009/12/dl/s1224-14c.p)

2) 健康長寿ネット:(https://www.tyojyu.or.jp/net/kenkou-tyoju/tyojyu-shakai/koreisha-qol.html)

3) 総務省報道資料　令和２年９月 20 日　https://www.stat.go.jp/data/topics/pdf/topics126.pdf

4) 健康日本 21　付録１　栄養・食生活と健康・生活の質（QOL）などの関係について「栄養・食生活分野における目標設定の視点」

5) IPBES（2018）Summary for Policymakers of the Assessment Report on Land Degradation and Restoration「土地劣化と回復に関する評価報告書の政策立案者のための要約」IPBES：生物多様性および生態系サーボスに関する政府間科学政策プラットフォーム　環境省

6) 農林水産省：知ってる？日本の食料事情　～日本の食料自給率・食料自給力と食料安全保障～（令和４年３月）

7) 吉池信男：第２版　公衆栄養学　栄養政策、地域栄養活動の理論と展開、p.9、第一出版（2019）

8) 地域包括ケアシステムのイメージ　図解地域包括ケアシステムとは (https://www.minnanokaigo.com/guide/homecare/area-comprehensive-care-system/)

9) 吉野純典ら（編集）：健康・栄養科学シリーズ　公衆栄養学改訂第６版、p.7、南江堂、(2018)

10) 時子山ひろみ他：フードシステムの経済学第６版　医歯薬出版、p.163、(2019)

11) 国連 WFP ブログ：考えよう、飢餓と食品ロスのこと（2018/09/1/8）

12) 全国地球温暖化防止活動推進センタ ：各国フード・マイレージの品目別比較 (phttps://www.jccca.org/chart/chart05_07.html)

13) 地域における行政栄養士による健康づくり及び栄養・食生活の改善について　疾病と食事、地域の関係（2021/02/05）(https://www.mhlw.go.jp/bunya/kenkou/dl/chiiki-gyousei_03_07.pdf)

14) 日本と WHO　WHO の概要（厚生労働省）

15) 島内憲夫、鈴木美奈子：WHO ヘルスプロモーションの視点から見た健康日本 21—人々の健康と幸福のために、今できること、医学のあゆみ、Vol.271　No.10、1125—1131、2019

16) 曽根 智史（国立保健医療科学院）：ソーシャルキャピタルを活用した地域保健対策の推進について、平成 29 年度保健師中央会議配布版、平成 29 年７月 28 日 (https://www.mhlw.go.jp/file/05-Shingikai-10901000-Kenkoukyoku-Soumuka/0000174310.pdf)

17) 国民生活基礎調査（2019）(https://www.mhlw.go.jp/toukei/saikin/hw/k-tyosa/k-tyosa19/dl/02.pdf)

18) 食料品アクセス問題と高齢者の健康　2014 年 10 月 21 日 農林水産政策研究所　研究成果報告会 (https://www.maff.go.jp/primaff/koho/seminar/2014/attach/pdf/141021_01.pdf)

19) 国民健康・栄養調査　令和元年（https://www.mhlw.go.jp/content/10900000/000687163.pdf)

20) 地域高齢者等の健康支援を推進する配食事業の栄養管理の在り方検討会報告書　平成 29 年３月１日 (https://www.mhlw.go.jp/file/06-Seisakujouhou-10900000-Kenkoukyoku/guideline_3.pdf)

21)「健やか親子 21」の最終評価等に関する検討会　座長 五十嵐隆（国立成育医療研究センター総長）(https://www.mhlw.go.jp/file/05-Shingikai-11901000-Koyoukintoujidoukateikyoku-Soumuka/s2.pdf)

第2章

健康・栄養問題の現状と課題

達成目標

- わが国の人口・疾患構造の変化がもたらす健康・栄養問題について説明できる。
- 健康状態の変化について説明できる。
- わが国の食生活や食環境の現状と経年変化について説明できる。

1 社会環境と健康・栄養問題

1.1 人口構成の変遷

わが国では、５年に１度実施される国勢調査（総務省）により、人口や世帯の実態が調査されている。2020（令和２）年国勢調査によると、総人口は１億 2614 万 6099 人であった。人口の推移をみると、戦後は上昇傾向を示し、1985（昭和 60）年に１億２千万人を超えてからは増加幅が小さくなり、2020（令和２）年は前回（2015（平成 27）年）と比較して減少傾向に転じた（図 2.1）。さらに、国立社会保障・人口問題研究所「日本の将来推計人口（平成 29 年推計）」によると、今後も人口は減少傾向を続け、2053 年には１億人を切ることが推計されている。なお国勢調査の対象は、「日本に常在するすべての人」であり、日本に住む外国人も含まれている。したがって、総人口とは、日本人人口と外国人人口の合計であり、外国人人口も含まれている。

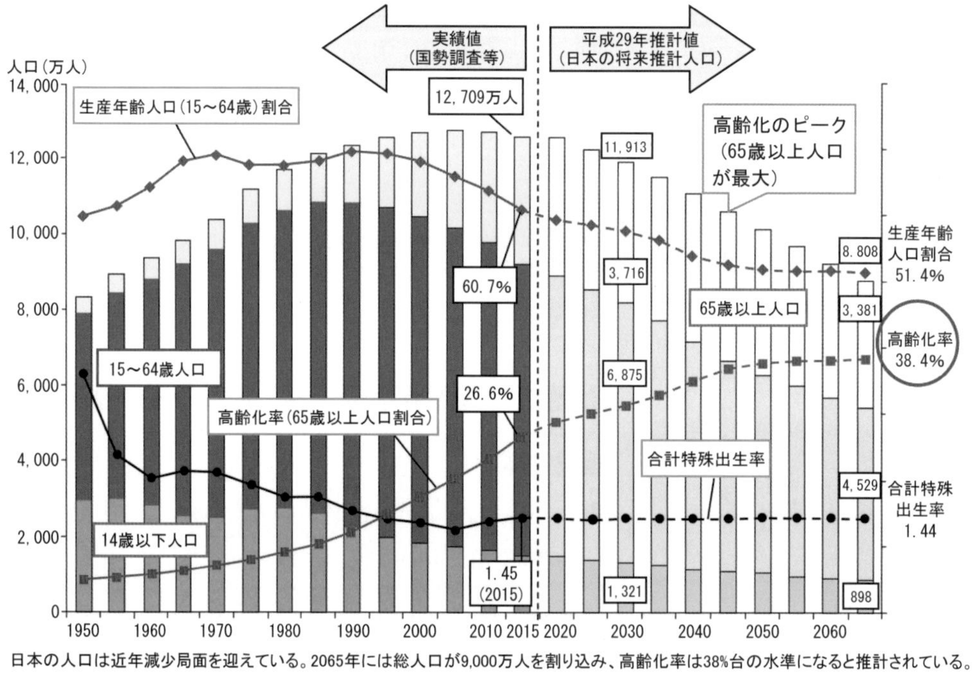

日本の人口は近年減少局面を迎えている。2065年には総人口が9,000万人を割り込み、高齢化率は38%台の水準になると推計されている。

出典）総務省：国勢調査、国立社会保障・人口問題研究所：日本の将来推計人口（平成29年推計）；出生中位・死亡中位推計（各年10月1日現在人口）
厚生労働省：人口動態統計

図2.1　わが国の人口推移

国勢調査による人口を基準人口として、その後の人口動向を他の人口関連資料から得て推計された人口が、「人口推計」として毎月報告されている。人口推計による人口増減をみると、2011（平成 23）年以降、人口が減少している。2019（令和元）

年 10 月 1 日現在の人口推計によると、老年人口（65 歳以上）割合は 28.4%、生産年齢人口（15〜64 歳）割合は 59.5%、年少人口割合は 12.1%であった。性・年齢階級別人口を総人口に対する割合で示したグラフを「人口ピラミッド」といい、その時の人口構成を示しており、現在はつぼ型をしている（図 2.2）。さらに図 2.1 の折れ線グラフに示す通り、年少人口割合と生産年齢人口割合は減少傾向であり、老年人口割合は増加傾向を示している。将来推計人口からも、この傾向は今後も加速することが見込まれている。

このように、わが国の総人口は減少している一方で、年少人口割合が減少し、老年人口割合が増加しており、少子高齢化が進んでいる。

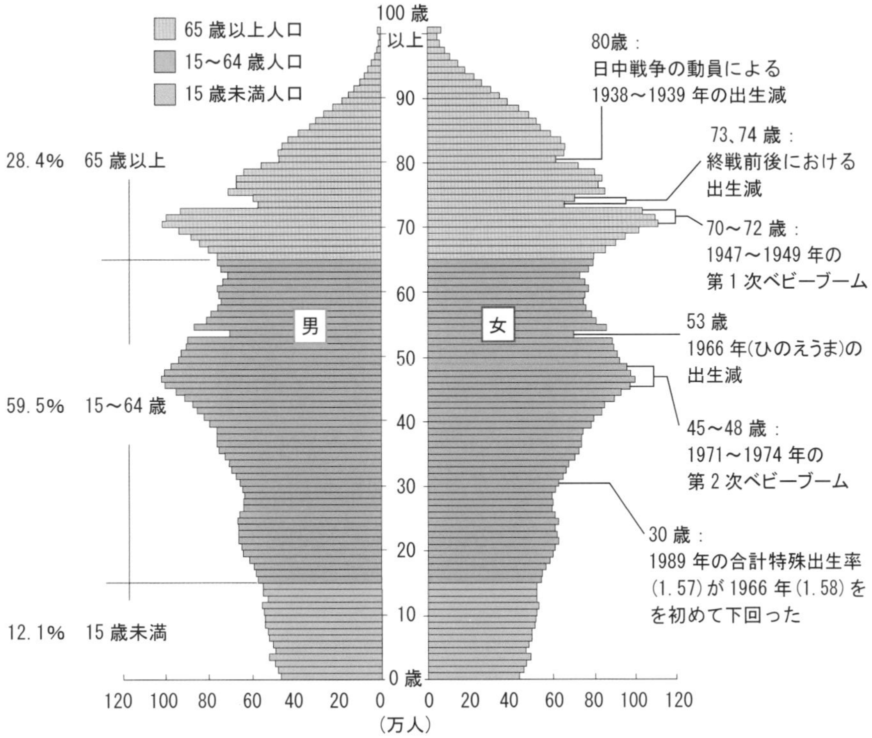

出典）総務省統計局：人口統計（2019（令和元）年10月1日現在）

図2.2　人口ピラミッド（2019年10月1日現在）

1.2 少子化

現在わが国は、少子化が進んでいる。少子化とは、「出生率が低下し、子どもの数が減少すること」である。わが国の出生数と合計特殊出生率の推移を（図 2.3）に示した。

これまでの出生数の推移をみると、戦後 1947〜49 年の第 1 次ベビーブーム期には約 270 万人、1971〜74 年の第 2 次ベビーブーム期は約 210 万人の子どもが 1 年間に生まれていたが、1975（昭和 50）年以降は 200 万人を切り、その後も減少の一途を

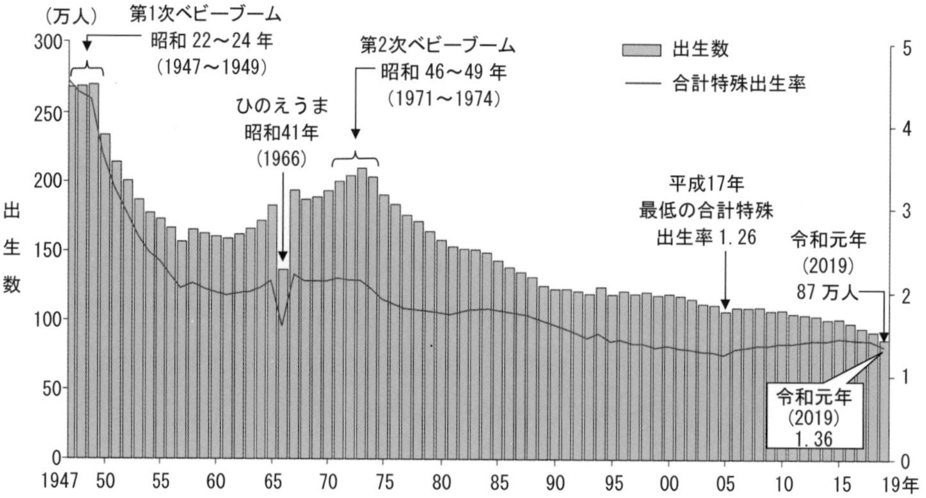

出典）厚生労働省：令和元（2019）年　人口動態統計（確定数）の概略

図2. 3　出生数および合計特殊出生率の年次推移

たどっている。2016（平成 28）年には 100 万人を切り、近年は過去最低の出生数を毎年更新し、2019（令和 1）年の出生数は 87 万人であった。

合計特殊出生率（粗再生産率）は、15～49 歳までの女性の年齢別出生率を合計したものであり、人口置換水準（約 2.1）を下回った状態が継続すると、長期的には人口が減少すると考えられている。第 1 次ベビーブーム期には 4 を超えていたが、その後低下し、1971～74 年の第 2 次ベビーブーム期の終わりの 1974（昭和 49）年に当時の人口置換水準を下回って以降は、長期的にみると減少傾向を示している。2005（平成 17）年には過去最低の合計特殊出生率 1.26 を示し、その後緩やかな上昇傾向にあったが、ここ数年微減傾向にあり、2019（令和元）年の**合計特殊出生率**は 1.36 であった。

このようなわが国の少子化の背景には、さまざまな要因が絡み合っている。少子化の主な原因として、未婚化の進展、晩婚化の進展、夫婦の出生力の低下があると指摘されている。さらにこれらの背景には、仕事と子育てを両立できる環境整備の遅れや高学歴化、結婚・出産に対する価値観の変化、子育てに対する負担感の増大、経済的不安定の増大などがある。わが国では、合計特殊出生率が 1966（昭和 41）年（ひのえうま）の 1.58 を下回った 1989（平成元）年の 1.57 ショック以降、少子化対策が本格的に開始され、国としてさまざまな少子化対策や子育て支援施策を打ち出しているものの、少子化がますます進んでいるのが現状である。

諸外国の合計特殊出生率のグラフを図 2.4 に示したが、わが国は、フランス、スウェーデンといった欧米諸国に比べると低いが、韓国、台湾、香港など近隣のアジア諸国に比べるとやや高い。

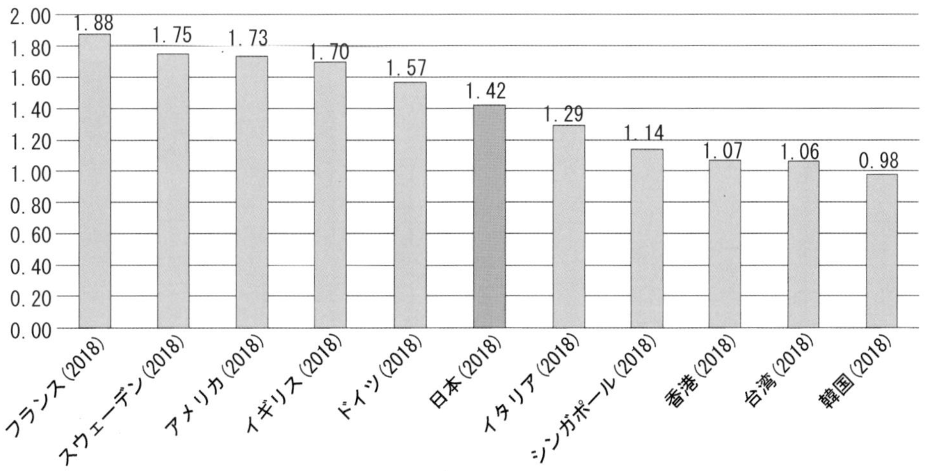

出典）内閣府：令和2年版　少子化社会対策白書　日本は厚生労働省「人口動態統計」、諸外国は各国統計（フランスは暫定値）

図2.4　合計特殊出生率の国際比較

例題1　人口構成の変遷と少子化に関する記述である。正しいのはどれか。1つ選べ。

1. 国勢調査は3年に1度実施される。
2. 総人口とは、日本人のみの人口で日本在住の外国人人口は含まない。
3. 現在の日本の人口ピラミッドは釣り鐘型をしている。
4. 現在の日本の少子化の原因として、未婚化や晩婚化の進展などがある。
5. 近年の、わが国の合計特殊出生率は、1.5より高い。

解説　1. 国勢調査は5年に1度実施される。　2. 総人口とは、日本人人口と日本在住の外国人人口の合計である。　3. 現在の日本の人口ピラミッドはつぼ型をしている。　5. 1.5より低い。2019年は1.36であった。　**解答**　4

1.3 長寿社会（高齢社会）

前述の通り、2019（令和元）年の65歳以上の高齢者人口は28.4%と約3割を占めているが、高齢者人口のなかでも、75歳以上人口は総人口の14.7%を占め、老年人口の約半数は後期高齢者である（図2.1、図2.5）。この65歳以上の高齢者人口の割合は、世界第1位（2020年時点）である。

高齢化率が7%を超えると高齢化社会、14%を超えると高齢社会、21%を超えると超高齢社会とよばれており、現在わが国は超高齢社会である。終戦直後は5%程度だった高齢化率は、その後増加の一途をたどり、1970（昭和45）年に高齢化社会、1994（平成6）年に高齢社会、2007（平成19）年に超高齢社会へと突入し、第1次

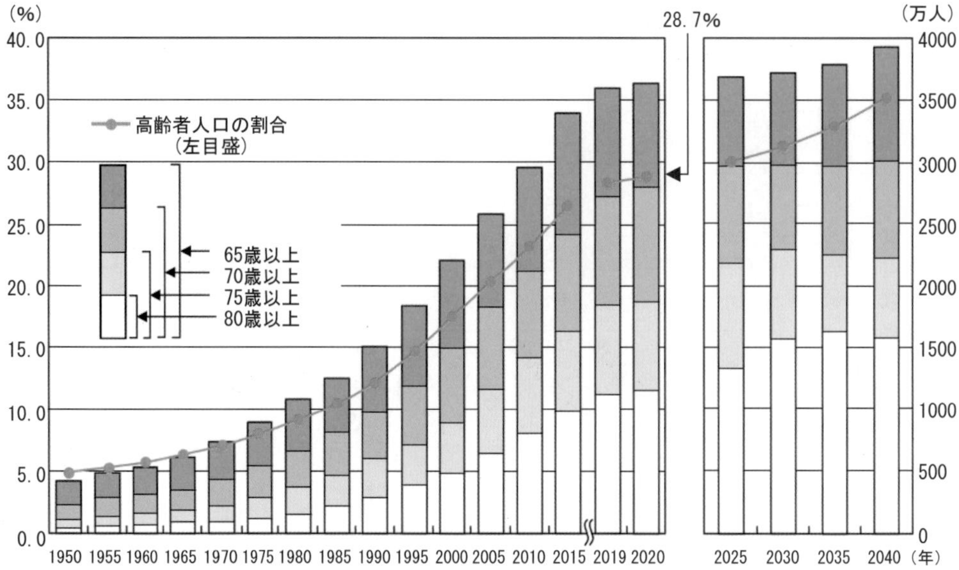

注：1) 2019 および 2020 は 9 月 15 日現在、その他の年は 10 月 1 日現在　2) 国勢調査による人口および割合は、年齢不詳をあん分した結果　3) 1970 年までは沖縄県を含まない。

出典）総務省：統計トピックス No. 126 統計からみたわが国の高齢者（令和 2 年 9 月 30 日）

図2.5　高齢者人口および割合の推移（1950年～2040年）

ベビーブーム期に生まれた「団塊の世代」が 65 歳以上となった 2015（平成 27）年には 26.6%となった（図 2.1）。

日本の高齢化率が 7%を超えてからその倍の 14%に達するまでの所要年数は、1970 年から 1994 年まで 24 年であった。これは国際的にみても短い方であり、急速に高齢化が進んできたことが分かる。今後「団塊の世代」が 75 歳以上となる 2025 年には 30.0%に達すことが見込まれている。

2019（令和元）年国民生活基礎調査の結果より、65 歳以上の者のいる世帯は 2558 万 4 千世帯であり、全世帯の約半数（49.4%）を占めている。世帯構造をみると、「夫婦のみの世帯」（32.3%）と「単独世帯」（28.8%）が約 6 割を占めている。つまり、65 歳以上の約 3 人に 2 人は夫婦ふたりまたはひとり暮らしである。一方で、子や孫と一緒に暮らしている「三世代家族」は減少しており、2019 年は 9.4%と最も低かった（図 2.6）。

高齢化が進展することにより、介護を必要とする者も増加している。2000（平成 12）年に介護保険制度が開始されて以降、要介護・要支援の認定者数は増加し続け、2000 年の 256 万人から 2018（平成 30）年には 645 万人と、約 2.5 倍に増加した（図 2.7）。介護が必要となった要因として、要支援者では「関節疾患」、「高齢による衰弱」、「骨折・転倒」が、要介護者では「認知症」、「脳血管疾患（脳卒中）」、「骨折・転倒」が多い（表 2.1）。

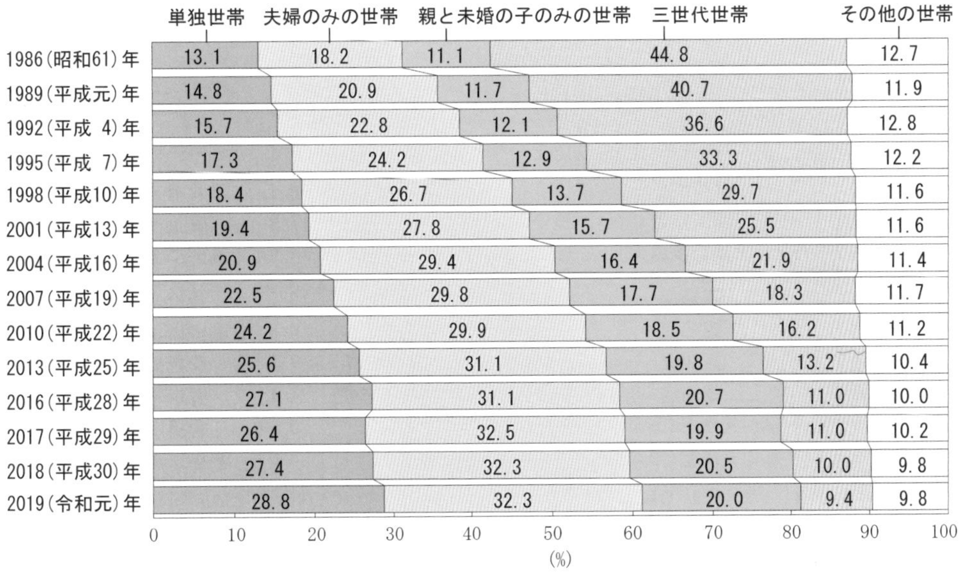

注：1）1995（平成7）年の数値は、兵庫県を除いたものである。
2）2016（平成28）年の数値は、熊本県を除いたものである。
3）「親と未婚の子のみの世帯」とは、「夫婦と未婚の子のみの世帯」および「ひとり親と未婚の子のみの世帯」をいう。

出典）厚生労働省：2019 年国民生活基礎調査の概況

図2.6　65歳以上の者のいる世帯の世帯構造の年次推移

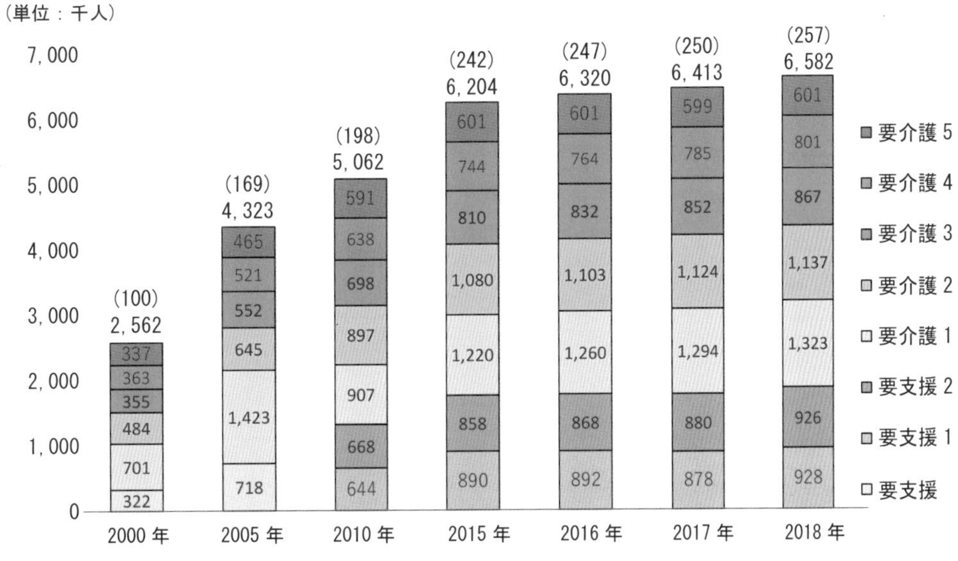

※( )の数値は、2000 年を 100 とした場合の指数である。
※東日本大震災の影響により、2010 年の数値には福島県内 5 町 1 村の数値は含まれていない。

出典）厚生労働省：平成 30 年度介護保険事業状況報告

図2.7　要介護度別認定者数（年度末現在）の推移

表2.1　現在の要介護度別にみた介護が必要となった主な原因（上位3位）

（単位：%）　　2019（令和元）年

現在の要介護度	第1位		第2位		第3位	
総　数	認知症	17.6	脳血管疾患（脳卒中）	16.1	高齢による衰弱	12.8
要支援者	関節疾患	18.9	高齢による衰弱	16.1	骨折・転倒	14.2
要支援1	関節疾患	20.3	高齢による衰弱	17.9	骨折・転倒	13.5
要支援2	関節疾患	17.5	骨折・転倒	14.9	高齢による衰弱	14.4
要介護者	認知症	24.3	脳血管疾患（脳卒中）	19.2	骨折・転倒	12.0
要介護1	認知症	29.8	脳血管疾患（脳卒中）	14.5	高齢による衰弱	13.7
要介護2	認知症	18.7	脳血管疾患（脳卒中）	17.8	骨折・転倒	13.5
要介護3	認知症	27.0	脳血管疾患（脳卒中）	24.1	骨折・転倒	12.1
要介護4	脳血管疾患（脳卒中）	23.6	認知症	20.2	骨折・転倒	15.1
要介護5	脳血管疾患（脳卒中）	24.7	認知症	24.0	高齢による衰弱	8.9

注：「現在の要介護度」とは、2019（令和元）年6月の要介護度をいう。　出典）厚生労働省：2019年 国民生活基礎調査の概況

このように、要介護・要支援に移行する理由はさまざまある。脳卒中などは健常な状態から介護を必要とする状態に突然移行するが、後期高齢者（75歳以上）の多くの場合、「**フレイル**」という中間的な段階を経て、徐々に要介護状態に陥ると考えられている。フレイルとは、「加齢に伴う予備能力低下のため、ストレスに対する回復力が低下した状態」を表す“frailty”の日本語訳として日本老年医学会が提唱した用語である。“加齢に伴うさまざまな機能変化や予備能力低下によって健康障害に対する脆弱性が増加した状態”であり、筋力の低下や転倒しやすいといった身体的脆弱性だけではなく、認知機能障害やうつなどの精神・心理的脆弱性、独居や経済的困窮などの社会的脆弱性も包含した概念である。早期に発見し、適切な介入をすることにより、生活機能の維持・向上を図ることができると考えられているため、近年高齢者におけるフレイル予防が重要視されている。

例題2　長寿社会に関する記述である。正しいのはどれか。1つ選べ。

1. 高齢化率が14%を超えると超高齢社会とよばれる。
2. 現在のわが国は、高齢社会である。
3. 65歳以上の者のいる世帯は全世帯の約半数を占めている。
4. 介護が必要となった主な原因の第1位は骨折・転倒である。
5. フレイルの概念には経済的困窮などの社会的脆弱性は含まれない。

解説　1. 高齢化率が21%を超えると超高齢社会とよばれる。　2. 現在のわが国は、超高齢社会である。　4. 介護が必要となった主な原因の第1位は認知症である。　5. フレイルの概念には経済的困窮などの社会的脆弱性も含まれる。　**解答**　3

2 健康状態の変化

2.1 平均寿命、健康寿命

(1) 平均寿命

各年齢の生存者における今後の平均期待生存年数、すなわち「平均してあと何年生きられるか」という年数を「**平均余命**」、その中でも 0 歳における平均余命を「**平均寿命**」という。2019（令和元）年の平均寿命は、男性 81.41 年、女性 87.45 年であり、1947(昭和 22）年と比較して 30 年以上、1990（平成 2）年と比較しても 5 年以上長くなった（図 2.8）。

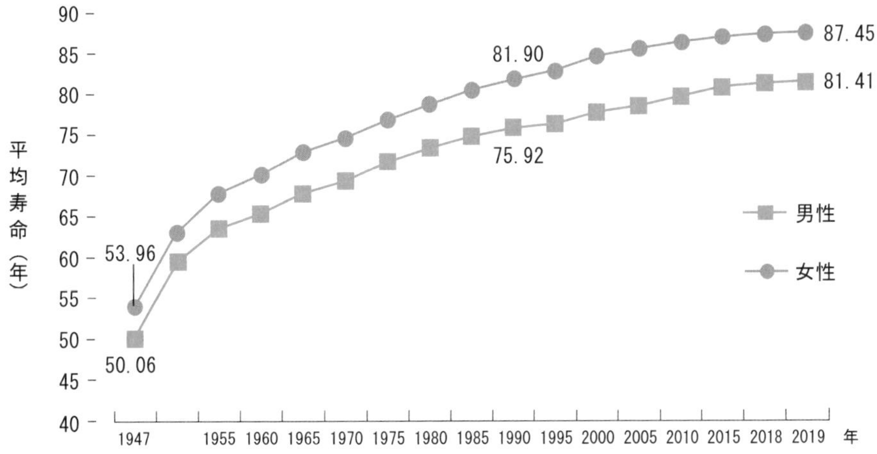

出典）厚生労働省：令和元年簡易生命表の概況

図2.8　平均寿命の推移

平均寿命を国際比較すると、作成方法が異なることから厳密な比較は困難であるが、2019（令和元）年時点での最新データより、日本の平均寿命は、男性は 3 位（1 位香港、2 位スイス)、女性は 2 位（1 位香港、3 位スペイン）であることが報告されており、日本は世界有数の長寿国である。

(2) 健康寿命

健康寿命とは、健康で長生きすることをひとつの指標で表したものである。健康寿命には、さまざまな指標があり、例えば世界保健機関（WHO）では、**健康度調整平均寿命**（Health-adjusted Life Expectancy : HALE）が使われている。わが国の**健康日本 21（第二次）**では、国民生活基礎調査の結果を用いて「日常生活に制限のない期間」を健康寿命の主指標としている。2016（平成 28）年の健康寿命は、男性 72.14 年、女性 74.79 年であり、2001（平成 13）年以降、上昇傾向を示している（図 2.9）。

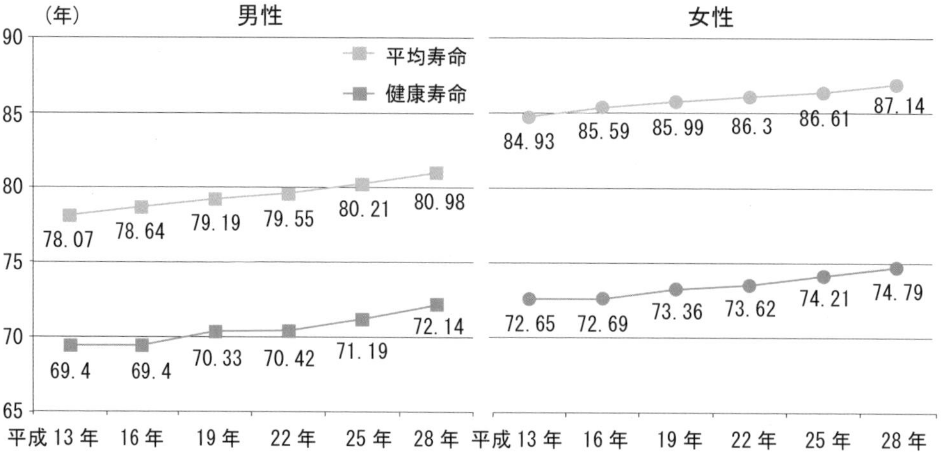

平均寿命：平成13･16･25･28年は、厚生労働省「簡易生命表」、平成22年は「完全生命表」

出典）厚生労働省：第11回健康日本21（第二次）推進専門委員会資料

図2.9　平均寿命と健康寿命の年次推移

健康寿命には都道府県差があり、都道府県別に「日常生活に制限のない期間」の平均（平成22、25、28年）を比較すると、男性は1位山梨県（72.31年）と47位高知県（70.16年）の間に約2年、女性は1位山梨県（75.49年）と47位広島県（72.98年）の間に約2.5年の差がみられた。健康日本21（第二次）中間評価において、2010（平成22）年と2016（平成28）年の都道府県格差は、2010（平成22）年と比較して縮小傾向であることが報告されている。

(3)　平均寿命と健康寿命の差

平均寿命、健康寿命それぞれの年数を延伸することに加えて、平均寿命と健康寿命の「差」が短縮しているかにも着目する必要がある。平均寿命と健康寿命の差は、日常生活に制限のある「不健康な期間」を意味し、この期間が拡大すると医療費や介護給付費の増大につながり、逆に縮小すると社会保障負担の軽減につながる。2010（平成22）年には、この平均寿命と健康寿命の差は男性9.13年、女性12.68年であったが、2016（平成28）年には、男性8.84年、女性12.35年と、わずかではあるが短縮した（図2.10）。

2.2 死因別死亡

わが国の主要死因別にみた人口10万人当たりの死亡率を（図2.11）に示す。近年の死亡率は、第1位は悪性新生物、第2位は心疾患であり、第3位～第5位は老衰、脳血管疾患、肺炎となっており、年や性別によって順位が入れ替わっている状況である。

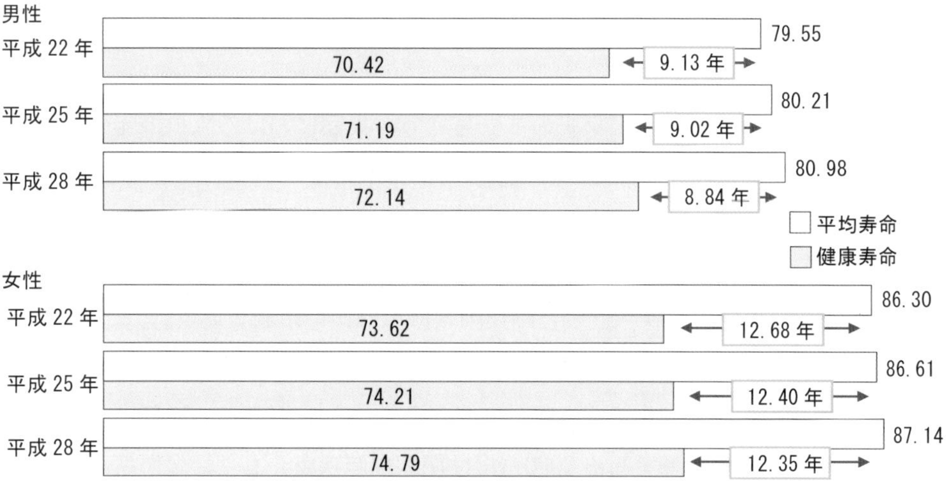

平均寿命：平成 22 年は「完全生命表」、平成 25･28 年は厚生労働省「簡易生命表」

出典）厚生労働省：第 11 回健康日本 21（第二次）推進専門委員会資料

図2.10　平均寿命と健康寿命の差

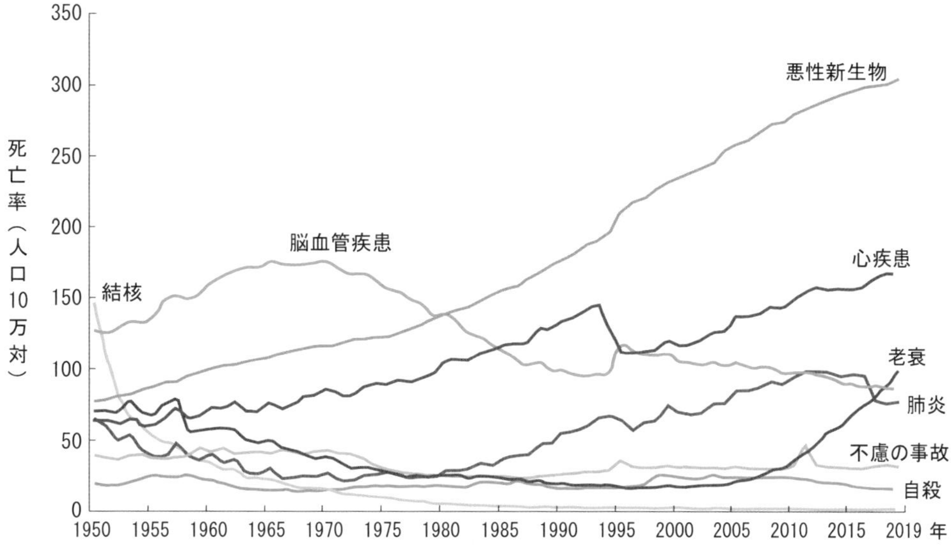

死因分類は ICD-10（2013年版）準拠（平成 29 年適用）による。なお平成 6 年までは ICD-9 による。

出典）厚生労働省：人口動態統計　(2019年は概算値)

図2.11　主要死因別死亡率の年次推移

戦後から現在の年次推移をみると、感染症である結核は減少した一方で、悪性新生物は一貫して増加傾向を示しており、1981（昭和 56）年から第 1 位となっている。心疾患は戦後増加した後一旦減少したが、これは ICD-10 の提供と死亡診断書の改正による影響と考えられており、その後増加傾向を示し、現在上位 2 位となっている。一方脳血管疾患は、戦後増加したものの、1970（昭和 45）年をピークに減少傾向である。肺炎は戦後減少した後に 1980（昭和 55）年代から徐々に増加し、2011（平成

23）年に脳血管疾患に代わり第3位となったが、2017（平成29年）からは第5位となった。

通常「死亡率」は「粗死亡率」のことをさし、集団における人口の年齢構成に影響されるため、年齢構成の影響を取り除いて算出されるのが**年齢調整死亡率**である。主要死因別にみた人口10万人当たりの年齢調整死亡率を（図2.12）に示した。2018（平成30）年は男女ともに、1位「悪性新生物」、2位「心疾患」、3位「脳血管疾患」、4位「肺炎」の順位であり、近年どの死因も減少傾向を示している。

このように、わが国の主要死因は、結核といった感染症から、悪性新生物、心疾患、脳血管疾患といった生活習慣病へ移行した。主として長期の喫煙によってもたらされる肺の炎症性疾患であるCOPD（慢性閉塞性肺疾患）も生活習慣病のひとつであり、主要死因の上位にはあがってきていないものの、近年死亡数が増加している。

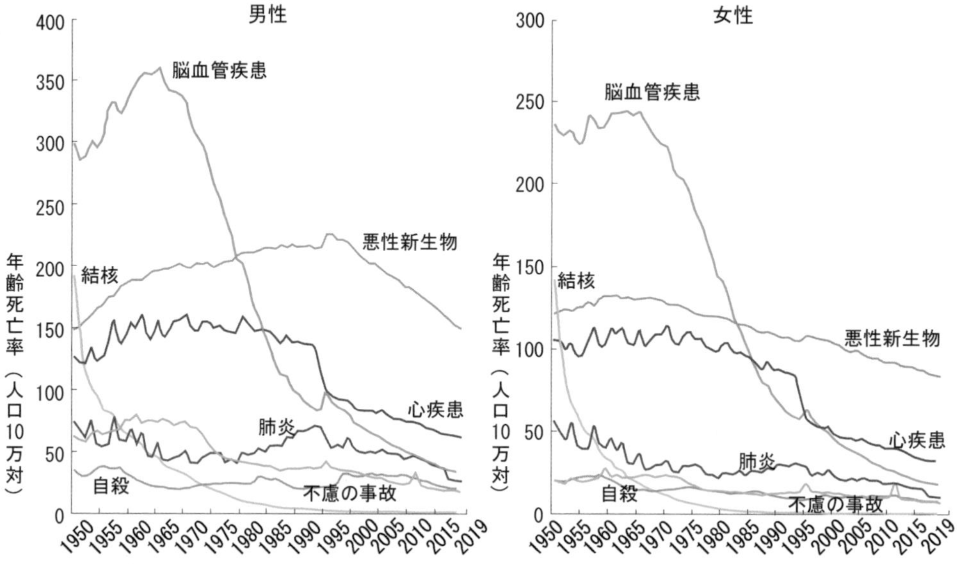

年齢調整死亡率の基準人口は、「昭和60年モデル人口」である。
死因分類はICD-10（2013年版）準拠（平成29年適用）による。なお平成6年まではICD-9による。

出典）厚生労働省：人口動態統計

図2.12　主要死因別死亡率の年次推移

例題3　平均寿命、健康寿命および死因別死亡に関する記述である。誤っているのはどれか。1つ選べ。

1. 0歳における平均余命を「平均寿命」という。
2. 2019年時点、国際比較での日本の平均寿命は、男性3位、女性2位である。
3. 健康日本21（第二次）では、「日常生活に制限のない期間」を健康寿命の主指標としている。

4. 2016（平成 28）年の健康寿命は、男性より女性の方が長い。

5. 2018 年の年齢調整死亡率は男女ともに、1 位「悪性新生物」、2 位「肺炎」、3 位「心疾患」である。

解説　5. 2018 年の年齢調整死亡率は男女ともに、1 位「悪性新生物」、2 位「心疾患」、3 位「脳血管疾患」である。　**解答** 5

2.3　生活習慣病の有病率

生活習慣病とは、「食習慣、運動習慣、休養、喫煙、飲酒などの生活習慣が、その発症・進行に関与する疾患群」と定義されている。2.2 の主要死因としてあがった悪性新生物、心疾患、脳血管疾患の他、心疾患や脳血管疾患の危険因子ともなる高血圧、糖尿病、脂質異常症などが含まれる。

2017（平成 29）年の患者調査の結果より、病院や診療所といった医療施設で継続的に医療を受けている総患者を傷病別にみると、高血圧性疾患が約 994 万人と最も多く、糖尿病、脂質異常症も上位に位置している（図 2.13）。

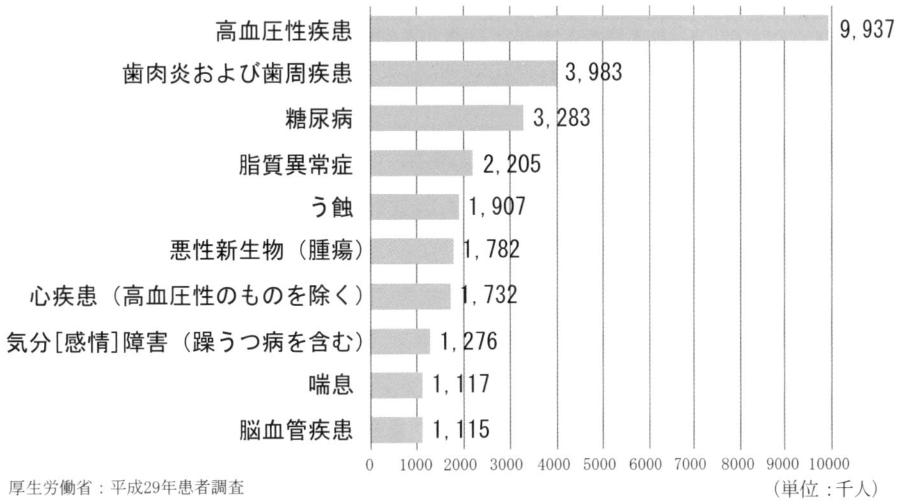

出典）厚生労働省：平成29年患者調査

図2.13　主な傷病の総患者数（上位10位）

この章では、高血圧、糖尿病、脂質異常症、**メタボリックシンドローム**、肥満とやせの現状と年次推移について取り上げる。

(1) 高血圧

2019（令和元）年国民健康・栄養調査で報告された収縮期（最高）血圧の平均値は、男性 132.0 mmHg、女性 126.5 mmHg であった（図 2.14）。最近 10 年間（2009～

2019 年）で男女ともに有意に減少したことが報告されている。健康日本 21（第二次）の目標値は男性 134 mmHg、女性 129 mmHg であり、2018（平成 30）年の中間評価でも「改善している」と評価された。

性・年齢階級別に高血圧症有病者の状況を比較すると、男女ともに年齢が上がるにつれて有病者の割合が高くなる。男性では 50 歳代以降、女性では 60 歳代以降に 50％を超えている（図 2. 15）。

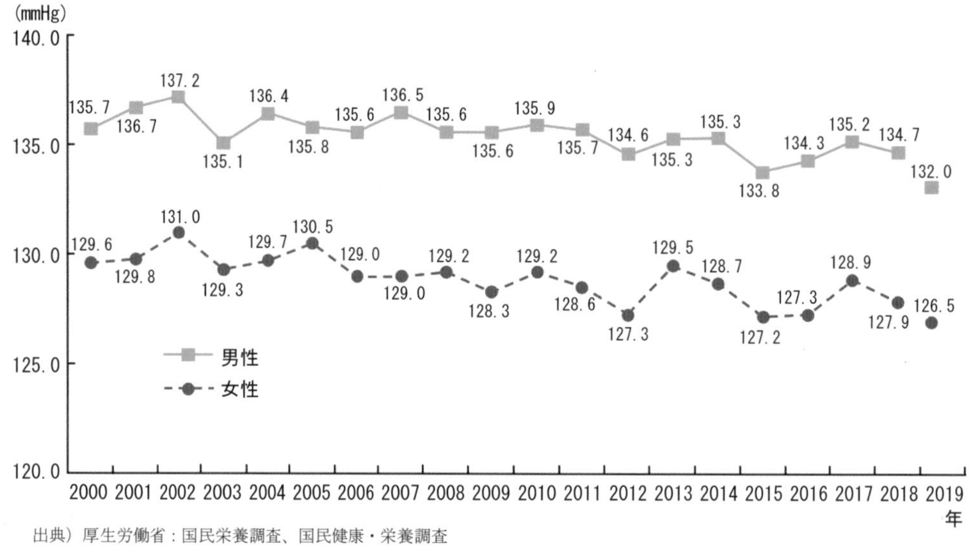

出典）厚生労働省：国民栄養調査、国民健康・栄養調査
2019年より、水銀を使用しない血圧計を使用

図2. 14　収縮期（最高）血圧の平均値の年次推移（20歳以上）

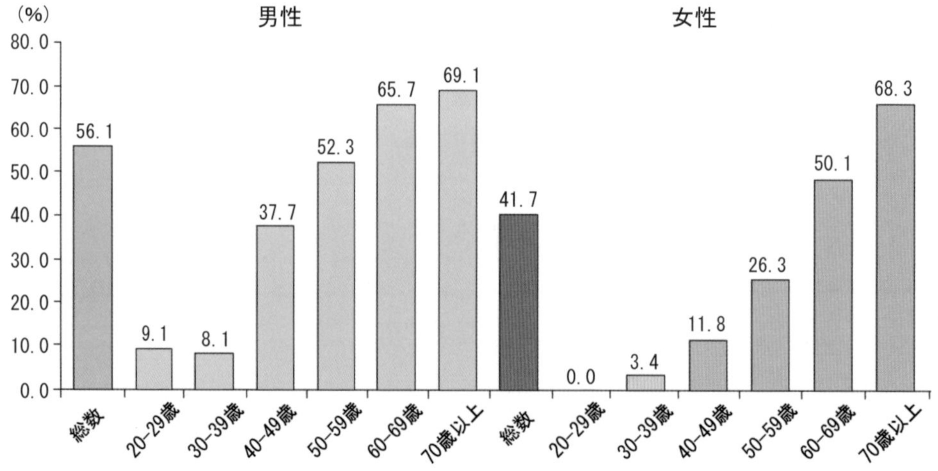

「高血圧症有病者」の判定は、収縮期血圧140 mmHg以上、または拡張期血圧90 mmHg以上、もしくは血圧を下げる薬を服用している者。
数値は２回の測定値の平均値を用いた。なお、１回しか測定できなかった者については、その値を採用した。

出典）厚生労働省：令和元年国民健康・栄養調査

図2. 15　性・年齢階級別高血圧症有病者の状況（20歳以上）

(2) 糖尿病

国民健康・栄養調査において、「糖尿病が強く疑われる者」や「糖尿病の可能性を否定できない者」の人数や割合が報告されている（平成 9 年および平成 14 年は糖尿病実態調査による）。2016（平成 28）年の糖尿病が強く疑われる者と糖尿病の可能性を否定できない者をたした糖尿病有病者数は約 2,000 万人であった。2007（平成 19）年までは増加傾向、その後やや減少はしているものの、1997（平成 9）年の約 1,370 万人と比較して約 1.5 倍に増加した。糖尿病は心筋梗塞や脳卒中のリスクを高める他、神経障害、網膜症、腎症などの合併症を併発する。特に糖尿病は現在新規透析導入の最大の原因疾患であり、個人の生活の質や医療経済への影響が大きい。

2019（令和元）年の国民健康・栄養調査の結果より、糖尿病が強く疑われる者は男性 19.7%、女性 10.8%、糖尿病の可能性を否定できない者は、男性 12.4%、女性 12.9%であった（図 2.16）。1997（平成 9）年から 2007（平成 19）年にかけて大きく増加していたが、その後の増加傾向は鈍化している。なお国民健康・栄養調査における身体状況調査では、空腹時採血が困難であるため、「糖尿病が強く疑われる者」とは、ヘモグロビン A1c の測定値があり、身体状況調査の糖尿病診断の有無に回答した者のうち、ヘモグロビン A1c（NGSP）値が 6.5%以上、または身体状況調査の現在糖尿病治療の有無に「有」と回答した者である。また、「糖尿病の可能性を否定できない者」とは、ヘモグロビン A1c（NGSP）値が 6.0%以上、6.5%未満で、「糖尿病が強く疑われる者」以外の者である。

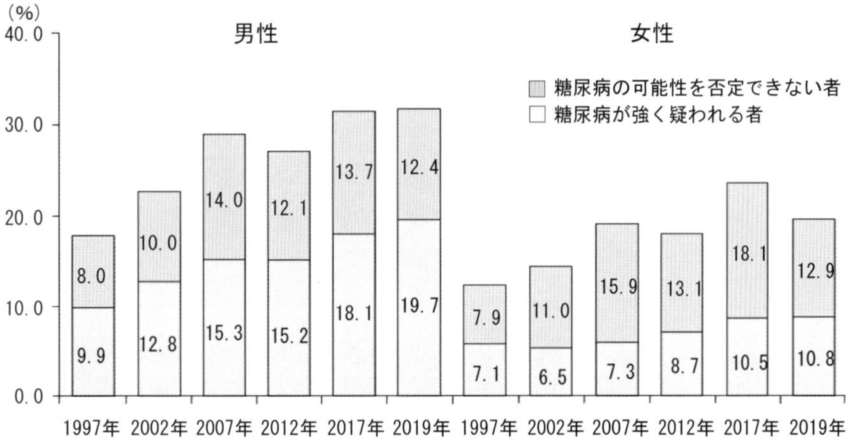

「糖尿病が強く疑われる者」: ヘモグロビンA1cの測定値があり、身体状況調査の糖尿病診断の有無に回答した者のうち、ヘモグロビンA1c（NGSP）値が6.5%以上、または身体状況調査の現在糖尿病治療の有無に「有」と回答した者
「糖尿病の可能性を否定できない者」: ヘモグロビンA1c（NGSP）値が6.0%以上、6.5%未満で、「糖尿病が強く疑われる者」以外の者

出典）厚生労働省：糖尿病実態調査、国民健康・栄養調査

図2.16 「糖尿病が強く疑われる者」、「糖尿病の可能性を否定できない者」の割合の年次推移（20歳以上）

(3) 脂質異常症

健康日本 21（第二次）では、脂質異常症の減少（40〜79 歳）のモニタリングに、血清総コレステロール値が 240 mL/dL 以上の者の割合を用いている。2019（令和元）年国民健康・栄養調査で報告された血清総コレステロール値が 240 mL 以上の者の割合は、男性 12.9%、女性 22.9%と、女性で該当者割合が高い（図 2.17）。最近 10 年間（2009〜2019 年）の年次推移をみると、女性で有意な増加がみられ、健康日本 21（第二次）の目標値である、男性 10%、女性 17%から遠のいている状況である。

さらに、脂質異常症が疑われる者の性・年齢階級別の割合を図 2.18 に示す。ここでは「脂質異常症が疑われる者」とは、HDL コレステロールが 40 mg/dL 未満、もしくはコレステロールを下げる薬または中性脂肪（トリグリセライド）を下げる薬を服用している者をさす。男性 25.0%、女性 23.2%と、約 4 人に 1 人が該当し、年代が高い方が該当者割合が高い。

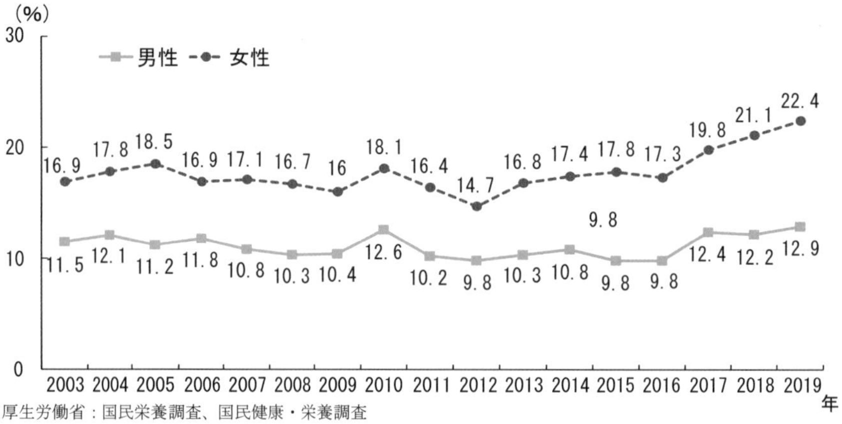

出典）厚生労働省：国民栄養調査、国民健康・栄養調査

図2.17　血清総コレステロールが240 mL/dL 以上の者の割合の年次推移（20歳以上）

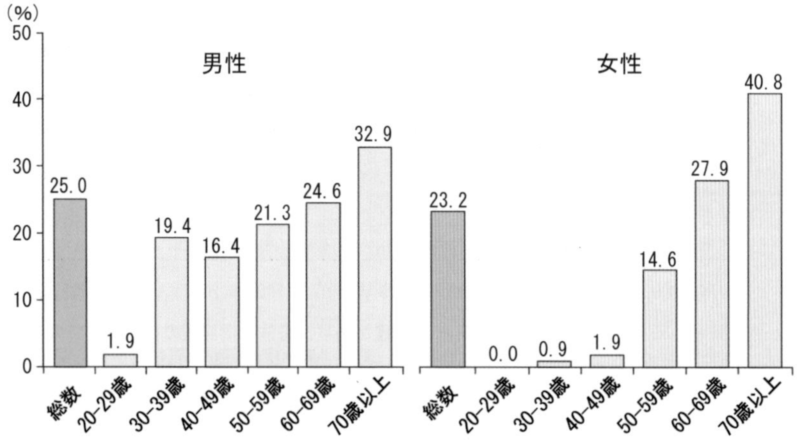

「脂質異常症が疑われる者」の判定は、HDLコレステロールが40 mg/dL未満、もしくはコレステロールを下げる薬または中性脂肪（トリグリセライド）を下げる薬を服用している者。

出典）厚生労働省：国民栄養調査、国民健康・栄養調査

図2.18　性・年齢階級別脂質異常症が疑われる者の状況

(4) メタボリックシンドローム（内臓脂肪症候群）

2019（令和元）年の国民健康・栄養調査の結果より、20歳以上の者で**メタボリックシンドローム**（内臓脂肪症候群）が強く疑われる者は17.8%、予備群と考えられる者は14.1%であった（図2.19）。男女別にみると、強く疑われる者は男性28.2%、女性10.3%、予備群と考えられる者は男性23.8%、女性7.2%であり、男性の方が女性よりも2倍以上割合が高い。年齢階級別にみると、年齢階級が上がるにつれて割合が高くなる傾向がみられる。

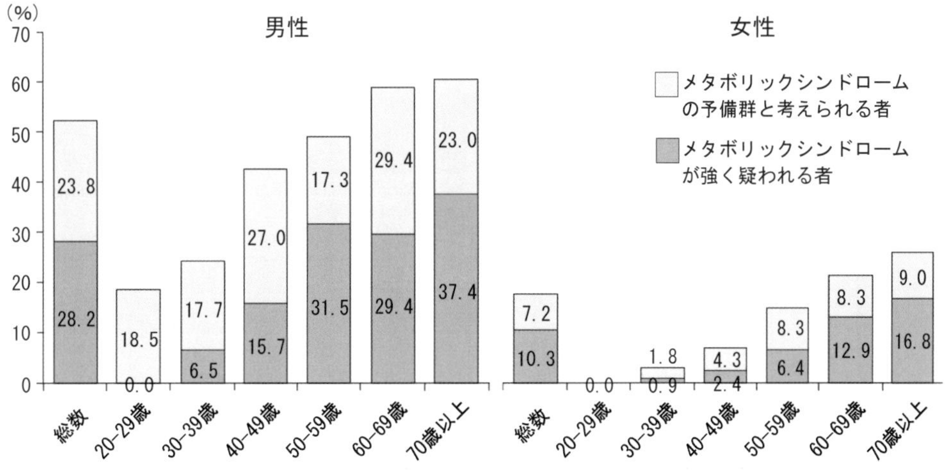

「メタボリックシンドロームが強く疑われる者」：腹囲が男性85 cm、女性90 cm以上で、3つの項目（血中脂質、血圧、血糖）のうち2つ以上の項目に該当する者。
「メタボリックシンドロームの予備群と考えられる者」：腹囲が男性85 cm、女性90 cm以上で、3つの項目（血中脂質、血圧、血糖）のうち1つに該当する者。

出典）令和元年国民健康・栄養調査

図2.19　メタボリックシンドローム（内臓脂肪症候群）の状況（20歳以上）

(5) 肥満・やせ・低栄養

成人の肥満、若年女性のやせ、高齢者の低栄養傾向が近年の課題としてあがっている。2019（令和元）年の国民健康・栄養調査の結果より、20歳以上のBMI（Body Mass Index）25以上の肥満者の割合は男性33.3%、女性22.3%と、男性は3割、女性は2割を超えている。性・年齢階級別にみると、男性は特に40歳代、50歳代でその割合が高く、4割近くが肥満者である。一方女性は、60歳代が最も割合が高い（図2.20）。

健康日本21が開始された2000（平成12）年以降の肥満者、やせの者、低栄養傾向の者の年次推移を図2.21に示す。20～60歳代男性肥満者の割合は2000（平成12）年には27.6%だったが、その後増加傾向を示し、2012（平成24）年、2013（平成25）年に一時減少したものの、その後再び増加し、健康日本21（第二次）の目標である28%から遠のいている状況である。40～60歳代女性肥満者の割合は、2000（平成 12）年は 24.9％であったが、その後減少傾向を示し、近年は約２割で推移しているが、2019（令和元）年には 22.5％と、健康日本 21（第二次）の目標値である 19％には届いていない。

一方、20 歳以上の BMI 18.5 未満のやせの者は、男女ともに 20 歳代に最も多くみられている。特に 20 歳代女性の割合（2019 年）は 20.7％と、5 人に 1 人の女性はやせであることが報告されている。2000（平成 12）年には 22.9％であり、その後やや減少したものの、近年は 20％前後を推移しており、健康日本 21（第二次）の目標値 20％に向けて改善しつつある（図 2.21）。

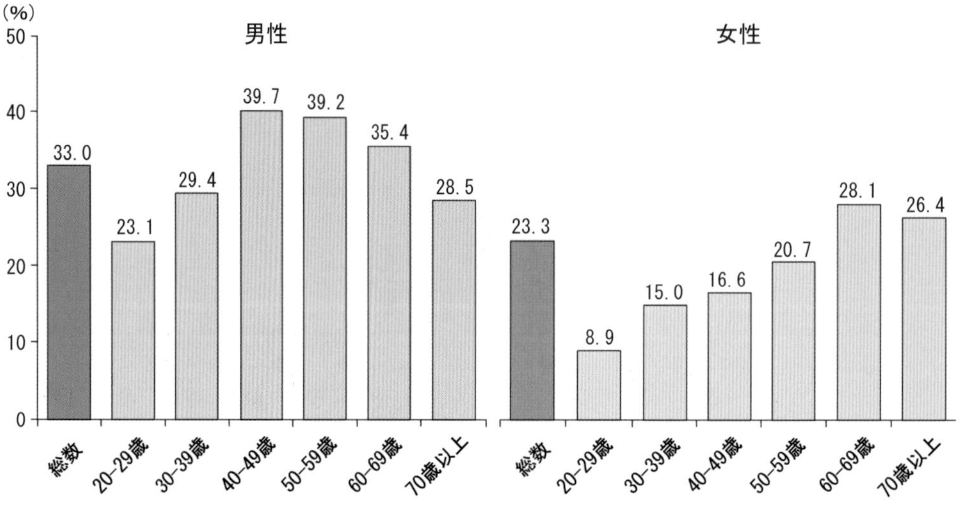

出典）厚生労働省：令和元年国民健康・栄養調査

図2.20　成人肥満者（BMI≧25）の割合

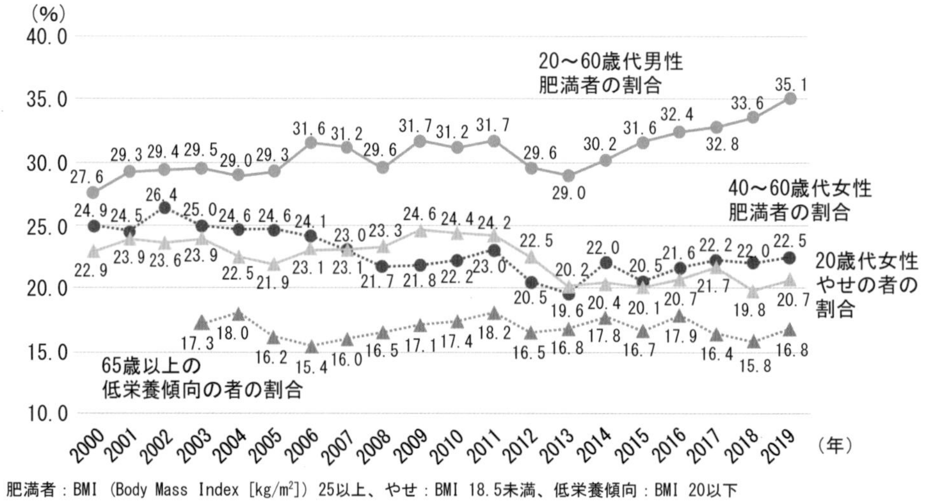

肥満者：BMI（Body Mass Index [kg/m²]）25以上、やせ：BMI 18.5未満、低栄養傾向：BMI 20以下
20歳代女性やせの者の割合は、2015年までは移動平均により平滑化した結果、2015～2019年は単年の結果
出典）厚生労働省：国民栄養調査、国民健康・栄養調査

図2.21　肥満者・やせの者・低栄養傾向の者の割合の年次推移

また、65歳以上の高齢者について、健康日本21（第二次）では高齢者の健康づくりの指標として「低栄養傾向の高齢者の割合」が用いられ、「低栄養傾向」の基準として、BMI 20未満が用いられている。これは、要介護や総死亡リスクが統計学的に有意に高くなるポイントがBMI 20以下であることが示されているためである。2019（令和元）年には、低栄養傾向の65歳以上の高齢者の割合は、男性12.4%、女性20.7%、男女あわせた総数では16.8%であることが報告されている（図2.21）。年次推移をみても大きな増減はみられないものの、今後75歳以上人口が増えることや、フレイル予防の観点から考えても、低栄養傾向の高齢者の割合をさらに抑制する必要があると考えられる。

3 食事の変化

戦後以降の食事の変化は、まず戦後から1970年代までの変化が顕著であった。この時期は戦後の復興期から高度経済成長期（1955～1973年）であり、家電製品の普及、生活様式の合理化、食事の洋風化が進んだ時期である。その後、1970年代頃からファミリーレストランやファーストフードなどの外食チェーンが進出し、特に1980年代にかけて外食産業が発展した。その後、持ち帰りの弁当や惣菜といった中食産業も発展した。この「外食」と「中食」をあわせて食の外部化と表現される。このような食の外部化が進んだこと（図2.22）が我々の食事の変化にもたらした影響も大きい。

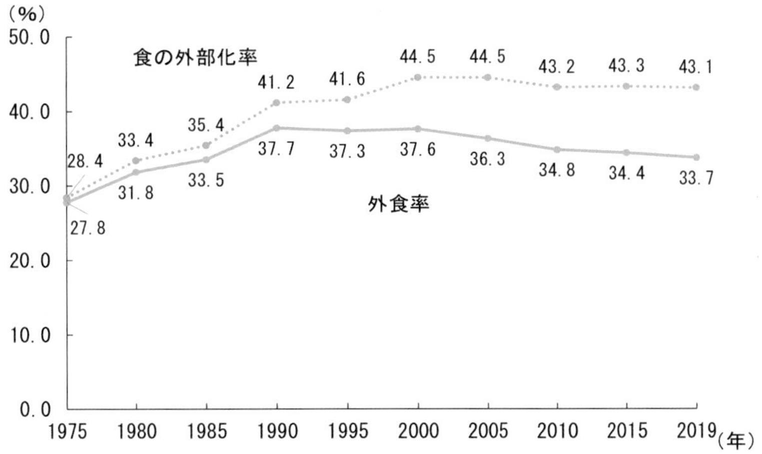

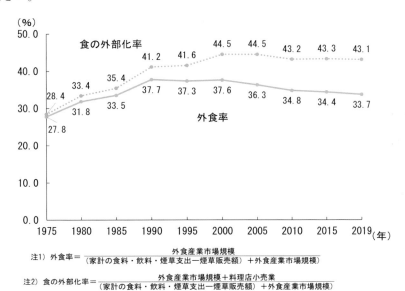

注1）外食率＝外食産業市場規模／（家計の食料・飲料・煙草支出－煙草販売額）＋外食産業市場規模）

注2）食の外部化率＝外食産業市場規模＋料理店小売業／（家計の食料・飲料・煙草支出－煙草販売額）＋外食産業市場規模）

出典）公益財団法人食の安全・安心財団：統計資料「外食率と食の外部化率の推移」

図2.22　外食率と食の外部化率の推移

3.1 エネルギー・栄養素摂取量

(1) エネルギーおよびエネルギー産生栄養素の構成割合の変化

戦後 1946（昭和 21）年から 2019（令和元）年までのエネルギー摂取量の推移を図 2.23 に示す。戦後は約 1,900 kcal で、その後増加傾向を示し、1970（昭和 45）年頃の約 2,200 kcal をピークに、減少傾向に転じ、近年は 1,900 kcal 前後を推移している。

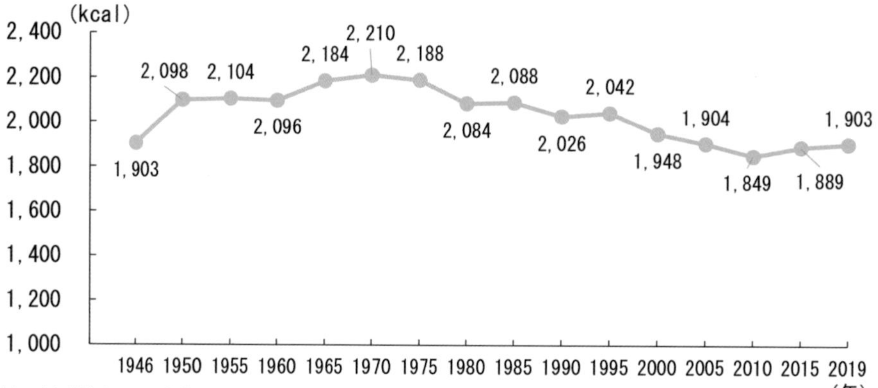

出典）厚生労働省：国民栄養調査、国民健康・栄養調査

図 2.23　エネルギー摂取量の年次推移

戦後のエネルギー産生栄養素のバランス（PFC エネルギー比率）にも変化がみられている（図 2.24）。脂肪エネルギー比率は 7.9%から 3 倍以上の 28.6%に大きく増加した。一方炭水化物エネルギー比率は、79.1%から 56.3%に減少し、たんぱく質エネルギー比率は 13.0%から 15.1%にやや増加した。脂肪エネルギー比率の増加と炭水化物エネルギー比率の減少は、戦後から高度経済成長期にかけて顕著に進み、その後変化率は鈍化しているものの、引き続きこの傾向が進んでいる。

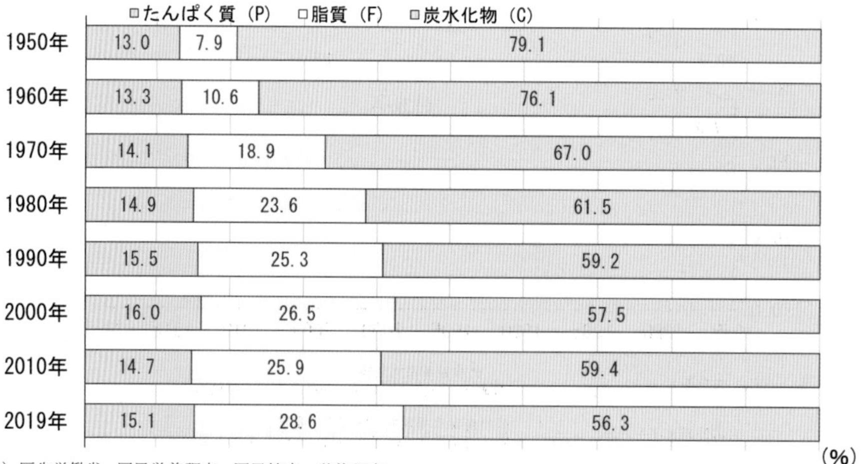

出典）厚生労働省：国民栄養調査、国民健康・栄養調査

図2.24　エネルギー産生栄養素の構成割合の年次推移

このように、戦後直後と近年のエネルギー摂取量は類似しているが、その内容は大きく異なっている。特に脂肪エネルギー比率については、「日本人の食事摂取基準（2020 年版）」の脂質の目標量である 20〜30%を超えている者の割合が増加傾向を示しており、2019（令和元）年には 20 歳以上の 40.0%を占めていた。男性（35.0%）よりも女性（44.4%）でその割合が高く、年代別にみると 20 歳代〜40 歳代で高い。

(2) 主な栄養素摂取量の変化

1946（昭和 21）年の摂取量を 100 としたときの栄養素摂取量の年次推移を図 2.25 に示した。100 よりも数字が大きい栄養素は、1946（昭和 21）年と比較して（動物性脂質は昭和 27 年、鉄は昭和 30 年）摂取量が増加したこと、逆に 100 よりも数字が小さい栄養素は摂取量が減少したことを示している。

エネルギー産生栄養素について、戦後と 2019（令和元）年を比較してみると、最も増加したのは動物性脂質（531）で 5 倍以上、脂質総量でも 417 と約 4 倍に増加した。脂質摂取量の食品群別構成比の 5 割以上（52.6%）は動物性食品であり、特に肉類は 27.6%と比率が高い（2018（平成 30）年国民健康・栄養調査結果）。逆に炭水化物は減少傾向を続け、2019（令和元）年は 64 と戦後の約 6 割にまで摂取量が減少している。この背景としては、後述する米類摂取量の減少が影響していることが考えられる。たんぱく質（総量）は、高度経済成長期にかけて増加したがその後横ばい傾向を示し、1990 年代以降やや減少し、2019（令和元）年は 121 であった。動物性たんぱく質は 382 と約 4 倍に増加した。たんぱく質摂取量も食品群別構成比の 5 割以上は動物性食品であり、特に肉類は 23.9%と比率が高い（2018（平成 30）年国民健康・栄養調査結果）。

微量栄養素のうち、カルシウムは 2 倍（200）に増加した。1975（昭和 50）年頃までは増加傾向を示したが、その後は横ばいである。鉄は 54 と約半分に減少した。

(3) 食塩摂取量

1 日当たりの食塩摂取量の平均値は全体的に減少傾向を示している（図 2.26）。統計的にみて男性は最近 10 年（2009〜2019 年）の間に有意に減少し、女性は 2009 年から 2015 年にかけては有意に減少したが、それ以降は横ばいを推移している。2019 年の結果では、総数では 10.1 g であり、男性（10.9 g）の方が女性（約 9.3 g）よりも摂取量が多い。このように、食塩摂取量は減少傾向を示してはいるものの、男女ともに健康日本 21（第二次）の目標である 8 g 未満や「日本人の食事摂取基準（2020 年版）」の目標量には届いておらず、さらに減らす必要がある。

食塩摂取量には都道府県差や世帯所得による差があることが報告されている。男性では、1 位 宮城県（11.9 g）と 47 位 沖縄県（9.1 g）には約 3 g、女性では 1 位 長野県（10.1 g）と 47 位 沖縄県（8.0 g）には約２ｇの差がある（2016 年国民健康・栄養調査結果)。さらに、世帯の所得別に食塩摂取量を比較すると、男性では世帯の所得が 600 万円以上の者と比較して、200 万円未満の者で有意に少なかった。これは、200 万円未満の者は 600 万円以上の者よりも平均エネルギー摂取量が少なかったという結果も出ていることから、所得が低い世帯の方が食事の全体量が少ないため食塩摂取量が少ないことが考えられる（2018 年国民健康・栄養調査結果)。

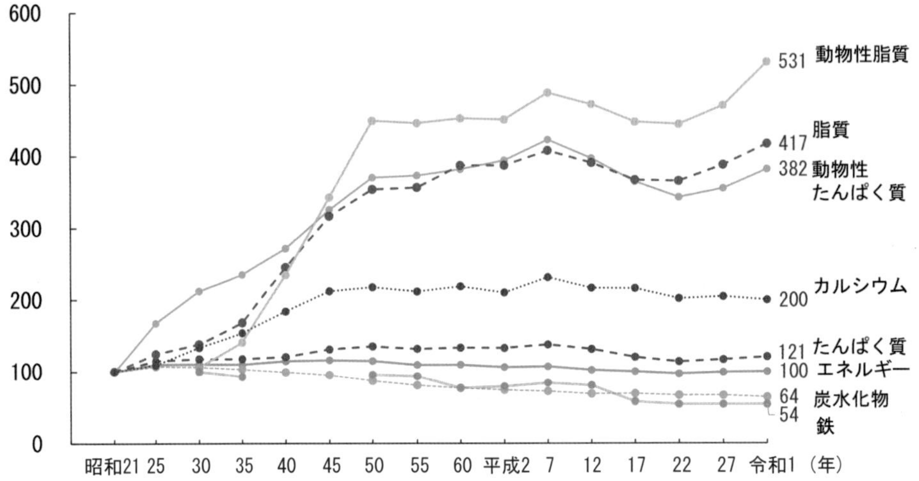

各年度１人１日当たり平均摂取量（１歳以上）を用いた。
昭和 21 年を100 とした時の値を示した。ただし、動物性脂質については昭和 27 年（6.1 g）＝ 100、鉄については昭和 30 年（14 mg）＝ 100 としている。

出典）厚生労働省：国民栄養調査、国民健康・栄養調査

図2. 25　栄養素等摂取量の年次推移

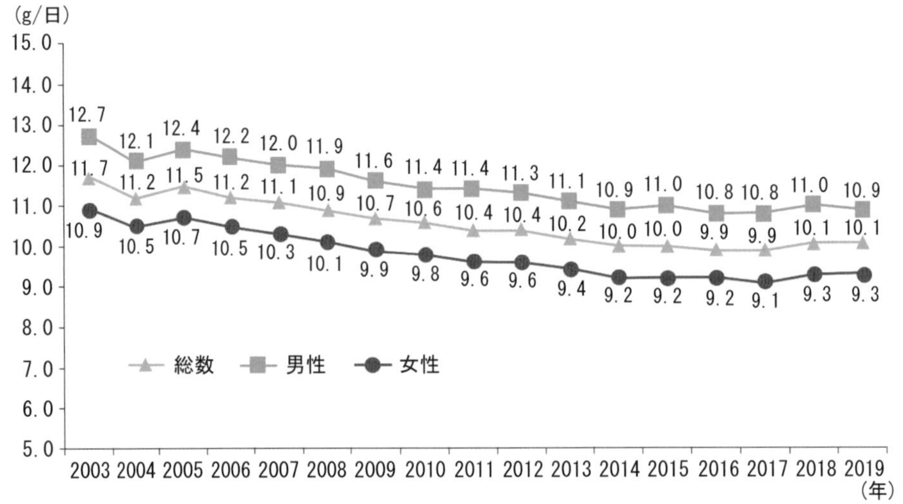

出典）厚生労働省：国民健康・栄養調査

図2. 26　食塩摂取量の年次推移（20歳以上）

例題 4　わが国におけるエネルギー・栄養素摂取について、第二次世界大戦後と近年の状況を比較した記述である。正しいのはどれか。1 つ選べ。

1. 近年のエネルギー摂取量は、戦後のエネルギー摂取量の約 1.5 倍である。
2. PFC 比率を比較すると、炭水化物エネルギー比率が増加し、たんぱく質エネルギー比率が減少した。
3. 動物性脂質摂取量は、約 5 倍に増加した。
4. 鉄摂取量は、約 2 倍に増加した。
5. カルシウム摂取量は、約半分に減少した。

解説　1. 第二次世界大戦後増加傾向を示したが、近年は 1900kcal 前後を推移しており、戦後直後と同程度である。　2. PFC 比率を比較すると、脂肪エネルギー比率が増加し、炭水化物エネルギー比率が減少した。　3. 正しい。最も増加率が高いのが動物性脂質であり、他にも動物性たんぱく質、カルシウムなどは増加傾向であった。逆に減少したのが炭水化物と鉄である。　4. 鉄摂取量は約半分に減少した。
5. カルシウム摂取量は約 2 倍に増加した。　**解答** 3

3.2 食品群別摂取量

(1) 食品群別摂取量の変化

1955（昭和 30）年から 2019（令和元）年までの主要な食品群別摂取量（総数、1 人 1 日当たり）の推移を表 2.2 に示す。食品群の分類方法などの変更があった場合があり、一概に比較することは難しい。したがって、食品群別摂取量の変化については、5.4 **フードバランスシート（食料需給表）**で示す食品群別供給純食料もあわせて参照されたい。

穀類のうち、米類は減少し、小麦類が増加した。1995（平成 7）年から 2005（平成 17）年に米類の摂取量が増加したようにみえるのは、2001（平成 13）年より米類は「めし・かゆ」で算出されるようになったためである。肉類は増加傾向、魚介類は 1990 年代までは増加傾向であったが、近年は減少傾向である。果物も、近年減少傾向を示している。

(2) 成人の野菜摂取量

野菜摂取量の増加は、健康日本 21（第二次）の栄養・食生活に関する目標「適切な量と質の食事をとる者の増加」の指標のひとつである。健康日本 21（2000 年）から 1 日の野菜摂取量 350 g 以上が目標に掲げられてきたが、改善がみられない状況が続いている。2019（令和元）年の 20 歳以上の野菜摂取量の平均は、男性 288.3g、

表2.2　食品群別摂取量の平均値の年次推移（一人１日当たり）

		1955 （昭和30年）	1965 （昭和40年）	1975 （昭和50年）	1985 （昭和60年）	1995 （平成7年）	2005 （平成17年）	2015 （平成27年）	2019 （令和元年）
穀類	米類	346.6	349.8	248.3	216.1	167.9	343.9	318.3	301.4
	小麦類	68.3	60.4	90.2	91.3	93.7	99.3	102.6	99.4
いも類		80.8	41.9	60.9	63.2	68.9	59.1	50.9	50.2
砂糖・甘味料類		15.8	17.9	14.6	11.2	9.9	7.0	6.6	6.3
豆類		67.3	69.6	70.0	66.6	70.0	59.3	60.3	60.6
種実類		0.4	0.5	1.5	1.4	2.1	1.9	2.3	2.5
野菜類	緑黄色野菜	61.3	49.0	48.2	73.9	94.0	94.4	94.4	81.8
	その他の野菜	130.6	170.4	189.9	178.1	184.4	185.3	187.6	167.5
果実類		44.3	58.8	193.5	140.6	133.0	125.7	107.6	96.4
きのこ類				8.6	9.7	11.8	16.2	15.7	16.9
藻類		4.3	6.1	4.9	5.6	5.3	14.3	10.0	9.9
動物性食品	魚介類	77.2	76.3	94.0	90.0	96.9	84.0	69.0	64.1
	肉類	12.0	29.5	64.2	71.7	82.3	80.2	91.0	103.0
	卵類	11.5	35.2	41.5	40.3	42.1	34.2	35.5	40.4
	乳類	14.2	57.4	103.6	116.7	144.5	125.1	132.2	131.2
油脂類		4.4	10.2	15.8	17.7	17.3	10.4	10.8	11.2
菓子類				29.0	22.8	26.8	25.3	26.7	25.7
嗜好飲料類				119.7	113.4	190.2	601.6	788.7	618.5
調味料・香辛料類							92.8	85.7	62.5

食品群の分類方法・計算方法、調査実施月、調査回数が変更になった場合があり（昭和40[1965]年は5月実施その他は11月実施、昭和30[1955]年は年4回調査実施、その他は年1回調査実施など）、すべてを単純に比較することは難しい。
2001年より分類が変更された。特に「ジャム」は「砂糖類」から「果実類」に、「味噌」は「豆類」から「調味料・香辛料類」に、「マヨネーズ」は「油脂類」から「調味料・香辛料類」に分類された。また、平成13年より調理を加味した数量となり、「米・加工品」の米は「 めし」・「かゆ」など、「その他の穀類・加工品」の「干しそば」は「ゆでそば」など、「藻類」の「乾燥わかめ」は「水戻しわかめ」など、「嗜好飲料類」の「茶葉」は「茶浸出液」などで算出している。「その他の野菜」には「野菜ジュース」「漬けもの」が含まれる。

出典）厚生労働省：国民栄養調査、国民健康・栄養調査

女性 273.6 g であった（図 2.27）。年代別の野菜摂取量を比較すると、20〜40 歳代で少なく、60 歳以上で多く、特に壮年期において課題がみられる。300 g を超えているのは 60 歳代、70 歳以上で、350 g を超えている年代は現状みられない。

(3)　世帯所得と食品群別摂取量

性別によって一部結果が異なるものの、世帯所得によって食品群別摂取量に差がみられた（2018 年国民健康・栄養調査結果）。具体的には、所得の低い世帯の方が高い世帯よりも摂取量が少なかったのは、豆類（女性）、種実類（男性）、野菜類（男性）、果実類（女性）、きのこ類（男性）、肉類（男女とも）、卵類（男性）、乳類（男女とも）であった。一方、穀類は所得が低い世帯において摂取量が多かった。

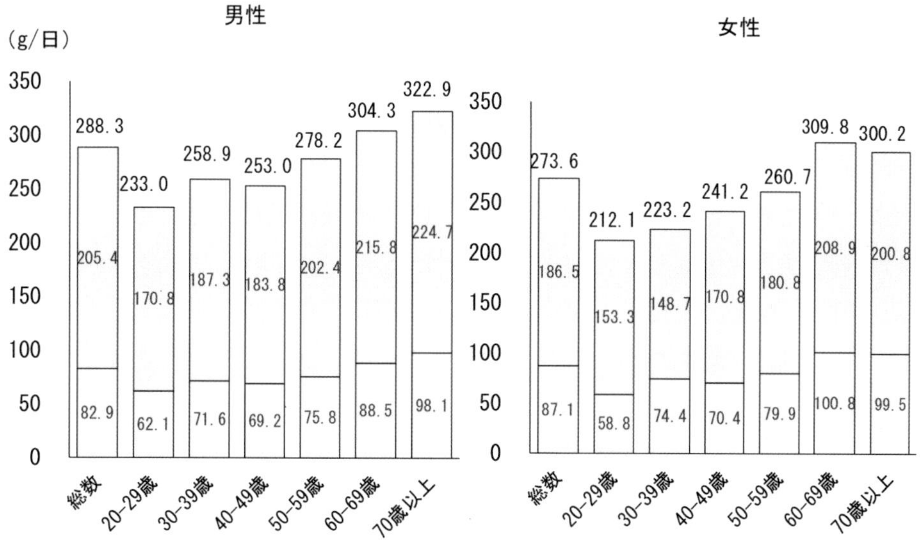

出典）厚生労働省：令和元年国民健康・栄養調査

図2.27　性・年齢階級別野菜摂取量（20歳以上）

例題5　わが国における食品群別摂取量について、近年の調査結果に関する記述である。誤っているのはどれか。1つ選べ。

1. 小麦類より米類の摂取量が多い。
2. 緑黄色野菜よりその他の野菜の摂取量が多い。
3. 魚介類より肉類の摂取量が多い。
4. いも類より豆類の摂取量が多い。
5. 油脂類より砂糖・甘味料類の摂取量が多い。

解説　（表2.2）参照　5. 砂糖・甘味料類より油脂類の摂取量が多い。　**解答** 5

3.3 料理・食事パターン

栄養バランスに配慮した食事として、主食・主菜・副菜の3つの料理を組み合わせた食事を用いることが多い。主食とは、ごはん、パン、麺類などの料理、主菜とは、魚介類、肉類、卵類、大豆・大豆製品を主材料にした料理、副菜とは、野菜類、海藻類、きのこ類などを主材料にした料理のことである。厚生労働省は、日本人の長寿を支える「**健康な食事**」の実現において、主食・主菜・副菜を組み合わせて食べることが重要である、としている。健康日本21（第二次）の「適切な量と質の食事をとる者の増加」の指標のひとつとして、「主食・主菜・副菜を組み合わせた食事が1日2回以上の日がほぼ毎日の者」が用いられている。

主食・主菜・副菜を組み合わせた食事の年次推移を図 2.28 に示す。なおこの調査データは食事調査ではなく質問紙調査によって自己申告された回答である。「主食・主菜・副菜を組み合わせた食事が１日２回以上の日がほぼ毎日の者」の割合は減少傾向を示している。

また、主食・主菜・副菜を組み合わせた食事の頻度は世帯所得によって差がある（図 2.29）。主食・主菜・副菜を組み合わせた食事を１日２回以上食べる頻度が「ほとんど毎日」の者の割合は、所得の低い世帯で低い。逆に、「ほとんどない」者の割合は、所得の低い世帯で高いことから、主食・主菜・副菜の揃った食事の実現には経済的要因が関係しているといえる。

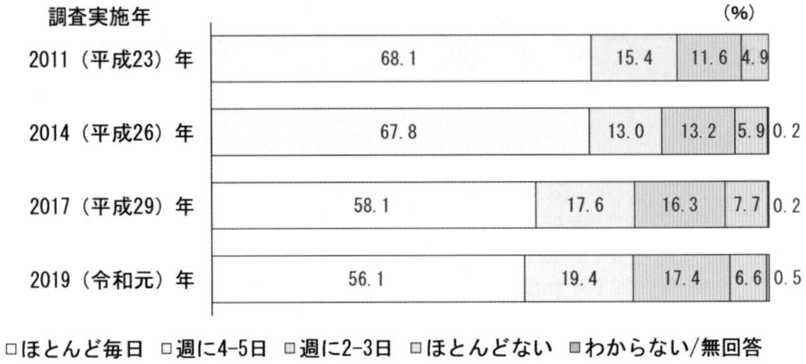

出典）内閣府：食育に関する意識調査報告書、農林水産省：食育に関する意識調査報告書

図2.28　主食・主菜・副菜を組み合わせた食事の頻度*（20歳以上）

*主食・主菜・副菜を組み合わせた食事を1日２回以上食べる頻度

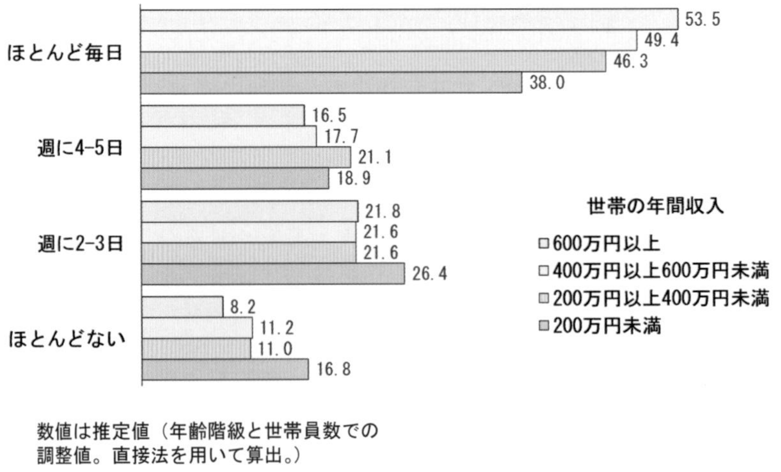

出典）厚生労働省：平成30年国民健康・栄養調査

図2.29　世帯収入別「主食・主菜・副菜」を組み合わせた食事の頻度*

*主食・主菜・副菜を組み合わせた食事を１日２回以上食べる頻度

主食・主菜・副菜の3つを組み合わせて食べることができない理由として、「手間がかかる」、「時間がない」ことをあげる者が多い（図2.30）。年代によって回答状況が異なり、20歳代〜50歳代では、「時間がない」、60歳以上では「手間がかかる」の割合が最も高い。また、「量が多くなる」は40歳代までは10%を切っているが、50歳代以上で割合が徐々に高くなっている。

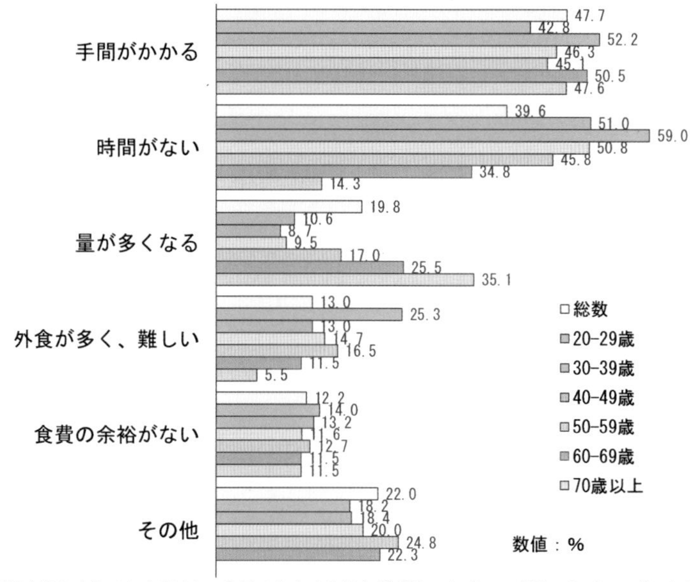

主食・主菜・副菜を組み合わせた食事を1日 2 回以上食べる頻度が「週に 4〜5 日」「週に 2〜3 日」「ほとんどない」と回答した者のうち、主食・主菜・副菜の 3 つを組み合わせることがバランスのよい食事になることを知っている者が回答。

出典）厚生労働省：平成30年国民健康・栄養調査

図2.30 主食・主菜・副菜を組み合わせて食べることができない理由に関する状況（20歳以上）

4 食生活の変化

4.1 朝食欠食

朝食を毎日食べる習慣があることは、心の健康、食事の栄養バランス、子どもの学力や学習習慣などと関連しており、朝食を欠食することがある者を減らし、朝食を毎日食べる習慣をもつことが重要である。2018（平成30）年国民健康・栄養調査結果より、20歳以上の成人男性の15.3%、成人女性の9.0%が朝食を欠食していることが報告された（図2.31）。国民健康・栄養調査における朝食欠食状況は、栄養摂取状況調査（任意の1日の食事記録）より把握され、調査日の朝食を食べなかった（食事をしなかった）者に加え、「錠剤などによる栄養素の補給、栄養ドリンクのみ」の者や「菓子、果物、乳製品、嗜好飲料などの食品のみを食べた」者を合計して算出した割合である。

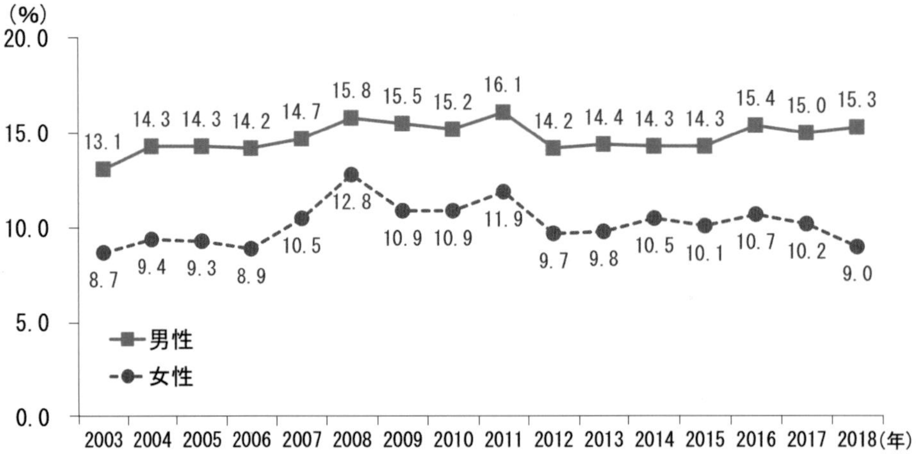

・2012 年、2016 年は抽出率等を考慮した全国補正値である。
・朝食欠食とは、調査を実施した日（任意の1日）において、朝食を欠食した者の割合。欠食とは、「食事をしなかった場合」「錠剤などによる栄養素の補給、栄養ドリンクのみの場合」「菓子、果物、乳製品、嗜好飲料などの食品のみを食べた場合」の合計。

出典）厚生労働省：国民健康・栄養調査

図2.31　朝食欠食率の年次推移（20歳以上）

最近 10 年間で大きな増減はみられていないが、年代別にみると、特に若い世代で朝食欠食率が高く、20 歳代男性 29.9%、30 歳代 28.3%と約 3 割を占めていた。女性も 20 歳代が 18.9%と最も割合が高い。朝食を食べない日がある若い世代（20、30 歳代）の 33.3%は 20 歳代から、28.3%は高校を卒業した頃から朝食を欠食するようになったと回答している。したがって、一人暮らしや社会人になるといったライフスタイルの変化が起きたことが影響していると考えられる。

子どもの朝食欠食について、2019（令和元）年度文部科学省の全国学力・学習状況調査より、朝食を毎日食べていますか、という問いに対し「あまりしていない」と「全くしていない」と回答した割合は、小学生 4.6%、中学生 6.9%であった（図 2.32）。子どもを対象とした「早寝早起き朝ごはん」事業が全国的に展開されているものの、この 10 年間で大きな改善はみられていない。小学生よりも中学生、中学生よりも高校生で朝食欠食率が高いことや、子どもの頃に早寝早起き朝ごはんをよくしていた人ほど大人になった現在も規則正しい生活をしているという調査結果もあることから、子どもの頃から朝食を毎日食べる習慣を身に付けることが重要である。このように、朝食欠食については、若い世代と子どもでその割合を減らすことが課題であり、これらは国の食育推進基本計画の目標（具体的な目標値）にも含まれている。

4.2 中食・外食の利用

購入した食材を家庭で調理し、また食事の場所も家庭であるという従来一般的に

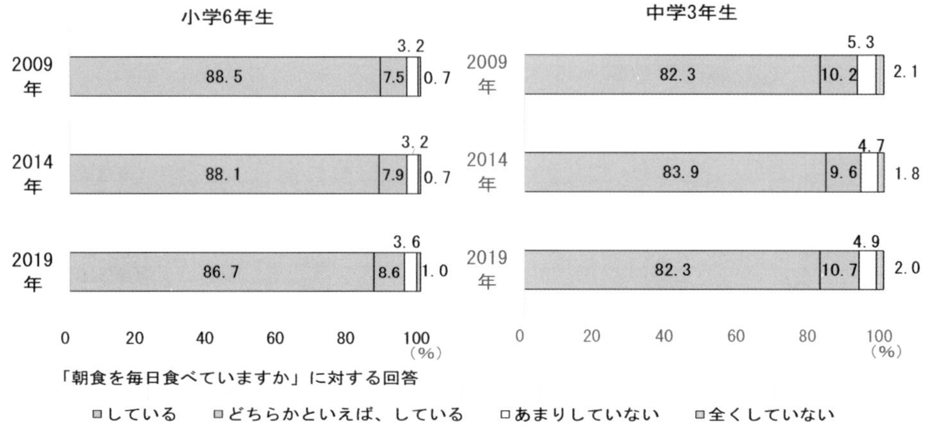

出典）文部科学省：全国学力・学習状況調査

図2.32　子どもの朝食摂取状況

みられた食事のあり方を「内食」とよぶのに対して、持ち帰りの弁当や惣菜といった、すでに調理済みの食品を購入し、家庭であるいは職場での弁当などとして食べることを「中食」、飲食店など家庭外で食事をすることを「外食」とよぶ。わが国の食の外部化率は1990年代後半まで増加傾向を示したが、その後横ばいとなっている。外食率は2000年に入った頃から減少傾向を示し、中食の利用が進んだことがうかがえる。

2019（令和元）年国民健康・栄養調査結果より、中食（持ち帰りの弁当・惣菜）を週1回以上利用する者は、男性47.2%、女性44.3%と半数近くに上る（図2.33）。

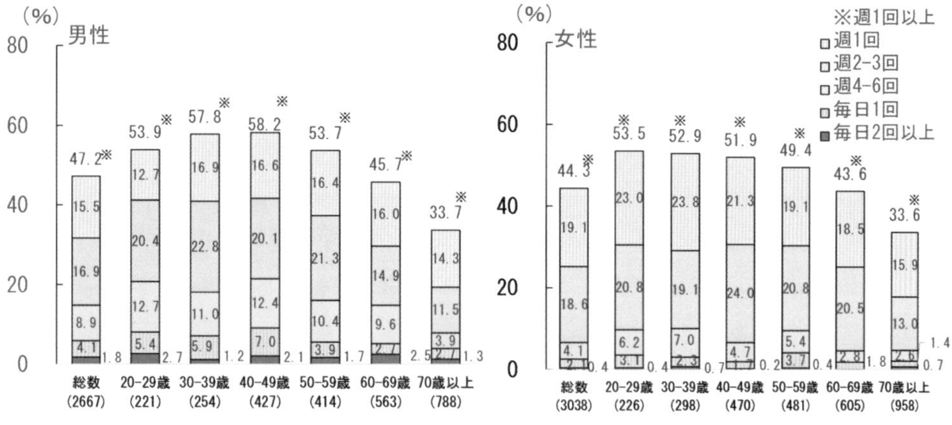

出典）厚生労働省：令和元年国民健康・栄養調査

図2.33　持ち帰りの弁当・惣菜を利用している頻度（20歳以上）

また外食を週1回以上利用する者は、男性41.6%、女性26.7%と男性の方が割合が高い（図2.34）。中食、外食ともに、50歳代以上よりも20〜40歳代の比較的若い世代で利用する者の割合が高い。中食や外食をすること自体が問題とはいえないが、料理の組み合わせを考え、栄養バランスを配慮した食事をすること、食塩や脂肪の摂り過ぎにならないよう配慮することが重要である。

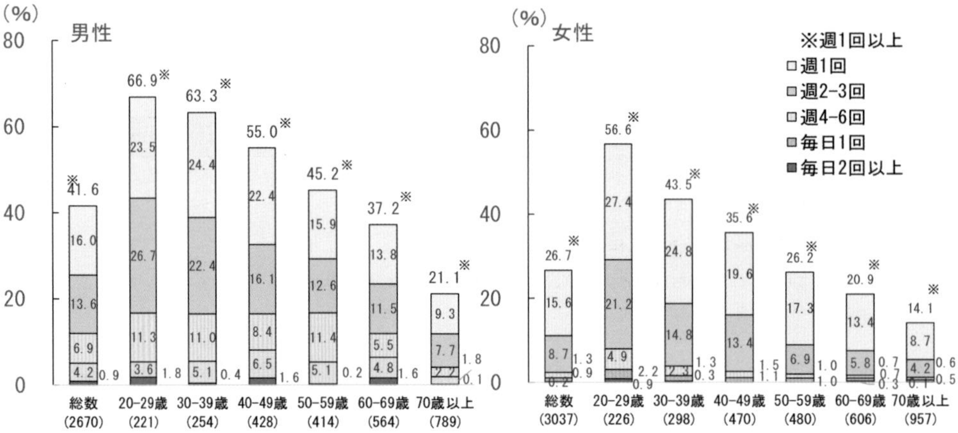

出典）厚生労働省：令和元年国民健康・栄養調査

図2. 34　外食を利用している頻度（20歳以上）

4. 3 共食・孤食

誰かと一緒に食事をする「共食」が多いことや一人で食事をする「孤食」が少ないことは、健康的な食生活や規則正しい食生活などと関連している。

20 歳以上の成人では、朝食や夕食を「ほとんど毎日」家族と一緒に食べる割合は、朝食で約 6 割、夕食で約 7 割と、夕食の方が共食頻度が高い者が多い（図 2. 35）。逆に家族と一緒に食べる機会が「ほとんどない」者は朝食で約 2 割おり、夕食（1 割未満）よりも多い。

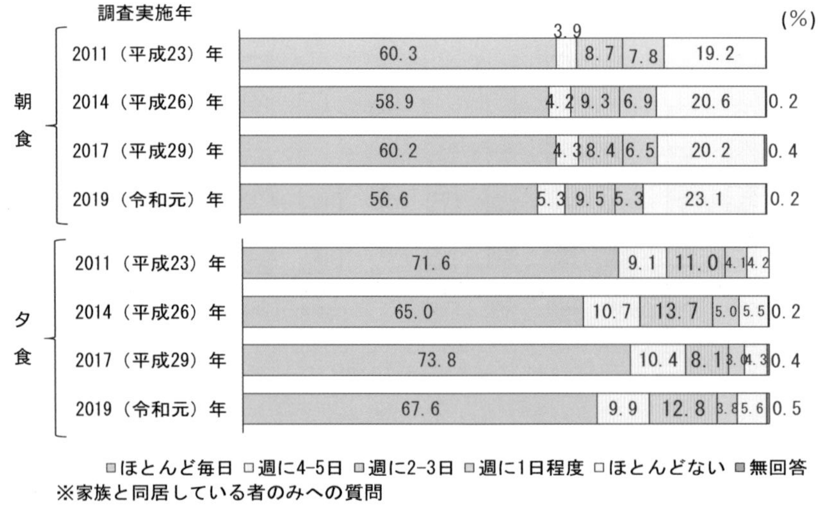

出典）内閣府：食育に関する意識調査報告書、農林水産省：食育に関する意識調査報告書

図2. 35　朝食・夕食を家族と一緒に食べる頻度（20歳以上）

小学生から高校生の子どもが「日頃朝食/夕食を家族とは別に一人で食べることが多いか」という問いに対して「よくある」または「ときどきある」と回答した割合を図 2.36 に示す。夕食よりも朝食で一人で食べることが多い者の割合が高く、また年齢が上がるほどその割合が高い。

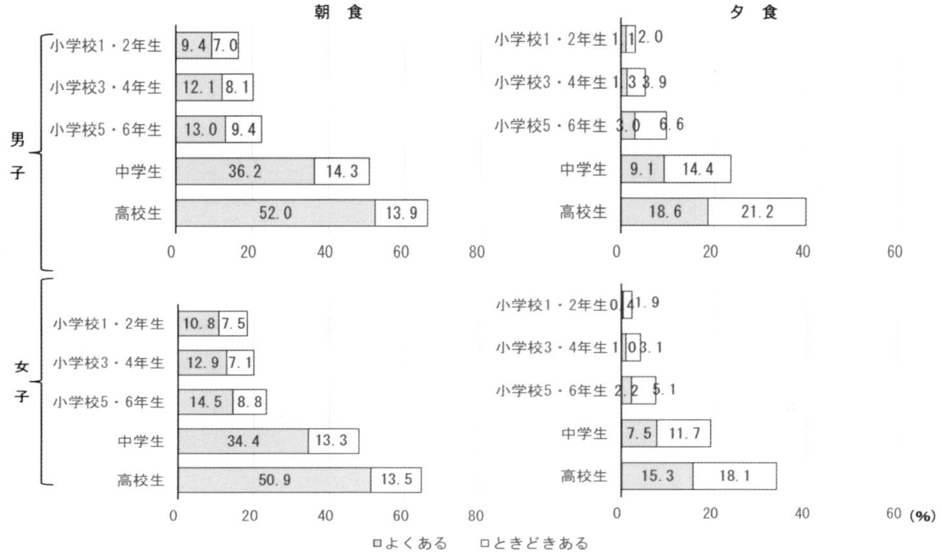

出典）公益財団法人日本学校保健会：平成30年度～令和元年度児童生徒の健康状態サーベイランス事業報告書

図2.36　子どもが朝食・夕食を一人で食べる状況

共食は家族に限ったことではなく、家庭内で誰かと一緒に食べることが難しい世帯や家族の状況にある者もいるため、近年は地域の共食会、子ども食堂といった地域で共食する機会もみられる。第 3 次食育推進基本計画より、共食に関する目標として「地域などで共食したいと思う人が共食する割合の増加」が加わった。地域や所属コミュニティー（職場などを含む）での食事会などの機会があれば、参加したいと思う者のうち、過去 1 年間に実際に「参加した」と回答した者は、2019（令和元）年の調査結果では 73.4％と約 4 分の 3 を占めた（図 2.37）。このように、家庭だけではなく地域においても、共食の機会を増やすことが求められている。

例題 6　食生活の変化に関する記述である。正しいのはどれか。2 つ選べ。

1. 成人の朝食欠食率は、男性よりも女性で高い。
2. 成人の朝食欠食率は、20、30 歳代の若い世代で高い。
3. 最近 10 年間で外食率は増加傾向にある。
4. 中食を週 1 回以上利用する者の割合は、49 歳以下よりも 50 歳以上で高い。
5. 子どもが一人で食事を食べる機会は、高学年になるほど多くなる。

解説　1. 成人の朝食欠食率は、女性よりも男性で、特に若い世代で高い。　3. 最近 10 年間で外食率は減少傾向で、中食（持ち帰りの弁当・惣菜）の利用頻度が増えている。　4. 中食（持ち帰りの弁当・惣菜）を週 1 回以上利用する者の割合は、50 歳以上よりも 49 歳以下で高い。　5. 子どもの年齢があがるにつれて一人で食事を食べる機会が増えている。

解答　2. 5

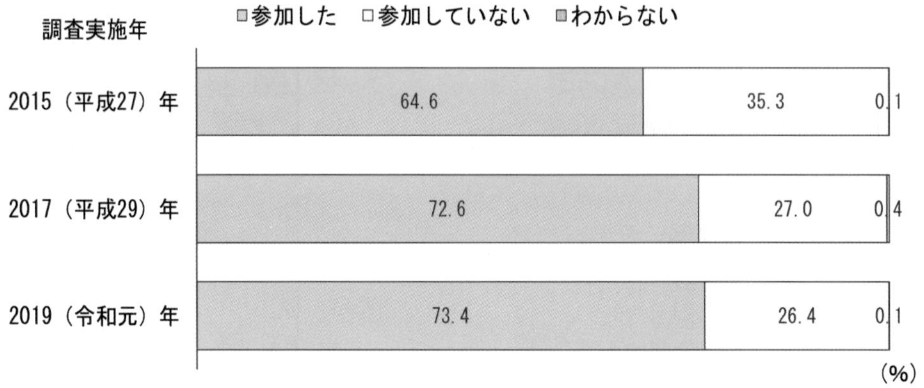

地域や所属コミュニティー（職場等を含む）での食事会などの機会があれば、参加したいと思うかについて、「とてもそう思う」、「そう思う」と回答した人に過去1年間の参加経験を尋ねた。

出典）内閣府：食育に関する意識調査報告書、農林水産省：食育に関する意識調査報告書

図2. 37　地域などでの共食経験（20歳以上）

4.4 食知識・食態度・食スキル

人々の食行動をより望ましい方向へと改善するためには、その食行動に関する適切な食知識を身に付け、行動しよう、行動したいといった積極的な食態度を有し、行動するために必要な食スキルを身に付けることが重要である。ここでは、望ましい食事や食行動につながると考えられる食知識、食態度について、最近の概要を以下に述べる。

(1) 主食・主菜・副菜の 3 つを組み合わせることに関する知識

主食・主菜・副菜を組み合わせた食事の頻度が週 5 日以下、すなわち食べない日がある者のうち、男性 88.7%、女性 95.5%は、主食・主菜・副菜の 3 つを組み合わせることがバランスのよい食事になることを「知っている」と回答した（図 2.38)。主食・主菜・副菜を組み合わせた食事の頻度が高い者の方が、低い者よりも、「知っている者」の割合が高いことから、食知識があることが食行動の実践頻度に関係すると考えられる。

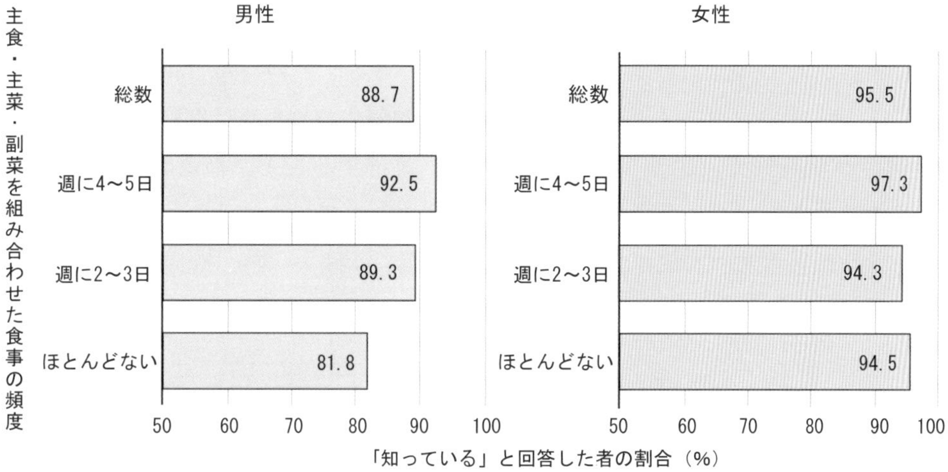

主食・主菜・副菜を組み合わせた食事を 1 日 2 回以上食べる頻度が「週に 4 ～ 5 日」「週に 2 ～ 3 日」「ほとんどない」と回答した者が回答

出典）厚生労働省：平成30年国民健康・栄養調査

図2. 38　主食・主菜・副菜を組み合わせることがバランスのよい食事になることを知っている割合（20歳以上）

(2) 生活習慣病の予防や改善に関する具体的な意識

生活習慣病の予防や改善について、「気を付けている」割合が最も高かったのは「野菜をたくさん食べるようにすること」であり、8 割以上であった（図 2. 39）。次いで「塩分を摂り過ぎないようにする（減塩をする）こと」、「脂肪（あぶら）分の量と質を調整すること」、「果物を食べること」、「甘いもの（糖分）を摂り過ぎないようにすること」、「エネルギー（カロリー）を調整すること」（60. 0%）の順であり、いずれも 6 割以上が「気を付けている」と回答した。

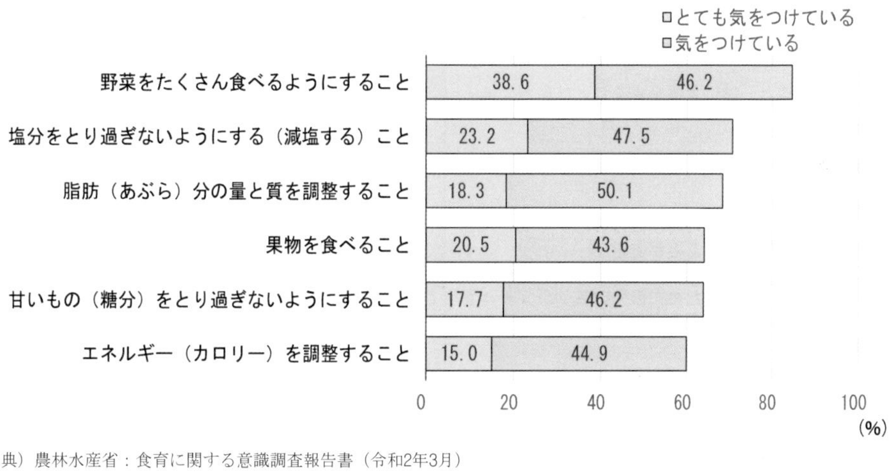

出典）農林水産省：食育に関する意識調査報告書（令和2年3月）

図2. 39　生活習慣病の予防や改善に関する具体的な意識（20歳以上）

(3) 食習慣改善の意思

「あなたは、食習慣を改善してみようと思いますか」という問いに対する回答結果を図 2.40 に示す。男女ともに「関心はあるが改善するつもりはない」と回答した者の割合が最も高く、約４分の１を占めた。改善することに関心がない者は男性 16.5%、女性 10.7%、食習慣を改善する意思がある者（改善するつもりである＋近いうちに改善するつもりである）は男性 17.1%、女性 19.7%、既に改善に取り組んでいる者は男性 20.4%、女性 23.5%であった。

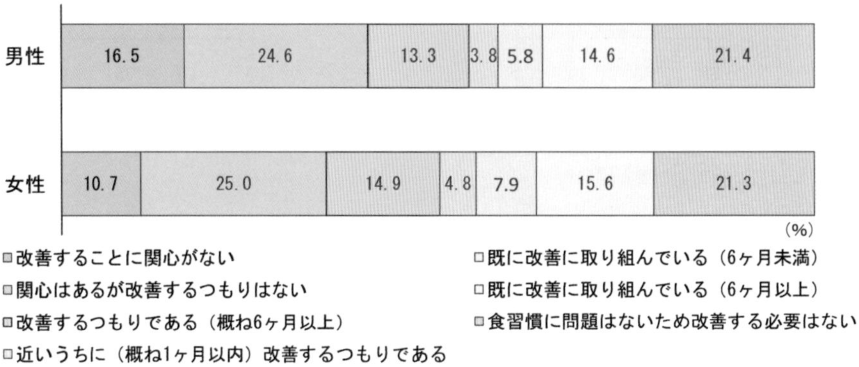

出典）厚生労働省：令和元年国民健康・栄養調査

図2.40　食習慣改善の意思（20歳以上）

(4) 家族との共食に対する認識

家族と同居している者の家族との共食に対する認識のうち、「家族と一緒に食事をすることは重要である」と考える者は約９割（89.7%）、「家族と一緒に食事をする回数を増やしたいと思う」は約６割（63.0%）にのぼった（図 2.41）。

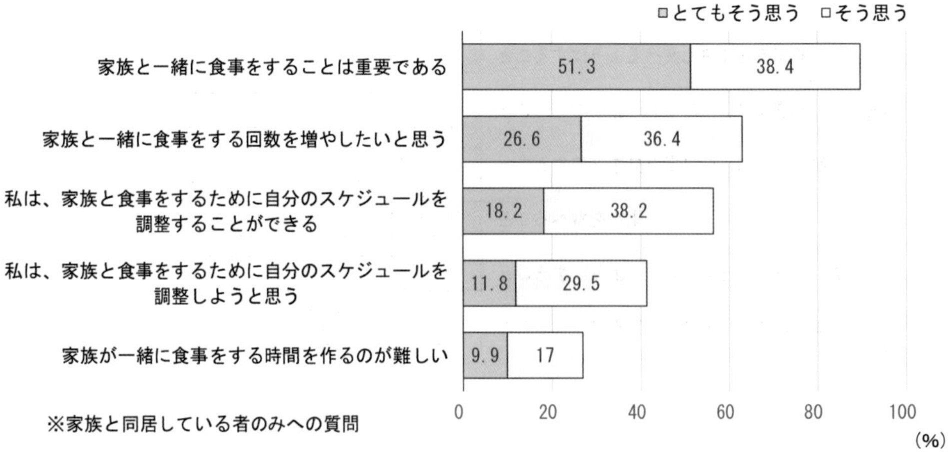

出典）農林水産省：食育に関する意識調査報告書（平成30年3月）

図2.41　家族との共食に対する認識（20歳以上）

(5) 食べ残しや食品の廃棄に対する意識

食べ残しや食品の廃棄が発生していることに関して、「もったいない」と感じることがあるかという問いに対して、2019（令和元）年調査では「いつも感じている」57.0％、「しばしば感じている」25.3％、「時々感じている」13.4％と、9割以上の者が「感じている」と回答した（図 2.42）。特に「いつも感じている」者の割合は近年増加傾向を示している。

このように、行動に関する適切な食知識を身に付け、行動することに対して前向きで、積極的な食態度をもつ者は比較的多くいる。そのなかには関係する行動の実践につながっている者とつながっていない者がいると考えられ、望ましい食事や食行動の実践につながるような、食知識、食態度、食スキルに対するアプローチをすることが重要である。

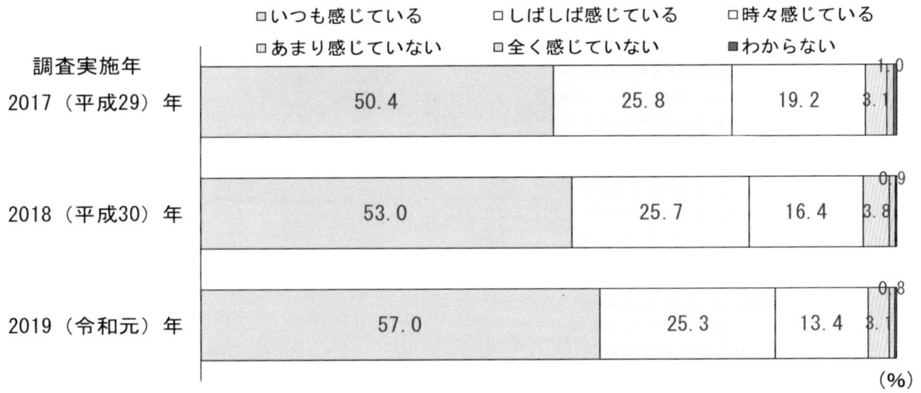

出典）農林水産省：食育に関する意識調査報告書

図2.42　食べ残しや食品の廃棄に対する意識（20歳以上）

5 食環境の変化

食環境とは、食物へのアクセスと情報へのアクセス、ならびに両者の統合を意味する（図 2.43）。図 2.43 の図下半分にある「食環境」の右側には食物へのアクセス面に関わる場、左側には情報へのアクセス面に関わる組織や人が示されている。食環境整備（食環境づくり）を行う際は、食物のアクセス面と情報へのアクセス面の両面を統合した整備を進めることが、より多くの国民にとって、適切な情報とともに健康的な食物を入手する可能性を高め、また、得られた情報の適切かつ効果的な活用につながり、国民の健康づくりや QOL の向上に寄与するものと考えられている。したがって、人々の食環境を捉える際には、食物へのアクセス面と情報へのアクセス面の両面を捉える必要がある。

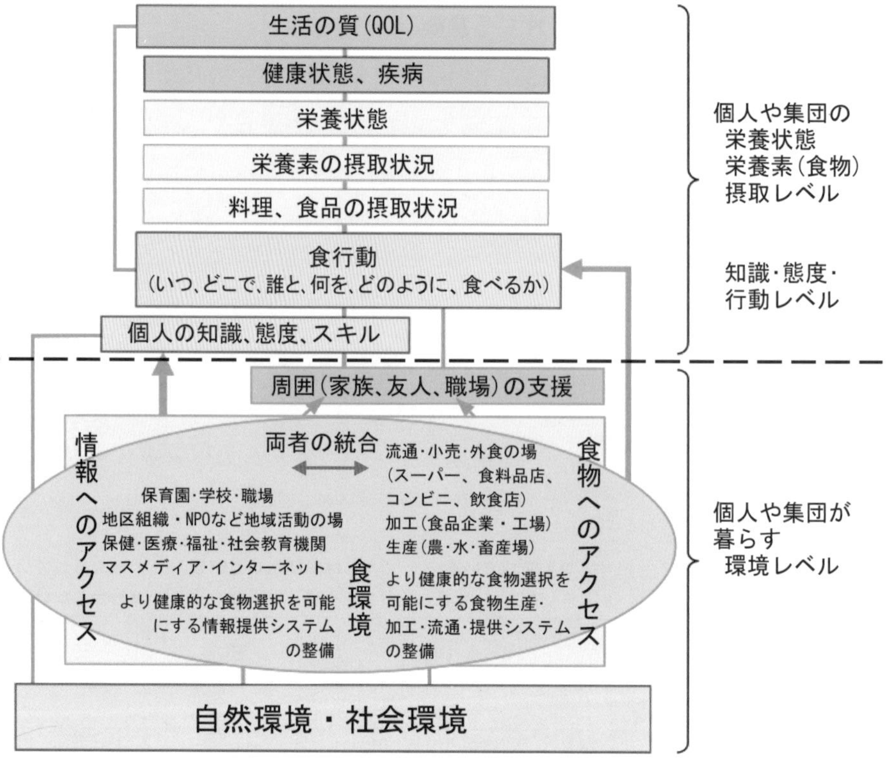

出典）厚生労働省:健康づくりのための食環境整備に関する検討会報告書（2004）

図2. 43　健康づくりと食環境との関係

5.1 食品生産・流通（食物へのアクセス）

食環境のうち、「食物へのアクセス」とは、人間が食物を選択し、準備して、食べるという営みの対象物である食物が、どこで生産され、どのように加工され、流通され、食卓に至るかという食物生産・提供のシステム全体を意味する。これは、フードシステムの概念とほぼ同じであり、農業・漁業といった生産、食品製造業・食品卸売業、食品小売業・外食産業などの流通、そして消費者の食料消費までをつなげ、その全体をひとつのシステムとして捉える考え方である。

食料の購入先の支出割合から、食料の入手先をみると、スーパーマーケットの割合が最も高く約半数を占める（図2. 44）。一方で、一般小売店の割合は1994年以降減少しており、人々の食料購入先に変化がみられている。

また、前述のとおり、わが国では食の外部化が進んでおり（図2. 22）、中食や外食を利用する者も多い（図2. 33、34）。その背景としては、ファミリーレストラン、ファーストフード、コンビニエンスストアの増加などがある。これらの店舗の増加により、惣菜や弁当を買いたいときに買うことができる、外食しようとしたときにできるという食物へのアクセス面が整備されたため、これらの食行動が促進された

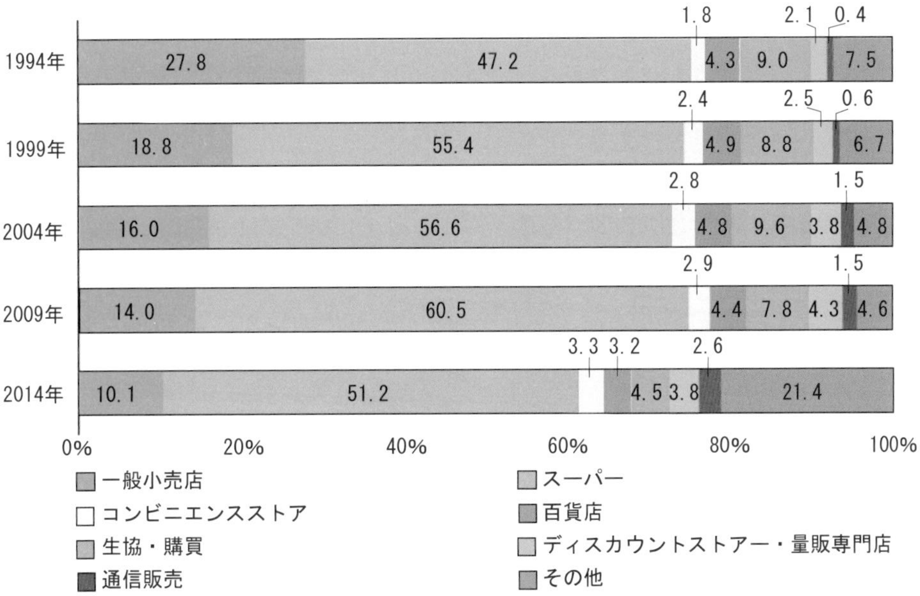

出典）総務省統計局：全国消費実態調査

図2.44　食料の購入先別支出割合（二人以上の世帯）

と考えられる。

一方、近年は飲食料品店の減少、大型商業施設立地の郊外化などに伴い、高齢者を中心に食料品の購入に不便や苦労を感じる消費者が増えている。農林水産省は、食料品の円滑な供給に支障が生じる「食料品アクセス困難人口」を“店舗まで直線距離で 500 m 以上、かつ、65 歳以上で自動車を利用できない人”と定義している。食料品アクセス困難人口は、2005 年以降増加傾向を示し、2015 年には全国で 825 万人と推計され、全 65 歳以上人口の 24.6%すなわち 4 人に 1 人は食料品アクセス困難者であった（図 2.45）。

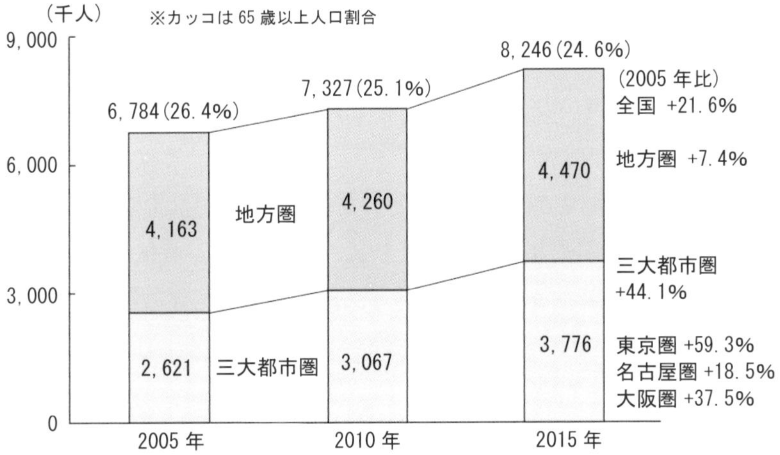

出典）農林水産政策研究所：食料品アクセスマップ　食料品アクセス困難人口の推計値

図2.45　食料品アクセス困難人口の統計

さらに、生鮮食料品の入手が困難な地域は「フードデザート」（食の砂漠）とよばれ、社会・経済環境の急速な変化のなかで生じた生鮮食料品供給体制の崩壊と、それに伴う社会的弱者層に健康被害が生じることを「フードデザート問題」という。フードデザート問題には、食料品店までの距離や買い物利便性といった空間的な要因だけではなく、社会的要因（貧困や差別、社会的孤立など）も関連している。

一方で、食品ロスの問題も浮き彫りになっている。わが国の食品ロス量は、年間612万トン（平成29年推計）であり、一人当たりに換算すると48 kgに相当する。そのうち54%は規格外品、売れ残り、飲食店での食べ残しなどの事業系、残りの46%は家庭系である。家庭系食品ロスの約4割は食べ残し、約2割は過剰除去、残りが直接廃棄である。事業系食品ロス（可食部）の内訳（平成29年度）をみると、食品製造業37%、食品卸売業5%、食品小売業19%、外食産業39%であった。食物の製造から消費に至るまでの各プロセスで食品ロスが生じていることが分かる。

5.2 食情報の提供（情報へのアクセス）

情報へのアクセスとは、地域における栄養や食生活関連の情報、ならびに健康に関する情報の流れ、そのシステム全体を意味する。情報の受発信の場は、家庭（家族）、保育所、学校や職場などの帰属集団、保健・医療・福祉・社会教育機関、地区組織や非営利民間組織（NPO）などの地域活動の場、マスメディア、インターネットなど多様であり、国内のみならず国外からの情報も含まれる。

人々は、身近な周囲の人々を含むさまざまな情報源から食情報を入手し、いつ、どこで、何を食べるかなど食生活に活用していると考えられる。食生活に影響を与えている情報源は、20歳以上全体でみると、「テレビ」が52.3%と最も割合が高く、次いで「家族」（36.6%）、「友人・知人」（23.8%）、「雑誌・本」（23.1%）、「新聞」（18.1%）であった（**図2.46**）。年代によって傾向が異なり、20歳代、30歳代では「テレビ」よりも「家族」の割合が高かったが、40歳代以降では「テレビ」の割合が最も高かった。また「ソーシャルメディア」を選択した者は、20歳代で約3割、30歳代で約2割、40歳代で約1割いたが、50歳代以降では少数であった。

現代社会には食情報が氾濫しており、特に多くの人々が食情報を入手しているテレビや雑誌などのマスメディアでは、人々の関心を引くために提供する食情報が誇張して表現されることも少なくない。食べものや栄養が健康や病気へ与える影響を過大に評価・信奉することを「フードファディズム」という。食情報を入手しても、適切ではない情報に惑わされ、食生活を誤った方向に誘導し、健康被害をもたらすこともある。人々が食情報を含めた健康に関する情報を入手し、理解し、評価し、

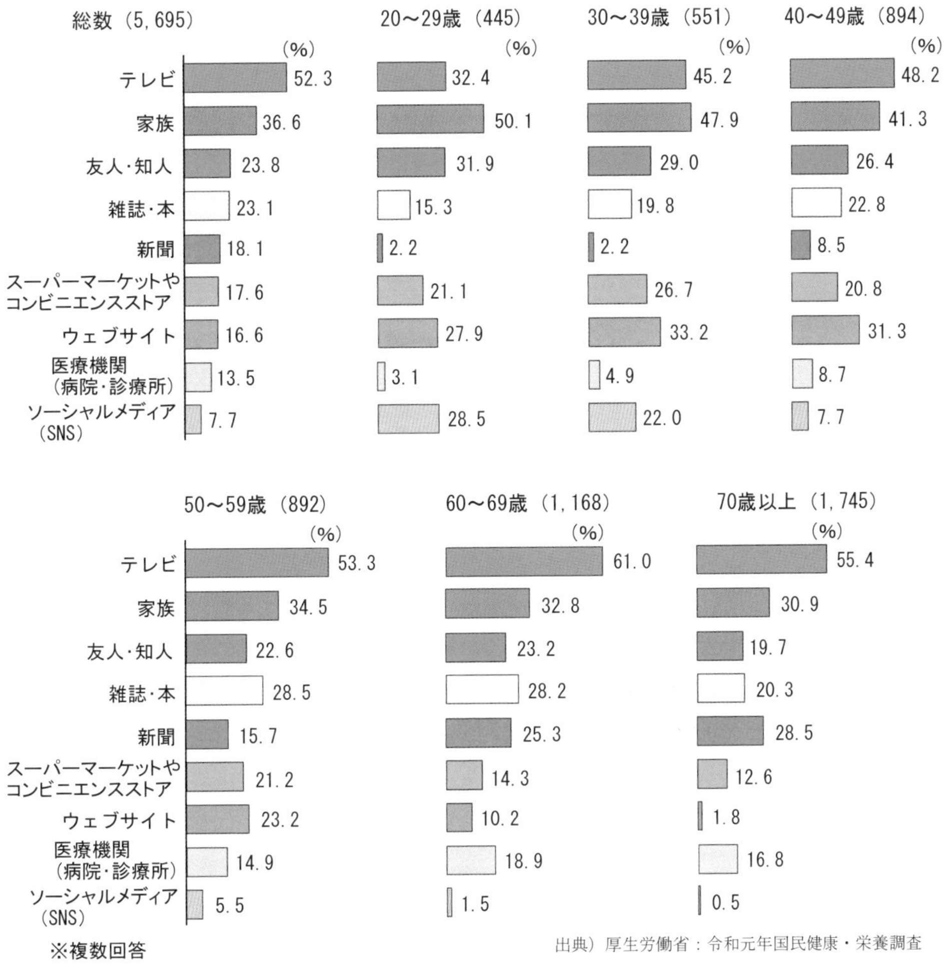

図2.46　食生活に影響を与えている情報源

活用する力、すなわち「ヘルスリテラシー」を向上させる必要がある。

情報へのアクセス面から食環境づくりを行う際は、さまざまな場から発信される情報の矛盾や、内容の不一致などの調整を行い、住民が混乱しないような情報発信の仕組みづくりや、情報入手の場にアクセスできない人がどうすればアクセス可能になるかを、地域内の社会資源の相互連携により実現することが必要である。

5.3 保健を目的とした食品の提供

現在、保健を目的とした食品として、「特定保健用食品」、「栄養機能食品」「機能性表示食品」の 3 種類があり、これらを総称して「保健機能食品」とよんでいる（図2.47)。これらは、「おなかの調子を整えます」「脂肪の吸収をおだやかにします」など、特定の保健の目的が期待できる（健康の維持および増進に役立つ）という食品の機能性を表示することができる食品である。食品表示基準第 9 条に基づき、特定

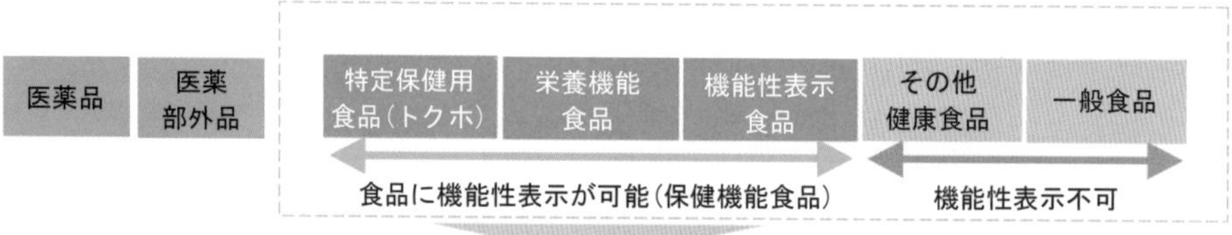

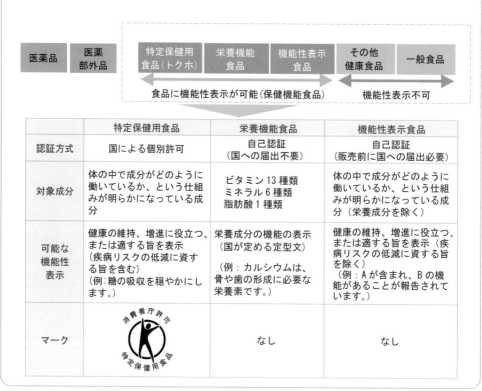

	特定保健用食品	栄養機能食品	機能性表示食品
認証方式	国による個別許可	自己認証（国への届出不要）	自己認証（販売前に国への届出必要）
対象成分	体の中で成分がどのように働いているか、という仕組みが明らかになっている成分	ビタミン 13 種類 ミネラル 6 種類 脂肪酸 1 種類	体の中で成分がどのように働いているか、という仕組みが明らかになっている成分（栄養成分を除く）
可能な機能性表示	健康の維持、増進に役立つ、または適する旨を表示（疾病リスクの低減に資する旨を含む）（例：糖の吸収を穏やかにします。）	栄養成分の機能の表示（国が定める定型文） （例：カルシウムは、骨や歯の形成に必要な栄養素です。）	健康の維持、増進に役立つ、または適する旨を表示（疾病リスクの低減に資する旨を除く） （例：Aが含まれ、Bの機能があることが報告されています。）
マーク	消費者庁許可 特定保健用食品	なし	なし

出典）消費者庁：消費者の皆さまへ「機能性が表示されている食品を購入する際には、キャッチコピーだけではなく、パッケージの表示をしっかり確認しましょう。」（平成 29 年 1 月版）

図 2.47　保健機能食品の種類と内容

保健用食品、栄養機能食品、機能性表示食品以外の食品に、食品の機能性を表示することはできない、とされている。

「特定保健用食品」（トクホ）は、からだの生理学的機能などに影響を与える保健効能成分（関与成分）を含み、その摂取により、特定の保健の目的が期待できる旨の表示（保健の用途の表示）をする食品である。特定保健用食品として販売するには、食品ごとに食品の有効性や安全性について国の審査を受け、許可を得なければならない（健康増進法第 43 条第 1 項）。保健の用途の表示の例として、「○○（関与成分）が含まれているのでおなかの調子を整えます。」などがあり、特定保健用食品には、トクホマークが必ず表示されている。

「栄養機能食品」は、特定の栄養成分の補給のために利用される食品で、栄養成分の機能を表示するものをいう。対象食品は、消費者に販売される容器包装に入れられた一般用加工食品および一般用生鮮食品である。栄養機能食品として販売するには、1 日当たりの摂取目安量に含まれる当該栄養成分量が定められた上・下限値の範囲内にある必要がある他、栄養成分の機能だけでなく注意喚起表示なども表示する必要がある（食品表示基準第7条及び第21条）。このような国が定めた規格基準に適合すれば国等への許可申請や届出の必要はない（自己認証方式）。機能の表示をすることができる栄養成分は、ビタミン13種類、ミネラル6種類、脂肪酸1種類である。

平成27年4月に機能性表示食品の制度が始まり、保健機能食品に「機能性表示食品」が加わった。「機能性表示食品」は、事業者の責任で、科学的根拠を基に商品パッケージに機能性を表示するものとして、消費者庁に届け出られた食品である。生鮮食品も含めたすべての食品が対象となっている。事業者は商品の販売日の60日前までに消費者庁長官に届け出ることになっており（自己認証方式）、届出の内容は消費者庁のウェブサイトで公表されている。

例題7　保健を目的とした食品の提供に関する記述である。誤っているのはどれか。1つ選べ。

1. 「特定保健用食品」を販売するには、食品ごとに食品の有効性や安全性について国の審査を受け、許可を得なければならない。
2. 「特定保健用食品」の表示の例として、「お腹の調子を整える」「コレステロールの吸収を抑える」などがある。
3. 「栄養機能食品」として機能の表示をすることができる栄養成分は、ビタミン13種類、ミネラル6種類、脂肪酸1種類である。
4. 「機能性表示食品」は、生鮮食品も含めたすべての食品が対象となっている。
5. 「機能性表示食品」を販売する事業者は、消費者庁に申請し許可を得ることとなっている。

解説　5.「機能性表示食品」を販売する事業者は、消費者庁長官に届け出ることになっている（自己認証方式）。　**解答** 5

5.4 フードバランスシート（食料需給表）

フードバランスシート（食料需給表）は、わが国で供給される食料の生産から最終消費に至るまでの総量や、国民一人当たりの供給純食料および栄養量を示している。生産面から把握した「供給量」であり、食事調査から実際にどのくらい食べたかを把握した「摂取量」とは異なる。フードバランスシートは、国連食糧農業機関（FAO）の手引きに基づき、世界的に作成されている統計資料で、日本では農林水産省が毎年作成している。FAOの手引きに基づき、どの国でも同じ方法でデータが計算されているので、国際比較が可能である。また、食料自給率算出の基礎データとしても活用されている。

国内生産量に輸入量を足し、輸出量を引き、在庫の増減を入れて計算した量を「国内消費仕向（しむけ）量」という。なお、国内生産量には、輸入した原材料により国内で生産された製品が含まれる。国内消費仕向量は、飼料用、種子用、加工用、減耗量、粗食料に分けることができる。「粗食料」とは食用に使われる食料のことであり、実際には食べられない皮や種などが含まれているため、「粗食料」に「歩留（ぶど）まり」（可食部の割合）をかけることで、人間の消費に直接利用可能な食料の形態の数量である「純食料」を計算することができる。これを総人口で割り、さらに年間日数で割ると、一人１日当たりの供給純食料（重量ベース）となる。1960（昭和 35）年以降の一人１日当たりの供給純食料の年次推移を図 2. 48 に示す。2000 年以降に着目してみると、供給純食料が増加しているのは、牛乳・乳製品、肉類である。一方減少しているのは、野菜、米、果実、魚介類である。鶏卵、油脂類、豆類は横ばい傾向を示しており大きな変化はみられない。

さらに、供給純食料から、食品成分表を使って一人１日当たりの栄養量（熱量エネルギー、たんぱく質、脂質の３種類）が計算される。

5.5 食料自給率

食料自給率とは、国内の食料消費が国内の生産でどの程度まかなえているかを表す指標である。主な食料自給率として、総合食料自給率と品目別自給率がある。総

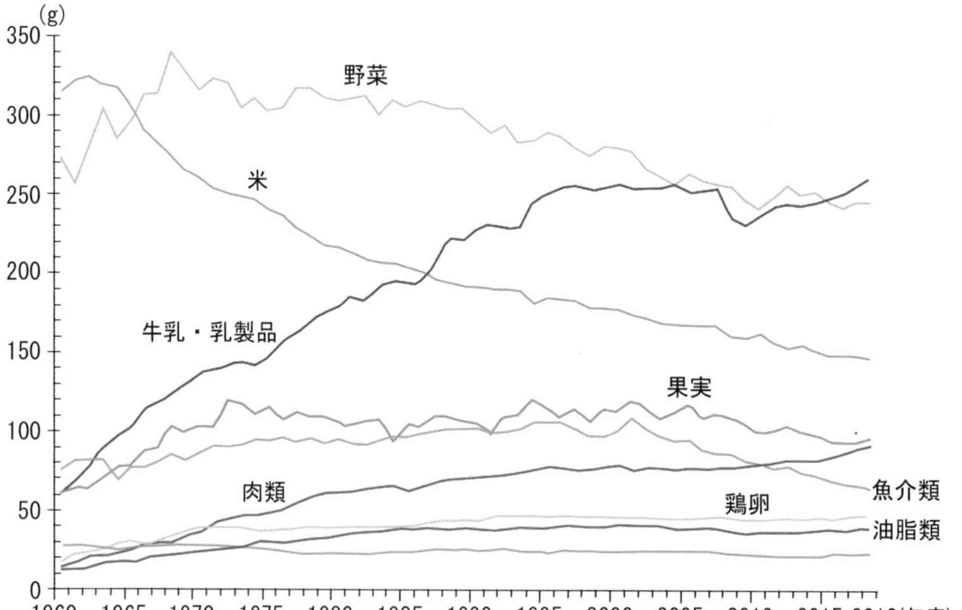

出典）農林水産省：食料需給表

図 2. 48　一人１日当たりの供給純食料の年次推移

合食料自給率は、カロリーベースと生産額ベースの2通りで計算されている。

カロリーベースの食料自給率は、一人1日当たり国産供給エネルギー量を、一人1日当たり供給エネルギー量で割り、生産額ベースの食料自給率は、食料の国内生産額を、食料の国内消費仕向額で割って計算する。カロリーベースの食料自給率は、1965（昭和40年）の73%から2000（平成12）年頃までは減少し、2000年頃からは横ばいであったが、2010（平成22）年には40%を下回り、近年は40%弱を推移している（図2.49）。一方生産額ベースの食料自給率も、1965（昭和40）年の86%から2000（平成12）年頃まで減少傾向で、その後は微減し、2010（平成22）年には70%を下回り、近年は65%前後を推移している。このような食料自給率の低下の背景には、食生活の変化による米の消費の減少、畜産物や油脂類の消費の増大があると考えられている。

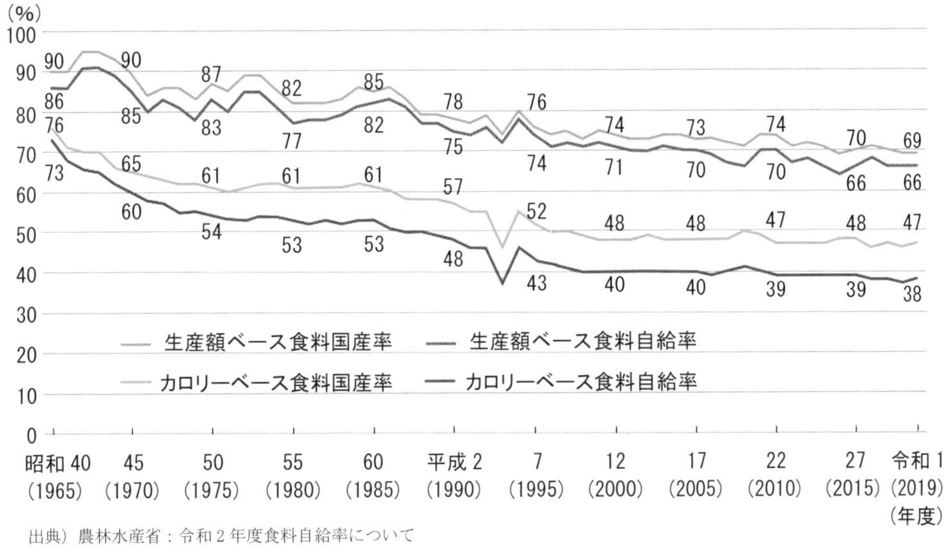

出典）農林水産省：令和2年度食料自給率について

図2.49　食料自給率の長期的推移

総合食料自給率は、「国内生産」を厳密に捉えるため、畜産物については、飼料自給率を反映し、国産であっても輸入した飼料を使って生産された分は、国産には算入されていないため、特にカロリーベースでは自給率が低く算出される。そこで、わが国の畜産業が輸入飼料を多く用いて高品質な畜産物を生産している実態に着目し、わが国の食料安全保障の状況を評価する総合食料自給率とともに、飼料が国産か輸入かにかかわらず、畜産業の活動を反映し、国内生産の状況を評価する指標「食料国産率」が令和2年3月に閣議決定された食料・農業・農村基本計画で位置付けられた（図2.50）。農林水産省は、食料国産率と飼料自給率の双方の向上を通じて、食料自給率の向上を図る必要がある、としている。

わが国では、食料・農業・農村基本法に基づき、食料・農業・農村基本計画において、食料自給率の目標を定めることとされている。食料・農業・農村基本計画とは、食料・農業・農村に関し、政府が中長期的に取り組むべき方針を定めたものである。令和２年３月に閣議決定された基本計画では、令和12年度までに、総合食料自給率を、カロリーベースで45%、生産額ベースで75%にするとの目標が設定されているが、図2.49に示す通り、目標達成まではまだ遠い状況である。なお、先進国と比べると、わが国の食料自給率、特にカロリーベースは、先進国のなかで最低の水準となっている（図2.51）。

品目別自給率は、重量ベースで示され、自給率が高い品目は、米、鶏卵、野菜、いも、みかんなどがある。逆に低い品目は、大豆、大麦、小麦、油脂類などである。

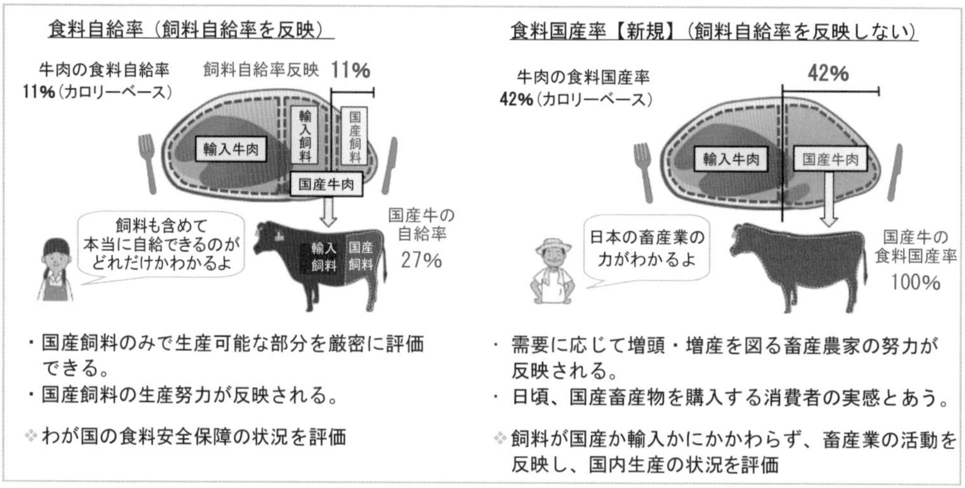

出典）農林水産省：食料自給率とは

図2.50　食料自給率と食料国産率の違い

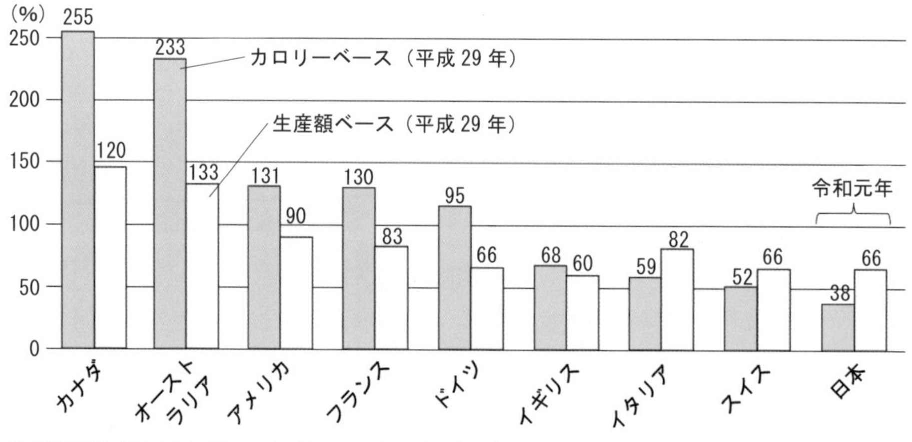

注1）数値は暦年（日本の三年度）。スイス（カロリーベース）及びイギリス（生産額ベース）については、各政府の公表値を掲載。
注2）畜産物及び加工品については、輸入飼料及び輸入原料を考慮して計算

出典）農林水産省：世界の食料自給率

図2.51　諸外国の食料自給率

例題 8　食料需給表および食料自給率に関する記述である。正しいのはどれか。1 つ選べ。

1. フードバランスシート（食料需給表）は、わが国で供給される食料の生産から最終消費に至るまでの総量や、供給純食料を示している。
2. フードバランスシートは、日本では厚生労働省が毎年作成している。
3. 2000 年以降、供給純食料が増加しているのは、野菜、米、果実、魚介類である。
4. 総合食料自給率は、カロリーベースと重量ベースの 2 通りで計算されている。
5. 品目別自給率は、生産額ベースで示される。

解説　2. フードバランスシートは、農林水産省が毎年作成している。　3. 供給純食料が増加しているのは、牛乳・乳製品、肉類である。　4. 総合食料自給率は、カロリーベースと生産額ベースで計算されている。　5. 品目別自給率は、重量ベースで示される。

解答 1

6 諸外国の健康・栄養問題の現状と課題

1992 年に国連食糧農業機関（FAO）と世界保健機関（WHO）の共催により、イタリアのローマにて開催された第 1 回国際栄養会議において、「栄養学的に適切で安全な食物へのアクセスは個々人の権利である」と謳われた。しかし、現在は世界的な人口増による食料需要の増大や、気候変動による異常気象や災害による生産量の減少、紛争などの影響により、食料安全保障が確保されず、飢餓や栄養不良に苦しむ人々が世界には多くいる。

6.1 食料安全保障・食料不安

食料安全保障とは、“すべての人がいかなるときにも、活動的で、健康的な生活に必要な食生活上のニーズと嗜好を満たすために、十分で安全かつ栄養ある食料を、物理的、社会的および経済的にも入手可能であるときに達成できる状況”のことである。英語では Food security（フード・セキュリティ）という。反対語は、Food insecurity であり、日本語では「食料不安」と訳されることが多い。FAO の「食料不安の経験による尺度」（表 2.3）にあるように、食料安全保障とは、十分で安全かつ栄養ある食料に“誰でも”“どんなときも”“アクセス（入手・購入）”できることをさす。表 2.3 の問 5、6 に該当する者は「中等度の食料不安を抱える者」、問 7、8 に該当する者は「重度の食料不安を抱える者」と判定される。「世界の食料安全保障

表 2.3　食料不安の経験による尺度（Food insecurity experience scale（FIES）

過去12カ月の間に、お金や資源がないために以下のようなことがありましたか

1. 食べるために十分な食料がないかもしれないと心配になった
2. 健康的で栄養価の高い食事を食べることができなかった
3. 数種類のみの食品を食べた
4. 欠食をしなければならなかった
5. 食べるべきと思う量よりも少ない量を食べた
6. 家の中の食料がなくなった
7. 空腹だったが食べなかった
8. １日中何も食べずに過ごした

出典）FAO：The Food Insecurity Experience Scale（衛藤訳）

と栄養の現状2020」によると、2019年には全世界の16.3％が「中程度の食料不安」、9.7％が「重度の食料不安」、であり、両方をあわせると約4人に一人は食料不安を抱えていることになり、この割合は増加傾向を示している（**図2.52**）。食料へのアクセスが不十分であると、低出生体重や子どもの発育阻害のリスクが高くなる。こうした子どもは将来、過体重や肥満になるリスクも高くなるといわれている。

さらに、2019年には約6億9000万人、全人口の8.9％が栄養不足（飢餓）であることが報告された（**図2.53**）。この栄養不足とは、普通に活動的で健康的な生活を維持するのに必要なエネルギーを提供するための習慣的な食物摂取量が十分ではない状態をさしている。世界の栄養不足人口は、2005年以降減少傾向を示していたものの、2014年以降微増傾向を示している。

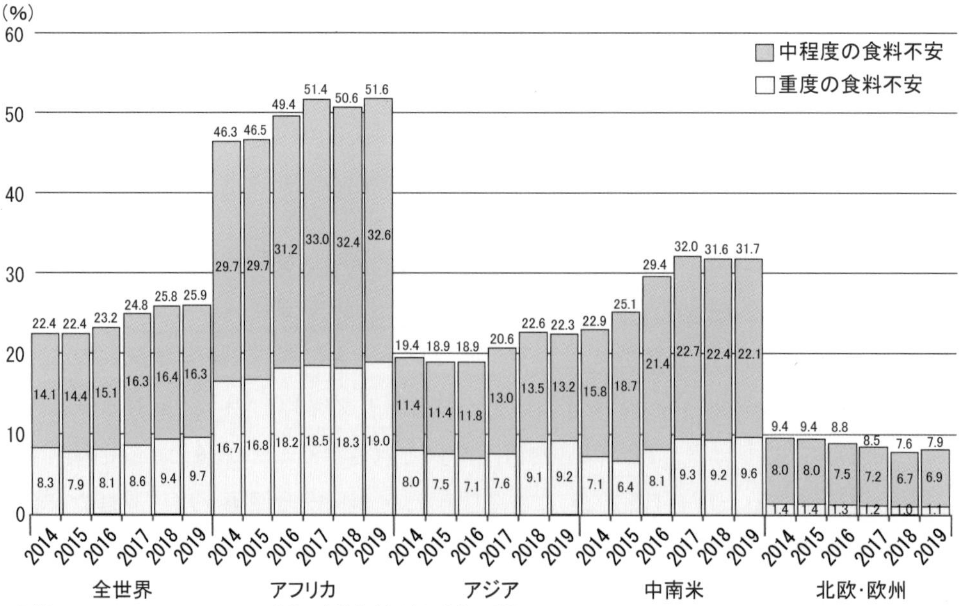

出典）FAO, IFAD, WFP, UNICEF, WHO：世界の食料安全保障と栄養の現状2020

図2.52　世界の「食料不安を抱える者」の割合

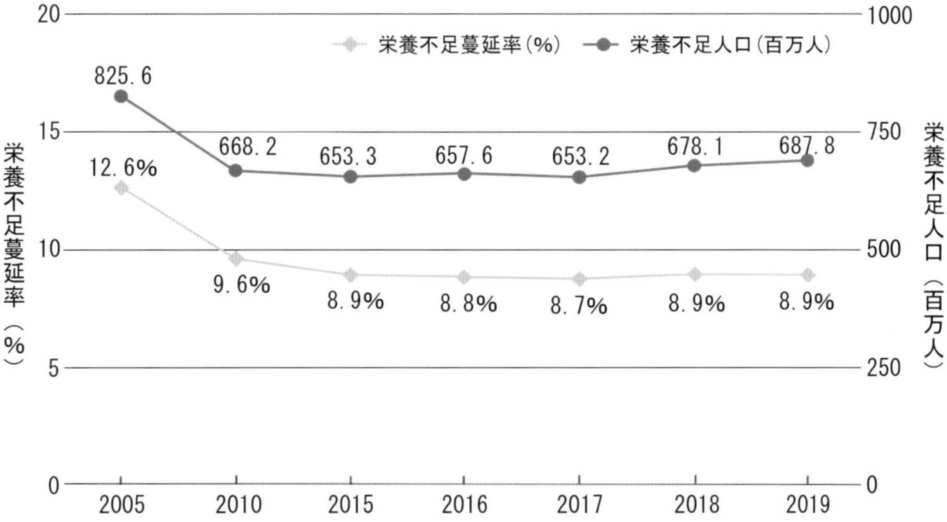

出典) FAO, IFAD, WFP, UNICEF, WHO：世界の食料安全保障と栄養の現状 2020

図 2.53　世界の栄養不足人口の推移

6.2 栄養不良の二重苦

栄養不良（malnutrition）とは、人々のエネルギーや栄養素摂取が不足、過剰、不均衡であることをさす。低栄養や微量栄養素不足だけではなく、過体重や肥満といった過剰栄養も含まれる。個人、世帯、集団内において、あるいはライフコースを通して、低栄養と過剰栄養が共存する状態のことを「栄養不良の二重苦（double burden of malnutrition)」という。栄養不良の二重苦は、途上国だけではなく、先進国でもみられる。さらに近年では、低栄養と過体重（肥満）に加え、微量栄養素（必須ビタミンやミネラル）が不足している「隠れ飢餓」や「貧血」を加えて、「栄養不良の三重苦」とよぶ場合もある。2020 年世界栄養報告によると、世界の比較可能なデータが収集できた 143 カ国すべてにおいて、子どもの栄養不良、成人女性の貧血、成人女性の過体重のうち最低ひとつの負荷に直面している。

さらに、高脂肪、高糖質、食物繊維に乏しい食事摂取の機会が増え、身体活動量の減少も伴い、集団の体格組成が変化している。栄養不足から栄養過多へと移行することを「栄養転換」という。特に低中所得国においてはこの移行が急速に進行し、現在、世界では低栄養や飢餓の問題と同時に、肥満者の増加による非感染性疾患(NCDs)も深刻であり、低栄養と過剰栄養の両方の問題へのアプローチが必要である。

6.3 先進諸国の健康・栄養問題

(1) 非感染性疾患（NCDs）

先進諸国では過剰栄養や非感染性疾患（Non-communicable diseases：NCDs）の問

題が大きい。NCDs とは、「感染性ではない」疾患に対する総称で、心血管系疾患、がん、呼吸器疾患、糖尿病などが含まれ、日本語の「生活習慣病」に近い概念である。世界全体の死因上位 10 位を図 2.54 に示した。このうち、7 つは NCDs であり、この 7 つの死因で全死因の 44％を占めている。さらに上位 10 位に入らなかった NCDs も含めると、NCDs 合計で全死因の 7 割以上を占めていることが、WHO から報告されている。NCDs は高所得国（図 2.55）だけではなく、低所得国（図 2.56）や中所得国においてもみられる。

高所得国においては、死因上位 10 位（図 2.55）のうち、下気道感染症を除く 9 つが NCDs であった。第 1 位の虚血性心疾患、第 3 位の脳卒中による死亡者数（2019 年）は、2000 年と比較して、それぞれ 16％、21％減少したものの、上位に位置している。また、アルツハイマー病を含む認知症による死亡者が増加しており、脳卒中を抜いて死因 2 位となった。

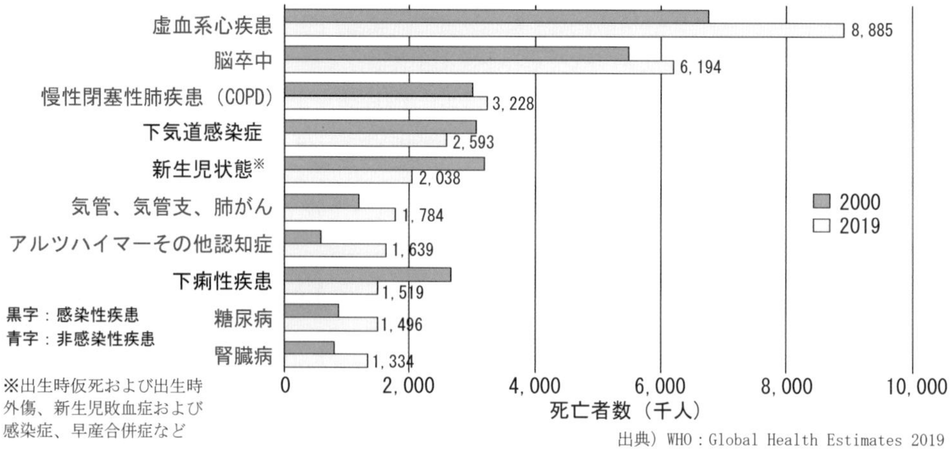

図 2.54　世界の死因上位 10 位（2000 年と 2019 年）

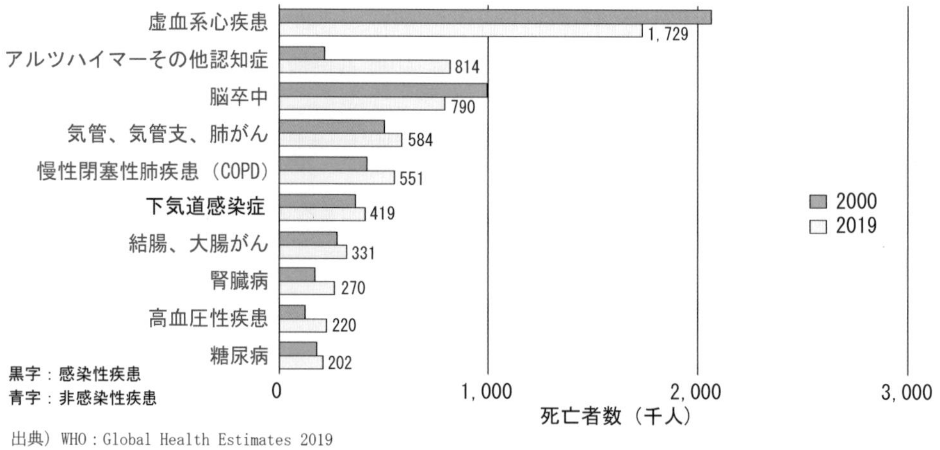

図 2.55　高所得国の死因上位 10 位（2000 年と 2019 年）

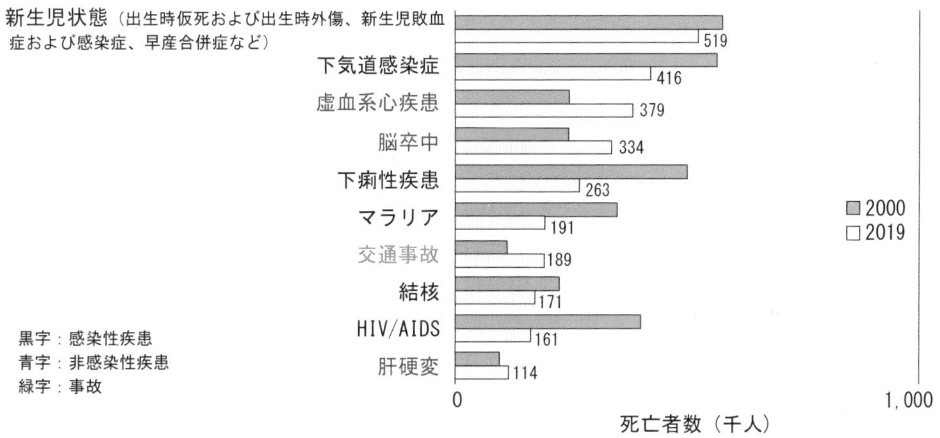

出典）WHO：Global Health Estimates 2019

図 2.56　低所得国の死因上位 10 位（2000 年と 2019 年）

(2) 肥満・過体重

先進諸国においては、肥満の問題もある。WHO は、BMI（Body Mass Index）30 以上を肥満、25 以上 30 未満を過体重と定義している。多くの先進国が加盟している OECD（Organization for Economic Co-operation and Development；経済協力開発機構）諸国における、15 歳以上成人過体重者および肥満者の割合（2017 年までの最近年）を図 2.57 に示す。OECD に加盟している 37 カ国（2020 年時点）のうち、自己申告値ではなく身体計測値を用いて BMI 値が報告された 23 カ国において、平均 58%が過体重者または肥満者であった。上位にはチリ、メキシコ、米国が位置し、いずれも 70%を超えていた。一方、下位の日本や韓国は 40%を切っており、23 カ国のなかでも割合に差があることが分かる。さらに、OECD 諸国における成人の過体重者・肥満者の割合は、2000 年代初旬と比較してゆるやかに増加していることが報告されている。

(3) NCDs に関する国際目標

このような現状を踏まえて、国連の持続可能な開発目標（SDGs：Sustainable Development Goals）では、目標 3「あらゆる年齢のすべての人々の健康的な生活を確保し、福祉を促進する」のターゲットのひとつに「2030 年までに、NCDs による早期死亡を、予防や治療を通じて 3 分の 1 に減少させる」ことが位置づけられている。また WHO は、NCDs 対策として 2013 年に「NCDs の予防と管理に関する国際戦略 :2013～2020 年行動計画」を採択した。モニタリングの枠組みとして、4 大疾患（循環器疾患、がん、慢性呼吸器疾患、糖尿病）と、4 大リスクファクター（喫煙、不健康な食事、運動不足、アルコールの有害な使用）が位置づけられ、「NCDs による若年死亡を 25%減少させる」を含めた、2025 年までに達成すべき 9 つの NCDs 国際目標

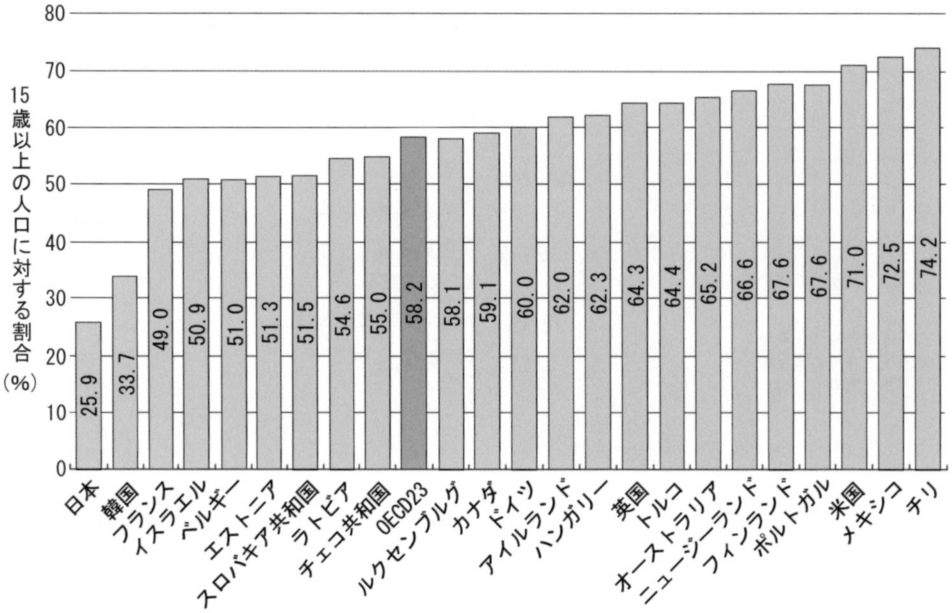

図 2.57　OECD 諸国の 15 歳以上の成人における過体重および肥満の者の割合（2017 年までの最近年）

（Voluntary global NCD targets for 2025）を掲げた。このように現在、先進国だけではなく、世界的に NCDs 対策が急務とされている。

6.4 開発途上国の健康・栄養問題

低所得国における主な死因（図 2.56）をみると、感染症による死亡は 2000 年に比べて減少しているが、NCDs は増加しており、2019 年の死因では 3 位に虚血系心疾患、4 位に脳卒中が位置づいている。世界的な NCDs による全死亡の 77%は低・中所得国で起きていることからも、開発途上国においても NCDs は重要な健康課題である。

一方で、1 位は新生児状態による死亡であり、他にも下気道感染症、下痢性疾患、マラリア、結核、HIV/AIDS といった感染症が上位 10 位のうち半数以上を占めている。

(1) 子どもの低栄養

WHO によると、5 歳未満の子どもの死亡の約 45%は、低栄養（undernutrition）が関係しており、これは特に低中所得国において多くみられる。低栄養の子どもは病気にかかりやすく、かかると治りにくく、知能や身体の発達の遅れにも影響する。低栄養には、発育阻害、消耗症、低体重がある。

発育阻害（stunting）とは、日常的に栄養を十分に摂れずに慢性栄養不良に陥り、年齢相応の身長まで成長しない状態をさす。WHOの子ども成長基準（Child growth chart）を用いて、年齢相応の身長の中央値からの標準偏差がマイナス2未満の子どもが該当する。ユニセフ、WHO、世界銀行グループによる「栄養不良に関する包括的推計値2020」によると、2019年の発育阻害の5歳未満児は、1億4,400万人おり、世界の5歳未満児人口の21.3%にあたり、その約半数はアジア、4割はアフリカの子どもであった。世界的には2000年より減少し改善しているものの、アフリカにおいては栄養不良児の人数が増加しており、地域間格差がある。

消耗症（wasting）とは、急性あるいは重度の栄養不足から生じ、十分なカロリーを摂取できていない状態をさす。身長に対して体重が少なく、WHOの子ども成長基準の身長相応の体重の中央値からの標準偏差がマイナス2未満の子どもが該当する。2019年には、消耗症の5歳未満児は4,700万人おり、世界の5歳未満児人口の6.9%であった。発育阻害と同様に、アジア（69%）やアフリカ（27%）の子どもに多い。

低体重（underweight）の子どもは、年齢に対して体重が少なく、WHOの子ども成長基準の年齢相応の体重の中央値からの標準偏差がマイナス2未満の子どもが該当する。

(2) 微量栄養素欠乏症

2019年には、3億4,000万人の子どもが、ビタミンAや鉄などの栄養素が不足していることがユニセフから報告された。栄養不良に関わる世界の公衆衛生上重要な微量栄養素欠乏症として、ヨウ素（ヨード）欠乏症、ビタミンA欠乏症、鉄欠乏性貧血がある。

ヨウ素は、甲状腺ホルモンをつくるのに必要な栄養素であり、不足すると甲状腺機能が低下する。特に妊婦や子どもへの影響が大きい。妊婦の場合は、胎児に神経発達障害や発育遅延を生じ、流産や死産を、子どもの場合は、心身の成長や発達の遅れなどを引き起こす。2008年には、全世界人口の約3割、20億人がヨウ素欠乏症であることが報告された。対策としては、ヨウ素を添加した塩の普及がある。現在では、ヨウ素添加塩を消費する世帯割合は全世界で88%に上り、途上国だけではなく、ヨウ素を多く含む海産物などの食品をあまり摂取しない先進国においても使用されている。

ビタミンA欠乏症発症のリスクが高いのは妊婦と乳幼児であり、途上国の5歳未満児の約3分の1がビタミンA欠乏症で、特にサハラ以南のアフリカや南アジアに多い。ビタミンA欠乏症は、予防可能な子どもの失明の主な原因のひとつである。欠乏症状としては夜盲症があり、重度になると失明する。また免疫力の低下にもつながり、はしかや下痢症などの感染症にかかるリスクを高める。主な対策としては、ビタミンAの補給があり、1年に4〜6カ月空けて2回補給を受けた6〜59カ月児の割合である「ビタミンA完全補給率」は、2017年には全世界で62%であった。

鉄欠乏性貧血の一般的な症状は、息切れ、めまい、頭痛などがあり、重度になると、 静止時の息切れ、浮腫などがある。妊婦と乳幼児のリスクが高いとされ、現在5歳未満児の約4割、妊娠可能年齢（15〜49歳）女性の約3割が相当し、世界で最も多い欠乏症といわれている。欠乏症として、妊産婦死亡や早産、死産、子どもの脳の発達障害、知力や運動能力の低下などを引き起こす。対策としては、継続的に鉄を摂取するための食事改善、鉄強化食の利用、鉄剤投与などがある。

これ以外のビタミン、ミネラルでも不足している栄養素はあるが、ここで取り上げたヨウ素、ビタミンA、鉄の3つは、諸外国、特に途上国の妊産婦と子どもの健康・栄養状態において、特に欠乏症が重要な課題とされている微量栄養素である。

(3) たんぱく質・エネルギー欠乏症

重度のエネルギー不足による栄養問題として、たんぱく質・エネルギー欠乏症（Protein energy malnutrition : PEM）がある。代表的なのが、マラスムスとクワシオルコル（クワシオコール）である。マラスムスは、エネルギーもたんぱく質も不足している極度のやせの状態で、手足が骨と皮のみで老人のような顔をしている。クワシオルコルは、エネルギーは摂取できているがたんぱく質が不足している場合に発症し、手足の浮腫、腹水が貯まることによる腹部のふくらみなどがみられる。

(4) 子どもの成長のための食事

子どもの栄養不良への影響が大きいのが食事である。ユニセフとWHOは、6〜23カ月の子どもが、穀類、母乳、乳製品、ビタミンA豊富な野菜と果物、生鮮品、その他野菜と果物、豆類、卵の8食品群中5食品群以上を食べることを推奨している（最低食多様性基準)。「世界子供白書2019」によると、少なくとも8食品群中5食品群を摂っている6〜23カ月の子どもの割合は、全世界で29%であり、その割合は都市部よりも農村部で（39% vs. 23%)、裕福な家庭よりも貧しい家庭で（38% vs. 21%）低かった。

例題９　世界の健康・栄養問題に関する記述である。最も適当なのはどれか。1つ選べ。

1. 全世界で中程度または重度の食料不安を抱える者は、約4人に1人である。
2. 開発途上国において、NCDs（非感染性疾患）はほとんど問題ではない。
3. 栄養不良には、低栄養や微量栄養素不足が含まれ、肥満・過体重は含まれない。

4. 世界の主な微量栄養素欠乏症として、ヨウ素欠乏症、カルシウム欠乏症、鉄欠乏性貧血がある。
5. 消耗症とは、慢性栄養不良で、年齢相応の身長に成長していない状態をさす。

解説　2. 世界的な NCDs（非感染性疾患）による死亡の 77%は、低・中所得国で起きており、重要な健康課題である。　3. 栄養不良には、低栄養や微量栄養素不足だけではなく、肥満・過体重が含まれる。　4. 世界の主な微量栄養素欠乏症として、ヨウ素欠乏症、ビタミン A 欠乏症、鉄欠乏性貧血がある。　5. 消耗症とは、急性あるいは重度の栄養不足から生じ、十分なカロリーを摂取できていない状態をさす。

解答　1

6.5 地域間格差

2012 年に WHO 総会において「母、乳幼児および子どもの栄養のための包括的行動計画」が採択された。そのなかで、すべての形態の栄養不良を解消するための優先課題として、母子の栄養改善に焦点をあて、2025 年までに達成すべき 6 つの目標（国際栄養目標 2025（表 2.4））が設定された（その後 2030 年まで延長）。

表 2.4　国際栄養目標 2025

目標 1	5 歳未満児の発育阻害の割合を 40%減らす
目標 2	妊娠可能年齢にある女性の貧血を 50%減らす
目標 3	低出生体重児を 30%減らす
目標 4	子どもの過体重を増やさない
目標 5	最初の 6 カ月間の完全母乳育児の割合を 50%以上にする
目標 6	小児期の消耗症の割合を 5%以下に減少・維持する

出典）WHO：Global Targets 2025：To improve maternal,infant and young child nutrition

SDGs の目標 2 ならびに国際栄養目標 2025 に関わる栄養指標の全世界および地域ごとの現状を表 2.5 に示す。

栄養不足蔓延率（%）や食料不安の蔓延率（%）は、地域別にみると、アフリカで最も高い。一方、表には示していないが、栄養不足人口や食料不安を抱える人口（実数）は、アフリカよりも、人口の多いアジアの方が多い。

国際栄養目標 2025 に関わる栄養指標については、消耗症や発育阻害の 5 歳未満児の割合はアフリカで最も高く、過体重児や成人肥満者の割合は、アフリカやアジアよりも、ラテンアメリカ・カリブ海地域（過体重児）や北アメリカ・ヨーロッパ、

表 2.5　世界と地域の栄養状態（SDGs および国際栄養目標に関わる指標）

		全世界	アフリカ	アジア	ラテンアメリカ・カリブ海地域	北アメリカ・ヨーロッパ	オセアニア
栄養不足蔓延率(%)	2004-06	12.5	21.4	14.2	8.7	<2.5	<5.5
	2017-19	8.8	18.8	8.3	7.2	2.5	5.8
重度の食料不安蔓延率(%)	2014-16	8.1	17.2	7.5	7.2	1.4	2.8
	2017-19	9.2	18.6	8.6	9.4	1.1	4.0
中等度の食料不安蔓延率(%)	2014-16	22.7	47.4	19.1	25.9	9.2	10.7
	2017-19	25.5	51.2	21.9	31.7	8.0	13.7
消耗症(5歳未満児；%)	2019	6.9	6.4	9.1	1.3	n.a.	n.a.
発育阻害(5歳未満児；%)	2012	24.8	32.3	27.0	11.4	n.a.	n.a.
	2019	21.3	29.1	21.8	9.0	n.a.	n.a.
過体重(5歳未満児；%)	2012	5.3	4.8	4.4	7.2	n.a.	n.a.
	2019	5.6	4.7	4.8	7.5	n.a.	n.a.
肥満(18歳以上成人；%)	2012	11.8	11.5	6.1	22.2	25.0	25.8
	2016	13.1	12.8	7.3	24.2	26.9	28.1
貧血(妊娠可能年齢女性；%)	2012	30.3	37.7	33.5	21.2	15.4	14.8
	2016	32.8	37.7	36.6	22.0	17.8	16.5
完全母乳育児（生後6か月未満の乳児；%）	2012	37.0	35.5	39.0	33.4	n.a.	n.a.
	2019	44.1	43.7	45.3	n.a.	n.a.	n.a.
低出生体重児(%)	2012	15.0	14.1	17.8	8.7	7.0	7.8
	2015	14.6	13.7	17.3	8.7	7.0	7.9

<2.5%：2.5%未満、n.a.：データなし、を表す

出典）FAO, IFAD, WFP, UNICEF, WHO：The State of Food Security and Nutrition in the World 2020

オセアニア（成人肥満者）の方が高い。妊娠可能年齢女性の貧血はアフリカで、低出生体重児はアジアで割合が高い。このように、地域によって栄養状態に差があるのが現状である。いずれも、課題の大きな国や地域だけで課題解決に取り組むのではなく、地球規模の課題として取り組む必要がある。

章末問題

1　最近の国民健康・栄養調査結果からみた、成人の健康状態に関する記述である。正しいのはどれか。2つ選べ。

1. 収縮期血圧は、女性が男性より高い。
2. 糖尿病が強く疑われる者の割合は、男性で約２割、女性で約１割である。
3. 血清コレステロールは男性が女性より高い。
4. 脂質異常症が疑われる者の割合は 60 歳代が 40 歳代より高い。
5. メタボリックシンドロームが強く疑われる者の割合は、男性約５割、女性約２割である。　（自作）

解説 1. 収縮期血圧は、男性が女性より高い。 3. 血清コレステロールは、女性が男性より高い。 5. メタボリックシンドロームが強く疑われる者の割合は、男性約3割、女性約1割である。 解答 2, 4

2 最近の国民健康・栄養調査結果からみた、成人の栄養・食生活状況に関する記述である。正しいのはどれか。2つ選べ。

1. 肥満者(BMI≧25.0kg/m²)の割合は、60歳代が20歳代より低い。
2. やせの者(BMI<18.5kg/m²)の割合は、男性が女性より高い。
3. 都道府県別の食塩摂取量の差は、1g未満である。
4. 野菜摂取量は、世帯の所得が高いほど多い。
5. 朝食の欠食率は、39歳以下が40歳以上より高い。 (第31回国家試験)

解説 1. 肥満者(BMI≧25.0kg/m²)の割合は60歳代が20歳代より高い。 2. やせの者(BMI<18.5kg/m²)の割合は、男性が女性より低い。 3. 都道府県別の食塩摂取量の差は、1g以上である。 解答 4. 5

3 最近10年間の国民健康・栄養調査結果における成人の1日当たりの平均摂取量の傾向に関する記述である。最も適当なのはどれか。1つ選べ。

1. 脂肪エネルギー比率は、30%Eを下回っている。
2. 炭水化物エネルギー比率は、50%Eを下回っている。
3. 食塩摂取量は、7.5gを下回っている。
4. 米の摂取量は、増加している。
5. 野菜類の摂取量は、350gを超えている。 (第35回国家試験)

解説 2. 炭水化物エネルギー比率は、50%Eを上回っている。 3. 食塩摂取量は、7.5gを上回っている。 4. 米の摂取量は、減少している。 5. 野菜類の摂取量は、350gを超えていない。 解答 1

4 最近の国民健康・栄養調査結果からみた、成人の食塩摂取量に関する記述である。正しいのはどれか。1つ選べ。

1. 過去10年間では、減少している。
2. 男性の摂取量は、10g未満である。
3. 女性が男性より多い。
4. 20～29歳が60～69歳より多い。
5. 都道府県別にみたときの1位と47位では、約5gの差がある。 (第33回国家試験一部改変)

解説 2. 男性の摂取量は、10gを超えている。 3. 男性が女性より多い。 4. 20～29歳が60～69歳より少ない。 5. 都道府県別にみたときの1位と47位では、男性では約3g、女性では約2gの差がある
解答 1

5　わが国の食料自給率に関する記述である。最も適当なのはどれか。1つ選べ。

1. フードバランスシート（食料需給表）の結果を用いて算出されている。
2. 食品安全委員会によって算出・公表されている。
3. 品目別自給率は、食料の価格を用いて算出されている。
4. 最近10年間のカロリーベースの総合食料自給率は、50％以上である。
5. 生産額ベースの総合食料自給率は、先進国のなかでは高水準にある。　（第34回国家試験）

解説　2. 農林水産省によって算出・公表されている。　3. 品目別自給率は、重量を用いて算出されている。　4. 最近10年間のカロリーベースの総合食料自給率は、40％以下である。　5. 生産額ベースの総合食料自給率は、先進国のなかでは低水準にある。　解答 1

6　わが国の国民1人・1日当たり供給純食料の推移を図に示した。図のa〜eに相当する食品の組み合わせである。正しいのはどれか。1つ選べ。

1. a：米　—　b：牛乳及び乳製品　—　c：野菜　—　d：魚介類　—　e：肉類
2. a：米　—　b：肉類　—　c：牛乳及び乳製品　—　d：野菜　—　e：魚介類
3. a：牛乳及び乳製品　—　b：野菜　—　c：米　—　d：肉類　—　e：魚介類
4. a：野菜　—　b：肉類　—　c：魚介類　—　d：牛乳及び乳製品　—　e：米
5. a：野菜　—　b：牛乳及び乳製品　—　c：米　—　d：魚介類　—　e：肉類

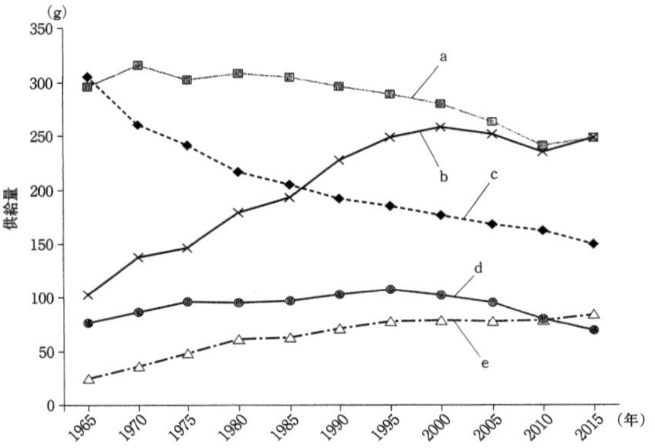

図　国民1人・1日当たり供給純食料の推移　（第32回国家試験）

解説　フードバランスシート（食料需給表）における国民1人・1日当たりの供給純食料の最近50年間の推移では、顕著な減少傾向がみられるのは野菜類と米類である。2000年頃から魚介類も減少している。その一方で、肉類は増加傾向、牛乳及び乳製品は増加していたが、2000年頃から横ばい状況である。　解答 5

7　栄養不良の二重負荷に関する記述である。誤っているのはどれか。1つ選べ。

1. 1つの国のなかに、2型糖尿病とやせの問題が同時に存在している。
2. 1つの地域のなかに、肥満とやせの問題が同時に存在している。
3. 1つの地域のなかに、クワシオルコルの子どもとマラスムスの子どもが同時に存在している。
4. 1つの家庭のなかに、父親の過体重と子どもの発育阻害が同時に存在している。
5. 同一個人において、肥満と亜鉛欠乏が同時に存在している。　（第35回国家試験）

解説 栄養不良の二重負荷とは、栄養不良の二重苦と同義語であり、人、世帯、集団内において、あるいはライフコースを通して、低栄養（やせ、発育阻害、亜鉛欠乏等）と過剰栄養（2 型糖尿病、肥満、過体重等）が共存する状態のことである。クワシオルコルとマラスムスはいずれも低栄養の指標である。

解答 3

8 世界の健康・栄養問題に関する記述である。最も適当なのはどれか。１つ選べ。

1. 先進国では、NCDs による死亡数は減少している。
2. 栄養不足蔓延率は、アフリカよりもアジアで高い。
3. 栄養不良の二重負荷（double burden of malnutrition）とは、発育阻害と消耗症が混在する状態をいう。
4. 開発途上国の妊婦には、ビタミン A 欠乏症が多くみられる。
5. 肥満の問題は、開発途上国には存在しない。

（第 34 回国家試験一部改変）

解説 1. 先進国では、NCDs による死亡数は増加している。 2. 栄養不足蔓延率は、アジアよりもアフリカで高い。 3. 栄養不良の二重負荷とは、低栄養と過栄養が混在する状態をいう。 5. 肥満の問題は、開発途上国にも存在する。

解答 4

9 食環境のうち、「食物へのアクセス」に関する取り組みである。正しいのはどれか。2 つ選べ。

1. スーパーマーケットで、バランス弁当を販売する。
2. コンビニエンスストアで、減塩に関する POP を表示する。
3. ファーストフード店で、メニュー表にエネルギー表示を行う。
4. 食料品アクセス困難人口の多い地域で、移動販売車による食料品の販売を行う。
5. ドラッグストアで、ヘルスリテラシー講座を実施する。

（自作）

解説 1.「バランス弁当」の販売により、人々は食物（健康的な食事）へのアクセスがしやすくなる。 2. 減塩に関する情報へのアクセス面に関する取り組みである。 3. エネルギーに関する情報へのアクセス面に関する取り組みである。 4. 移動販売車が食料品アクセス困難人口の多い地域に行くことで、人々の食物（食料品）へのアクセスがしやすくなる。 5. 健康情報へのアクセス面に関する取り組みである。

解答 1, 4

10 わが国の食料需給に関する記述である。正しいのはどれか。1 つ選べ。

1. 食料需給表は、2 年に 1 度作成される。
2. 食料需給表には、国民が支出する食料費が示されている。
3. 食料需給表には、国民が実際に摂取した食料の総量が示されている。
4. 直近 10 年間のカロリーベースの食料自給率は、50%を超えて推移している。
5. 品目別自給率（重量ベース）は、米が小麦より高い。

（第 30 回国家試験）

解説 1. 農林水産省が毎年作成している。 2. 食料需給表には、国民が支出する食料費は示されていない。 3. 国民が実際に摂取した食料の総量は示されていない。 4. 直近 10 年間のカロリーベースの食料自給率は、40%を下回っている。 5. 2020 年度品目別自給率は米 97%、小麦 15%である。解答 5

参考文献

1) 総務省統計局：平成 27 年国勢調査　人口等基本集計結果
https://www.stat.go.jp/data/kokusei/2015/kekka.html
2) 総務省統計局：人口推計（2019 年（令和元年）10 月 1 日現在）
http://www.stat.go.jp/data/jinsui/2019np/index.html
3) 内閣府：令和 2 年版　少子化社会対策白書
https://www8.cao.go.jp/shoushi/shoushika/whitepaper/measures/w-2020/r02webgaiyoh/indexg.html
4) 内閣府：令和 2 年度　高齢社会白書
https://www8.cao.go.jp/kourei/whitepaper/w-2020/html/zenbun/index.html
5) 総務省：統計トピックス No.126 統計からみた我が国の高齢者（令和 2 年 9 月 30 日）
https://www.stat.go.jp/data/topics/pdf/topics126.pdf
6) 厚生労働省：平成 30 年度　介護保険事業状況報告（年報）
https://www.mhlw.go.jp/topics/kaigo/osirase/jigyo/18/index.html
7) 荒井 秀典：フレイルの定義，日老医誌 2014；51：497―501
8) 一般社団法人日本サルコペニア・フレイル学会：フレイル診療ガイド
http://jssf.umin.jp/clinical_guide.html
9) 厚生労働省：令和元年簡易生命表の概況
10) 一般社団法人厚生労働統計協会　図説国民衛生の動向 2020/2021
11) 厚生労働省：健康日本 21（第二次）の推進に関する参考資料（平成 24 年 7 月）
12) https://www.mhlw.go.jp/bunya/kenkou/dl/kenkounippon21_02.pdf
13) 厚生労働省：平成 30 年（2018）人口動態統計（報告書）
https://www.mhlw.go.jp/toukei/saikin/hw/jinkou/houkoku18/dl/02.pdf
14) 厚生労働省：生活習慣病を知ろう！https://www.smartlife.mhlw.go.jp/disease/
15) 厚生労働省：第 11 回健康日本 21（第二次）推進専門委員会資料
https://www.mhlw.go.jp/stf/shingi2/0000196943.html
16) 厚生労働省：健康日本 21（第二次）中間評価報告書（平成 30 年 9 月）
https://www.mhlw.go.jp/content/000378318.pdf
17) 厚生労働省：国民健康・栄養調査　https://www.mhlw.go.jp/bunya/kenkou/kenkou_eiyou_chousa.html
18) 国立歴史民俗博物館：平成 30 年度共同研究：高度経済成長と食生活の変化
https://www.rekihaku.ac.jp/research/list/joint/2018/shokuseikatsu.html
19) 公益財団法人食の安全・安心財団：統計資料「外食率と食の外部化率の推移」
http://anan-zaidan.or.jp/data/
20) 厚生労働省：日本人の長寿を支える「健康な食事」
https://www.mhlw.go.jp/stf/seisakunitsuite/bunya/0000129246.html
21)「早寝早起き朝ごはん」全国協議会：「早寝早起き朝ごはん」の効果に関する調査研究〔中間まとめ〕
http://www.hayanehayaoki.jp/download/houkoku.pdf
22) 食の外部化、農業技術事典　http://lib.ruralnet.or.jp/nrpd/#koumoku=12507
23) 鴻巣　正：「食」の外部化の進展と食品企業の成長 ―「川下」の変化と国産農産物の課題―，調査

と情報、第206号、14～21（2004）
24）農林水産省:「食育」ってどんないいことがあるの？https://www.maff.go.jp/j/syokuiku/evidence/
25）農林水産省：日本の食料自給率　https://www.maff.go.jp/j/zyukyu/zikyu_ritu/012.html
26）健康づくりのための食環境整備に関する検討会報告書（平成16年3月）
https://www.mhlw.go.jp/shingi/2004/12/s1202-4.html
27）岩間信之：フードデザート問題の現状と対策案
https://www.maff.go.jp/primaff/koho/seminar/2010/attach/pdf/100617_01.pdf
28）農林水産省：食料品アクセス困難人口の推計結果の公表及び推計結果説明会の開催について
https://www.maff.go.jp/j/press/kanbo/kihyo01/180608.html
29）消費者庁消費者教育推進課食品ロス削減推進室：食品ロス削減関係参考資料（令和3年3月9日版）
https://www.caa.go.jp/policies/policy/consumer_policy/information/food_loss/efforts/assets/efforts_210309_0001.pdf
30）消費者庁：特定保健用食品について
https://www.caa.go.jp/policies/policy/food_labeling/foods_for_specified_health_uses/
31）消費者庁：栄養機能食品について
https://www.caa.go.jp/policies/policy/food_labeling/foods_with_nutrient_function_claims/
32）FAO, IFAD, UNICEF, WFP, WHO: The State of Food Security and Nutrition in the World 2020
http://www.fao.org/publications/sofi/2020/en/
33）World Health Organization: The top 10 causes of death
https://www.who.int/news-room/fact-sheets/detail/the-top-10-causes-of-death
34）WHO: Global Action Plan for the Prevention and Control of Non-communicable Diseases: NCDs 2013-2020　https://www.who.int/publications/i/item/9789241506236
35）WHO：Malnutrition　https://www.who.int/news-room/fact-sheets/detail/malnutrition
36）WHO：Micronutrients　https://www.who.int/health-topics/micronutrients#tab=tab_1
37）UNICEF：Vitamin A deficiency　https://data.unicef.org/topic/nutrition/vitamin-a-deficiency/
38）UNICEF: Iodine　https://data.unicef.org/topic/nutrition/iodine/
39）UNICEF, WHO and the World Bank Group Joint Child Malnutrition Estimates: Levels and trends in child malnutrition
https://www.unicef.org/reports/joint-child-malnutrition-estimates-levels-and-trends-child-malnutrition-2020

第3章

健康・栄養政策

達成目標

- わが国の健康・栄養政策とそれらの関連法規について説明できる。
- 管理栄養士の社会的な役割、養成制度の沿革について説明できる。
- 国民健康・栄養調査について、目的、方法、調査結果の活用について説明できる。
- 食生活や身体活動に関する各種指針、ガイドの目的、内容について説明できる。
- 諸外国の健康・栄養政策について説明できる。

1 わが国の公衆栄養活動

1.1　公衆栄養活動の役割

公衆栄養活動とは、地域や職域などの健康維持・増進および疾病予防を目的に、健康と栄養に関わる諸問題を見出し、これを解決していく実践栄養活動である。これまで公衆栄養活動は行政主導で推進されることがあったが、公衆栄養活動を効率的に推進するためには、地域住民およびコミュニティが主体となって地域社会における組織活動を推進していく必要がある。すなわち、地域住民およびコミュニティが各々の解決すべき課題を共有し、互いに連帯意識をもって自主的に問題解決を図っていくことが重要である。

したがって、行政機関の役割は、地域組織活動の主体となるのではなく、地域住民やコミュニティが主体となって積極的に組織活動ができるよう、活動の場の提供、財政・技術面の援助・支援、制度面の整備など、公衆栄養活動の側面から支援を行うことである。特に、公衆栄養活動の中心となるのは保健所および保健センターに勤務する管理栄養士・栄養士であり、地域における公衆栄養活動のコーディネーターとしての役割を担っている。

1.2 公衆栄養活動と組織・人材育成

わが国の公衆栄養活動は、健康と栄養に関わる諸問題を解決に導くために、保健・医療・福祉分野、教育分野、農林漁業分野、食品産業分野、健康産業分野と連携を図りながら、健康政策や栄養食料政策が推進されている。このため関連領域の省庁においては、健康と栄養に関わる諸問題を解決するためのさまざまな法律、指針、ガイドラインなどが策定されている。

(1) 主な公衆栄養行政の組織と施策

わが国において公衆栄養活動にあたっている主な省庁は、内閣府、厚生労働省、文部科学省、農林水産省である。

1) 内閣府

食品安全基本法の制定に伴い、2003（平成 15）年に内閣府に食品安全委員会が設置された。また、2009（平成 21）年に内閣府の外局として設立された消費者庁は、**食品表示法**に基づく消費者に分かりやすい食品表示基準の運用、特定保健用食品・栄養機能食品・機能性表示食品の表示を取り扱っている。さらに**健康増進法**に基づく**誇大表示の禁止**など食の安心・安全確保の政策・研究を行っている。

2）厚生労働省・農林水産省・文部科学省（表 3.1）

表 3.1　公衆栄養活動に関連する法律と所管省庁

省　庁	担当部局	主な法律	主な業務
厚生労働省	健康局　健康課	健康増進法	✧健康増進計画（健康日本 21） ✧国民健康・栄養調査 ✧食事摂取基準 ✧特定給食施設
		地域保健法	✧保健所、健康科学センター
		栄養士法	✧管理栄養士・栄養士 ✧免許、国家試験
	子ども家庭局 母子保健局	母子保健法	✧児童・母性の保健・栄養指導
	社会・援護局 障害保健福祉部 障害福祉課	障害者総合支援法	✧障害者・児童福祉施設における介護給付など基準の設定
	老健局	老人福祉法	✧老人福祉施設の運営・指導
		介護保険法	✧介護報酬基準の設定
	保険局 医療課	高齢者医療確保法	✧特定健康診査・特定保健指導の実施・指導
農林水産省	大臣官房政策課 食料安全保障室	食料・農業・農村基本法	✧食料・農業・農村基本計画の推進
	食料産業局 海外市場開拓・食文化課 食文化室		✧和食の保護・継承
	消費・安全局 消費者行政・食育課	食育基本法	✧第 3 次食育推進計画の推進
文部科学省	初等中等教育局 健康教育・食育課	学校教育法 教育職員免許法 食育基本法 学校保健安全法 学校給食法	✧栄養教諭の職務指導・配置促進 ✧学校における食育、保健教育 ✧栄養教諭業務 ✧学校給食指導
	科学技術・学術政策局 政策課資源室		✧日本食品標準成分表の策定

(2) 公衆栄養行政における人材育成

公衆栄養マネジメントを効率的に推進するためには、専門職種およびボランティアの人材育成が不可欠である。

国立保健医療科学院では、地域の健康づくりを推進する公衆栄養・地域栄養活動のために、政策から公衆栄養診断、公衆栄養計画・評価に至る総合的調整が可能な能力・技術を習得し、コーディネーターとしての役割を遂行できる行政栄養士の育成を行っている。

また、「地域における行政栄養士による健康づくり及び栄養・食生活の改善の基本指針（2013（平成 25）年」の中で、人材育成については次のように述べられている。

「行政栄養士の育成にあたっては、求められる能力が発揮できる配置体制について調整するとともに、求められる能力が獲得できる仕組みづくりを進めること。また、管内の医療機関や子どもまたは高齢者が入所・利用する施設などの管理栄養士・栄養士の技能の向上が必要とされる場合は、その資質の向上を図ること。さらに、管理栄養士養成施設などの学生の実習の受け入れにあたっては、当該養成施設などと調整し、求められる知識や技能の修得に必要な実習内容を計画的に提供する体制を確保すること。」

例題1　公衆栄養活動に関する記述である。正しいのはどれか。1つ選べ。

1. 公衆栄養活動を効率的に推進していくためには、行政主導で行う。
2. 地域住民やコミュニティは、自ら活動の場を探し、財源を確保し、技術を修得して活動を行う。
3. 公衆栄養活動は、保健・医療・福祉分野、教育分野等と連携を図る必要がある。
4. 公衆栄養活動を行う際、法律、指針、ガイドラインは参考程度とし、必ずしも従う必要はない。
5. 行政栄養士の業務に人材育成は含まれない。

解説　公衆栄養活動は地域住民などが主体となって推進していき、行政は場の提供、財政・技術面の援助支援を行う。　**解答** 3

例題2　厚生労働省の業務に関する記述である。誤っているのはどれか。1つ選べ。

1. 健康増進計画（健康日本21）
2. 国民健康・栄養調査
3. 管理栄養士国家試験
4. 介護報酬基準の設定
5. 日本食品標準成分表の策定

解説　5. 日本食品標準成分表の策定は文部科学省の業務である。（表3.1 参照）
解答 5

2 公衆栄養関係法規

管理栄養士・栄養士が業務を進めていくうえで、そのよりどころとなるのが法規である。法規は上位から、憲法、法律、政令、省令、告示、条例、規則などが定められている。**栄養士法**を例にとると、栄養士法（1947（昭和22）年）→栄養士法施行令（1953（昭和 28）年）→栄養士法施行規則（1948（昭和 23）年）→栄養士法施行細則がある。

2.1 地域保健法

1947（昭和 22）年に制定された保健所法に基づいて、保健所を中心として公衆衛生行政が行われてきた。しかし、高齢・少子化、慢性疾患増加などの疾病構造の変化、住民のニーズの高度化・多様化、食品の安全性や廃棄物などの生活環境問題に対する住民の意識の高まりなどに対応するため、1994（平成 6）年にこれが**地域保健法**（**表 3.2**）に改正された。この法律では、地域保健対策の基本方針、保健所の設置・事業、市町村保健センターの設置などが規定されている。

表 3.2　地域保健法

目的 （第 1 条）	地域保健対策の推進に関する基本方針の策定、保健所の設置等の基本事項の策定、関係する法律による地域保健対策の総合的推進を確保し、地域住民の健康の保持・増進に寄与する
基本理念 （第 2 条）	・急速な高齢化の進展、保健医療を取り巻く環境の変化等に即応し、地域における公衆衛生の向上・増進を図る ・多様化・高度化する保健・衛生・生活環境等の需要に的確に対応できるよう、地域の特性および関連施策との有機的な連携に配慮し総合的に推進する
関係者の責務 （第 3 条）	・市町村は、市町村地域保健対策が円滑に実施できるよう、施設の整備、人材の確保および資質の向上等に努める ・都道府県は、都道府県地域保健対策が円滑に実施できるよう、施設の整備、人材の確保および資質向上、調査研究等に努めるとともに、市町村に対し、求めに応じて必要な技術的援助を行う ・国は、情報の収集・整理・活用、調査研究、人材の養成および資質向上に努めるとともに、市町村・都道府県に必要な技術的・財政的援助に努める
基本方針の策定 （第 4 条）	厚生労働大臣は、地域保健対策の推進に関する基本的な指針を定める
保健所の設置 （第 5 条）	保健所は都道府県、政令指定都市、中核市、その他の政令で定める市、特別区が設置する
保健所の事業 （第 6〜8 条）	1）地域保健に関する思想の普及・向上 2）人口動態統計その他地域保健に係る統計 3）栄養の改善および食品の衛生 4）住宅、水道、下水道、廃棄物処理、清掃、その他の環境衛生 5）医事および薬事 6）保健師に関すること 7）公共医療事業の向上・増進 8）母性および乳幼児ならびに老人の保健 9）歯科保健 10）精神保健 11）治療方法が確立していない疾病、その他特殊な疾病により長期に療養を必要とする者の保健 12）エイズ、結核、性病、伝染病その他疾病の予防 13）衛生上の試験・検査 14）その他、地域住民の健康の保持・増進
市町村保健センターの設置 （第 18 条）	市町村は、住民に対し、健康相談、保健指導、健康診査等の事業を行う施設として市町村保健センターを設置することができる

例題3　地域保健法に関する記述である。誤っているのはどれか。2つ選べ。

1. 地域保健法の前身は、栄養改善法である。
2. 目的は、地域住民の健康の保持・増進に寄与することである。
3. 国、都道府県、市町村の責務が定められている。
4. 保健所は、厚生労働大臣の命令により設置される。
5. 保健所の業務について規定されている。

解説　1. 前身は保健所法である。　4. 保健所は、都道府県、政令指定都市、中核市、その他政令で定める市、特別区が設置する。（表3.2 参照）　**解答**　1、4

2.2 健康増進法

1952（昭和27）年に制定された**栄養改善法**は、栄養士活動の基本法として戦後の国民の健康づくり、疾病予防に寄与してきた。しかし、健康寿命の延伸、壮年期死亡の減少、QOLの向上を目的とする健康増進計画「**健康日本21**」を推進するものとして、2002（平成14）年に**健康増進法**（**表3.3**）が制定された。これに伴い栄養改善法は廃止された。

表3.3　健康増進法

目的 （第1条）	・国民の健康の増進の総合的な推進に関し、基本的な事項を定める ・国民の栄養の改善、国民の健康の増進を図るための措置を講じ、国民保健の向上を図る
国民の責務 （第2条）	国民は、健康な生活習慣の重要性への関心を深め、生涯にわたって自らの健康状態を自覚するとともに、健康の増進に努める
国および地方公共団体の責務 （第3～5条）	・国および地方公共団体：健康増進に関する正しい知識の普及、情報の収集・整理・分析・提供、研究の推進、人材育成。健康増進事業実施者等への技術的援助 ・健康増進事業実施者：健康教育、健康相談、健康増進のために必要な事業の積極的な推進 ・国、都道府県、市町村（特別区含む）、健康増進事業実施者、医療機関等の関係者は、国民の健康の増進の総合的な推進を図るため、相互連携に努める
基本方針 （第7条）	厚生労働大臣は、国民の健康増進の総合的な推進を図るための基本方針を定める
都道府県・市町村健康増進計画 （第8条）	・都道府県は、都道府県民の健康増進の推進に関する施策の基本計画を定める ・市町村は、市町村民の健康増進の推進に関する施策の計画を定める
健康診査の実施に関する指針 （第9条）	厚生労働大臣は、健康診査の実施およびその結果の通知、健康手帳の交付等、健康推進事業実施者に対する健康診査の実施等に関する指針を定める
国民健康・栄養調査 （第10～16条）	国民健康・栄養調査の実施、調査世帯、国民健康・栄養調査員、国の負担、調査票の使用制限、生活習慣病の発生の状況の把握、について定める
食事摂取基準 （第16条の2）	厚生労働大臣は、生涯にわたる国民の栄養摂取の改善に向けた自主的な努力を推進するため、食事摂取基準を定める

表 3.3 健康増進法（つづき）

保健指導 （第 17〜18 条）	・市町村：医師、歯科医師、薬剤師、保健師、助産師、看護師、准看護師、管理栄養士、栄養士、歯科衛生士、その他の職員により、栄養改善その他生活習慣の改善に関する相談、保健指導を行う ・都道府県、保健所を設置する市および特別区：栄養指導その他の保健指導のうち、特に専門的な知識・技術を必要とするものを行う。特定給食施設に対して、栄養管理について必要な指導・助言を行う ・都道府県：市町村相互の連絡調整、市町村の求めに応じ保健所による技術協力、必要な援助を行う
栄養指導員 （第 19 条）	都道府県知事は、特に専門的な知識・技術を必要とする栄養指導、特定給食施設に対する指導・助言を行う者として、医師または管理栄養士の資格を有する都道府県・保健所を設置する市・特別区の職員のうちから、栄養指導員を命ずる
特定給食施設における栄養管理 （第 20〜24 条）	・特定給食施設の設置者は適切な栄養管理を行わなければならない ・都道府県知事は、管理栄養士設置義務・栄養管理に関し、必要な指導・助言をすることができ、実行できない施設には勧告・命令することができる ・都道府県知事は、必要があれば施設の設置者・管理者に報告をさせる、または栄養指導員に立ち入り検査等をさせることができる
受動喫煙の防止 （第 25〜42 条）	多数の者が利用する施設を管理する者は、これらを利用する者について、受動喫煙を防止するために必要な措置を講ずるように努めなければならない
特別用途表示 （第 43 条、61 条）	・乳児用、幼児用、妊産婦用、病者用その他内閣府令で定める特別の用途に適する旨の表示は、内閣総理大臣の許可が必要である ・内閣総理大臣または都道府県知事は、必要があると認めるときは、特別用途食品の製造施設等に立ち入らせ、特別用途食品を検査させ、または特別用途食品を収去させることができる
誇大表示の禁止 （第 65 条）	食品として販売する物に関して広告その他の表示をするときは、著しく事実に相違する表示をし、または著しく人を誤認させるような表示をしてはならない

例題 4　健康増進法に関する記述である。正しいのはどれか。2 つ選べ。

1. 健康増進法の前身は栄養改善法である。
2. 国民は、健康の増進に努めるよう定められている。
3. 都道府県が健康増進計画を作成していれば、市町村は健康増進計画を作成する必要はない。
4. 国民健康・栄養調査の費用は都道府県が負担することと定められている。
5. 日本食品標準成分表を策定することとされている。

解説　（例題 4 は表 3.3 参照）3. 市町村も健康増進計画を作成するよう定められている。　4. 国民健康・栄養調査の費用は国が負担する。　5. 日本食品標準成分表の策定は文部科学省の業務である。　**解答** 1、2

例題 5　健康増進法に関する記述である。誤っているのはどれか。1 つ選べ。

1. 生活習慣病の発生の状況の把握について定めている。
2. 食事摂取基準の策定について定めている。

3. 栄養指導員の任命について定めている。
4. 学校給食施設への管理栄養士の設置義務について定めている。
5. 特別用途表示の許可について定めている。

解説　（例題5は表 3.3 参照）4. 特定給食施設への管理栄養士の設置義務について定めている。　**解答** 4

2.3 食育基本法

食育基本法（表 3.4）は、2005（平成 17）年に、国民が生涯にわたって健全な心身を培い、豊かな人間性を育むことができるよう、食育を総合的かつ計画的に推進することを目的として制定された。

表 3.4　食育基本法

目的（第1条）	食育に関する施策を総合的かつ計画的に推進し、現在および将来にわたる健康で文化的な国民の生活と豊かで活力ある社会の実現に寄与することを目的とする
食育推進運動の展開（第4条）	食育推進活動は、国民、民間団体等の自発的意思を尊重し、地域の特性に配慮し、その連携を図りつつ、全国において展開されなければならない
関係者の責務（第9～13条）	・国は、食育の推進に関する施策を策定し、実施する責務を有する ・地方公共団体は、区域の特性を生かした自主的な施策を策定し、実施する責務を有する ・教育関係者等及び農林漁業者等、食品関連事業者等は、関係者と相互に連携・協力して積極的に食育を推進するように努める ・国民は生涯にわたり健全な食生活の実現に自ら努めるとともに、食育の推進に寄与するよう努める
食育推進基本計画（第16～18条）	・食育推進会議は、食育推進基本計画を作成する ・都道府県は、都道府県食育推進計画を作成するよう努めなければならない ・市町村は、市町村食育推進計画を作成するよう努めなければならない
基本的施策（第19～21条）	・国及び地方公共団体は、家庭における食育の推進を支援するために必要な施策を講ずるものとする ・国及び地方公共団体は、学校、保育所等において、食育の推進のために必要な施策を講ずるものとする ・国及び地方公共団体は、地域において、食育の推進のために必要な施策を講ずるものとする
食育推進会議（第26～33条）	農林水産省に食育推進会議を置き、会長（農林水産大臣）および委員25人以内をもって組織する

例題6　食育基本法に関する記述である。誤っているのはどれか。1つ選べ。

1. 食育推進会議は、食育推進基本計画を作成する。
2. 都道府県は、都道府県食育推進計画を作成しなければならない。
3. 市町村は、市町村食育推進計画を作成するよう努めなければならない。
4. 食育推進会議の会長は農林水産大臣である。

5. 食育推進会議は、農林水産省に設置されている。

解説　2. 都道府県の食育推進計画の策定は努力義務である。（表 3.4 参照）**解答** 2

2.4 その他の法規

(1) 母子保健法

母子保健法（1965（昭和 45）年）は、母性ならびに乳児および幼児の健康の保持および増進を図るため、保健指導、健康診査、医療などによって寄与することを目的として制定された。

第 2 条では、母性が尊重され保護されなければならないこと、第 3 条では、乳児および幼児の健康は、保持され増進されなければならないこととしている。また、第 4 条では、母性および乳児または幼児の保護者は自ら進んで正しい理解を深め、その健康の保持および増進に努めなければならないことと規定している。第 12 条では市町村は幼児に対して健康診査を実施しなければならないこと、13 条では必要に応じて妊産婦または乳児に対しても健康診査を行い、または健康診査を受けることを勧奨しなければならないことを定めている。

「**健やか親子 21**」は、2001（平成 13）年から開始した、母子の健康水準を向上させるためのさまざまな取り組みを推進する国民運動計画であり、母子保健の取り組みの方向性や目標値が示された。少子化社会において、国民が健康で明るく元気に生活できる社会の実現を図るための国民の健康づくり運動（健康日本 21）の一翼を担うものである。2015（平成 27）年からは現状の課題を踏まえ「**健やか親子 21（第 2 次）**」が開始された。「すべての子どもが健やかに育つ社会」の実現を目指し、関係するすべての人々、関連機関・団体が一体となって取り組む国民運動として位置づけられている。現在の母子保健を取り巻く状況を踏まえて 3 つの基盤課題と、特に重点的に取り組む必要のあるものとして 2 つの重点課題を掲げている。

(2) 高齢者の医療の確保に関する法律（高齢者医療確保法）

高齢者の医療の確保に関する法律（略称：高齢者医療確保法）は、2008（平成 20）年に老人保健法を改正・名称変更されたものである。高齢者における適切な医療の確保を図るために、医療費の適正化を推進するための計画の作成および保険者による健康診査などの実施に関して定められており、高齢者の福祉の増進を図ることを目的としている。第 18～31 条では、特定健康診査および特定保健指導の基本指針、実施計画の作成などについて規定されている。なお、特定保健指導に関する専門的知識および技術を有する者は、医師、保健師または管理栄養士となっている（特定健康診査及び特定保健指導の実施に関する基準（平成19年厚生労働省令））。

(3) 介護保険法

介護保険法（1997（平成9）年）は、加齢に伴って生じる心身の変化に起因する疾病などにより要介護状態となり、入浴、排せつ、食事などの介護、機能訓練ならびに看護および療養上の管理その他の医療を要する者などについて、尊厳を保持し、その有する能力に応じ自立した日常生活を営むことができるよう、必要な保健医療サービスおよび福祉サービスにかかる給付を行うため、介護保険制度を設け、保険給付などに関して必要な事項を定めている。市町村および特別区は、介護保険を行う保険者となる。被保険者は第1号被保険者（65歳以上の者）と第2号被保険者（40歳以上65歳未満の医療保険加入者）に区分されている。国民は、自ら要介護状態となることを予防するため、常に健康の保持増進に努めるとともに、要介護状態となった場合においても、進んでリハビリテーションその他の適切な保健医療サービスおよび福祉サービスを利用するよう努めるものと定めている。

(4) 食品表示法

食品表示法（2013（平成25）年）は、食品表示が、食品を摂取する際の安全性の確保および食品の選択の際に重要な役割を果たしていることから、販売する食品の表示について、基準などを定めることで適正を確保し、一般消費者の利益の増進を図るものである。それまで食品衛生法（昭和22年）、健康増進法（平成14年）および日本農林規格等に関する法律（昭和25年）にまたがって食品表示方法が規定されていたが、一元化され消費者庁により運用されている。

3 わが国の管理栄養士・栄養士制度

2000（平成12）年に管理栄養士養成施設・栄養士養成施設のカリキュラムの見直しが行われ、特に、管理栄養士養成カリキュラムは医療、保健分野で働く管理栄養士の養成を意識し、臨床栄養を中心とした専門分野の教育内容の充実、演習や実習の充実強化が図られた。

2019（平成31）年3月、超高齢化の進展、少子化といった社会の劇的な変化のなか、多様化・高度化する社会や国民のニーズに対応できる管理栄養士・栄養士としてのめざす姿を踏まえ、「**栄養学教育モデル・コア・カリキュラム**」が作成された。

2021（令和3）年1月現在、栄養士養成施設数は142校、管理栄養士養成施設数は149校である。栄養士免許の交付数は、2018（平成30）年は18,037件であり、累計交付数は1,097,359件となっている（**表3.5**）。管理栄養士免許の交付数は2019

（令和元）年 10,291 件であり、累計交付数は 244,487 件となっている（表 3.6）。

表 3.5　栄養士免許交付数の推移

	総数（累計）	免許交付数	免許取得資格	
			養成施設卒業	試験合格
昭和 20～25 年	7,070	—	—	—
昭和 30 年	17,937	3,822	3,452	370
40 年	94,705	10,029	9,971	58
50 年	245,051	17,506	17,332	174
60 年	433,378	19,259	19,246	13
平成 7 年	639,578	22,110	22,110	0
17 年度	854,290	18,873	18,873	0
18 年度	873,652	19,362	19,361	1
19 年度	893,516	19,864	19,864	0
20 年度	913,200	19,684		
21 年度	932,054	18,845		
22 年度	949,352	17,298		
23 年度	967,336	17,984		
24 年度	985,348	18,012		
25 年度	1,003,915	18,567		
26 年度	1,023,005	19,090		
27 年度	1,041,605	18,600		
28 年度	1,060,771	19,166		
29 年度	1,079,322	18,551		
30 年度	1,097,359	18,037		

※平成 22 年度宮城県を除く　（平成 7 年までは 12 月末現在　資料：衛生行政報告例）

表 3.6　管理栄養士名簿登録数の推移

	総数（累計）	免許交付数	免許取得資格		
			試験合格	附則特例	養成施設卒業
昭和 40 年	1,671	420	290	130	—
50 年	9,878	1,566	226	155	1,185
60 年	28,097	2,047	434	318	1,295
平成 7 年	71,733	5,250	5,225	0	25
17 年	122,807	7,637	7,633	0	4
18 年	128,301	5,494	5,475	0	19
19 年	135,804	7,503	7,488	0	15
20 年	142,698	6,894	6,884	0	10
21 年	149,455	6,757	6,742	0	15
22 年	157,472	8,017	8,010	0	7
23 年	166,040	8,568	8,556	0	12
24 年	176,391	10,351	10,346	0	5
25 年	184,229	7,838	7,830	0	8
26 年	194,445	10,216	10,211	0	5
27 年	205,267	10,822	10,819	0	3
28 年	213,726	8,459	8,455	0	4
29 年	224,077	10,351	10,348	0	3
30 年	234,196	10,119	10,116	0	3
令和 元年	244,487	10,291	10,288	0	3

（各年 12 月末現在　資料：厚生労働省健康局健康課栄養指導室）

管理栄養士・栄養士には医師や看護師などとは異なり就業届出制度がないため、実際の就業者数は不明であるが、2020（令和２）年３月現在の「日本栄養士会」の会員数をみると 49,919 人となっている。

3.1 栄養士法

栄養士法は、1947（昭和 22）年に制定され、栄養士・管理栄養士の定義、免許、管理栄養士国家試験に関する事項を定めている。

(1) 栄養士・管理栄養士の定義（第１条）

■栄養士とは、都道府県知事の免許を受けて、栄養士の名称を用いて栄養の指導に従事することを業とする者をいう。

■管理栄養士とは、厚生労働大臣の免許を受けて、管理栄養士の名称を用いて次の業務を行う者をいう。

①傷病者に対する療養のための必要な栄養の指導、個人の身体の状況、栄養状態に応じた高度な専門知識および技術を要する健康の保持増進のための栄養の指導

②特定多数人に対して継続的に食事を供給する施設における利用者の身体の状況、栄養状態、利用の状況などに応じた特別の配慮を必要とする給食管理

③特定多数人に対して継続的に食事を供給する施設に対する栄養改善上必要な指導

(2) 栄養士・管理栄養士の免許（第２条）

■栄養士の免許は、厚生労働大臣の指定した栄養士の養成施設において２年以上栄養士に必要な知識と技術を修得した者に対して、都道府県知事が与える。

■管理栄養士の免許は、管理栄養士国家試験に合格した者に対して、厚生労働大臣が与える。

(3) 栄養士・管理栄養士の欠格条項（第３条）

罰金以上の刑に処せられた者、または栄養士等の業務に関し犯罪または不正の行為があった者には、免許を与えないことがある。

(4) 栄養士・管理栄養士の免許証

■栄養士の免許は、都道府県知事が栄養士名簿に登録することによって行われ、都道府県知事によって栄養士免許が交付される。

■管理栄養士の免許は、厚生労働大臣が管理栄養士名簿に登録することによって行われ、厚生労働大臣によって管理栄養士免許が交付される。

(5) 管理栄養士国家試験（第5条の2）

厚生労働大臣は、毎年少なくとも1回、管理栄養士として必要な知識および技能について、管理栄養士国家試験を行う。

(6) 主治医の指導（第5条の5）

管理栄養士は、傷病者に対する療養のため必要な栄養の指導を行うにあたっては、主治医の指導を受けなければならない。

(7) 名称の使用制限（第6条）

栄養士・管理栄養士でなければ、その名称またはこれに類似する名称を用いて第1条に規定する業務を行ってはならない。

例題7 栄養士法に関する記述である。誤っているのはどれか。1つ選べ。

1. 管理栄養士・栄養士には医師や看護師などとは異なり就業届出制度がない。
2. 管理栄養士が傷病者に対する療養のために必要な栄養の指導を行う場合には、主治医の指導は必要ない。
3. 栄養士の免許は、都道府県知事によって交付される。
4. 管理栄養士の免許は、厚生労働大臣によって交付される。
5. 栄養士・管理栄養士の名称の使用制限について定めがある。

解説 2. 管理栄養士は、傷病者に対する療養のため必要な栄養の指導にあたっては主治医の指導を受けなければならない。 5. 正しい。栄養士・管理栄養士は名称独占資格である。

解答 2

3.2 管理栄養士・栄養士の社会的役割

管理栄養士・栄養士は、栄養と食の専門職として、科学と専門的応用技術に基づく「栄養の指導」によって、人びとの健康を守り、向上させることを主な使命としており、健康づくりや生活習慣病の予防、重病化予防に取り組んでいる。社団法人日本栄養士会では、管理栄養士・栄養士倫理綱領を以下のように定めている。

- 本倫理綱領は、すべての人びとの「自己実現をめざし、健やかによりよく生きる」とのニーズに応え、管理栄養士・栄養士が、「栄養の指導」を実践する専門職としての使命と責務を自覚し、その職能の発揮に努めることを社会に対して明示するものである（制定　2002（平成14）年4月27日）。
- 管理栄養士・栄養士は、保健、医療、福祉及び教育等の分野において、専門職として、この職業の尊厳と責任を自覚し、科学的根拠に裏づけられかつ高度な技術をもって行う「栄養の指導」を実践し、公衆衛生の向上に尽くす。

①管理栄養士・栄養士は、人びとの人権・人格を尊重し、良心と愛情をもって接するとともに、「栄養の指導」についてよく説明し、信頼を得るように努める。また、互いに尊敬し、同僚及び他の関係者とともに協働してすべての人びとのニーズに応える。

②管理栄養士・栄養士は、その免許によって「栄養の指導」を実践する権限を与えられた者であり、法規範の遵守及び法秩序の形成に努め、常に自らを律し、職能の発揮に努める。また、生涯にわたり高い知識と技術の水準を維持・向上するよう積極的に研鑽し、人格を高める。

3.3 管理栄養士・栄養士養成制度の沿革

(1) 栄養士養成の始まり

わが国の栄養士養成は、1925（大正 4）年に**佐伯矩**（さいき ただす）が私立の栄養学校を設立し、栄養指導者の養成を開始したことが始まりである。翌 1926（大正 5）年、第 1 回卒業生として 15 名の栄養士が誕生し、官公庁、学校、工場、病院などに就職した。主な仕事は、農村栄養改善、凶作時栄養対策、給食による食事改善などであった。

(2) 栄養士規則の制定

栄養士の身分と業務を明らかにし、栄養士の資質の向上、国民栄養に対する指導の統一と徹底を図るため、1945（昭和 20）年に「栄養士規則」と「私立栄養士養成所指定規則」が制定された。栄養士規則には、「栄養士はその名称を使用して、国民の栄養指導を業とする者」と規定された。

(3) 栄養士法の制定

「栄養士規則」は新憲法の施行に伴い効力を失い、それに代わって 1947（昭和 22）年に「**栄養士法**」が制定され、栄養士の資格が法制化された。栄養士の免許は、厚生大臣の指定した栄養士養成施設を修了（修業年限は 1 年以上）した者または厚生大臣が行う栄養士試験（受験資格として 1 年以上の実務見習が必要）に合格した者に都道府県知事が交付した。

1950（昭和 25）年の改正で、栄養士養成施設の修業年限および栄養士試験の受験資格として必要な実務見習の期間が 2 年以上とされた。

(4)　管理栄養士制度の創設

1962（昭和 37）年の改正で、**管理栄養士制度**が創設された。「管理栄養士とは、栄養士のうち複雑または困難な栄養指導に従事する適格性を有する者として、厚生省に備える管理栄養士名簿に登録された者をいう」とし、登録資格は、管理栄養士試験に合格した者、管理栄養士養成施設の卒業生（無試験）であった。

(5) 管理栄養士国家試験の制度化

1985（昭和 60）年の改正では、栄養士・管理栄養士の専門職としての資質の向上を図るため、栄養士免許の取得資格や管理栄養士の登録資格が見直された。栄養士免許は、栄養士試験を廃止し、厚生大臣の指定した栄養士養成施設を卒業した者に与えるとされた。管理栄養士の登録は、国家試験に合格した者とされ、管理栄養士養成施設の卒業者にも国家試験が義務付けられた（ただし、試験科目の一部を免除）。1987（昭和 62）年に第 1 回管理栄養士国家試験が実施された。

(6) 管理栄養士制度の見直し

2000（平成 12）年の改正では、質の高い管理栄養士の養成を図るため管理栄養士制度が大幅に見直され、2002（平成 14）年度から施行された。

主な改定内容は、管理栄養士の業務が明確にされ、管理栄養士の資格が登録制から免許制になり、国家試験の受験資格が変更された。

例題 8　栄養士法に関する記述である。正しいのはどれか。2 つ選べ。

1. わが国の栄養士養成は、佐伯矩が私立の栄養学校を設立したのが始まりである。
2. 昭和 22 年に栄養士法が公布され、国家資格としての栄養士免許制度が創設された。
3. 昭和 60 年に栄養士法が改正され、管理栄養士制度が創設された。
4. 昭和 37 年に栄養士法が改正され、管理栄養士の登録資格として国家試験の合格が義務付けられた。
5. 平成元年に栄養士法が改正され、管理栄養士の資格が登録制から免許制となった。

解説　3. 管理栄養士制度の創設は昭和 37 年である。　4. 管理栄養士の国家試験が義務付けられたのは昭和 60 年である。　5. 管理栄養士が免許制になったのは平成 12 年である。

解答　1、2

3.4 管理栄養士・栄養士養成制度

栄養士の免許は養成施設を卒業した者であれば無試験で取得することができるが、管理栄養士の免許を取得するには管理栄養士国家試験に合格することが要件となっている。2000（平成 12）年の栄養士法の改正では、国家試験の受験資格の見直しが行われ、管理栄養士養成施設卒業者に対する試験科目の一部免除が廃止された。また、栄養士養成施設卒業者の受験資格として、実務経験の期間が栄養士養成施設の修業年限に応じて 1 年から 3 年に変更された（図 3.1）。

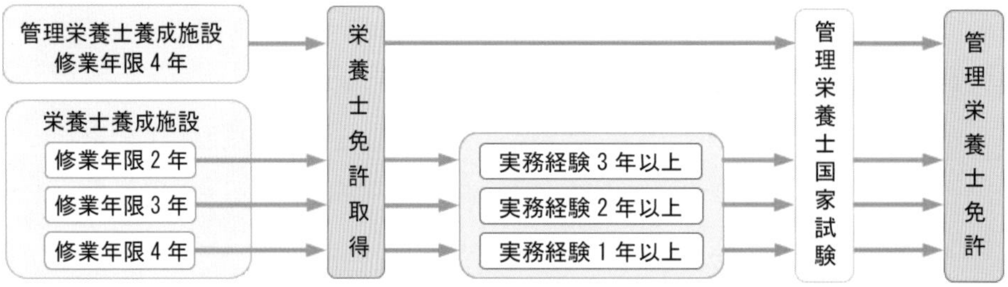

図 3.1　国家試験受験資格

2000（平成 12）年の栄養士法の改正以降、特定非営利活動法人日本栄養改善学会は、今後想定される社会的要請や管理栄養士が果たすべき役割を踏まえ、管理栄養士が活躍するさまざまな場において必要とされる学習内容（コア）について独自の検討を行い、2009（平成 21）年に「管理栄養士養成課程におけるモデルコアカリキュラム」を発表している。さらに、2015（平成 27）年に「管理栄養士養成課程におけるモデルコアカリキュラム 2015」を提案した後も検討を重ね、2019（平成 31）年3月に「**管理栄養士・栄養士養成のための栄養学教育モデル・コア・カリキュラム**」を作成し報告している。これによると、管理栄養士・栄養士の期待される像（キャッチフレーズ）は「**栄養・食を通して、人々の健康と幸福に貢献する**」となっており、求められる基本的な資質・能力として以下のように示されている。

① プロフェッショナリズ　　⑥ 栄養・食の質と安全の
② 栄養学の知識と課題対応能力　　⑦ 栄養の専門職としてのアドボカシー能力
③ 個人の多様性の理解と栄養管理の実践　　⑧ 科学的態度の形成と科学的探究
④ 社会の構造の理解と調整能力　　⑨ 生涯にわたって自律的に学ぶ能力
⑤ 栄養・食の選択と決定を支援するコミュニケーション能力管理　⑩ 連携と協働

4 国民健康・栄養調査

4.1 調査の目的

国民健康・栄養調査は**健康増進法**（2002（平成 14）年）の第 10 条に基づき「厚生労働大臣は、国民の健康の増進の総合的な推進を図るための基礎資料として、国民の身体の状況、栄養摂取量及び生活習慣の状況を明らかにするため、国民健康・栄養調査を行うものとする」と規定され、2003（平成 15）年より実施されている。この調査は 1952（昭和 27）年より栄養改善法に基づいて毎年実施されてきた国民栄養調査を引き継いだものである。

国民健康・栄養調査は国の健康増進施策や生活習慣病対策には欠かせない重要な

役割を果たしている。

4.2 調査の内容・方法

(1) 調査の内容

調査は、身体状況調査、栄養摂取状況調査、生活習慣調査から構成されている（表3.7）。

毎年把握する基本的事項と周期的に把握する重点項目がある（表3.8）。

表3.7 国民健康・栄養調査の調査項目（令和元年）

(1) 身体状況調査
① 身長・体重（1歳以上）、腹囲（20歳以上）
② 血圧（20歳以上）
③ 血液検査（20歳以上）
④ 問診（20歳以上）

(2) 栄養摂取状況調査（1歳以上）
① 世帯状況：氏名、生年月日、性別、妊婦（週数）・授乳婦別、仕事の種類
② 食事状況：家庭食・調理済み食・外食・給食・その他の区分
③ 食物摂取状況：料理名、食品名、使用量、廃棄量、世帯員ごとの案分比率
④ 1日の身体活動量〈歩数〉(20歳以上)

(3) 生活習慣調査票（20歳以上）[自記式調査]
食生活、身体活動、休養（睡眠）、飲酒、喫煙、歯の健康等に関する生活習慣全般についてのアンケート調査。令和元年より、生活習慣調査票のオンライン調査が導入された。

表3.8 国民健康・栄養調査の調査項目の基本的な考え方

	毎年把握する基本的な項目	周期的に重点を置いて把握する項目
基本的な考え方	・短期間で変動しやすいもの ・毎年実施されている個別の政策の評価に利用できるもの ・国際比較などにおいて必要なもの ・政策的に毎年重点的に普及啓発すべきも	・一定の期間において施策・対策の効果として現れるもの ・中長期的な施策立案・評価のために詳細に把握すべきもの ・基準値、標準曲線などの作成に必要なもの ・その他、緊急に対応すべき事項など
具体的な項目	・身体計測 ・血圧測定 ・栄養素摂取状況 ・飲酒、喫煙状況など	・健康日本21（第二次）評価関連項目 ・生活習慣に関わる詳細な項目（生活習慣に関連する知識・態度・行動、健康に対する意識や健康づくり施策への参加状況、健康情報の入手源など）など

(2) 調査の方法

1) 調査の実施体制（図3.2）

厚生労働省が企画・立案し、都道府県、保健所を設置する市および特別区に実施を委託する。実際の調査は調査地区を管轄する保健所が行い、保健所では、都道府

県知事から調査員に任命された医師、管理栄養士、保健師、その他の者（臨床検査技師、事務担当者など）が調査の実施にあたる。

調査票の入力、集計は独立行政法人国立健康・栄養研究所が行い、厚生労働省が調査結果を解析し、報告書を作成している。調査に要する費用は国が負担する。

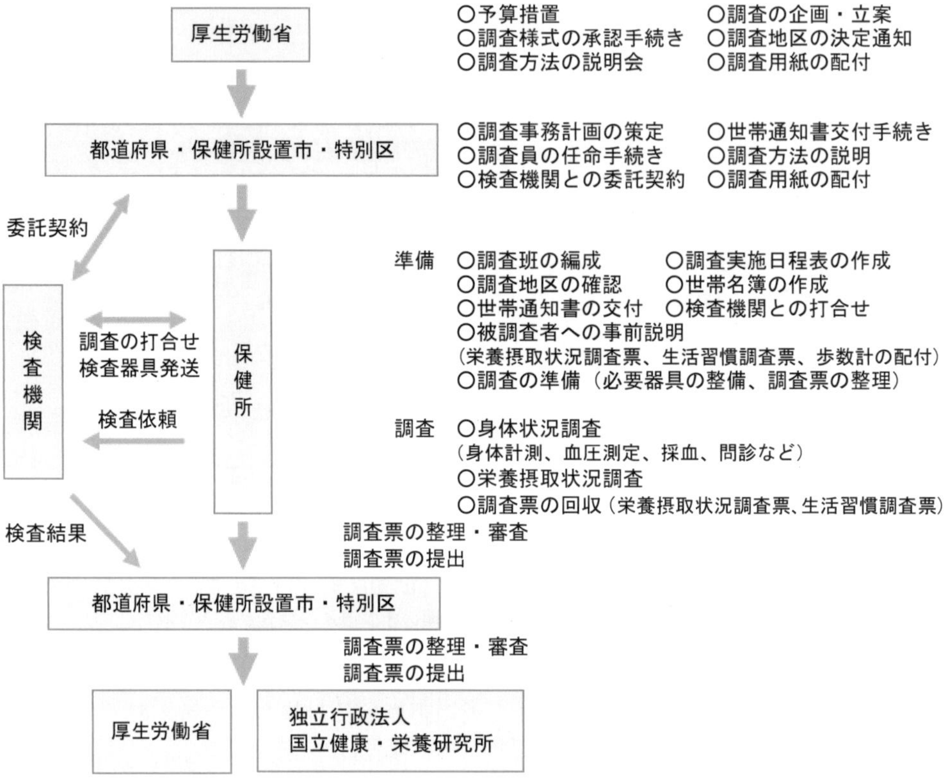

図 3.2　国民健康・栄養調査の流れ

例題 9　国民健康・栄養調査に関する記述である。正しいのはどれか。1つ選べ。

1. 国民健康・栄養調査は地域保健法に基づき毎年実施されている。
2. 調査は、身体状況調査、栄養摂取状況調査の2項目から構成されている。
3. 厚生労働省が企画・立案する。
4. 実質的な調査業務は保健センターが行う。
5. 調査に要する費用は各都道府県が負担する。

解説　1. 国民健康・栄養調査は健康増進法に基づいて実施される。　2. 身体状況調査、栄養摂取状況調査、生活習慣調査の3項目から構成されている。　4. 調査業務は保健所が行う。　5. 調査に要する費用は国が負担する。　**解答** 3

例題 10　次の国民健康・栄養調査の調査項目のうち、毎年把握する基本的な項目を 2 つ選べ。

1. 血圧測定
2. 飲酒、喫煙状況
3. 健康日本 21 の評価に関係するもの
4. 健康情報の入手源
5. 生活習慣に関連する知識・態度・行動

解説　3. 4. 5. は周期的に重点を置き把握する項目である。（**表 3.8** 参照）**解答** 1、2

2）調査の対象

調査の対象は、**国民生活基礎調査**において設定された単位区から**層化無作為抽出**した 300 単位区のすべての世帯および世帯員で、調査時点で 1 歳以上の者としている。

健康増進法第 11 条に基づき、毎年厚生労働大臣が調査地区を定め、その地区内において都道府県知事が調査世帯を指定する。指定された調査世帯に属する者は、国民健康・栄養調査の実施に協力しなければならない。

3）調査方法

（ⅰ）身体状況調査

11 月中に、調査対象者を会場に集めて医師などが調査項目の計測および問診を実施する。1 日の運動量（歩行数）は、栄養摂取状況調査と同じ日に歩数計を装着し測定する。

（ⅱ）栄養摂取状況調査

11 月中の日曜日・祝日など食物摂取に変化のある日を避け、なるべく普通の摂取状態である 1 日を任意に定めて実施する。事前に調査員が栄養摂取状況調査票を各世帯に配布し記入要領を説明したうえ、**世帯単位の秤量**を記入させる（**秤量記録法**）。使用量が少なく秤量困難なものについては目安量を用いてもよい（**目安量記録法**）。また、調査員である管理栄養士などが被調査世帯を訪問し、記入状況を点検するとともに不備の点の是正や記入の説明にあたる。

4）生活習慣調査

栄養摂取状況調査と同時に実施する。留め置き法による自記式質問紙調査で、被調査世帯の調査対象年齢の世帯員全員に生活習慣調査票を配布し、記入させる。

例題 11　国民健康・栄養調査に関する記述である。正しいのはどれか。2 つ選べ。

1. 調査地区は、国民生活基礎調査により設定された単位区から無作為抽出される。
2. 調査の対象は、調査時点で 1 8 歳以上の者である。

3. 毎年文部大臣が調査地区を定める。
4. 身体状況調査の1日の運動量は歩数を測定している。
5. 栄養摂取状況調査は、5月の日曜日と祝日を除いた2日間としている。

解説　2. 調査の対象は、調査時点で1歳以上の者である。　3. 毎年厚生労働大臣が調査地区を定める。　5. 栄養摂取状況調査は11月の日曜日と祝日を除いた1日で行われる。　**解答**　1、4

5 実施に関連する指針、ツール

5.1 食生活指針

わが国では、1978（昭和53）年に10カ年計画事業として「**第1次国民健康づくり対策**」が施行された。その後、第2次および第3次の国民健康づくり運動として継続され、現在では健康増進法第7条第1項の規定に基づく「国民の健康の増進の総合的な推進を図るための基本的な方針」に基づき、**第4次国民健康づくり対策**としての「**21世紀における第2次国民健康づくり運動〔健康日本21（第二次）〕**」が2013（平成25）年から10年計画で推進されている。

(1)「健康づくりのための食生活指針」－1985（昭和60）年策定－

「**第1次国民健康づくり対策**」では、健康づくりの3要素を「栄養」、「運動」および「休養」とし、特に対策の重点が「栄養」に置かれていた。「栄養」を中心とした健康づくり対策を広く国民運動として展開していくためには、具体的な行動目標を必要としていた。そこで厚生省は、循環器、がん、公衆衛生および栄養学などの研究者で委員会を設置し、国民の健康づくりに役立つ検討の成果を報告書にまとめ、5つの大項目と各大項目それぞれ2つの小項目により構成される「健康づくりのための食生活指針」を策定した。

(2)「健康づくりのための食生活指針（対象特性別）」－1990（平成2）年策定－

この頃のわが国の食生活は、戦後の経済発展に伴う豊かな食料情勢や栄養改善対策の推進などにより大きく改善が図られてきた。しかし、栄養素など摂取状況をみると、カルシウムの不足傾向や食塩摂取量減少の鈍化、脂肪エネルギー比率の増加などの問題がみられ、さらに加工食品の普及や外食機会の増加などに伴い、栄養素摂取量はもとより、主食や献立の種類、食べ方、食事時間、食事回数など、食に関するライフスタイルの個別化、多様化が進行していた。

このような状況を踏まえ、先の「健康づくりのための食生活指針」に加えて個々人の特性に応じた、より分かりやすい具体的な目標として「健康づくりのための食生活指針（対象特性別）」を策定した。

(3)「食生活指針」－2000（平成 12）年策定－

「**食生活指針**」は、2000（平成 12）年 3 月、食料・農業・農村基本法に基づいて閣議決定され、広範な国民の理解と実践を促進する取り組みが政府によって推進されることになった。「食生活指針」は、これを礎として「妊産婦のための食生活指針」など対象特性別、また、「○○県食生活指針」など地域特性別が作成され、さらには「**食事バランスガイド**」の策定につながっている。

「食生活指針」の啓発普及にあたって政府は、特に重点的に推進を図るための事項を食生活改善分野、教育分野、食品産業分野および農業・漁業分野の 4 分野ごとに定め、その普及・定着に向けた広範な取り組みが展開された。

(4)「食生活指針」－2016（平成 28）年改訂－

わが国は、世界有数の長寿国であり、平均寿命の延伸には「日本人の食事」が深く関わり、寄与してきたことが考えられる。一方、がん、心臓病、脳卒中および糖尿病などの生活習慣病の増加は、国民の大きな健康問題となっている。生活習慣病は、食事や運動などの生活習慣と密接な関係にある。食生活の改善など生活習慣を見直すことで、生活習慣病の「発症予防」を推進するとともに、合併症の発症や症状の進展を防ぐための「重症化予防」が重要となっている。さらに、国民の食生活のあり方は、食料自給率に大きな影響を与えるとともに、食べ残しや利用可能な食品の廃棄が、地球規模での資源の有効活用や環境問題にも関係している。

こうした諸問題を解決するためには、国民の食生活の改善運動を支援するための環境づくりを進める必要があった。「**食生活指針**」の策定から 16 年が経過し、2016（平成 28）年に改訂が行われた（**表 3.9**）。

例題 12　食生活指針に関する記述である。正しいのはどれか。2 つ選べ。

1. 食生活指針は 5 年に一度更新される。
2. 対象特性別の食生活指針が示されたことがある。
3. 食生活指針に、食糧の生産・流通、食文化に関することは含まれない。
4. 2016（平成 28）年に改訂された食生活指針では、生活習慣病の「発症予防」を推進しているが、「重症化予防」については含まれていない。
5. 2016（平成 28）年の改訂は、文部科学省、厚生労働省および農林水産省の連携で行われた。

解説　1. 食生活指針の更新期間は決まっていない。　3. 内容に食糧の生産・流通、食文化に関することが含まれる。　4. 2016年の改定では「発症予防」「重症化予防」のどちらも推進している。　**解答** 2、5

表3.9「食生活指針」－2016（平成28）年改訂

指針1　食事を楽しみましょう
- 毎日の食事で、健康寿命を延ばしましょう。
- おいしい食事を、味わいながらゆっくりよく噛んで食べましょう。
- 家族の団らんや人との交流を大切に、また、食事作りに参加しましょう。

指針2　1日の食事のリズムから、健やかな生活リズムを
- 朝食で、いきいきした1日をはじめましょう。
- 夜食や間食は、とりすぎないようにしましょう。
- 飲酒は、ほどほどにしましょう。

指針3　適度な運動とバランスのよい食事で、適正体重の維持を
- 普段から体重を量り、食事量に気をつけましょう。
- 普段から意識して、身体を動かすようにしましょう。
- 無理な減量はやめましょう。
- 特に若い女性の"やせ"、高齢者の低栄養にも気をつけましょう。

指針4　主食、主菜、副菜を基本に、食事のバランスを
- 多様な食品を組み合わせましょう。
- 調理方法が偏らないようにしましょう。
- 手づくりと外食や加工食品・調理食品を上手に組み合わせましょう。

指針5　ごはんなどの穀類をしっかりと
- 穀類を毎食とって、糖質からのエネルギー摂取を適正に保ちましょう。
- 日本の気候・風土に適している米などの穀類を利用しましょう。

指針6　野菜・果物、牛乳・乳製品、豆類、魚なども組み合わせて
- たっぷり野菜と果物で、ビタミン、ミネラル、食物繊維をとりましょう。
- 牛乳・乳製品、緑黄色野菜、豆類、小魚などで、カルシウムを十分にとりましょう。

指針7　食塩は控えめに、脂肪は質と量を考えて
- 食塩の多い食品や料理を控えめにしましょう。食塩摂取量の目標値は、男性で1日8g未満、女性で7g未満とされています。
- 動物、植物、魚由来の脂肪をバランスよくとりましょう。
- 栄養成分表示を見て、食品や外食を選ぶ習慣を身につけましょう。

指針8　日本の食文化や地域の産物を活かし、郷土の味の継承を
- 「和食」をはじめとした日本の食文化を大切にして、日々の食生活に活かしましょう。
- 地域の産物や旬の食材を使うとともに、行事食を取り入れながら、自然の恵みや四季の変化を楽しみましょう。
- 素材に関する知識や調理技術を身につけましょう。
- 地域や家庭で受け継がれてきた料理や作法を伝えていきましょう。

指針9　食料資源を大切に、無駄や廃棄の少ない食生活を
- まだ食べられるのに、廃棄されている食品ロスを減らしましょう。
- 調理や保存を上手にして、食べ残しの少ない適量を心がけましょう。
- 賞味期限や消費期限を考えて利用しましょう。

指針10　「食」に関する理解を深め、食生活を見直しましょう
- 子どもの頃から、食生活を大切にしましょう。
- 家庭や学校、地域で、食生活や食品の安全性を含めた「食」に関する知識や理解を深め、望ましい習慣を身につけましょう。
- 家族や仲間と、食生活を考えたり、話し合ったりしてみましょう。
- 自分たちの健康目標をつくり、よりよい食生活を目指しましょう。

5.2 食事バランスガイド（図 3.4）

「**食生活指針**」は望ましい食生活のあり方を国民に伝えたが、国民一人ひとりが「何を」「どれだけ」食べたらよいかを示すものではなかった。そこで厚生労働省と農林水産省は、「食生活指針」を具体的な行動に結びつけるために協働して、食事の望ましい組み合わせとおおよその量を分かりやすくイラストで示した「**食事バランスガイド**」を 2005（平成 17）年に策定した。イラストは“コマ”が採用され、“コマ”はバランスが悪いいびつな形では回転が続かず、すぐに倒れてしまうことから、人もバランスの悪い食事を続けていると健康を損なって、倒れてしまうということを表現している。“コマ”の上部から主食・副菜・主菜・果物および牛乳・乳製品の 5 つの料理区分となっている。基本形は 2,200±200kcal として示され、各区分の量的な基準を示し、1 日に摂る料理の組み合わせとおおよその量を表した。単位は「1 つ（サービングサイズ：SV）」と表記している。

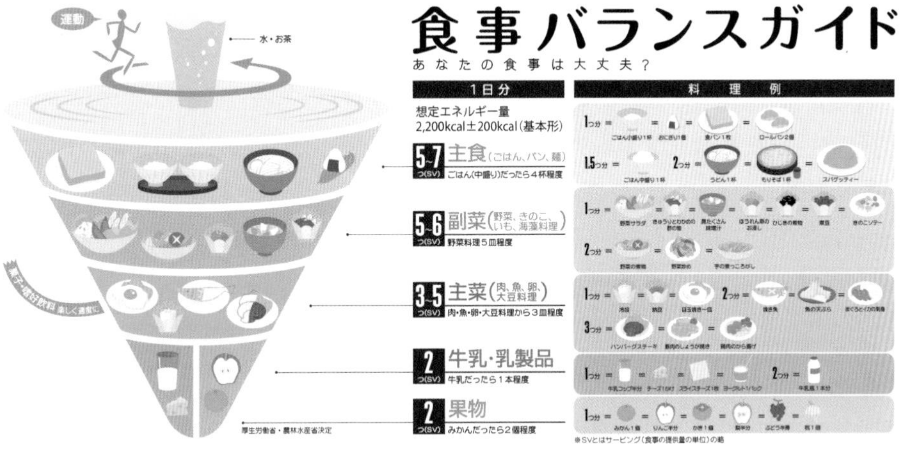

図 3.4　食事バランスガイド

(1) 主食（ごはん、パン、麺）

主に炭水化物の供給源であるごはん、パン、麺、パスタなどを主材料とする料理が含まれる。1 つ（SV）＝ 主材料に由来する炭水化物約 40 g

(2) 副菜（野菜、きのこ、いも、海藻料理）

主にビタミン、ミネラル、食物繊維の供給源である野菜、いも、豆類（大豆を除く）、きのこ、海藻などを主材料とする料理が含まれる。1 つ（SV）＝ 主材料の重量約 70 g

(3) 主菜（肉、魚、卵、大豆料理）

主にたんぱく質の供給源である肉、魚、卵、大豆および大豆製品などを主材料と

する料理が含まれる。1つ（SV）＝主材料に由来するたんぱく質約6g

(4) 牛乳

主にカルシウムの供給源である牛乳、ヨーグルト、チーズなどが含まれる。1つ（SV）＝主材料に由来するカルシウム約100mg・乳製品

(5) 果物

主にビタミンC、カリウムなどの供給源である、りんご、みかんなどの果実およびすいか、いちごなどの果実的な野菜が含まれる。1つ（SV）＝主材料の重量約100g

○ 菓子・嗜好飲料

菓子・嗜好飲料は食生活のなかで楽しみとして捉えられ、食事全体のなかで適度に摂る必要があることから、イラスト上ではコマを回すためのヒモとして表現し、「楽しく適度に」というメッセージがついている。1日200 kcal程度を目安にしている。

○ 油脂・調味料

油脂・調味料は、基本的に料理のなかに使用されているものであることから、イラストとして表現していない。しかし、これらは食事全体のエネルギーやナトリウム摂取量に大きく寄与するものである。

○ 水・お茶

水・お茶といった水分は食事のなかで欠かせないものであり、料理、飲料として食事や食間などに十分量を摂る必要があることから象徴的なイメージのコマの軸として表現している。

○ 運動

「コマが回転する」＝「運動する」ことによって初めて安定することを表現している。栄養バランスのとれた食事を摂ること、適度な運動をすることは、健康づくりにとってとても大切なことであり、適度な運動習慣を身につけることを勧めている。

例題13　食事バランスガイドに関する記述である。正しいのはどれか。2つ選べ。

1. 厚生労働省と文科省は、食生活指針を具体的な行動に結びつけるために食事バランスガイドを2005（平成17）年に策定した。
2. 食事バランスガイドは4つの料理区分からなっている。
3. コマの上から順に主食・主菜・副菜となっている。
4. 副菜の「1つ（SV）」はおよそ70gである。
5. 菓子・嗜好飲料の目安はおよそ100kcalである。
6. コマの軸は水やお茶を表している。

解説　1. 厚生労働省と農林水産省である。　2. 食事バランスガイドは5つの料理区分からなっている。　3. 主食・副菜・主菜の順である。　5. 菓子・嗜好飲料の目安はおよそ200 kcalである。　**解答**　4、6

5.3 食育ガイド（図3.5）

「**食育ガイド**」は、乳幼児から高齢者に至るまで、ライフステージのつながりを大切にし、生涯にわたりそれぞれの世代に応じた食育の実践を促すために、平成24(2012) 年に作成、公表されたものである。食べ物の生産から食卓までの「食べ物の循環」やライフステージを踏まえた「**生涯にわたる食の営み**」などを「**食育の環（わ）**」として図示し、各ステージに応じた具体的な取り組みを提示した内容となっている。また、災害への備えとして食料品備蓄の目安を提示、**ローリングストック法**について紹介している。農林水産省では一人ひとりが自ら食生活を振り返り、実践に向けた取り組みの最初の一歩を促すため、この「食育ガイド」の普及啓発を図っている。

図3.5　食育ガイド

5.4　日本人の長寿を支える「健康な食事」

日本人の平均寿命が延伸し、世界で最も高い水準を示しているが、これには日本人の食事がひとつの要因となっていることが考えられる。日本の食事の特徴は、気候と地形の多様性に恵まれ、季節ごとに旬の食べ物があり、また地域ごとに産物があり、こうした多様な食べ物を組み合わせて、調理して、おいしく食べることで、バランスのとれた食事を摂ってきたことである。「**健康な食事**」とは何か、その目安を提示し、普及させることで、国民に「健康な食事」についての理解を深め、環境整備を図ることが重要である。また、「健康な食事」の検討の背景には、「**健康日本**

21（**第二次**）」および「**日本再興戦略**」における健康寿命の延伸があった。検討会の報告書は2014（平成26）年に公表された。

「健康な食事」とは、健康な心身の維持・増進に必要とされる栄養バランスを基本とする食生活が、無理なく持続している状態を意味する。「健康な食事」の実現のためには、日本の食文化のよさを引き継ぐとともに、おいしさや楽しみを伴っていることが大切である。そして「健康な食事」が広く社会に定着するためには、信頼できる情報のもとで、国民が適切な食物に日常的にアクセスすることが可能な社会的・経済的・文化的な条件が整っていなければならない。このような「健康な食事」の捉え方を踏まえ、健康な心身の維持・増進に必要とされる栄養バランスを確保する観点から、主食・主菜・副菜を組み合わせた食事を推奨するためのシンボルマークが選定された（**図3.6**）。このデザインは、円を三分割して、「主食（黄色）」、「主菜（赤色）」、「副菜（緑色）」の組み合わせを意味している。

図3.6　「健康な食事」の推奨のためのシンボルマーク

5.5 健康づくりのための身体活動基準2013

身体活動・運動分野における国民の健康づくりのための取り組みについては、「健康づくりのための運動所要量（1989（平成元）年）」と「健康づくりのための運動指針（1993（平成5）年）」の策定を経て、2006（平成18）年に「健康づくりのための運動基準 2006～身体活動・運動・体力～報告書」および「健康づくりのための運動指針2006～生活習慣病予防のために～＜エクササイズガイド2006＞」が策定されていた。そこから6年以上経過し、身体活動・運動に関する新たな科学的知見が蓄積されてきたこと、また、日本人の歩数の減少などが指摘されていることを踏まえて、健康日本21（第二次）を推進する取り組みの一環として、「**健康づくりのための身体活動基準2013（平成25）報告書**」が公表された。

旧基準からの変更点は以下のとおりである。

① 身体活動（生活活動および運動）全体に着目することの重要性から、「運動基準」から「身体活動基準」に名称を改めた（**表3.10**）。

② 身体活動の増加でリスクを低減できるものとして、従来の糖尿病・循環器疾患などに加え、がんやロコモティブシンドローム・認知症が含まれることを明確化した。

③ こどもから高齢者までの基準を検討し、科学的根拠のあるものについて基準を設定した。

④ 保健指導で運動指導を安全に推進するために具体的な判断・対応の手順を示した。

⑤ 身体活動を推進するための社会環境整備を重視し、まちづくりや職場づくりにおける保健事業の活用例を紹介した。

表 3.10　健康づくりのための身体活動基準 2013

<table>
<tr><th colspan="2">血糖・血圧・脂質に関する状況</th><th colspan="2">身体活動（生活活動・運動）</th><th colspan="2">運動</th><th>体力
（うち全身持久力）</th></tr>
<tr><td rowspan="3">検診結果が基準範囲内</td><td>65 歳以上</td><td>強度を問わず、毎日 40 分
（＝10 メッツ・時/週）</td><td rowspan="3">今より少しでも増やす（例えば 10 分多く歩く）</td><td>—</td><td rowspan="3">運動習慣をもつようにする（30 分以上・週 2 日以上）</td><td>—</td></tr>
<tr><td>18～64 歳</td><td>3 メッツ以上の強度の身体活動を毎日 60 分
（＝23 メッツ・時/週）</td><td>3 メッツ以上の強度の運動を毎週 60 分
（＝4 メッツ・時/週）</td><td>性・年代別に示した強度での運動を約 3 分間継続可能</td></tr>
<tr><td>18 歳未満</td><td>—</td><td>—</td><td>—</td></tr>
<tr><td colspan="2">血糖・血圧・脂質のいずれかが保健指導レベルの者</td><td colspan="5">医療機関にかかっておらず、「身体活動のリスクに関するスクリーニングシート」でリスクがないことを確認できれば、対象者が運動開始前･実施中に自ら体調確認ができるよう支援した上で、保健指導の一環としての運動指導を積極的に行う。</td></tr>
<tr><td colspan="2">リスク重複者またはすぐに受診を要する者</td><td colspan="5">生活習慣病患者が積極的に運動をする際には、安全面での配慮がより重要になるので、まずかかりつけの医師に相談する。</td></tr>
</table>

出典）厚生労働省「健康づくりのための身体活動基準 2013」

5.6 健康づくりのための休養指針（表 3.11）

厚生省は、食生活指針、運動指針とあわせて健康づくりをすすめることを目的として、1994（平成 6）年に「**健康づくりのための休養指針**」を発表した。

表 3.11　「健康づくりのための休養指針」

1. 生活にリズムを	・早めに気づこう、自分のストレスに ・睡眠は気持ちよい目覚めがバロメーター ・入浴で、身体もこころもリフレッシュ ・ときには旅に出かけて、こころの切り換えを ・休養と仕事のバランスで能率アップと過労防止
2. ゆとりの時間でみのりのある休養を	・１日 30 分、自分の時間をみつけよう ・生かそう休暇を、真の休養に ・ゆとりの中に、楽しみや生きがいを
3. 生活の中にオアシスを	・身近の中にもいこいの大切さを ・食事空間にもバラエティを ・自然とのふれあいで感じよう、健康の息吹きを
4. 出会いときずなで豊かな人生を	・見出そう、楽しく無理のない社会参加 ・きずなの中ではぐくむ、クリエイティブ・ライフ

5.7　健康づくりのための睡眠指針（表 3.12）

「健康日本 21」において睡眠に関する目標が設定されたことをうけて、「健康づくりのための睡眠指針（2003（平成 15）年)」が示されたが、その策定から 10 年以上が経過し、睡眠に関する科学的知見が蓄積されていること、また、健康日本 21（第二次）が開始されたことから、睡眠の重要性について普及啓発を一層推進する必要があり、2014（平成 26）年に「**健康づくりのための睡眠指針 2014**」が示された。

表 3.12 「健康づくりのための睡眠指針 2014 ～睡眠 12 箇条～」

1. よい睡眠で、からだもこころも健康に。
2. 適度な運動、しっかり朝食、ねむりとめざめのメリハリを。
3. よい睡眠は、生活習慣病予防につながります。
4. 睡眠による休養感は、こころの健康に重要です。
5. 年齢や季節に応じて、ひるまの眠気で困らない程度の睡眠を。
6. よい睡眠のためには、環境づくりも重要です。
7. 若年世代は夜更かし避けて、体内時計のリズムを保つ。
8. 勤労世代の疲労回復・能率アップに、毎日十分な睡眠を。
9. 熟年世代は朝晩メリハリ、ひるまに適度な運動でよい睡眠。
10. 眠くなってから寝床に入り、起きる時刻は遅らせない。
11. いつもと違う睡眠には、要注意。
12. 眠れない、その苦しみをかかえずに、専門家に相談を。

6 国の健康増進基本方針と地方計画

6.1　国の基本方針策定の目的・内容

行政が法規や通知に基づき、住民の健康増進を図り、住民による健康的なまちづくりを支援するために、食生活に重点を置いて実施している施策の総称である。

(1) 健康増進対策の沿革

1) 第１次国民健康づくり対策（1978（昭和 53）年～1987（昭和 62）年）

健康づくりは、国民一人ひとりが「自分の健康は自分で守る」という自覚をもつことが基本であり、行政としてはこれを支援するため、国民の多様な健康ニーズに対応しつつ、地域に密着した保健サービスを提供する体制を整備していく必要があるという観点から取り組みを推進した。

(ⅰ) 基本的考え方

① 生涯を通じる健康づくりの推進［成人病予防のための１次予防の推進］

② 健康づくりの３要素（栄養、運動、休養）の健康増進事業の推進（栄養に重点）

(ⅱ) 施策の概要

① 生涯を通じる健康づくりの推進

・乳幼児から老人に至るまでの健康診査・保健指導体制の確立

② 健康づくりの基盤整備など

・健康増進センター、市町村保健センターなどの整備

・保健婦、栄養士などのマンパワーの確保

③ 健康づくりの啓発・普及

・市町村健康づくり推進協議会の設置

・栄養所要量の普及

・加工食品の栄養成分表示

・健康づくりに関する研究の実施など

2) 第2次国民健康づくり対策≪アクティブ80ヘルスプラン≫（1988（昭和63）年～1999（平成11）年）

第1次の対策などこれまでの施策を拡充するとともに、運動習慣の普及に重点を置き、栄養・運動・休養のすべての面で均衡のとれた健康的な生活習慣の確立を目指すこととし、取り組みを推進した。

（ⅰ）基本的考え方

① 生涯を通じる健康づくりの推進

② 栄養、運動、休養のうち遅れていた運動習慣の普及に重点を置いた、健康増進事業の推進

（ⅱ）施策の概要

① 生涯を通じる健康づくりの推進

・乳幼児から老人に至るまでの健康診査・保健指導体制の充実

② 健康づくりの基盤整備など

・健康科学センター、市町村保健センター、健康増進施設などの整備

・健康運動指導者、管理栄養士、保健婦などのマンパワーの確保

③ 健康づくりの啓発・普及

・栄養所要量の普及・改定、運動所要量の普及、健康増進施設認定制度の普及、たばこ行動計画の普及、外食栄養成分表示の普及、健康文化都市および健康保養地の推進、健康づくりに関する研究の実施など

3) 第3次国民健康づくり対策≪21世紀における国民健康づくり運動（健康日本21）≫(2000（平成12)年～2012（平成24）年）

壮年期死亡の減少、健康寿命の延伸および生活の質の向上を実現することを目的とし、生活習慣病およびその原因となる生活習慣などの国民の保健医療対策上重要となる課題について、10年後を目途とした目標などを設定し、国および地方公共団

体などの行政に留まらず広く関係団体などの積極的な参加および協力を得ながら、「一次予防」の観点を重視した情報提供などを行う取り組みを推進した。2010（平成22）年度から最終評価を行い、2011（平成23）年に最終評価が提出された。

（ⅰ）基本的考え方

健康日本21は、新世紀の道標となる健康施策、すなわち21世紀において日本に住む一人ひとりの健康を実現するための、新しい考え方による国民健康づくり運動である。これは、自らの健康観に基づく一人ひとりの取り組みを社会のさまざまな健康関連グループが支援し、健康を実現することを理念としている。この理念に基づいて、疾病による死亡、罹患、生活習慣上の危険因子などの健康に関わる具体的な目標を設定し、十分な情報提供を行い、自己選択に基づいた生活習慣の改善および健康づくりに必要な環境整備を進めることにより、一人ひとりが実り豊かで満足できる人生を全うできるようにし、あわせて持続可能な社会の実現を図るものである。

（ⅱ）施策の概要

健康日本21の目標を達成するために重要となる9つの分野について指標とその目安が示されている。ここで示された改善目標は全国レベルのものであり、都道府県や市町村はそれぞれの地域の実情に応じた改善目標を設定する。個人はこの目標を参考にしつつ、個人の健康状態や健康観に基づき個別に具体的に設定する。

① **栄養・食生活**－多くの生活習慣病との関連が深く、生活の質との関連も深い。
目標設定：「適正な栄養量（食物）の摂取」「適正な栄養量（食物）の摂取のための個人の行動」および「個人の行動を支援するための環境づくり」

② **身体活動・運動**－生活習慣病を予防する効果があり、健康づくりの重要な要素。
目標設定：成人および高齢者の「日常の生活における身体活動に対する意識」「運動習慣」

③ **休養・こころの健康づくり**－こころの健康は、生活の質を大きく左右する要素である。
目標設定：「ストレスの低減」「睡眠の確保」および「自殺者の減少」

④ **たばこ**－がんや循環器病など多くの疾患と関連がある他、妊娠に関連した異常の危険因子である。
目標設定：「たばこの健康影響についての十分な知識の普及」「未成年者の喫煙防止（防煙）」「受動喫煙の害を排除し、減少させる環境づくり（分煙）」「禁煙希望者に対する禁煙支援」

⑤ **アルコール**－慢性影響としての臓器障害など健康に大きな影響を与えるものである。

目標設定：「多量飲酒者の減少」「未成年者の飲酒防止」および「節度ある適度な飲酒についての知識の普及」

⑥ **歯の健康**－歯の喪失の防止は、食物の咀嚼の他、食事や会話を楽しむなど生活の質の確保の基礎となるものである。また、う蝕および歯周病は歯の喪失につながるため、その予防が重要である。

目標設定：「歯の喪失の原因となるう蝕および歯周病の予防」「歯の喪失防止」

⑦ **糖尿病**－わが国の糖尿病患者は、生活習慣と社会の変化に伴って急速に増加している。また、糖尿病はひとたび発症すると治療は困難であり、放置すると重大な合併症を引き起こすことが多いことから、生活の質の低下を招く。

目標設定：1次予防の推進を図る観点から「生活習慣の改善」「糖尿病有病者の早期発見」および「治療の継続」について設定。あわせて、生活習慣改善が糖尿病の減少に及ぼす影響について推計・設定。

⑧ **循環器病**－わが国の主要な死亡原因のひとつであるとともに、後遺症のために生活の質の低下を招く大きな原因になっている。

目標設定：1次予防の推進を図る観点から「生活習慣の改善」および「循環器病の早期発見」について設定。あわせて生活習慣の改善が循環器病による死亡率などの減少に及ぼす影響について推計・設定。

⑨ **がん**－わが国最大の死亡原因であり、総死亡の約3割を占める。

目標設定：1次予防の推進を図る観点から「生活習慣の改善」、2次予防として「がんの検診の受診者」などについて設定。

(iii) 健康日本21の最終評価

2011（平成23）年に最終評価が「健康日本21評価作業チーム」によって提出された。最終評価の結果として、9つの分野の全指標80項目のうち、再掲21項目を除く59項目の達成状況は表3.13(a)、3.13(b)のとおりとなった。Aの「目標値に達した」とBの「目標値に達していないが改善傾向にある」をあわせ、全体の約6割で一定の改善がみられた。

表3.13 (a)　健康日本21の最終評価

評価区分（策定時の値と直近値を比較）	該当項目数〈割合〉	栄養・食生活分野の項目数
A 目標値に達した	10項目〈16.9%〉	1
B 目標値に達していないが改善傾向にある	25項目〈42.4%〉	5
C 変わらない	14項目〈23.7%〉	7
D 悪化している	9項目〈15.3%〉	2
E 評価困難	1項目〈1.7%〉	0
合　計	59項目〈100.0%〉	15

表 3.13 (b)　健康日本21の最終評価

目標項目：1.1	適正体重を維持している人の増加　[肥満者等の割合]	C
目標項目：1.2	脂肪エネルギー比率の減少　[1日当たりの平均摂取比率]	C
目標項目：1.3	食塩摂取量の減少　[1日当たりの平均摂取量]	B
目標項目：1.4	野菜の摂取量の増加　[1日当たりの平均摂取量]	C
目標項目：1.5	カルシウムに富む食品の摂取量の増加　[1日当たりの平均摂取量（成人）]	D
目標項目：1.6	自分の適性体重を認識し、体重コントロールを実践する人の増加　[実践する人の割合]	C
目標項目：1.7	朝食を欠食する人の減少　[欠食する人の割合]	D
目標項目：1.8	量、質ともに、きちんとした食事をする人の増加　[1日最低1食、きちんとした食事を家族等2人以上で楽しく、30以上かけて摂る人の割合	B
目標項目：1.9	外食や食品を購入するときに栄養成分表示を参考にする人の増加　[参考にする人の割合]	B
目標項目：1.10	自分の適性体重を維持することのできる食事量を理解している人の増加　[理解している人の割合]	B
目標項目：1.11	自分の食生活に問題があると思う人のうち、食生活の改善に意欲のある人の増加　[改善意欲のある人の割合]	C
目標項目：1.12	ヘルシーメニューの提供の増加と利用の促進　[提供数、利用する人の割合]	B
目標項目：1.13	学習の場の増加と参加の促進　[学習の場の数、学習に参加する人の割合]	C
目標項目：1.14	学習や活動の自主グループの増加　[自主グループの数]	C
目標項目：1.15	メタボリックシンドローム（内臓脂肪症候群）を認知している国民の割合の増加	A

評価：A 目標値に達した　B 目標値に達していないが改善傾向にある　C 変わらない　D 悪化している　E 評価困難

①栄養改善、栄養素・食物摂取については、女性（40～60歳代）の肥満、食塩摂取量は改善がみられたが、脂肪エネルギー比率や野菜の摂取量などについては改善がみられなかった。

②知識・態度・行動の変容については、自分の適正体重を維持することのできる食事量を理解している人の割合、メタボリックシンドロームを認知している割合など知識や態度レベルでは改善がみられたが、朝食欠食など行動レベルの変容にまで至らなかったものもある。

③行動変容のための環境づくりについては、ヘルシーメニューの提供や学習・活動への参加について改善がみられた。

④性・年代別では、男性の20歳代から30歳代にかけて肥満者の割合が増大することが示唆されるとともに、男女ともに20歳代で他の年代に比べ、脂肪エネルギー比率が30%以上の者の割合が最も高く、野菜摂取量が最も少なく、朝食欠食率が最も高く、体重コントロールを実践する人の割合が最も低いという結果であった。

指標に関連した主な施策としては、以下の6項目があげられる。

① 食生活指針、食事バランスガイドの策定、普及啓発
②「日本人の食事摂取基準」の策定
③ 食育の推進（食育基本法施行、食育基本計画の策定）
④ すこやか生活習慣国民運動、Smart Life Project の実施
⑤ 特定健康診査・特定保健指導の実施
⑥ 栄養成分表示の推進（食品表示法施行）
⑦ 介護予防の推進（介護保険法施行、介護予防事業）

課題としては、次の4点が示された。

①肥満の予防・改善については運動との連動、朝食欠食の改善については休養（生活リズム）との連動などといった、個人の生活習慣全体を包括的に捉えた新たなアプローチとともに、こどもの頃からの望ましい生活習慣の定着を強化していく必要がある。
②食塩摂取量の減少のように、個人の努力だけでは、これ以上の改善が困難なものについては、栄養成分表示の義務化や市販食品の減塩など企業努力を促すための環境介入が必要となる。
③今後は地域格差や経済格差の影響が大きくなることも想定されるので、社会環境要因に着目した戦略が必要となる。
④男女ともに20歳代で、栄養素の摂取や行動変容が乏しいことから、この年代への対策が必要である。特に男性は、20歳代から30歳代にかけて体重を増やさないためのアプローチが必要である。

例題 14　健康日本21（第1次）の最終評価に関する記述である。正しいのはどれか。2つ選べ。

1. 悪化した項目はなかった。
2. メタボリックシンドロームを認知している国民の割合は増加し、目標に達した。
3. 朝食を欠食する人の割合は減少し、目標を達成した。
4. カルシウムに富む食品の摂取量が増加し、目標を達成した。
5. 食塩摂取量は目標に達してはいないが、改善傾向にあった。

解説　（表 3.13 (b) 参照）朝食欠食者の減少と、カルシウムに富む食品の摂取量増加は悪化した。　**解答** 2、5

4）第4次国民健康づくり対策（健康日本21（第二次））（2013（平成25）年～2022（令和4）年）

日本における健康対策の現状や、「健康日本21最終評価」において問題提起された課題を踏まえ、2013（平成25）年から2022（令和4）年を運動期間としてスタートした。

（ⅰ）基本的考え方

健康日本21（第二次）では、すべての国民がともに支え合い、健やかで心豊かに生活できる活力ある社会を目指している。

（ⅱ）施策の概要

基本的な方向として、①**健康寿命の延伸と健康格差の縮小**、②主要な生活習慣病の発症予防と重症化予防、③社会生活を営むために必要な機能の維持および向上、④健康を支え、守るための社会環境の整備、⑤栄養・食生活、身体活動・運動、休養、飲酒、喫煙および歯・口腔の健康に関する生活習慣および社会環境の改善、を示している。

目指すべき社会および基本的な方向の相関関係は図3.7のように整理される。すなわち、個人の生活習慣の改善および個人を取り巻く社会環境の改善を通じて、

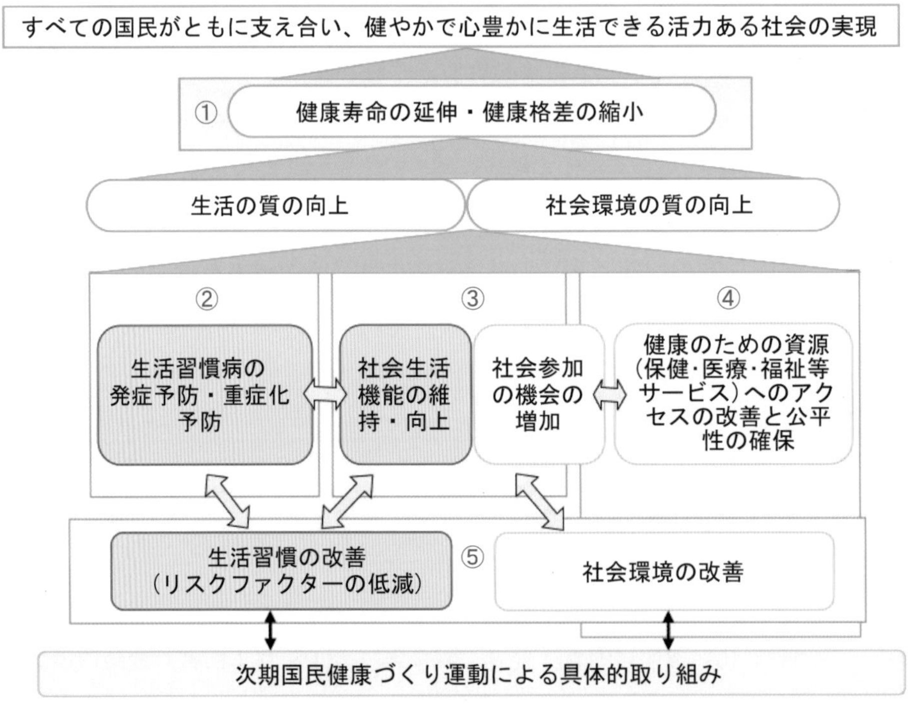

図3.7　健康日本21（第二次）の概念図

生活習慣病の発症予防・重症化予防を図るとともに社会生活機能低下の低減による生活の質の向上を図り、また、健康のための資源へのアクセスの改善と公平性の確保を図るとともに、社会参加の機会の増加による社会環境の質の向上を図り、結果として**健康寿命の延伸・健康格差の縮小**を実現するという概念である。

健康日本 21（第二次）の基本方向および目標は表 3. 14 に示す。

表 3. 14　健康日本 21（第二次）の基本方向および目標

基本的な方向	目　　標		
①健康寿命の延伸と健康格差の縮小	全体目標		①健康寿命の延伸 ②健康格差の縮小
②生活習慣病の発症予防と重症化予防の徹底	NCDの予防	がん	①75 歳未満のがんの年齢調整死亡率の減少 ②がん検診の受診率の向上
		循環器疾患	①脳血管疾患・虚血性心疾患の年齢調整死亡率の減少 ②高血圧の改善（収縮期血圧の平均値の低下） ③脂質異常症の減少 ④メタボリックシンドロームの該当者及び予備軍の減少 ⑤特定健康診査・特定保健指導の実施率の向上
		糖尿病	①合併症（糖尿病腎症による年間新規透析導入患者数）の減少 ②治療継続者の割合の増加 ③血糖コントロール指標におけるコントロール不良者の割合の減少（HbA1c が JDS 値 8. 0%（NGSP 値 8. 4%）以上の者の割合の減少） ④糖尿病有病者の増加の抑制
		慢性閉塞性肺疾患（COPD）	①COPD の認知度の向上
③社会生活を営むために必要な機能の維持および向上	社会生活に必要な機能の維持・向上	こころの健康	①自殺者の減少 ②気分障害・不安障害に相当する心理的苦痛を感じている者の割合の減少 ③メンタルヘルスに関する措置を受けられる職場の割合の増加 ④小児人口 10 万人当たりの小児科医・児童精神科医師の割合の増加
		次世代の健康	①健康な生活習慣（栄養・食生活、運動）を有する子どもの割合の増加 ②適正体重の子どもの増加
		高齢者の健康	①介護保険サービス利用者の増加の抑制 ②認知機能低下ハイリスク高齢者の把握率の向上 ③ロコモティブシンドローム（運動器症候群）を認知している国民の割合の増加 ④低栄養傾向（BMI20 以下）の高齢者の割合の増加の抑制 ⑤足腰に痛みのある高齢者の割合の減少 ⑥高齢者の社会参加の促進（就業または何らかの地域活動をしている高齢者の割合の増加）
④健康を支え、守るための社会環境の整備	地域の絆による社会づくり	①地域のつながりの強化 ②健康づくりを目的とした活動に主体的に関わっている国民の割合の増加 ③健康づくりに関する活動に取り組み、自発的に情報発信を行う企業登録数の増加 ④健康づくりに関して身近で専門的な支援・相談が受けられる民間団体の活動拠点数の増加 ⑤健康格差対策に取り組む自治体数の増加	

表 3.14　健康日本 21（第二次）の基本方向および目標（つづき）

		目　標
⑤生活習慣および社会環境の改善	栄養・食生活	①適正体重を維持している者の増加（肥満、やせの減少） ②適切な量と質の食事を摂る者の増加（主食・主菜・副菜を組み合わせた食事の増加、食塩摂取量減少、野菜・果物摂取量の増加） ③共食の増加（食事を１人で食べる子どもの割合の減少） ④食品中の食塩や脂肪の低減に取り組む食品企業および飲食店の登録数の増加 ⑤利用者に応じた食事の計画、調理および栄養の評価、改善を実施している特定給食施設設の割合の増加
	身体活動・運動	①日常生活における歩数の増加 ②運動習慣者の割合の増加 ③住民が運動しやすいまちづくり・環境整備に取り組む自治体数の増加
	休養	①睡眠による休養を十分とれていない者の割合の減少 ②週労働時間 60 時間以上の雇用者の割合の減少
	飲酒	①生活習慣病のリスクを高める量を飲酒している者（1 日当たりの純アルコール摂取量が男性 40 g 以上、女性 20 g 以上の者）の割合の減少 ②未成年者の飲酒をなくす ③妊娠中の飲酒をなくす。
	喫煙	①成人の喫煙率の減少 ②未成年者の喫煙をなくす ③妊娠中の喫煙をなくす ④受動喫煙（家庭・職場・飲食店・行政機関・医療機関）の機会を有する者の割合の減少
	歯・口腔の運動	①口腔機能の維持・向上 ②歯の喪失防止 ③歯周病を有する者の割合の減少 ④乳幼児・学齢期のう蝕のない者の増加 ⑤過去１年間に歯科検診を受診した者の増加

出典）厚生科学審議会地域保健健康増進栄養部会 次期国民健康づくり運動プラン策定専門委員会　健康日本 21（第二次）の推進に関する参考資料（平成 24 年 7 月）

（iii）健康日本 21（第二次）中間評価

2018（平成 30）年 9 月に厚生科学審議会地域保健健康増進栄養部会より「健康日本 21（第二次）」中間報告書（概要）が公表された。各目標項目を、a：改善している、b：変わらない、c：悪化している、d：評価困難、で評価すると、

①「健康寿命の延伸と健康格差の縮小」の a の達成率は 100%

②「生活習慣病の発症予防と重症化予防」の a の達成率は 50%

③「社会生活機能の維持・向上、社会参加の機会の増加」の a の達成率は 58.3%

④「健康を支え、守るための社会環境の整備」の a の達成率は 80.0%

⑤「生活習慣の改善および社会環境の改善」の a の達成率は 59.1%

となっている。十分に改善を認めた主な項目および改善が不十分な主な項目は表 3.15 のとおりである。

表 3.15　十分に改善を認めた主な項目、改善が不十分な主な項目

十分に改善を認めた主な項目			
項　目	策定時	目　標	直近値
健康寿命	男性：70.42 年 女性：73.62 年 (2010 年)	延伸 (2022 年)	男性：72.14 年 女性：74.79 年 (2016 年)
健康寿命の都道府県差	男性：2.79 年 女性：2.95 年 (2010 年)	縮小 (2022 年)	男性：2.00 年 女性：2.70 年 (2016 年)
糖尿病コントロール不良者の減少	1.2% (2009 年)	1.0% (2022 年)	0.96% (2014 年)
自殺者の減少 (人口 10 万人当たり)	23.4 (2010 年)	19.4 (2016 年)	16.8 (2016 年)
健康格差対策に取り組む自治体の増加	11 都道府県 (2012 年)	47 都道府県 (2022 年)	40 都道府県 (2016 年)

改善が不十分な主な項目			
項　目	策定時	目　標	直近値
メタボリックシンドローム該当者・予備群の数	約 1,400 万人 (2008 年)	25%減少 (2015 年)	約 1,412 万人 (2015 年)
肥満傾向にある子どもの割合	男子:4.60% 女子:3.39% (2011 年)	減少 (2014 年)	男子：4.55% 女子：3.75% (2016 年)
介護サービス利用者のの増加の抑制	452 万人 (2012 年)	657 万人 (2025 年)	521 万人 (2015 年)
健康づくり活動に主体的に関わっている国民の割合の増加	27.7% (2012 年)	35% (2022 年)	27.8% (2016 年)
成人の喫煙率の減少	19.50% (2010 年)	12% (2022 年)	18.30% (2016 年)

出典）厚生科学審議会地域保健健康増進栄養部会「健康日本 21(第二次)」中間報告書(概要)平成 30 年 9 月

例題 15　健康日本 21（第二次）の基本的な方向に関する記述である。誤っているのはどれか。2 つ選べ。

1. 健康寿命の延伸と経済格差の縮小
2. 生活習慣病の発症予防と重症化予防の徹底
3. 社会生活を営むために必要な機能の維持および向上
4. 健康を支え、守るための社会保障の整備
5. 栄養・食生活、身体活動・運動、休養、飲酒、喫煙および歯・口腔の健康に関する生活習慣および社会環境の改善

解説　正しくは、1.「健康寿命の延伸と健康格差の縮小」、4.「健康を支え、守るための社会環境の整備」である。　**解答** 1、4

6.2 基本方針の推進と地方健康増進計画

国、都道府県、市町村は**健康日本 21（第二次）**において、それぞれ異なった役割を担っているが、いずれも計画の策定、実行および評価を行う必要がある。また、計画の策定、実行にあたっては、市町村における母子保健事業や老人保健事業、医療保険者などにおける保険事業、学校や職域における保健活動などと十分な連携を確保しつつ、それぞれが効果的かつ一体的に提供できるように配慮することが重要である。

国については 6.1 を参照することとして概略を記し、以下に都道府県、市町村の役割と、自治体の策定する地方計画の留意点について記述する。

(1) 国の役割

国は健康日本 21（第二次）の全体的な戦略計画を組み立てている中枢組織である。まず、基本方針を明確にし、それを国民や健康関連グループに対して提示する必要がある。また、国は健康増進活動が円滑に進むよう、健康関連グループを調整し、指導するとともに、マスメディアなどを通して国民に対する働きかけを行っていく必要がある。さらに、国は全国の健康指標を把握する情報システムを確立し、それを通した情報の収集、解析を行い、目標値の達成状況を追跡するとともに、国民や健康関連グループに対し、その結果の提供などを行う必要がある。そして、計画の妥当性について、中間評価、最終評価を行い、評価をもとに計画を更新していく必要がある。

(2) 都道府県の役割

都道府県は、健康日本 21（第二次）の推進に向けて、具体的な計画を組み立てるとともに、健康実現に向けて市町村をはじめとする健康関連グループを支援する中核である。そのため、国が示す方向性を勘案し、各都道府県における健康の諸問題を調査、分析するとともに、健康の改善を担う各種の健康関連グループを確定し、健康日本 21（第二次）への参加を呼び掛ける。そして、地域での健康課題についての優先順位づけや目標設定をはじめとする計画づくりは、これらのグループと共同して行うべきである。なお、都道府県および２次医療圏ごとの計画策定を行うことが必要であり、２次医療圏ごとの計画策定にあたっては、保健所が健康情報の把握・分析などにおいて中心的な役割を果たすべきである。また、都道府県においても健康増進活動が円滑に進むよう、マスメディアなどを通して都道府県民に対する働きかけを行っていく必要がある。都道府県は健康指標を把握する情報システムを確立し、目標値の達成状況を評価し、住民に対し、その結果を提供していく必要がある。

(3) 市町村の役割

市町村は、従来から母子保健事業、老人保健事業のサービス提供者としての役割を担ってきたことを踏まえ、住民全体を対象とする健康日本21（第二次）においては、市町村が主体的に計画を策定し、実施することが望ましい。その際には、都道府県が策定する2次医療圏ごとの計画との整合性に配慮する必要がある。計画の策定にあたっては当該市町村を所管する保健所と連携を図る必要がある。政令市および特別区は他の市町村と異なり、独自に保健所を設置していることから、その保健所を中心として計画を立てる必要がある。また、情報の収集と解析において都道府県との連携を密にする必要がある。計画の実施にあたっては、市町村保健センターを活用するとともに、健康増進センター、医療機関や薬局などと協力し、健康に関する情報提供や個人が行う健康増進活動の支援を行っていく必要がある。

地方計画策定にあたっての留意点としては、

①健康政策が自治体の最も重要な行政課題として位置づけられ、地方計画を活用した健康実現が図られるようにするため、都道府県や市町村は健康日本21（第二次）地方計画を自治体の基本計画または総合計画と同等レベルに位置づけることが望ましい。

②地方計画に盛り込むべき理念として最も大切な理念のひとつは、住民第一主義である。これは、住民が地域における健康づくりの中核に位置づけられることを意味する。この理念は、地域レベルだけでなく、学校や職場での健康づくりでも同様である。次に大切な理念として、住民の能力向上である。そのためには従来の専門家主導の健康づくりではなく、住民の主体性を重視し、住民自身のセルフケア能力を高めるような支援をしてくことが必要である。

③健康は個人の努力のみで実現できるものではなく、社会環境の整備、資源の開発が必要である。住民が自分の健康に気づき、主体的に健康づくりをすすめていくことができるような環境整備を重視する必要がある。

④地方計画の策定、実施、評価のすべての場面において、住民が参加し、決定のプロセスに関与することが重要である。一方、健康づくりは住民が行政に依存せずに、自分たちの役割を自覚し行動する過程を重視していくということが大切である。住民を含む関係者が、科学的な事実に基づいて効果的な事業を選択し、地域それぞれの健康特性や、健康に関連した資源の配置状況を明確にするなど、全体の経過を共有していくことが求められる。

計画策定は、それ自体が目的ではない。実効的な計画を策定するためには、計画策定の段階から関係機関、関係者の参画が必要であり、策定のための検討を通じてそれぞれの役割を明確にしてくことが大切である。

計画策定にあたっては、計画が目指す目的について、関係者が十分に確認、合意し、それに基づいて目的を達成するための具体的な目標値を設定していく必要がある。その際には目的を適切に目標値として設定するとともに、その目標を達成するための健康診査の受診率や訪問活動の回数といった手段を明確にしていくことが重要である。

6.3 食育推進基本計画策定の目的・内容

21世紀におけるわが国の発展のためには、子どもたちが健全な心と身体を培い、未来や国際社会に向かって羽ばたけるようにするとともに、すべての国民が心身の健康を確保し、生涯にわたって生き生きと暮らすことができるようにすることが大切である。食育を、生きるうえでの基本であって、知育、徳育および体育の基礎となるべきものと位置づけるとともに、さまざまな経験を通じて「食」に関する知識と「食」を選択する力を習得し、健全な食生活を実践することができる人間を育てる食育を推進することが求められている。もとより、食育はあらゆる世代の国民に必要なものであるが、子どもたちに対する食育は、心身の成長および人格の形成に大きな影響を及ぼし、生涯にわたって健全な心と身体を培い豊かな人間性を育んでいく基礎となる。

食育について、基本理念を明らかにしてその方向性を示し、国、地方公共団体および国民の食育の推進に関する取り組みを総合的かつ計画的に推進するため、2005（平成17）年に「**食育基本法**」が制定された。「食育基本法」については2.3を参照してもらいたいが、このなかで、食育推進会議は食育推進基本計画を作成すること、都道府県は都道府県食育推進計画を作成するよう努めなければならないこと、市町村は市町村食育推進計画を作成するよう努めなければならないことが定められている。食育推進基本計画は、1.食育の推進に関する施策、2.食育の推進の目標、3.国民等の行う自発的な食育推進活動等の総合的な促進、4.その他食育の推進に関する施策を総合的かつ計画的に推進するために必要な事項という、4つの事項を定めている。

(1) 第3次食育推進基本計画（表3.16）

2016（平成28）年度から2020（令和2）年度までの5年間を期間とする**第3次食育推進基本計画**では、これまでの10年間の取り組みによる成果と、社会環境の変化のなかで明らかになった新たな状況や課題を踏まえ、5つの重点課題を柱に、取り組みと施策を推進している。

重点課題 1：若い世代を中心とした食育の推進

20 歳代～30 歳代の若い世代は、食に関する知識や意識が低く、朝食欠食や栄養の偏りなど、他の世代より多くの課題を抱えている。若い世代が心身ともに健康でいるために主体的に健全な食生活を実践することに加え、その知識や取り組みを次世代に伝えつなげていけるよう食育を推進していく。

重点課題 2：多様な暮らしに対応した食育の推進

世帯構造や生活の多様化、社会環境の変化によるさまざまな状況を踏まえ、地域や関係団体などの連携・協働を図りつつ、すべての国民が健全で充実した食生活を実現できるよう、共食の機会の提供などを通じた食育を推進していく。

重点課題 3：健康寿命の延伸につながる食育の推進

健康寿命の延伸のために、国民一人ひとりが健康づくりや生活習慣病の発症・重症化の予防や改善に向けて健全な食生活を実践できるよう支援を行う。また、食品関連事業者などを含む多くの関係者が主体的かつ多様な連携・協働を図りながら、減塩などの食環境の改善に取り組めるよう食育を推進していく。

重点課題 4：食の循環や環境を意識した食育の推進

国民自らが食に対する感謝の気持ちを深めていくには、生産者をはじめ、多くの関係者により食が支えられていることを知ることが大切である。さまざまな関係者が連携しながら、生産から消費までの食べ物の循環を意識し、食品ロスの削減など、環境にも配慮していけるよう食育を推進していく。

重点課題 5：食文化の継承に向けた食育の推進

日本の食文化が十分に受け継がれていない現状を踏まえ、郷土料理、伝統食材、食事の作法など、日本の伝統的な食文化に関する国民の関心と理解を深め、その優れた特色を保護・継承していけるよう食育を推進していく。

例題 16　第 3 次食育推進基本計画に関する記述である。正しいのはどれか。2 つ選べ。

1. 世代に関係なく、どの世代も同じように食育を推進していく。
2. 多様な暮らしに対応した食育を推進していく。
3. 食環境の改善は第 4 次計画の際に取り上げることとなっている。
4. 食品ロスの削減など、環境に配慮した食育を推進していく。
5. 日本の食文化は十分受け継がれてきているので、これを維持しながら食育を推進していく。

解説　1. 20～30 歳代を中心として食育を推進していく。　3. 食環境の改善も含め、健康寿命の延伸につなげていく。　5. 日本の食文化は十分に受け継がれていない現状がある。

解答　2、4

表 3.16　第 3 次食育推進基本計画の目標一覧

目標番号	具体的な目標値	現状値（平成 27 年度）	目標値（平成 32 年度）
1	食育に関心をもっている国民の割合	75.0%	90%以上
2	朝食または夕食を家族と一緒に食べる「共食」の回数	週 9.7 回	週 11 回以上
3	地域などで共食したいと思う人が共食する割合	64.6%	70%以上
4	朝食を欠食する子供の割合	4.4%	0%
5	朝食を欠食する若い世代の割合	24.7%	15%以下
6	中学校における学校給食実施率	87.5%（26 年度）	90%以上
7	学校給食における地場産物を使用する割合	26.9%（26 年度）	30%以上
8	学校給食における国産食材を使用する割合	77.3%（26 年度）	80%以上
9	主食・主菜・副菜を組み合わせた食事を 1 日 2 回以上ほぼ毎日食べている国民の割合	57.7%	70%以上
10	主食・主菜・副菜を組み合わせた食事を 1 日 2 回以上ほぼ毎日食べている若い世代の割合	43.2%	55%以上
11	生活習慣病の予防や改善のために、ふだんから適正体重の維持や減塩などに気をつけた食生活を実践する国民の割合	69.4%	75%以上
12	食品中の食塩や脂肪の低減に取り組む食品企業の登録数	67 社（26 年度）	100 社以上
13	ゆっくりよく噛んで食べる国民の割合	49.2%	55%以上
14	食育の推進に関わるボランティア団体などにおいて活動している国民の数	34.4 万人（26 年度）	37 万人以上
15	農林漁業体験を経験した国民（世帯）の割合	36.2%	40%以上
16	食品ロス削減のために何らかの行動をしている国民の割合	67.4%（26 年度）	80%以上
17	地域や家庭で受け継がれてきた伝統的な料理や作法などを継承し、伝えている国民の割合	41.6%	50%以上
18	地域や家庭で受け継がれてきた伝統的な料理や作法などを継承している若い世代の割合	49.3%	60%以上
19	食品の安全性について基礎的な知識をもち、自ら判断する国民の割合	72.0%	80%以上
20	食品の安全性について基礎的な知識をもち、自ら判断する若い世代の割合	56.8%	65%以上
21	推進計画を作成・実施している市町村の割合	76.7%	100%

出典）第 3 次食育推進基本計画啓発リーフレット　農林水産省

現在は、第 4 次食育推進基本計画に向けた検討が行われている。第 3 次計画で達成した目標・目標値は、概ね定着していると考えられるため引き継がず、達成していない目標・目標値は、第 4 次計画でも引き継ぐこととする。第 4 次計画においては、最近の食育をめぐる状況を踏まえ、生涯を通じた健康や持続可能な食を支える食育を推進するため、現行の目標値の追加・見直しを行い、16 の目標・24 の目標値に増加する。

6.4 食育の推進と地方食育推進計画

6.3 で述べたように、食育基本法では都道府県は都道府県食育推進計画を作成するよう努めなければならないこと、市町村は市町村食育推進計画を作成するよう努めなければならないことが定められている。地方公共団体は、食育の推進に関して国との連携を図りつつ、その区域の特性を生かした自主的な施策を策定し、実施する責務がある。

2008（平成 20）年、内閣府食育推進室より「地域の特性を生かした市町村食育推進計画づくりのすすめ」が公表された。このなかで食育を国民運動として推進していくためには、全国各地においてその取り組みが進められることが必要であるとしている。家庭、学校、保健・医療機関、農林漁業者、さまざまな団体の連携協力が必要であり、全国すべての地域で展開するとしている（図 3.8）。

第 3 次食育推進基本計画では、推進計画を作成・実施している市町村の割合を 2020（令和 2）年度までに 100%にすることを目標としているが、2019（令和元）年度で 87.5%に留まっている。

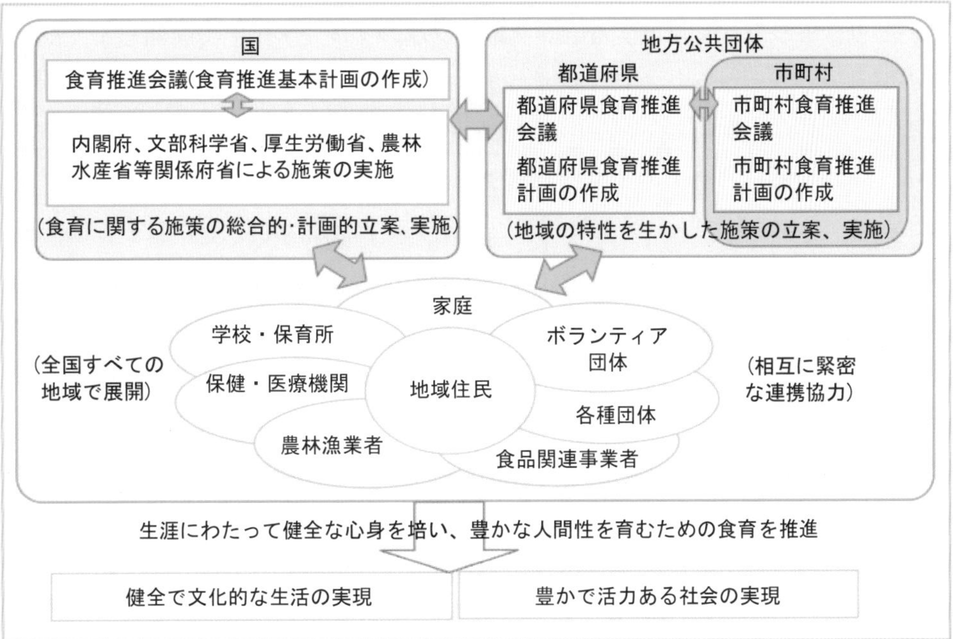

出典）地域の特性を生かした市町村食育推進計画づくりのすすめ　内閣府食育推進室

図 3.8　食育推進体制

7 諸外国の健康・栄養政策

先進諸国では、食事摂取基準や食生活指針がつくられ、国民の健康増進に努めている。肥満を予防するために適正な体重を保つことに重点を置いている国が多く、これらの国では過食に注意し、活動量（運動量）を増やすように食生活指針が示されている。また、脂肪や砂糖の摂り過ぎを控えることも推奨している。一方、開発途上国では、経済的に貧しい人と豊かな人を分けて、食事指針が示されている国もある。いずれにしても、国民に分かりやすく、健康保持のための栄養の摂り方を示している。

各国の公衆栄養政策に関連する国際機関としては、**世界保健機関**（WHO）、**国際連合食糧農業機関**（FAO）、**国際連合児童基金**（UNICEF）があげられる。

7.1 公衆栄養活動に関係する国際的な栄養行政組織

WHOと国連（UN）が中心となり、世界の人々の健康と健康の保持・増進のための栄養補給について支援している。WHOは「世界のすべての人々に健康を」というスローガンの下に、1978（昭和53）年プライマリヘルスケア（健康増進、予防、治療、リハビリテーション）に関する国際会議をソ連のアルマ・アタで開催し、アルマ・アタ宣言を採択した。ここでは健康が基本的人権であることを明言し、健康教育の重要性、安定的な食料供給や適正な栄養摂取の推進などが述べられている。1986（昭和61）年、WHOはカナダのオタワで健康増進に関する国際会議を開き、オタワ憲章においてヘルスプロモーションの考え方を導入した。これは人々が自らの健康を管理し、改善できるように地域社会、保健医療機関などが政府と協力してヘルスケアシステムを構築する環境づくりが重要であるとしている。アメリカのヘルシーピープル2020や健康日本21はこの考えを反映したものである。1992（平成4）年には、FAO（食糧農業機関）／WHOによる国際栄養会議で、飢餓と栄養不良を軽減するための努力を各国が誓約した国際栄養宣言が採択された。1996（平成8）年には、FAOにより世界食糧サミットが開かれ、ローマ宣言として世界8億人以上の栄養不足人口を2015（平成27）年までに半減させる目標を決め、食料の安全保障を支援する行動計画を採択した。ローマ会議を受けて、国際的な飢餓と栄養不良に対する連帯(AAHM)ができ、飢餓や栄養不良の撲滅に対する国際協力を進めている。国連の世界食糧計画（WFP：食料援助機関で低所得国への食糧援助の他、穀物の国際備蓄を行う）では開発途上国の社会経済開発および緊急食糧援助に食料を役立てること、国連の栄養常設委員会（UNSCN）では、食糧不足による飢餓と栄養不良に対する国際栄養活動を実施している。

また、2000（平成12）年の第55回国連総会の冒頭に開催された「国連ミレニアム・サミット」では、国際ミレニアム宣言をもとにミレニアム開発目標（Millennium Development Goals：MDGs）がまとめられた。極度の貧困と飢餓の撲滅など、2015（平成27）年までに達成すべき8つの目標を掲げ、達成期限となる2015年までに一定の成果をあげている。これを土台に、2015年に**持続可能な開発目標**（sustainable development goals：SDGs）（図3.9）が採択され、貧困に終止符を打ち、地球を保護し、すべての人が平和と豊かさを享受できるようにすることを目指す普遍的な行動を呼び掛けている。ここではじめて「フード・セキュリティ」「栄養」が独立した達成目標として取り上げられた。

出典）国連開発計画（UNDP）駐日代表事務所HPより

図3.9 持続可能な開発目標

例題17 諸外国の健康・栄養政策に関する記述である。正しいのはどれか。2つ選べ。

1. WHOは1978（昭和53）年に健康増進のためのプライマリヘルスケアに関する国際会議で、アルマ・アタ宣言を採択した。
2. 1986（昭和61）年にWHOはアメリカにおいてオタワ憲章を採択した。
3. FAO/WHOにより、飢餓と栄養不良を軽減するための努力を各国が誓約した、飢餓撲滅宣言が採択された。

4. FAOは食料援助機関で低所得の国への食料援助の他、穀物の国際備蓄を行っている。
5. アメリカのヘルシーピープルや健康日本21はヘルスプロモーションの考えを反映している。

解説　2. オタワ憲章はカナダで採択された。　3. 飢餓と栄養不良を軽減するため宣言は、国際栄養宣言である。　4. WFPに関する記述である。　**解答** 1、5

7.2 諸外国の公衆栄養関連計画

世界の栄養問題として、「**栄養の二重負荷；Double burden of malnutrition**」がある。これまでmalnutritionを“栄養欠乏症”としてきたが、“**栄養障害**”という意味をもつ。つまり**過剰栄養**も**低栄養**も含まれることになる。栄養過剰が懸念されている人（肥満や生活習慣病とその予備群）と、栄養不良が心配される人（やせ、拒食、低栄養など）の両方が、同じ地球上に、同じ国に混在していることをさしている。また、一人の人生のなかでも、壮年期、中年期は生活習慣病や肥満症を患いながら、老化とともにフレイル（虚弱）や低栄養状態となってしまうことも栄養障害の二重負荷であるといわれている。

多くの国では国民が適切な食生活を送れるように、分かりやすい食事の基準を示し、各食品の特徴、栄養素の働きや特質などを分かりやすく解説し、日々の目標摂取量をイラストなどで示している。

7.3 諸外国の食事摂取基準

(1) アメリカ、カナダの食事摂取基準

アメリカ、カナダの食事摂取基準は、推定平均必要量、推奨量、目安量、耐容上限量により示されており、日本はこの考え方を参考に食事摂取基準を策定した。エネルギーおよび栄養素の指標の策定には、栄養の専門家で構成されたグループにおいて科学論文を精査し、検討の後、指標の値の妥当性とその根拠を示している。また、食事摂取基準の理論と活用に関する検討グループは、栄養学、統計学、栄養疫学、公衆衛生学、経済学、消費者の視点の専門家で構成されている。

アメリカの食事摂取基準では、男女ともに14歳以上のナトリウムの目安量が1,500 mg/日（食塩相当量3.8 g/日）となっており、日本よりもはるかに低い値が設定されている。その他、推奨量としてのビタミンEは日本の約2倍、葉酸は約1.7倍、カルシウムは1.5〜2倍、鉄（女性）は約1.6倍、セレンは約2倍、カリウムの

目安量は約 1.6 倍と高い。

(2) イギリスの食事摂取基準

イギリスの食事摂取基準は推定平均必要量、推奨量（Reference Nutrient Intake: ENI）があり、このふたつの指標を設定するための根拠が不十分な場合に、欠乏のリスクがなく、過剰摂取による健康障害のリスクのない摂取量の範囲として安全量（Safe Intake）が設定されている。イギリスの食事摂取基準には耐容上限量は設定されていないが、食塩については 11 歳以上のすべての年齢において、6 g/日を超えないことを推奨している。

(3) オーストラリア、ニュージーランドの食事摂取基準

オーストラリア、ニュージーランドの食事摂取基準は、推定平均必要量、推奨量（Recommended Dietary Intake : RDI）、目安量、耐容上限量が設定されている。食塩摂取が高血圧症のリスクとならないように、18 歳以上の男女には推奨目標量（Suggested Dietary Target : SDT）としてナトリウム 2,000 mg/日（食塩相当量 5.1 g/日）が示されている。

例題 18　諸外国の食事摂取基準に関する記述である。正しいのはどれか。3 つ選べ。

1. アメリカでは、男女ともに 14 歳以上のナトリウムの目安量が 1,500 mg/日となっている。
2. イギリスでは、11 歳以上のすべての年齢において食塩摂取量が 8 g/日を超えないことを推奨している。
3. オーストラリア・ニュージーランドの食事摂取基準では、18 歳以上の男女の食塩摂取量について 2,000 mg/日を推奨している。
4. アメリカ・カナダの食事摂取基準には耐容上限量がない。
5. イギリスの食事摂取基準には耐容上限量がない。

解説　2. イギリスでは食塩摂取量が 6 g/日を超えないことを推奨している。 4. アメリカ・カナダの食事摂取基準には耐容上限量がある。　**解答**　1、3、5

7.4 諸外国の食生活指針、フードガイド

(1) アメリカ国民のための食生活指針、マイプレート、ヘルシーピープル 2030

アメリカでは、国民の健康を改善するための健康増進と疾病予防を目的として、「ヘルシーピープル」において 10 年後に達成すべきさまざまなゴールが示されている。これは日本の国民健康づくり運動である「健康日本 21」のモデルとなった。「ヘ

ルシーピープル2020」が2010（平成22）年から2020（令和2）年まで実施され、このなかではよりよい健康を獲得し長生きする社会を達成するためのビジョン、努力すべきミッションが示されている。年代別に目標値が示され、ゴールに到達するための考え方や取り組み方法なども細かく示されている。2021（令和3）年からの10年間は、「ヘルシーピープル2030」が実施されるが、「ヘルシーピープル2020」と大きく変わった点は、目標の数を減らしたことである。目標を少なくすることで、重複を避け、最も差し迫った公衆衛生問題に優先順位をつけ、関連する目標を簡単に探せるようにした（表3.17）。

表3.17　「ヘルシーピープル2030」における健康に関連する目標項目

健康状態	中毒/関節炎/造血系疾患/がん/慢性腎臓病/慢性の痛み/認知症/糖尿病/食中毒/医療関連感染症/心臓病と脳卒中/感染症/メンタルヘルスと精神障害/口腔状態/骨粗鬆症/太り過ぎと肥満/妊娠と出産/呼吸器疾患/感覚障害またはコミュニケーション障害/性感染症
健康行動	子供と青年期の発達/薬物とアルコールの使用/緊急災害対策/家族計画/ヘルスコミュニケーション/怪我の防止/栄養と健康的な食事/身体活動/予防ケア/安全な食品の取り扱い/睡眠/タバコの使用/予防接種/暴力の防止

アメリカ国民のための「食生活指針」は5年ごとに更新されている。「食生活指針」の策定には最新の栄養学データを反映しており、健康を促進し、慢性疾患のリスクを減らすために何をどれだけ摂取するかについての情報を提供している。2020（令和2）年から2025（令和7）年の「食生活指針」では次のように示している。

①ライフステージごとに健康的な食事パターンを守りましょう（健康的な体重を維持し、慢性疾患のリスクを減らす）

②嗜好、文化的伝統、食費を考慮して、栄養価の高い食品や飲料を組み合わせて楽みましょう（健康的な食事パターンは、すべての人に利益をもたらす）

③栄養価の高い食品や飲料で必要量を満たし、エネルギー摂取は適正範囲内に留めましょう（栄養密度の高い食品にはビタミン、ミネラルなどを含み、糖分、飽和脂肪、ナトリウムが添加されていない。健康的な食事パターンは、このような食品から構成される）

④糖分、飽和脂肪、ナトリウムを多く含む食品や飲料およびアルコール飲料は摂り過ぎないようにしましょう（健康的な食生活を送るためには、このような食品の制限が必要である）。

「マイプレート（図3.10）」では、皿（プレート）に果物、野菜、穀物、たんぱく質食品、乳製品が色分けされており、個人に見合った健康的な食事を示している。それぞれの食品を食べることがなぜ重要なのか、食べることで摂取できる栄養素は何か、その栄養素はどのような働きをするのかなど説明がされている。マイプレートのサイトでは、年齢、性別、身長、体重、身体活動レベルを入力することによって自身が何をどれだけ食べるとよいのかを示す「マイプレートプラン」がある。また、「マイプレートアプリ」をスマートフォンなどにダウンロードすることで、アプリ上で食事の目標を立てた後、日々の進捗状況を入力し、目標を達成するとバッジを獲得できるようになっている。

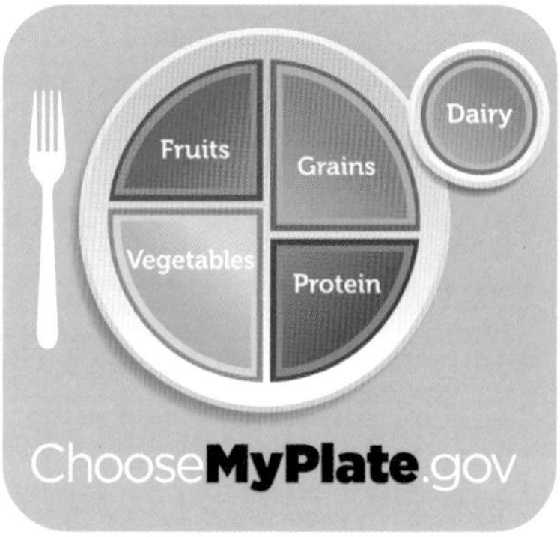

図 3.10　マイプレート

(2) イギリスの食生活指針「The Eatwell Guide」

イートウェルガイド（図 3.11）には、5つの主要な食品群が示されている。健康的でバランスの取れた食事をするためには、1日または1週間で食べるものすべてのうち、どれだけをどの食品群から摂取すればいいのかを示しており、健康を維持するためには各食品群からさまざまな異なる食品を選ぶようにすすめている。①さまざまな果物や野菜を1日に少なくとも5回食べる。②じゃがいも、パン、米、パスタなどの炭水化物を基本とした食事をする、③乳製品または乳製品の代替品（大豆飲料やヨーグルトなど）を食べる、④豆、豆類、魚、卵、肉などのたんぱく質を食べる、⑤不飽和脂肪酸を選んで少量食べる、としている。また、5つの食品群以外にも、○脂肪、塩分、糖分が多い食品は、食べる頻度を減らして少量食べる、○水は1日6～8杯飲む、○食品の栄養成分表示を確認し、脂肪、塩分、糖分が少ない食品を選ぶ、ことも推奨している。

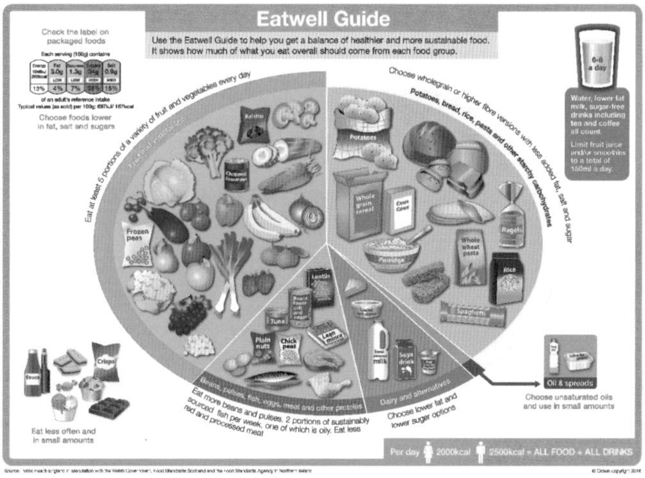

図 3.11　The Eatwell Guide

7.5 諸外国の栄養士養成制度

(1) 栄養士の国際水準

ICDA（International Confederation of Dietetic Associations）は、1952（昭和27）年に結成された「国レベルの栄養士会」の連盟で、現在40カ国を超える国の栄養士会が属している。2010（平成22）年時点でICDAに属する各国の栄養士会に所属している栄養士総計はおよそ16万人である。ICDAは2004（平成26）年に栄養士の定義を、「国内当局により認められた栄養学に関する資格」を有し、「栄養科学を健康または疾病をもった個人または集団に対する食事や教育に応用する人」と示した。

(2) 栄養士の人数

人口あたりの栄養士の数は国によって異なり、最も栄養士が少ない国は10万人あたり0.3人のインドで、フランス、台湾は6〜10人、デンマークやイスラエルは25人、日本は最も多く56人である。

(3) 栄養士の基本教育

ICDAは栄養士教育の国際水準も次のように示している。栄養士教育の最低限の水準として「学士号」、「最低500時間以上の指導体制が整った専門的な実習期間」、という2つの条件である。実際に栄養士の基礎教育として学士の資格が必要な国は23カ国、学士の資格が不要な国は3カ国、学士があったりなかったりは2カ国、基礎教育の不要な国は2カ国あった。しかし、23カ国における学士の教育レベルは実際の教育期間が3〜4.5年と幅があり、3年の国は8カ国である。また、他の専門で学士取得後、栄養士の資格を得られる国もある。1〜2年の卒後実習で栄養士の資格が取れる国は10カ国、修士号で取れる国は4カ国あり、学士取得後では1.5年〜4年を要する。

ICDAが示した「最低500時間以上の実習期間」というのは、およそ14週の実務に相当する。25カ国では教育プログラムのなかにこれを含めている。実習期間は、3〜52週まで幅広く、10カ国において21〜30週の実習期間が設けられている。教育プログラムのなかに500時間以上の実習を含まないとしているのは、台湾、日本、フランスの3カ国のみである。

(4) 栄養士の卒後教育

25カ国においては博士号、修士号などの卒後に学位への教育を受けるオプションがあり、いくつかの国では、基本教育終了後も実務的トレーニングを続けることを栄養士の資格保持のために要求している。このトレーニング終了後には試験が課される。また、セミナーや会議、研究、教育に参加し、専門的技能の向上を栄養士の登録に求める国もある。

(5) 栄養士の仕事

栄養士の仕事には幅広い分野がある。例えば、アメリカの栄養士の職場では多い順に、①病院、②高齢者施設、かかりつけ医、その他のヘルスケア、③公衆衛生、④企業、⑤コンサルタント、⑥教育、⑦研究などの分野である。

章末問題

1　公衆栄養に関する記述である。誤っているのはどれか。1つ選べ。

1. フードセキュリティの達成を目指す。
2. 地域住民のエンパワメントを重視する。
3. 地域の特性を考慮した健康なまちづくりを推進する。
4. 健康格差の解消に向けた取り組みを行う。
5. 生活習慣病の治療を第一の目的とする。　(第32回国家試験)

解説　5. 疾病の発症予防、重症化予防も目的に含まれる。　解答 5

2　健康増進法に規定されている施策の実施者に関する記述である。正しいのはどれか。1つ選べ。

1. 内閣総理大臣は、国民の健康増進の総合的推進のための基本指針を定める。
2. 厚生労働大臣は、特別用途表示の許可をする。
3. 厚生労働大臣は、医師または管理栄養士の資格を有する者から栄養指導員を命ずる。
4. 都道府県知事は、食事摂取基準の策定を行う。
5. 都道府県知事は、特定給食施設に対し栄養管理の実施に必要な指導をする。　(第30回国家試験)

解説　1. 厚生労働大臣　2. 内閣総理大臣　3. 都道府県知事　4. 厚生労働大臣　解答 5

3　健康増進法に定められている事項である。正しいのはどれか。2つ選べ。

1. 市町村保健センターの設置
2. 市町村健康増進計画の策定
3. 市町村食育推進計画の策定
4. 特定保健指導の実施
5. 生活習慣病の発生状況の把握　(第33回国家試験)

解説　1. 保健センターの設置は「地域保健法」　3. 市町村食育推進計画の策定は「食育基本法」　4. 特定保健指導の実施は「高齢者の医療の確保に関する法律」に定められている。　解答 2、5

4　わが国の行政組織における公衆栄養活動業務に関する記述である。誤っているのはどれか。１つ選べ。
1. 食品の安全性確保の推進は、内閣府が担っている。
2. 食育推進基本計画の策定は、農林水産省が担っている。
3. 特定保健用食品の表示許可業務は、厚生労働省が担っている。
4. 飲食店によるヘルシーメニューの提供の促進は、都道府県が行っている。
5. 疾病予防のための栄養指導は、市町村が行っている。　（第 33 回国家試験）

解説　3. 特定保健用食品の表示許可業務は「健康増進法」に基づいて、消費者庁が担っている。解答 3

5　公衆栄養関連法規の内容と法規名の組み合わせである。正しいのはどれか。１つ選べ。
1. 特定健康診査の実施------医療法
2. 食品表示基準の策定------JAS 法
3. 食生活指針の策定------学校給食法
4. 低体重児の届出------母子保健法
5. 学校給食実施基準の策定------健康増進法　（第 33 回国家試験）

解説　1. 高齢者の医療の確保に関する法律　2. 食品表示法　3. 法律に直接の根拠規定はない。
5. 学校給食法　解答 4

6　栄養士法に規定された管理栄養士に関する記述である。正しいのはどれか。１つ選べ。
1. 健康の保持増進のための栄養の指導を行う。
2. 免許は、内閣総理大臣が与える。
3. 就業届出制度が規定されている。
4. 特定給食施設への必置が規定されている。
5. 専門管理栄養士に関する記述がある。　（第 33 回国家試験）

解説　2. 免許は、厚生労働大臣が与える。　3. 規定されていない。　4. 特定給食施設への配置基準については「健康増進法」および「健康増進法施行規則」に規定されている。　5.「栄養士法」において、専門管理栄養士という文言はない。　解答 1

7　栄養士法に関する記述である。正しいのはどれか。２つ選べ。
1. 管理栄養士名簿は、厚生労働省に備えられる。
2. 栄養教諭の免許取得に関する規定がある。
3. 管理栄養士による食品の表示に関する監視の規定がある。
4. 栄養の指導について、栄養士の名称独占の規定がある。
5. 特定給食施設への管理栄養士配置の基準を定めている。　（第 32 回国家試験）

解説　2. 栄養教諭の免許取得は「教育職員免許法」に規定されている。　3. 食品の表示に関する監視は「食品表示法」である。　5. 特定給食施設への管理栄養士配置基準は「健康増進法」と「健康増進法施行規則」に規定されている。　解答 1、4

8　国民健康・栄養調査に関する記述である。正しいのはどれか。1つ選べ。
1. 調査の始まりは、戦前である。
2. 調査は、隔年で実施されている。
3. 調査対象地区は、都道府県知事が選定する。
4. 調査の構成は、身体状況調査と栄養摂取量状況調査の2つである。
5. 近年、地域格差を把握するための大規模調査を実施している。　(第31回国家試験)

解説　1. 調査の始まりは、第二次世界大戦後である。　2. 調査は毎年実施されている。　3. 調査対象地区を選定するのは厚生労働大臣であり、都道府県知事は調査世帯を選定する。　4. 調査は、身体状況調査・栄養摂取量状況調査・生活習慣調査の3つで構成されている。　解答 5

9　最近の国民健康・栄養調査結果における朝食の欠食率に関する記述である。正しいのはどれか。1つ選べ。
1. 1～6歳では、男女とも1%未満である。
2. 20歳以上では、女性が男性より高い。
3. 男性では、20～29歳が60歳以上より高い。
4. 女性では、15～19歳が20～29歳より高い。
5. 女性では、30～39歳が20～29歳より高い。　(第32回国家試験)

解説　欠食率は、1～6歳では男性が7.7%、女性が9.4%、20歳以上では男性が15.0%、女性が10.2%、女性で朝食欠食率が高い順に20～29歳（23.6%）、40～49歳（15.3%）、30～39歳（15.1%）となっている（いずれも平成29年国民健康・栄養調査結果）。　解答 3

10　食事バランスガイドに関する記述である。正しいのはどれか。1つ選べ。
1. 食生活指針（2000年）を受けて策定された。
2. 人間と食物と環境の関係を示した。
3. 食品の無駄な廃棄を削減するために策定された。
4. 生活習慣病予防のために必要な身体活動量を示した。
5. 食品についての栄養表示の基準を示した。　(第29回国家試験)

解説　食事バランスガイドは「食生活指針」を受けて策定されたフードガイドであり、何をどれだけ食べればいいのかを示したものである。　解答 1

11　食事バランスガイドの料理区分とサービング（SV）基準の組み合わせである。正しいのはどれか。1つ選べ。
1. 主食-----------炭水化物 100 g
2. 副菜-----------食物繊維 7 g
3. 主菜-----------たんぱく質 6 g
4. 牛乳・乳製品---カルシウム 200 mg
5. 果物-----------ビタミンC 100 mg

解説　主食の基準は炭水化物約 40 g、副菜は主材料の重量約 70 g、牛乳・乳製品はカルシウム約 100 mg、果物は主材料の重量約 100 g である。　解答 3

12　食生活指針（2016 年改訂）に関する記述である。誤っているのはどれか。1 つ選べ。

1. 生活の質（QOL）の向上を目的としている。
2. 食品の組み合わせは、SV（サービング）を用いて示している。
3. 「脂肪は質と量を考えて」としている。
4. 「郷土の味の継承を」としている。
5. 「食料資源を大切に」としている。　（第 33 回国家試験）

解説　「食生活指針」を実際に行動するためのツールとして「食事バランスガイド」があり、その中で SV という単位が用いられている。　解答 2

13　食育推進基本計画に関する記述である。誤っているのはどれか。1 つ選べ。

1. 食育基本法に基づいて策定されている。
2. 食育推進会議において策定される。
3. 「食育月間」が定められている。
4. 食品の安全性の確保における食育の役割が規定されている。
5. 現在の計画の実施期間は、10 年間である。　（第 29 回国家試験）

解説　実施期間は 5 年間であり、その都度評価と見直しを行っている。　解答 5

14　公衆栄養プログラムとその目標に関する組み合わせである。正しいのはどれか。2 つ選べ。

1. 日本人の食事摂取基準（2020 年版）----- 生活習慣病の治療指針の設定
2. 健やか親子 21-------------------------- 児童・生徒の肥満の減少
3. 食育推進基本計画----------------------推進計画を作成・実施している市町村の割合の増加
4. 特定健康診査・特定保健指導------------年代別実施率の設定
5. 新健康フロンティア戦略----------------平均寿命の延伸　（第 25 回国家試験一部改変）

解説　1. 食事摂取基準は健康な個人または健康な個人で構成された集団を対象としている。　4. 特定健康診査・特定保健指導において年代別実施率の目標は設定されていない。　5. 新健康フロンティア戦略は健康寿命の延伸を目的としている。　解答 2、3

15　国際機関および諸外国における公衆栄養に関連するプログラムの組み合わせである。正しいのはどれか。2 つ選べ。

1. ヘルシーピープル 2030--------世界栄養宣言
2. 母乳促進プログラム---------- 世界保健機関（WHO）
3. 持続可能な開発目標---------- 絶対的貧困率の低下
4. 食物ベース食生活指針--------- 国際連合
5. 米国の学校給食プログラム---- 米国教育省　（第 25 回国家試験一部改変）

解説 「世界栄養宣言」は1992年の世界栄養会議で提唱され、「食物ベース食生活指針」はFAO/WHOの合同専門家会議で基本方針が提唱され、米国の学校給食は農務省の管轄である。 解答 2、3

参考文献

1) 芦川修貮、古畑公、鈴木三枝「食生活指針の解説」一般社団法人全国栄養士養成施設協会 2017

2) 鈴木道子、片山一男「諸外国の栄養専門職養成システムと日本の位置づけ」栄養学雑誌、70、4、262-273、2012

3) 酒井徹、郡俊之「公衆栄養学」講談社 2019

4) 吉池信男「公衆栄養学」第一出版 2019

第4章

栄養疫学

達成目標

- 栄養疫学の概要と意義について説明できる。
- 食事摂取量の個人内変動と個人間変動、日常的な食事摂取量について説明できる。
- 栄養疫学のための各種食事調査法および調査データの処理について説明できる。
- 食事調査結果に関する評価の基本的な考え方を説明できる。

1 栄養疫学の概要

“A dictionary of Epidemiology”（第6版）では、「疫学とは、定義された人間集団において、健康に関連する状態または健康事象の発生と分布の研究であり、そのような状態を規定する因子の研究およびこの知識を健康問題の解決に役立てることを含んでいる」と記載されている。すなわち、人間の集団を対象とすること、健康に関連する「頻度と分布」を観察すること、健康に関連する要因を検討することで、明らかになった事実に対し対策を考える応用科学である。

栄養疫学（nutritional epidemiology）は、食生活全般を主たる対象とする疫学の一領域である。食生活は、人間の健康と大きな関連があり、疾病の発生には食習慣が影響していることが多い。疾病や健康を規定する要因を**曝露要因**（exposure）または**危険因子**（risk factor）というが、栄養疫学は食生活全般を曝露要因として捉えて、疾病との関連を疫学的手法で研究するものである。

1.1 栄養疫学の役割

わが国では、戦後、生活環境の改善や医学の進歩により感染症が減った一方で、生活習慣病が増加している。この疾病の発生には、日常の生活習慣が大きく関与している。生活習慣のなかでも、食習慣の占める割合は非常に大きい。栄養疫学のさまざまな研究により、わが国の健康問題である生活習慣病の解明が求められている。これまでに、食塩、カリウム、マグネシウムの摂取と高血圧との関連、食物繊維、脂肪摂取と大腸がんの関連などが解明されてきている。栄養疫学の研究により、生活習慣病のみならず、疾病の原因、栄養療法の理論やメカニズムなどを明らかにして、人々のQOLや健康増進に役立てられるよう、栄養疫学研究の必要性は高まっており、特に**科学的根拠に基づいた栄養学**（evidence-baced nutrition：EBN）が注目されている。EBNは、疫学的手法で行われる質の高い研究から得られた知見によりもたらされるものである。

1.2 公衆栄養活動への応用

公衆栄養活動は、個人または集団の健康の維持増進と疾病予防を目的に行われる実践活動であるが、公衆栄養アセスメントから始まり、アセスメントをもとにプログラムを計画し、実施、評価とつながっていく一連の活動である。公衆栄養アセスメントには、栄養疫学的手法や考え方をもって行うことが必要となる。公衆栄養活動は、栄養疫学診断から始まるといえる。これには、以下の2段階が含まれる。

①集団における健康問題あるいは栄養問題の発見と決定

②当該栄養問題と健康問題との因果関係の追求

現在、わが国の死因の上位を占める、がん・心疾患・脳血管疾患のことを三大死因というが、全死亡の2/3を占めており、生活習慣が発症に大きな影響を与えている。生活習慣のなかでも食事が原因となる割合は大きいが、食事だけではなく、遺伝、心理的、社会的要因、身体活動、睡眠、疲労、喫煙、飲酒など多くの要因が複数関わっていると考えられる。このため、栄養疫学研究は、これらの特徴をよく理解したうえで、実施することが求められる。

例題1　栄養疫学に関する記述である。誤っているのはどれか。1つ選べ。

1. 疾病や健康を規定する要因を曝露因子という。
2. 曝露因子は危険因子ともいう。
3. 栄養疫学は食生活全般を曝露因子として捉えている。
4. 曝露要因とは疾病の発症に関わっているかもしれない要因のことである。
5. 栄養疫学では、曝露要因として食習慣だけを扱う。

解説　5. 生活習慣病には食習慣が原因となっている割合は大きいが、食事だけでなく遺伝、心理的、社会的、身体活動、睡眠、疲労、喫煙など多くの要因が複数関わっている。

解答　5

コラム　栄養疫学の歴史的業績

脚気は、栄養欠乏症で、主な症状としては、末梢神経が冒され、下肢の倦怠、知覚麻痺、浮腫を来し、著しい場合は心不全により死亡に至る。19世紀末、日本では脚気は重大な国民病となっていた。富裕階層を中心とした白米化とともに脚気が流行し、明治時代になり、庶民の間に白米食が普及するにつれ、全国に広まっていった。また、軍隊における罹患も大きな問題となっていた。海兵が戦う前に船の中で亡くなってしまうのである。しかし、当時は脚気の原因は未解明で、多くの研究者たちは、細菌が原因の伝染性疾患であると考えていた。

1884年頃に、海軍軍医高木兼寛は、栄養疫学（介入研究）的に実証するために、食事のみ変更して（牛肉、大豆、大麦などを増加）航海させたが、死者は1名も出なかった。食事を変更したことで、脚気の罹患率が急激に減少したことより、食事中のたんぱく質で脚気が予防できると発表した。1886年には陸軍軍医総監森林太郎（森鴎外）は、米麦混合の主食が脚気予防に効果があることを認め、「日本兵食論」を著し、栄養改善の必要性を強調し、脚気問題の解決に力を尽くした。しかしながら、脚気の原因を解明したものではなかった。1910 年に鈴木梅太郎が、米糠から抗脚気成分であるアベリ酸を発見し、ビタミン B_1 の欠乏が脚気の主因であることを明らかにした。高木兼寛は、栄養疫学を用いて、有効な脚気予防策を見出し、具体的に実践して脚気罹患を減少させたのである。

2 曝露情報としての食事摂取量

栄養疫学では、食生活全般を曝露要因として捉えるが、量的な曝露要因としては、食品摂取量や栄養素摂取量などの食事摂取量がある。質的な曝露要因は食事様式や食生活に対する個人の嗜好、態度などの食行動である。疫学研究では、栄養素だけでなく、食品や食品群別の摂取量、食行動など総合的に捉えて、疾病との関連を明らかにすべきである。

2.1 曝露情報としての食事摂取量

食事摂取量は、人が食事として摂取した各食物（食品）の量のことである。栄養素摂取量は、その食品に含まれる化学成分、つまり栄養素の量のことである。食事摂取量には、食品摂取量と栄養素摂取量の両方が含まれる。疾病と食事摂取量の関連をみるために解析をすすめる場合、疾病と各栄養素摂取量との関連を検討する（図 4.1）。しかし、栄養素よりも、栄養素が複合的に含まれている食品との関連をみた方がいい場合がある。例えばβ-カロテンとある種のがんの関連を研究するよりも、β-カロテンが多く含まれている緑黄色野菜との関連を研究したほうが、研究結果を栄養指導に利用しやすい。私たちが日常に食べている食事は栄養素単独で摂取して

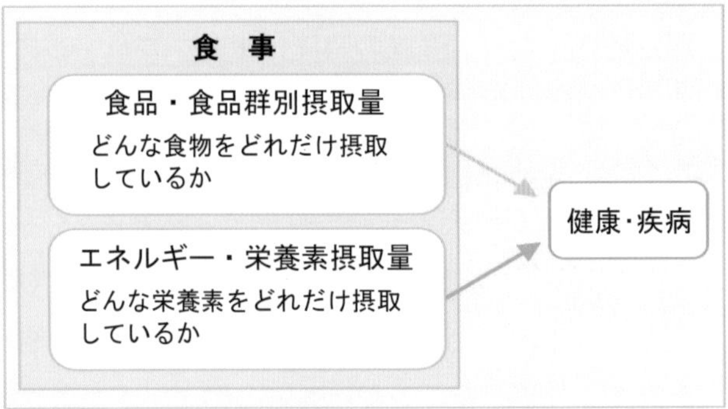

図4.1　栄養疫学の研究方法

いるのではなく、種々の栄養素の複合体である「食物」として摂取している。そのため、栄養素摂取量のみでは疾病との関連をうまく説明できない場合がある。また、うつ病の治療には、亜鉛のサプリメントが効果をあげているが、治療のためには亜鉛そのものとうつ病の関連を研究したほうが効果的である。研究の目的によって、何を曝露要因として扱うかを考える必要がある。

曝露要因として、栄養素摂取量を検討するとき、多くの場合食品成分表に記載されている食品の標準的な栄養素の量から算出するため、食品成分表は栄養素摂取量を算出する際のデータベースとして用いられる。後で述べるが、実際に食べたものを科学分析する食事調査法の陰膳法や、生体指標を用いる場合を除いて、科学分析しないで食品成分表に記載されていない食品の栄養素量を算出することはできない。また、実際に摂取している食品の栄養素量が、食品成分表と大きく異なる場合もある。購入直後の野菜と購入して冷蔵庫にしばらく入れられた野菜では栄養素量は大きく異なる。すなわち、食品成分表を用いて算出した値が、分析した結果を歪めてしまう場合もあるため、食品成分表の精度に大きく影響されるという事を考慮に入れて研究すべきである。

2.2 食事摂取量の個人内変動と個人間変動

私たちが摂取する食事は、毎日同じ食品を同じ量摂取するということはほとんどない。誕生日などの行事、平日と休日、季節、仕事の状況、体調など種々の状況によって、栄養摂取量・食事内容は日々異なっている。個人のなかで食事内容が異なることを、**個人内変動**といい、これは**日間変動**である。

図 4.2 は、ある人の栄養素摂取量の日間変動である。日々大きく異なっている。また、栄養素によってもその変動は異なっていることが分かる。そのため、生活習慣病と栄養とに関する疫学調査を行う場合には**習慣的栄養素摂取量**を求めることになり、これらの要因の変動を無視することはできないため、1 日の調査では関連を求めることは不可能である。しかし、ある程度以上の日数を調査すると、その人の習慣的な摂取量が推定できる。

エネルギーを算出する栄養素の調査期間は短期間でよいが、微量栄養素、特にビタミン類は数カ月強の長期間要するといわれている。このように、栄養素によっても異なるので、習慣的栄養素摂取量の期間を具体的に示すのは困難であるが、エネルギー・栄養素量の日間変動を観察した研究結果から、おおよそ 1 カ月程度と考えられる。

一方、体格や身体活動量、嗜好などによる食品や栄養素摂取量の個人差を、個人

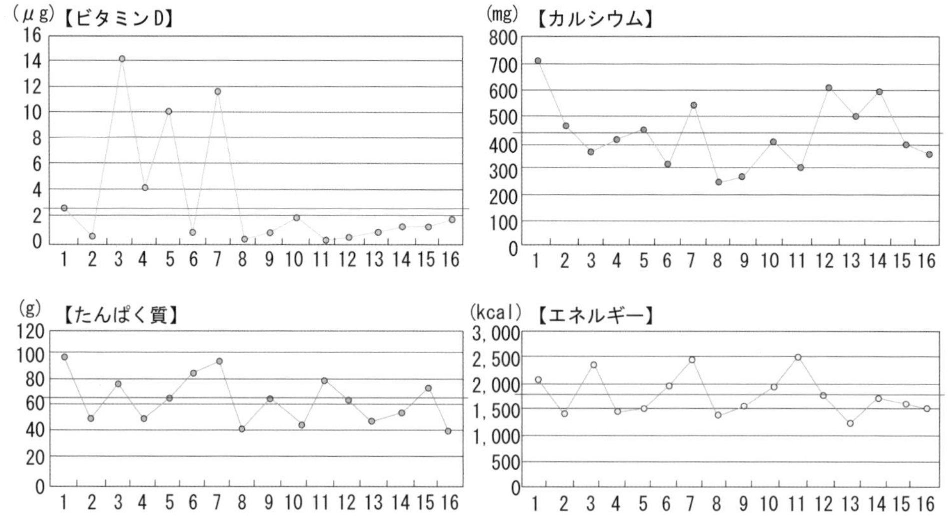

	ビタミンD	カルシウム	たんぱく質	エネルギー
平　均	3.5	445	65	1,798
標準偏差	4.5	127	17	376
変動係数(%)(CV値)＊	130	29	27	21
最大/平均	4.19	1.61	1.48	1.37
最小/平均	0.10	0.59	0.61	0.73

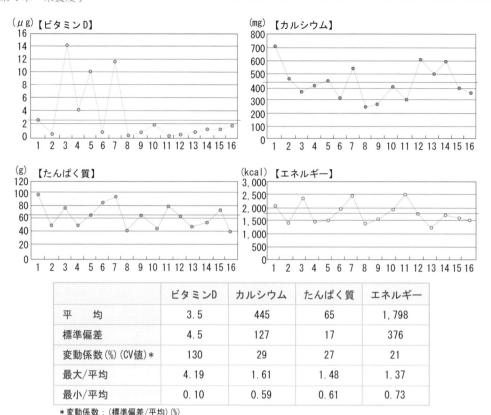

＊変動係数：(標準偏差/平均)(%)
変動係数が大きいほど習慣的摂取量を把握するためには長い調査日数が必要となる。

図4.2　ある人の栄養素摂取量の日間変動の例
(16日間の秤量食事摂取基準記録調査結果より)

間変動という。個人内変動の方が個人間変動より大きいことが多い。実際の食事摂取量調査の結果には個人内変動と個人間変動が混在している。栄養調査の結果の評価には、この2つの影響を考慮する必要がある。

2.3　日常的な（平均的な）食事摂取量

個人の毎日の食事は日々異なるため、食事摂取量には個人内変動があり、1日だけの調査では個人の平均的な食事摂取量を把握できない。また、栄養素によって個人の平均的な摂取量を把握するための日数は異なる。そのため、一定期間以上の日数の食事調査を行うことが必要である。どれくらいの日数を必要とするかは、個人内変動から統計学的に推定することができる。エネルギー、たんぱく質などの多くの栄養素では2週間から2カ月、ビタミン類は100日間以上の日数を必要するとTokudome Y.らに報告されている。そのため、1日や数日程度の栄養調査から日間変動の大きいビタミン類やミネラル類の摂取量を求め、これを栄養指導などの個人レベルの資料として用いる場合は注意を要する。しかし、集団としての平均値を得たい場合は、対象者の人数を数百人に増やすことによってある程度解決できる。国民健康・栄養調査の調査日数が1日間なのはこのためである。

生活習慣病は長期間の食生活が罹患に関連しているため、生活習慣病に関する疫学研究では、多数の対象者を対象として、日常的な（平均的な）食事摂取量を個人レベルで把握し、食事摂取量と疾病リスクとの関連を明らかにしている。

例題 2　曝露情報としての食事摂取量についての記述である。誤っているのはどれか。1つ選べ。

1. 栄養疫学では、食習慣だけを曝露要因として捉える。
2. 食事摂取量には、食品摂取量と栄養素摂取量の両方が含まれる。
3. 食事調査において、食品成分表の精度に影響を受けることを考慮に入れる必要がある。
4. 個人のなかで食事内容が日々異なることを日間変動という。
5. 体格や身体活動量、嗜好などによる食品や栄養素摂取量の個人差を個人間変動という。

解説　1. 栄養疫学では、食生活全般を曝露要因として捉える。　**解答** 2

3　食事摂取量の測定方法

表4.1　食事調査法の分類

時　系	方　法
調査時（現在）の事象に関する調査	1. 食事記録法 秤量記録法 目安量記録法 2. 陰膳法（分析法） 3. 生体指標
過去の事象に関する調査	1. 食事摂取頻度調査法 2. 食事歴法 3. 24時間思い出し法 4. 生体指標

栄養疫学は、「栄養」を中心とした疫学であるため、食事摂取量を測定するために食事調査や栄養調査が必要である。栄養疫学で用いられる食事調査には、食事記録法（秤量記録法、目安量記録法）、陰膳法（分析法）、24時間思い出し法、食物摂取頻度調査法、食事歴法、生体指標などがある。食事調査には調査時（現在）の事象に対する調査と過去の事象に対する調査に分類されるが、表4.1、表4.2、表4.3、表4.4に食事調査法の特徴を示した。いずれの方法にも長所や短所があるため、調査の目的、対象者の特性、調査期間、食事調査に係るコストや労力や人手などを考慮して適切な方法を選択することが必要である。

表4.2　調査時（現在）の事象に関する調査

調査方法	概　要	長　所	短　所
食事記録法	対象者が摂取した食物を、対象者自身が調査票に記録する方法。秤量法と目安法がある。	対象者の記憶に依存しない。他の調査方法の精度を評価する際のゴールドスタンダードとして使われることが多い。	対象者の負担が大きい。調査期間中の食事が通常と異なる可能性がある。調査に手間がかかる。食品成分表の精度に依存する。個人内変動の影響を受ける。対象者の習慣的な食生活の把握ができない。
陰膳法（分析法）	対象者が摂取した食事と同じ物を同量収集し、試料として化学分析して栄養素摂取量を分析する。	対象者の記憶に依存しない。食品成分表の精度に依存せず、未掲載の栄養素摂取量の測定が可能。	対象者の負担が大きい。調査期間中の食事が通常と異なる可能性がある。実際に摂取した食品のすべてが得られない可能性がある。時間と費用がかかる。対象者の習慣的な食生活の把握ができない。

表4.3　過去の事象に関する調査

調査方法	概　要	長　所	短　所
24時間思い出し法	調査日の前日1日間または、調査時点からさかのぼって24時間分の食事摂取量を調査員が面接する。	対象者の負担が比較的少ない。比較的高い参加率が得られる。食事内容が通常と異なる可能性が低い。	対象者の記憶に依存する。熟練した調査員が必要。コード化に手間がかかる。食品成分表の精度に依存する。個人内変動の影響を受ける。対象者の習慣的な食生活の把握ができない。
食事歴法	調査員が対象者の過去の食品摂取状況や調理形態、食形態の特徴など食生活全般について面接する。	対象者の負担が比較的少ない。比較的高い参加率が得られる。対象者の習慣的な食生活を把握できる。	対象者の記憶に依存する。熟練した調査員が必要。コード化に手間がかかる。食品成分表の精度に依存する。食生活の変化と疾病発生の時間的前後関係が明確ではない。
食物摂取頻度調査	特定の食品の摂取頻度と平均的な摂取量を、調査票を用いて質問する。回答を基に食品成分表を用いて栄養摂取量を計算する。	簡単に調査を行うことができる。対象者の負担が比較的少ない。比較的高い参加率を得られる。対象者の習慣的な食生活を把握できる。	対象者の記憶に依存する。食品摂取量の定量が不正確。食品成分表の精度に依存する。調査票の精度を評価する必要がある。

表4.4　食事摂取状況に関する調査法のまとめ

	概　要	長　所	短　所	習慣的な摂取量を評価できるか	利用のあたって特に留意すべき点
食事記録法	・摂取した食物を調査対象者が自分で調査票に記入する。重量を測定する場合（秤量法）と、目安量を記入する場合がある（目安量法）。食品成分表を用いて栄養素摂取量を計算する。	・対象者の記憶に依存しない。 ・丁寧に実施できれば精度が高い。	・対象者の負担が大きい。 ・対象者のやる気や能力に結果が依存しやすい。 ・調査期間中の食事が、通常と異なる可能性がある。 ・データ整理に手間がかかり、技術を要する。 ・食品成分表の精度に依存する。	・多くの栄養素で長期間の調査を行わないと不可能。	・データ整理能力に結果が依存する。 ・習慣的な摂取量を把握するには適さない。 ・対象者の負担が大きい。
24時間食事思い出し法	・前日の食事、または調査時点からさかのぼって24時間分の食物摂取を、調査員が対象者に問診する。フードモデルや写真を使って、目安量を尋ねる。食品成分表を用いて、栄養素摂取量を計算する。	・対象者の負担は、比較的小さい。 ・比較的高い参加率を得られる。	・熟練した調査員が必要。 ・対象者の記憶に依存する。 ・データ整理に時間がかかり、技術を要する。 ・食品成分表の精度に依存する。	・多くの栄養素で複数回の調査を行わないと不可能。	・聞き取り者に特別の訓練を要する。 ・データ整理能力に結果が依存する。 ・習慣的な摂取量を把握するには適さない。
陰膳法	・摂取した食物の実物と同じものを、同量集める。食物試料を化学分析して、栄養素摂取量を計算する。	・対象者の記憶に依存しない。 ・食品成分表の精度に依存しない。	・対象者の負担が大きい。 ・調査期間中の食事が通常と異なる可能性がある。 ・実際に摂取した食品のサンプルを、全部集められない可能性がある。 ・試料の分析に、手間と費用がかかる。	・多くの栄養素で複数回の調査を行わないと不可能。	・習慣的な摂取量を把握する能力は乏しい。
食事摂取頻度法	・数十～百数十項目の食品の摂取頻度を、質問表を用いて尋ねる。その回答を基に、食品成分表を用いて栄養素摂取量を計算する。	・対象者1人当たりのコストが安い。 ・データ処理に要する時間と労力が少ない。 ・標準化に長けている。	・対象者の漠然とした記憶に依存する。 ・得られる結果は質問項目や選択肢に依存する。 ・食品成分表の精度に依存する。 ・質問表の精度を評価するための妥当性研究を行う必要がある。	・可能	・妥当性を検証した論文が必須。また、その結果に応じた利用に留めるべき。（注）ごく簡易な食物摂取頻度調査票でも妥当性を検証した論文はほぼ必須。
食事歴法	・上記（食物摂取頻度法）に加え、食行動、調理や調味などに関する質問も行い、栄養素摂取量を計算に用いる。				
生体指標	・血液、尿、毛髪、皮下脂肪などの生体試料を採取して、化学分析する。	・対象者の記憶に依存しない。 ・食品成分表の精度に依存しない。	・試料の分析に、手間と費用がかかる。 ・試料採取時の条件（空腹か否かなど）の影響を受ける場合がある。摂取量以外の要因（代謝・吸収・喫煙。飲酒など）の影響を受ける場合がある。	・栄養素によって異なる。	・利用可能な栄養素の種類が限られている。

出典）厚生労働省「日本人の食事摂取基準（2020年版）総論」

例題3　食事調査法についての記述である。正しいのはどれか。1つ選べ。

1. 食事記録法は、対象者の負担が小さい。
2. 24時間思い出し法は、習慣的な摂取量を評価できる。
3. 食物摂取頻度調査法は、対象者の習慣的な摂取量が評価できる。
4. 影膳法は、食品成分表の精度に影響される。
5. 24時間思い出し法は、食品成分表の精度に依存しない。

解説　1. 食事記録法は、対象者の負担が大きい。　2. 24時間思い出し法は、習慣的な摂取量を評価できない。　4. 影膳法は、実際に食べた食事を化学分析するため、食品成分表の精度に影響されない。　5. 24時間思い出し法は、食品成分表の精度に依存する。

解答　3

3.1 食事記録法（秤量法と目安量法）

食事記録法（Diet Record）は、対象者が1日あるいは一定期間に摂取した食品の種類と量、料理名などを対象者自身に記録してもらう方法である。調査者が、対象者が記入した調査票の内容を後から確認し、不十分な点については記録の追加・訂正を行う。食事記録法は、食品が摂取される時点で、摂取した食品とその重量を詳細に記録するため、記入もれが少なく、摂取量も最も実際に近い値を推定することができる。また、食事記録法は、重量を測定する**秤量法**（**秤量記録法**）と摂取量を目安量で推定する**目安量記録法**に分けられる。秤量法は、秤、計量カップ、計量スプーンなどを使って、実際の食品の重量、容量を測定し記録する。一方、目安量記録法は、実際に重量の測定は行わず、目安量（例：卵1個、魚一切れ、ミカン1個など）を記録していくもので、秤量法よりも簡便である。しかし、実際は卵でも1個の重さは一定ではなく目安量記録法の誤差は大きい。また、秤量記録法でも、外食や市販の惣菜利用の機会が増えていることから、摂取した食品をすべて把握することは困難である。そのため、秤量法と目安量法を併用した調査が多い。しかしながら、食事記録法は食事が摂取された時点で、食品とその重量が記録されるため対象者の真の食品摂取量に最も近い値を推測することができるとされている。そのため、食事記録法は、食事摂取頻度調査法などの他の食事調査を評価する際の基準（ゴールドスタンダード）とされている。その反面、対象者の負担が大きく、食品番号や摂取重量のコード化、コンピュータ入力にも時間を要するなどの手間がかかる。また、食事記録表に記入するにあたり、他人に自分の食事内容を報告することにより、対象者が見栄を張り通常と異なった食事をする可能性もある。また、前節で示したように、多くの栄養素では長期間の調査を行わないと個人の日常的（平均的な）摂取量を把握することは困難である。

しかしながら、数日以上の食事記録法は、個人の習慣的な摂取量を推定できる。図 4.3 で示すように、調査日数を増やして平均をとると、習慣的な摂取量からのばらつきが小さくなる。少なくとも 3 日（平日と休日を含む）以上必要であると考えられている。

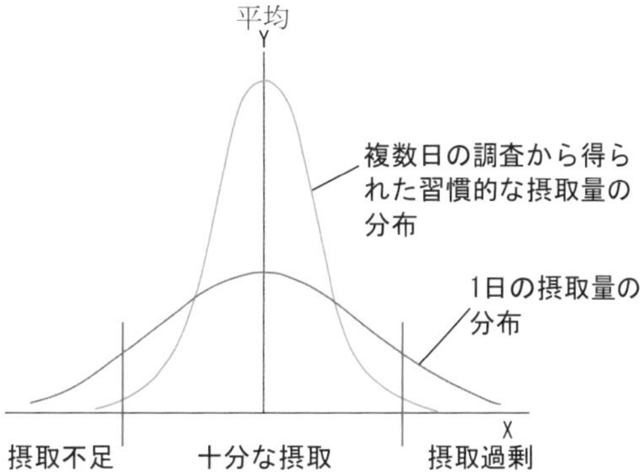

図4.3　1 日調査と複数日調査における摂取量の分布

現在の国民健康・栄養調査における食物摂取状況調査は、世帯の秤量および目安量を用いた食事記録法を用いて、**比例案分法**を採用している（表 4.5）。世帯での摂取量において世帯員の個人別摂取量を推定するために、案分比率を用いている。同一世帯の構成員を個人別に調査するよりも調査者と対象者の負担を軽減することができる。例えば、一人分の摂取量がはっきりしているごはんなどについては、個別の摂取量を記録するが、家族が分けあって食べる「鍋物」などのような取り分けて食べる料理については料理に用いられた食品の総使用量を記録し、実際にその料理を食べた人の摂取割合を、残分量含めて示す。

表4.5　国民健康・栄養調査で用いられる食事記録調査用紙と記入例[8)]

11月10日【夕食】

家族が食べたものは全て記載して下さい				その料理は、どのように家庭で分けましたか								調査員記入欄（ここには、記入しないで下さい）											
料理名	食品名	使用量（重量または目安量）	廃棄量	氏名 1	氏名 2	氏名 3	氏名 4	氏名 5	氏名 6	氏名 7	残食分 残	料理・整理番号	食品番号	純使用量（左記の家庭記入欄の使用量－廃棄量を記入すること）少数点↓	案分比率 1	2	3	4	5	6	7	残
ごはん	ごはん(中)	3杯 (495g)		2	0	0	0	0	1			1	0000	2029	2	0	0	0	0	1		
ごはん	ごはん(小)	2杯 (220g)		0	1.5	0	0.5	0	0			2	0005	002	0	3	0	1	0	0		
すき焼き	牛肉(もも)	300g		20%	10%	10%	20%	0%	20%		20%	3	0536	3000	2	1	1	2	0	2		2
	ねぎ	1本											0771	1000								
	豆腐	1丁											0257	3000								
	しょうゆ	1/4カップ											1035	575								
	砂糖	大さじ2杯											0104	200								
りんご	りんご	300g	60g	0	2/4	1/4	0	0	1/4			4	0925	2400	0	2	1	0	0	1		
他学校給食		1人前		0	0	0	0	0	0			5	3600	1	0	0	0	0	1	0		

被調査者が記入し、訪問、面接で点検・確認する。（家族が食べたものは全て記載して下さい～残食分）
保健所で栄養士がコード化（料理・整理番号～案分比率）

例題4　食事記録法についての記述である。正しいのはどれか。1つ選べ。

1. 食事記録法は、食事摂取頻度調査法などの他の食事調査を評価する際のゴールドスタンダードとされている。
2. 1日の食事記録法で、個人の習慣的な摂取量を推定できる。
3. 調査日数を増やして平均値をとると、習慣的な摂取量からのばらつきが大きくなる。
4. 習慣的な摂取量を推定するためには、平日と休日を含んで少なくとも2日必要だと考えられている。
5. 現在の国民・健康栄養調査における食物摂取状況調査は、家族全員の秤量および目安量を用いた食事記録法である。

解説　2. 1日の食事記録法で、個人の習慣的な摂取量を推定できない。　3. 調査日数を増やして平均値をとると、習慣的な摂取量からのばらつきが小さくなる。4. 習慣的な摂取量を推定するためには、平日と休日を含んで少なくとも3日以上必要だと考えられている。　5. 現在の国民・健康栄養調査における食物摂取状況調査は、世帯の秤量および目安量を用いた食事記録法を用いて、比例案分法を用いている。

解答　1

3.2 24時間思い出し法

24時間思い出し法（24-hour Dietary Recall）は、対象者が摂取した食物を調査日の前日1日間または、調査時点からさかのぼって24時間分の食事摂取量を調査員が面接して、聞き取り、集計する方法である。対象者が摂取した食品の種類や目安量の思い出しを助けるために、フードモデルや、食品・料理の写真、イラストなどを活用して、なるべく精度を上げるような工夫がされる。また、調査者の聞き取りの技術の訓練と調査者によって結果が異ならないように複数の調査者が担当する場合は標準化が必要となる。24時間思い出し法は、聞き取るのが過去に食べた内容なので、通常の食事と異なるというような調査の影響を受けることがないといった長所がある。一方、対象者の24時間前からといっても記憶に依存するため、幼児や高齢者への調査には用いることができないといった短所がある。しかしながら、対象者の負担が比較的少なく、食事記録法よりも協力が得られやすいという長所がある。

3.3 食物摂取頻度調査法（FFQ）とその妥当性・再現性

食物摂取頻度調査法（Food Frequency Questionnaire：FFQ）は、食事記録法や

24時間思い出し法が実際に摂取した食品と量を記録しているのに対し、ある限定された期間内に（1カ月や1年など）に食品または食品群をどのくらいの頻度で摂取したかを質問し、習慣的な摂取量を推定する方法である。このタイプの調査は質問票（図4.4）を使って、対象者本人または代理回答者が質問票に回答を記録するという方法で行われる。質問票に記載されている質問を面接者が口頭で質問する場合もある。いずれの場合も質問票がこの調査の中心である。一般的にFFQは、食物リスト、摂取頻度、目安量の3項目から構成されている。

過去1年間の食事を思い出して、平均的な回数や量のアルファベット（a～i）を○で囲んでください。季節により回数が違うものは、一番多く食べる季節の回数を答えてください。

食品名	食べない(月1回未満)	月に1回～3回	週に1回～2回	週に3回～4回	週に5回～6回	毎日1回	毎日2回～3回	毎日4回～6回	毎日7回以上	1回あたりの目安量	目安量より 少ない(半分以下)	同じ	多い(1.5倍以上)
変わりご飯・五目ご飯・釜飯	a	b	c	d	e	f	g	h	i	茶碗1膳	a	b	c
中華丼	a	b	c	d	e	f	g	h	i	どんぶり1杯	a	b	c
うな丼	a	b	c	d	e	f	g	h	i	どんぶり1杯	a	b	c
カレーライス	a	b	c	d	e	f	g	h	i	1皿	a	b	c
チャーハン	a	b	c	d	e	f	g	h	i	1皿	a	b	c
カツ丼	a	b	c	d	e	f	g	h	i	どんぶり1杯	a	b	c
すし	a	b	c	d	e	f	g	h	i	1人前	a	b	c
インスタントめん・カップめん	a	b	c	d	e	f	g	h	i	1個	a	b	c
ラーメン(インスタントとカップめん除く)	a	b	c	d	e	f	g	h	i	どんぶり1杯	a	b	c
うどん　(インスタントとカップめん除く)	a	b	c	d	e	f	g	h	i	どんぶり1杯	a	b	c
そば　(インスタントとカップめん除く)	a	b	c	d	e	f	g	h	i	どんぶり1杯	a	b	c
焼きそば	a	b	c	d	e	f	g	h	i	1皿	a	b	c
スパゲッティー	a	b	c	d	e	f	g	h	i	1皿	a	b	c
パン	a	b	c	d	e	f	g	h	i	6枚切り1枚	a	b	c
もち・ぞうに	a	b	c	d	e	f	g	h	i	市販切りもち1個	a	b	c
魚のひもの	a	b	c	d	e	f	g	h	i	あじ中1枚	a	b	c
焼き魚	a	b	c	d	e	f	g	h	i	さんま1尾またはさけ1きれ	a	b	c
煮魚	a	b	c	d	e	f	g	h	i	切り身1きれ	a	b	c
魚の缶詰(シーチキン除く)	a	b	c	d	e	f	g	h	i	2分の1缶	a	b	c
魚の蒲焼(さんま・うなぎなど)	a	b	c	d	e	f	g	h	i	切り身1きれ	a	b	c
魚の揚げ物(フライ・立田揚げ・ムニエルなど)	a	b	c	d	e	f	g	h	i	切り身1きれ	a	b	c
刺身	a	b	c	d	e	f	g	h	i	刺身5きれ	a	b	c
生魚のあえもの(マリネ・ぬた)	a	b	c	d	e	f	g	h	i	小鉢1杯	a	b	c
えび	a	b	c	d	e	f	g	h	i	大正えび2尾	a	b	c

出典）坪野吉孝、久道茂「栄養疫学」p. 62　図5-1　南江堂　2010

図4.4　自記式食物摂取頻度調査票の例

食物リストは、数十項目から百数十項目の食物リストとして提示し、それぞれの摂取頻度をたずねる。調査票を作成する際には、調査する対象集団の食生活を十分に反映するような食品を選択することが重要になる。得られた結果より、推定された一人前分の栄養素量を掛け合わせて、すべての食品の値を合計することにより全栄養素摂取量を概算する。したがって、FFQは栄養素摂取量を推定するには適さないが、調査集団の中でのランクをつけるには適した方法である。調査票を作成する場合のプログラム作成が必要で開発に時間と費用を要する。しかし、一度開発された調査票を用いて回答するので、調査員やデータ入力・処理、調査に要する時間などが比較的少なくて済む。多くの対象者を調査する疫学研究には適した調査法である。また、食習慣を調べることができる点で、生活習慣病と食品摂取量との関連を検討する場合には多く用いられている。

誤差とは、測定しようとしている特性の真の姿と測定された結果との間にある差のことである。誤差には偶然に起こるものと系統的に起きるものがあるが、前者を**偶然誤差**、後者を**系統誤差**という。偶然誤差とは、例えば、1日調査の食事調査の場合の日間変動があげられる。測定回数を増やすことによって誤差を減らすことができる。**系統誤差**とは、データの収集方法が適切でないため、偶然によらない系統的に起こる一定の方向性をもった誤差（偏り）である。何らかの原因により、常に一定方向に偏ってしまう誤差であり、肥満の者の過少申告や休日のみの食事調査を行った場合、測定機器（身長計や体重計など）が不正確であった場合などが考えられる。疫学研究で観察された結果が、どれだけ正確に測定しているかを示すものが**妥当性**（validity）である。妥当性とは、系統誤差（偏り）の大きさの尺度である。FFQの妥当性とは、FFQで推定された平均的な栄養素などの摂取量が真の摂取量と比較し、どの程度正確に推定されたかどうかということである。FFQの妥当性を検討する場合は、ゴールドスタンダードとされる食事記録法と比較する場合が多い。また、実際に食事記録法によっても、真の摂取量を知ることはほぼ不可能であるため、24時間思い出し法や生化学的指標との比較によって行うこともある。一般的には妥当性の検討を行う場合は、季節ごとの3日間以上の食事記録法を実施し、それらの平均値とFFQで求めた摂取量や推定量との差および相関係数を計算することで行われる。妥当性は、実際の摂取量と調査票によって測定された摂取量の一致の度合いを意味しているものの、ゴールドスタンダードとされている食事記録法自体も完全な食事調査法といえないため、相対的な一致の程度を評価しているに過ぎないことを、留意する必要がある。一方、**再現性**（repeatability）とは偶然誤差の大きさを評価して、偶然誤差が小さい場合を再現性が高い、大きい場合を再現性が低いという。どれだけ測定が安定しているかを示したもので、いわゆるバラツキとよばれるものである。精度（precision）や信頼性（reliability）ということもある。食物摂取頻度調査法における再現性とは、同一の対象者が間隔をあけて食事調査を繰り返して得られた摂取量がどれだけ一致しているか評価することである。図 4.5 に信頼性と妥当性の関係を示した。妥当性のある食物摂取頻度調査法を用いて、信頼性の高いデータを得ることが必要である。

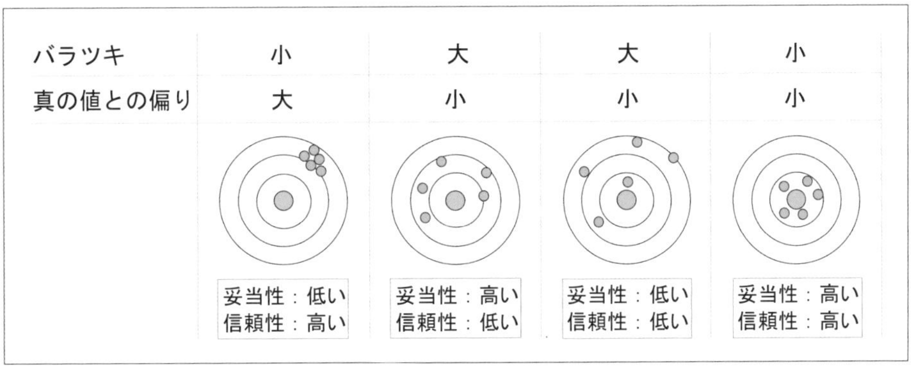

的の中心を射ているか＝妥当性　誤差、バラつきがないか＝信頼性

出典）磯博康、祖父江友孝編「初めて学ぶ　やさしい疫学」（日本疫学会編）南江堂　2002

図4.5　信頼性と妥当性の考え方（ダーツのアナロジー）

例題 5　食物摂取頻度調査法についての記述である。誤っているのはどれか。1つ選べ。

1. 食物摂取頻度調査法は、調査者の聞き取り技術の訓練が必要である。
2. 食物摂取頻度調査法は、ある限定された期間（1カ月や1年）内での摂取状況を調査する。
3. 食事摂取頻度調査法は、食品あるいは食品群をどのくらいの頻度で摂取したかを質問する。
4. 栄養摂取量を推定することはできないが、調査集団の中のランクをつけるには適した方法である。
5. 多くの対象者を調査する大規模疫学調査には多く用いられている。

解説　1. 食物摂取頻度調査法は、質問票調査であり調査者の聞き取り技術は必要としない。　**解答** 1

例題 6　食事摂取頻度調査法の妥当性と再現性についての記述である。誤っているのはどれか。1つ選べ。

1. 食物摂取頻度調査法の妥当性を検討する場合には、真の摂取量と比較して一致の度合いをみる。
2. 食物摂取頻度調査法の妥当性を検討する場合には、食事記録法によって得られた結果と比較する場合が多い。
3. 妥当性の検討を行う場合には、1日の食事記録法で得られた結果と比較するだけでよい。
4. 再現性とは、偶然誤差の大きさを評価する。
5. 食物摂取頻度調査法の再現性は、同一の対象者が間隔をあけて調査し、繰り返し得られた結果がどれだけ一致しているか評価する。

解説　3. 妥当性の検討を行う場合は、季節ごとの3日の食事記録法で得られた結果と比較する。

解答　3

3.4 食事摂取量を反映する身体計測値

一般に栄養不良の場合は「やせ」、栄養過多の場合は「肥満」と、体格は栄養状態の影響を受けると考える。食事摂取量を反映する身体計測値としては、身長、体重、体組成、皮下脂肪厚など（表4.6）がある。また、これらの計測値から算出した体格指数（Body Mass Index：BMI）、ウエストヒップ比などの体格を表す指標も計測値として用いられる。これらの指標は現在の食事摂取量を反映する指標でなく、長期間の食事摂取状況を反映する指標である。個人差もあるため、継続した測定により変化をみることにより、減少や増加の評価、変化した時期の把握、対象者のエネルギー摂取量の評価にはBMIや体重変化を用いて評価する。しかし、身体計測値には遺伝的要因も影響するため、必ずしも栄養素摂取量のみを反映しているわけではないことを留意する必要がある。

表4.6　食事摂取量を反映する身体計測指標

反映される主たる栄養素	身体計測指標	測定項目
エネルギー	体格指数、標準体重	身長、体重
	体重変化量、体重変化率、標準体重比、通常体重比	体重
	上腕三頭筋部および肩甲骨下部の皮下脂肪厚	皮脂厚
エネルギー、脂肪	体脂肪率	体組織
エネルギー、脂肪、たんぱく質	除脂肪率	体組織
たんぱく質	上腕筋囲、上腕筋面積	上腕囲

例題 7　身体計測値についての記述である。誤っているのはどれか。1 つ選べ。

1. 体格は栄養状態の影響を受けると考えるため、食事摂取量を反映する身体計測値として、身長、体重、体組成、皮下脂肪厚などがある。
2. 体格指数（BMI）、ウエストヒップ比などは、現在の食事摂取量を反映する指標ではなく、長期間の食事摂取量を反映する指標である。
3. 身体計測値には遺伝的要因も影響するため、必ずしも栄養摂取量のみを反映しているわけではない。
4. 体脂肪率は、エネルギー摂取量、脂肪の摂取量、たんぱく質の摂取量を反映する。
5. たんぱく質の摂取量を反映するのは、上腕筋囲や上腕筋面積である。

解説　4. 体脂肪率は、エネルギー摂取量、脂肪の摂取量を反映する（表 4.6 参照）。5. 表 4.6 参照　　**解答** 4

3.5 食事摂取量を反映する生化学的指標

生体指標とは、対象者から血液、尿、毛髪、皮下脂肪などの生体試料を採取し、その中に含まれる対象者の栄養摂取量を反映すると思われる栄養素や物質の含有量を測定する方法である（表 4.7）。

表4.7　食事摂取量を反映する生体指標

試　料	生体指標となる物質	反映される栄養素
血清、血漿	血清総たんぱく質	たんぱく質
	血清アルブミン	たんぱく質（半減期17～23日）
	血清トランスフェリン	たんぱく質（半減期7～10日）
	血清プレアルブミン	たんぱく質（半減期2～4日）
	血清レチノール結合たんぱく質	たんぱく質（半減期12～16時間）
	各種ビタミン類	各種ビタミン濃度
	各種ミネラル類	各種ミネラル濃度
	γ—GTP	飲酒量
	血清中性脂肪	脂質、炭水化物、エネルギー
	血清総コレステロール	脂質、たんぱく質
	HDLコレステロール	脂質、たんぱく質
	血糖	炭水化物
	ヘモグロビンA1c	炭水化物、エネルギー
	ヘモグロビン、ヘマトクリット	鉄
尿	尿中クレアチニン	筋肉量、たんぱく質
	尿中3-メチルヒスチジン	筋肉たんぱく質の異化
	ナトリウム、カリウム、マグネシウム等	蓄尿により各種ミネラル等

(1) 血液検査

栄養状態を評価する血液検査として、血清総たんぱく質、血清アルブミン、血清トランスフェリン、血清プレアルブミン、血清レチノール結合たんぱく質、血糖、ヘモグロビンA1c、ヘモグロビン、血清脂質などがある。血清脂質には、中性脂肪、LDL-コレステロール、HDL-コレステロール、遊離脂肪酸などがある。血清脂質は高栄養になるに従って高く、低栄養で低くなる傾向がある。しかしながら、摂取栄養状態のみに影響されるだけでなく、体質や遺伝要因の影響を受ける。HDL-コレステロールは、動脈硬化の進行を抑制し、循環器疾患の発症を防ぐといわれる。肥満や喫煙で低下する傾向があり、運動や適度なアルコール摂取により上昇する。血清たんぱく質の約60%を占めるアルブミンは低栄養の指標として用いられる。アルブミンの半減期は比較的長いため、長期間の栄養状態の指標である。一方、トランスフェリン、プレアルブミン、レチノール結合たんぱく質も栄養状態を評価するが、半減期が短いため短期間の栄養状態を反映する。血清γ—GTPは、肝機能検査に用いられるが、飲酒量を反映し習慣性飲酒の指標として用いられる。飲酒量が多い場合、血清中性脂肪や尿酸が高くなる傾向がある。血中ヘモグロビン濃度は、貧血検査で用いられる。血中ヘモグロビン濃度は、鉄分の摂取が少ないと、それに伴って減少する。血糖やヘモグロビンA1cは、炭水化物やエネルギーの摂取状況を反映する。ヘモグロビンとブドウ糖が結びついたヘモグロビンA1cは、過去1～2カ月間の平均血糖値の状態を反映する指標である。

(2) 尿検査

腎臓から1日に摂取したNaの95%以上が排泄されるため、尿中のNa量を測定することによって、1日の食塩摂取量を推定することができる。測定には、24時間蓄尿から測定したNa摂取量から推定する方法が最も信頼度が高いとされている。24時間蓄尿は対象者に大きな負担をかけるため、測定することができない場合は、随時尿により推定する方法もあるが、誤差の出る可能性が大きい。

尿中クレアチニンは、筋肉中に含まれるクレアチンの分解物による老廃物であるため、全身の筋量の指標として用いられる。また、尿中の3-メチルヒスチジンは、筋肉たんぱく質の分解により生じるため、筋肉たんぱく質の異化の指標となっている。たんぱく質の摂取量およびエネルギーの摂取量が十分であれば、たんぱく質は分解されないが、エネルギー摂取量が十分でない場合は、たんぱく質量が足りていても異化が起きる場合がある。

長期間、栄養摂取不足が続くとたんぱく質の異化が生じるだけでなく、脂肪が分解される。脂肪が分解されると、代謝産物であるケトン体が尿中にも放出される。

例題 8　食事摂取量を反映する血液検査結果の生化学的指標に関する記述である。誤っているのはどれか。1 つ選べ。

1. 血清たんぱく質の 60%を占めるアルブミンは、低栄養の指標として用いられる。
2. アルブミンの半減期は比較的長いため、長期間の栄養状態の指標である。
3. 血中のヘモグロビン濃度は、鉄分の摂取が少ないとそれに伴って減少する。
4. 血糖やヘモグロビン A1c は、炭水化物やエネルギーの摂取状況を反映する。
5. トランスフェリン、プレアルブミン、レチノール結合たんぱく質は、長期間の栄養状態を反映する。

解説　5. トランスフェリン、プレアルブミン、レチノール結合たんぱく質は、半減期が短いので短期間の栄養状態を反映する。

解答 5

例題 9　食事摂取量を反映する尿検査結果の生化学的指標に関する記述である。誤っているのはどれか。1 つ選べ。

1. 尿から 1 日に摂取されたナトリウムの 95%が排泄されるため、尿中のナトリウム量を測定することによって、1 日の食塩摂取量を推定できる。
2. 24 時間蓄尿は、対象者に負担をかけるので、随時尿でも完全に食塩摂取量を推定できる。
3. 尿中クレアチニンは、全身の筋量の指標として用いられる。
4. エネルギー摂取量が十分でない場合は、たんぱく質量が足りていても異化が起こることがある。
5. 長期間の栄養摂取不足の場合、脂肪が分解され、代謝産物であるケトン体が尿中に排泄される。

解説　2. 随時尿によって推定された食塩摂取量は、誤差の出る可能性が大きい。

解答 2

4 食事摂取量の評価方法

4.1 食事調査と食事摂取基準

食事摂取基準は、健康の保持増進・疾病の発症予防あるいは重症化予防のために食事管理および栄養指導を実践するための基準である。食事調査で得られた栄養摂取量を食事摂取基準と比較することによって栄養摂取の良し悪しの評価を行うことができる。そのときに気をつけるのは、充足率を用いないことである。食事摂取基準では、健康に生活するうえで望ましい栄養摂取量、あるいは目指したい栄養摂取量の「範囲」を推定平均必要量、推奨量、目安量、耐用上限量、目標量を用いて示している。このため、個人の栄養摂取量の過不足を評価し、適正かどうか判断するには、習慣的栄養摂取量がそれぞれの栄養素の望ましい、あるいは目指したい範囲内にあるかどうかを見極める必要がある。食事調査の結果は、また調査法によって習慣的な摂取状況は評価できないこともあるので、調査法の特徴も考慮して評価を行う必要がある。習慣的な栄養摂取状況が測定できるのは、食事摂取頻度調査であるが、他の調査方法でも、調査日数を増やすことにより評価できる場合もある。図4.6に習慣的エネルギーや栄養摂取量が適切かどうか食事摂取基準を用いて評価するアセスメントの概要を示した。

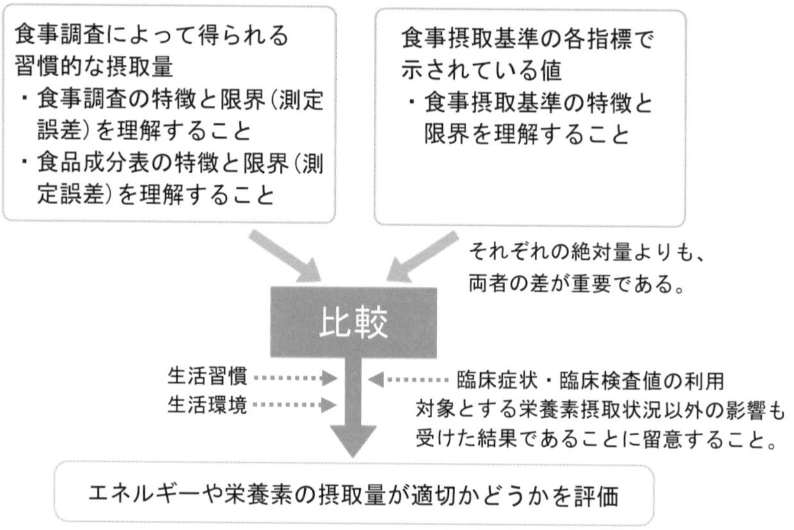

出典）厚生労働省　日本人の食事摂取基準 2020年版

図4.6　食事摂取基準を用いた食事摂取状況のアセスメントの概要

評価を行う場合には、食事調査で得られた結果のみではなく、生活習慣や生活環境、臨床症状・臨床検査値なども留意する必要がある。また、エネルギーと栄養素摂取量の評価方法は異なる。エネルギーの評価方法は、体重の変化をみることによって評価を行う。食事調査で得られたエネルギー摂取量を評価には用いない。体重の変化は、エネルギー摂取量と消費エネルギー量の差である。体重の変化量を測定しても、エネルギー摂取量は分からないが、体重の変化によりエネルギー収支のバランスが把握できる。体重変化量が大きい場合、エネルギー摂取量を減らすか、エネルギー消費量を増やすかである。

一方、栄養素摂取量の過不足の評価は、栄養素摂取量で測る。実際に食事摂取基準を用いて食事調査結果を評価する場合は、過不足の評価を「50%の確率で不足しているかもしれない」、「不足している可能性は低い」、「過剰摂取している可能性がある」など、**確率論的な考え方を用いて評価**する。また、食事調査で得られた結果が、個人か集団により解釈や用いる指標は異なる。個人の場合は、習慣的栄養摂取量の「個人内変動」を考慮して、その人の望ましい栄養摂取範囲と比較して過不足の判断をしなければならない。一方、集団の習慣的栄養摂取量の評価は、「個人間変動」を考慮したうえで過不足を評価する。ある人の習慣的栄養摂取量がその人（個人）の望ましい栄養素摂取量の推奨量を超えた摂取量ならば、「おそらく不足していない（不足する確率は2～3%）であろう」と判断するが、集団の場合には平均栄養摂取量を頂点とする山なりの分布（バラツキ、不足する確率は16～17%）であることから、食事調査による平均摂取量は推奨量を超えていても、推奨量を満たさない人が存在する[11]。また、食事調査の結果は、過少申告・過大申告の測定誤差の影響を受けていることに留意する必要がある。

4.2 総エネルギー調整栄養素摂取量

総エネルギー摂取量と栄養素摂取量には、多くの場合正の相関が認められる。身体が大きく、身体活動量が多い者は、一般的に多くの食物を摂取することが多い。そのため、総エネルギー摂取量は多くなるが、栄養素摂取量も多くなり、エネルギー摂取量と栄養素摂取量は正の相関を示す。特にエネルギーを産生する栄養素である炭水化物、たんぱく質、脂質摂取量は、強い正の相関を示す。疫学研究では、食事摂取量と疾病などとの関連を検討するため、その疾病に影響を与えているのは、エネルギー摂取量なのかある特定の栄養素摂取量によるものなのか判断することは難しい。そのため、エネルギー摂取量の影響を取り除いて検討する必要が生じる。これを**エネルギー調整**といい、調整された栄養素摂取量を総エネルギー調整栄養素摂取量という。エネルギー調整には、いくつかの計算方法があるが、主として栄養疫学で用いられる方法には、栄養素密度法、残差法、多変量栄養密度法などがある。

(1) 栄養素密度法

栄養素密度法は、栄養素摂取量を総エネルギー摂取量で割ったもので、数値が小さくなる場合があるため1 kcal当たりではなく、1,000 kcal当たりの摂取量で求めることが多い。重量/1,000 kcalで示す。エネルギーを産生する栄養素の場合、エネルギー比率（例：炭水化物エネルギー比率 = 炭水化物によるエネルギー摂取量〔kcal〕÷総エネルギー摂取量〔kcal〕× 100〔%〕）で表わす。栄養素密度法によるエネルギー調整は、簡便で実用的な方法であるが、総エネルギー摂取量の影響を完全に取り除くものではない。また、エネルギー摂取量と相関の弱い栄養素を調整した摂取量は、総エネルギー摂取量と負の相関を示すことがある。そのため、結果を過大評価あるいは過小評価してしまう恐れがあるため気をつけなければならない。

(2) 残差法

実際の栄養疫学研究で最も多用されているのは、**残差法**である。補正を行いたい栄養素の摂取量を従属変数、総エネルギー摂取量を独立変数として、y＝cx＋dの一次回帰式で表す。この一次回帰式から、個々の対象者について、残差（栄養素摂取量の実測値と予測値の差：図4.7の*a*に相当）を計算する。この残差は、総エネルギー摂取量とは無相関になる。しかし、平均値は0となり、実際の栄養素摂取量とはかけ離れた値となるため、便宜的に定数*b*（集団におけるエネルギー摂取量の平均値における栄養素摂取量の期待値）を加え、*a*＋*b*を総エネルギー調整栄養素摂取量とみなしている（図4.7）。

残差法で得られたエネルギー調整栄養素摂取量は、ある特定集団におけるエネルギー摂取量と栄養素摂取量であるため、その集団内での個人や集団の比較に用いる。また、定数として、平均値からの予測値ではなく、総エネルギー摂取量の特定の値（例えば2,000 kcal）からの予測値を用いる場合もある。

(3) 多変量栄養密度法

多変量栄養密度法は、密度法で調整したエネルギー1,000 kcal当たりの栄養素摂取量と総エネルギー摂取量の絶対値を疾病リスクの予測式（回帰モデル）に用いる。疾病リスク＝β_1×（栄養素摂取量の絶対値/総エネルギー摂取量の絶対値×1,000）＋β_2×（総エネルギー摂取量の絶対値）の式で表される。この式における偏回帰係

ある栄養素摂取量を目的変数（従属変数）、総エネルギー摂取量を説明変数（独立変数）とする1次回帰式を作成する。*a*は、その栄養素摂取量の実測値と1次回帰式から求められた期待値との残差である。*b*は、その被検者が総エネルギー摂取量の平均値を摂取していると仮定した場合の栄養素摂取量の期待値である。

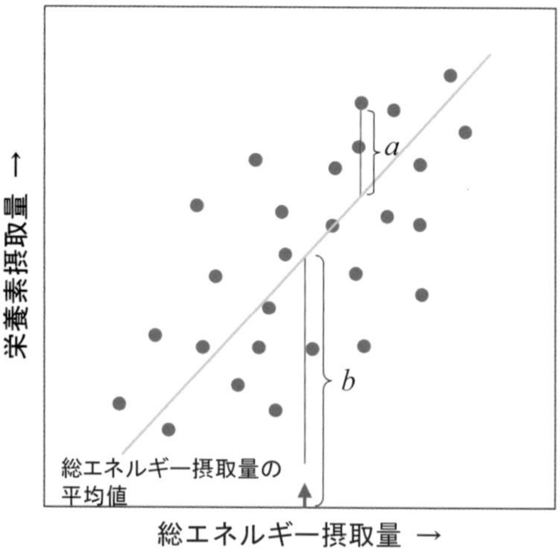

図4.7　総エネルギー調整栄養素摂取量＝*a*＋*b*

数 β_1 は、「総エネルギー摂取量が等しい状況で、エネルギー 1,000 kcal 当たりの栄養素摂取量が 1 単位増加した場合の疾病リスクの変化」を表す[12]。密度法で調整した「エネルギー 1,000 kcal 当たりの栄養素摂取量」には、まだ総エネルギー摂取量の影響を及ぼす可能性がある。この影響を除去するために、総エネルギー摂取量の絶対値が加えられている。

例題 10　エネルギー調整についての記述である。誤っているのはどれか。1 つ選べ。

1. 総エネルギー摂取量と栄養素摂取量には、多くの場合正の相関が認められる。
2. エネルギーを産生する栄養素（炭水化物、たんぱく質、脂質）摂取量は、エネルギー摂取量と強い正の相関を示す。
3. 栄養素摂取量と疾病などの関連を検討する場合、疾病に影響を与えているのはエネルギー摂取量によるものなのか、ある特定の栄養素摂取量によるものなのか判断をするためにエネルギー調整を行う必要がある。
4. 栄養素密度法や残差法はエネルギー調整の方法である。
5. エネルギーを算出する栄養素における残差法は、エネルギー比率で表す。

解説　5. エネルギー比率（%）で表すのは、密度法である。　**解答** 5

4.3 データの処理と解析

食事調査の調査票を回収後、記入漏れがないか、何か不備がないか確認する。記入漏れがなくとも、回答ミスや入力ミスがある場合もあるので、栄養計算後に異常値がないか確認する。最大値、最小値をチェックして不自然に大きいまたは小さい異常値がみつかった場合は、調査票に戻って見直す必要がある。

(1) 基本統計量の確認

食事調査から得られた栄養素摂取量のデータは、**記述統計量**でデータの特徴を確認する。データの特徴を表す記述統計量は、測定の分布の中心がどのあたりにあるのかを示す中心的傾向の指標としての**代表値**と、どの程度バラついているのかを示すための指標の 2 つがある。代表値には、**平均値**（mean）、**中央値**（median）、**最頻値**（mode）がある。バラつきの程度を示すものには、**分散**（variance）、**標準偏差**（standard deviation : SD）、**変動係数**（coefficient of variation : CV）、**四分偏差**などがある。四分位数は、測定値を小さい順に並べたとき、小さい方から 25%、50%、75%の値を順に第 1 四分位数、第 2 四分位数（中央値）、第 3 四分位数という。第 1 四分位数と第 3 四分位数の差を**四分位偏差**、最小値と最大値の差を範囲（range）

という。

分散と標準偏差はどちらも分布のばらつきの程度を示す指標であり、標準偏差が大きいほど、データのばらつきの程度が大きいことを示す。測定値が正規分布に従うときは、平均値±標準偏差の範囲に全測定値の68%、平均値±2×標準偏差（正確には1.96×標準偏差）の範囲に95%が入る。

(2) 分布型の確認

データの分布には、左右対称な分布（**正規分布**）と非対称な分布がある（図4.8）。ヒストグラムなどにより分布型を確認する。左右対称で釣り鐘の形をした分布は、正規分布しているので、平均値、中央値と最頻値が一致する。そのため、データの代表値として、平均値±標準偏差（SD）を用いる。

一方、正規分布していない場合は、平均値と中央値と最頻値は異なっており、代表値として中央値と四分位偏差を用い、表示は、中央値（第1四分位数－第3四分位数）で表示するのが普通である。図4.8の歪んだ分布の場合、測定値の対数をとった値が左右対称に近い分布になることがある。実際に、中性脂肪やγ-GTPなどは、測定値の対数が正規分布（対数正規分布）する。データの分布型を確認したうえで、対数変換などの作業を行ったり、除外データを決めたりする必要がある。

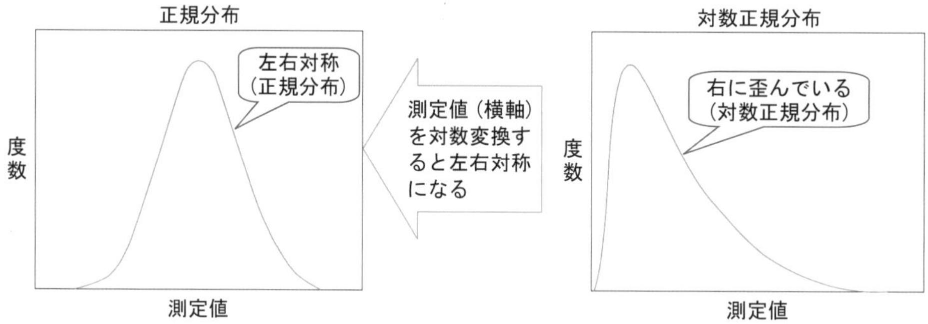

図4.8　分布型

例題11　データの処理についての記述である。正しいのはどれか。1つ選べ。

1. データの特徴を表すものとして、代表値としては平均値、中央値、最頻値がある。
2. データの特徴を表すには、バラつきの程度を示すものとして最頻値がある。
3. 分布の型が正規分布している場合は、代表値としての平均値と四分位偏差を用いてデータの特徴を表す。
4. 標準偏差が大きいほど、データのバラつきが小さいことを示す。
5. 平均値＜2×標準偏差であれば、かなり正規分布から外れている分布をしていると判断できる。

解説　2. データの特徴を表すには、バラつきの程度を示すものとして分散、標準偏差、変動係数、四分位偏差などがある。　3. 分布の型が正規分布している場合は、代表値としての平均値と標準偏差を用いてデータの特徴を表す。　4. 標準偏差が大きいほど、データのバラつきが大きいことを示す。　5. 平均値＜2×標準偏差であれば、かなり正規分布から外れている分布をしていると判断できる。　**解答** 1

(3) 検定

検定とは仮説を設定し、それが正しいかどうかを判断することである。男性と女性で食塩摂取量に差があるかどうか知りたい、A 地区と B 地区で食塩の摂取量に差があるのか知りたい、血圧の高い人と低い人では食塩摂取量に差があるか知りたいなどの目的で調査を実施するとする。その場合、仮説は「男女で食塩摂取量に差がある」、「A 地区と B 地区で食塩の摂取量に差がある」、「血圧の高い人と低い人では食塩摂取量に差がある」となる。しかし、差があるとは少しの差なのか、大きな差なのか、その程度はさまざまである。差がないということはたったひとつしか存在しないため、「男女で食塩摂取量に差がない」、「A 地区と B 地区で食塩の摂取量に差がない」、「血圧の高い人と低い人では食塩摂取量に差がない」と仮説を設定する。これを、**帰無仮説**という。最初に差があると立てた仮説は、帰無仮説に対して**対立仮説**という。検定を実施して、両者の違いが偶然だけで説明できないほど大きかった場合は、帰無仮説が棄却され、対立仮説が採用されることになり、「差がある」という。このような検定結果を、**統計的に有意**である、**有意差がある**という。

このときの、差が観測される確率を計算し、この確率のことをＰ値（**有意確率**）という。Ｐ値が十分に小さい場合（例：5％未満）、帰無仮説が正しければ、めったに起きないことが起こったということなので「帰無仮説は誤りである」とみなし、対立仮説である「差がある」を採用する。観察された差が確率的に考えて、「帰無仮説通りになるのはまれ（偶然）である」と考える方が妥当であるとし、「有意に差がある」とする。Ｐ値が十分に小さいと判断する基準のことを、**有意水準**という。前述の例で、５％未満を取りあげたが、５％未満を用いることが多く、Ｐ値が５％未満（$P < 0.05$ と表記）のときに、有意水準５％で有意である（有意差がある、有意な関連があるなど）という。有意水準１％などの基準を用いる場合もある。

独立な２群の差の検定には、正規分布している場合は、スチューデント（Student）のｔ検定、ウェルチ（Welch）のｔ検定で平均値の差を検定する。正規分布していない場合にはマン・ホイットニー（Mann-Whitney）のＵ検定を用いて中央値の比較を行う。

カテゴリー変数などで、2つのグループの割合の比較を行う場合は、カイ二乗検定を行う。表4.8では、男性と女性の欠食の割合を示している（2×2表）。男性と女性とで朝食欠食の割合に差があるかどうかを検定するような場合に用いる。2×2表の4つのうちのいずれかのセルの期待値が5以下の場合は、フィッシャーの直接確率検定を用いる。

表4.8　男性と女性における朝食欠食の四分表

	朝食の欠食		合計（人）
	あり	なし	
男性	15	85	100
女性	7	93	100
合計	22	178	200

(4)　相関係数

2種類の測定値（連続変数または順位尺度）の直線的な関連の強さを表す指標が**相関係数**（correlation coefficient）である。相関係数は、−1～+1の範囲の値をとる。通常は記号rで表す。図4.9に示したように測定値(1)と(2)に右上がりの関係がみられた場合は正の相関があるとし、左下がりの関係がみられた場合は負の相関があるとする。表4.9に相関係数の一般的な解釈について記した。

表4.9　相関係数

相関係数(r)	関連の程度
0.8～1.0	強い
0.5～0.8	中程度
0.2～0.5	弱い
0～0.2	無視できる程度

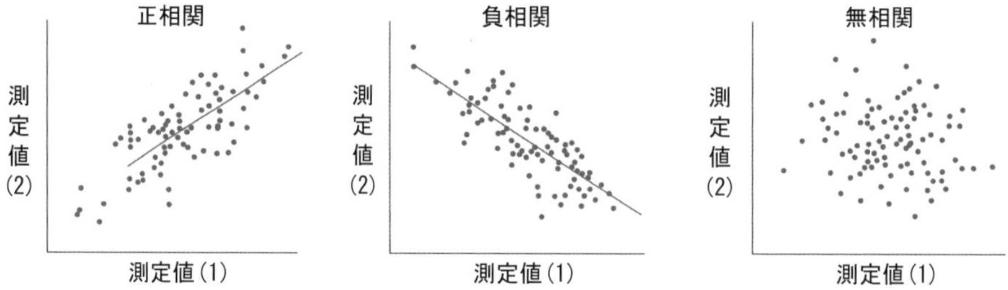

図4.9　相関係数

例題12　相関係数に関する記述である。<u>誤っている</u>のはどれか。1つ選べ。

1. 2種類の測定値の直線的な関連の強さを表す指標が相関係数である。
2. 相関係数は、0～1までの値をとる。
3. 測定値の2つの関係に右上がりの関係がみられた場合は、正の相関があると判断する。
4. 測定値の2つの関係に右下がりの関係がみられた場合は、負の相関があると判断する。
5. 相関係数が0.1である場合、相関はほとんどないと判断する。

解説　2. 相関係数は、−1～1までの値をとる。　**解答** 2

(5) 回帰分析

2つの測定値の間に相関がある場合、図4.10のように測定値Y（従属変数、目的変数）と測定値X（独立変数、説明変数）の2変数の関係を表す方法として、回帰（regression）とよばれる手法がある。回帰直線は、$y = \beta x + \alpha$ の形で表され、β を回帰係数、α を切片とよぶ。β は、独立変数が1増えた場合の予想される従属変数の平均的な変化量となる。β と α を推定するためには、最小二乗法が用いられる。回帰と相関は2つの変数の関連をみるもので似ているが、相関はxとyを入れ替えても相関係数は変わらないが、回帰では、xとyを入れ替えると回帰式は異なる。

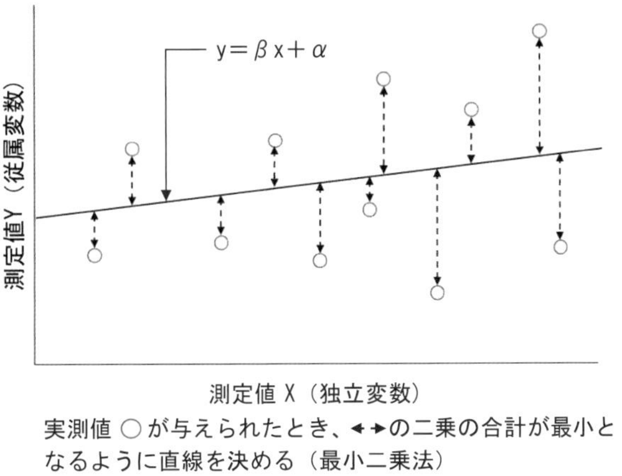

図4.10　回帰直線

(6) 多変量解析

交絡因子とは、要因と結果の両方の変数と関連がある第3の変数のことである。2つの変数に関係がないのに、見かけ上関係があるようにみせてしまう変数のことを交絡因子という。例えば、飲酒と肺がんの関係を検討したとする。飲酒量が多い人ほど、たばこを吸う割合が高かったという傾向があれば、飲酒量が多い人ほど肺がんの発症が多いという見かけ上の正の関連が得られてしまう。この飲酒は肺がんと関連がないのに、たばこを吸う人はお酒を飲む人が多い傾向があるため、見かけ上で関連があるような結果になってしまう。喫煙は飲酒と肺がんとの見かけ上の関連における交絡因子であるという（図4.11）。

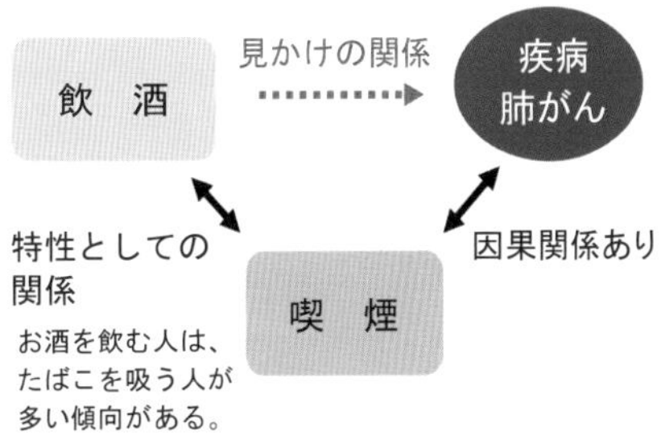

図4.11　交絡因子

交絡因子の影響を調整して疾病と特定の栄養素との関連を検討する解析方法が、**多変量解析**である。例えば、1日の食塩摂取量と収縮期血圧との関連を検討する場合、検討しようとしている2変量（食塩摂取量と収縮期血圧）との関連に影響を及ぼす性・年齢を考慮して解析を行う。収縮期血圧yと、総エネルギー調整食塩摂取量X_1、性X_2、年齢X_3との関係を、$y=\beta_1X_1+\beta_2X_2+\beta_3X_3+$切片＋誤差（$\beta_1$、$\beta_2$、$\beta_3$はそれぞれの要因と収縮期血圧のリスクとの関連を表す指標）のような多項式によって推定する。交絡因子の影響を取り除いて、2変量の関係をみることができる。したがって、2変量の関連をみるために調査を実施するときには、交絡因子になりうると考えられる要因についても、調査項目の中に入れておく必要がある。

例題13　交絡因子に関する記述である。誤っているのはどれか。1つ選べ。

1. 交絡因子とは、要因と結果の両方の変数と関連がある第3の変数のことである。
2. 交絡因子は、2つの変数に関連がないのに、見かけ上関連があるようにみせてしまう変数のことである。
3. 交絡要因の影響を調整して、要因と結果の関連を検討する解析法を多変量解析という。
4. 要因と結果の関連を検討するには、考えられる交絡因子について一緒に調査しなければならない。
5. ある特定の栄養素の摂取量と疾病との関連を検討する場合は、交絡因子として調査項目に入れるのはエネルギー摂取量だけでよい。

解説　5. 疾病に影響を及ぼす要因は、食事だけでなく遺伝、心理的、社会的、身体活動、睡眠、疲労、喫煙など多くの要因が複数関わっているので考えられる交絡要因は一緒に調査する必要がある。　**解答** 5

章末問題

1　集団のアセスメントを目的とした食事調査における誤差要因と、その対策の組み合わせである。正しいのはどれか。1つ選べ。

1. 対象者の思い出し能力――調査日数を増やす。
2. 対象者の過少申告――――24時間思い出し法を用いる。
3. 食品成分表の精度――――秤量法を用いる。
4. 個人内変動―――――――食物摂取頻度調査法を用いる。
5. 季節変動――――――――対象の人数を増やす。　（第30回国家試験）

解説 1. 調査日数を減らす。 2. 陰膳法を用いる。 3. 陰膳法を用いる。 5. 調査日数や回数を増やす。
解答 4

2 食事調査法に関する記述である。正しいのはどれか。1つ選べ。

1. 秤量記録法では、世帯単位の調査はできない。
2. 秤量記録法では、習慣的な食事内容の変更が生じにくい。
3. 24時間思い出し法では、面接者間の面接手順を統一させる。
4. 24時間思い出し法では、食物摂取頻度調査法と比べ調査者の負担が小さい。
5. 食物摂取頻度調査法では、国際的に統一された食品リストを用いる。 （第28回国家試験）

解説 1. 秤量記録法では、世帯単位の調査ができる。 2. 秤量記録法では、習慣的な食事内容の変更が生じやすい。 4. 24時間思い出し法では、食物摂取頻度調査法と比べ調査者の負担が大きい。
5. 食物摂取頻度調査法では、国際的に統一された食品リストを用いられない（国際的に統一された食品リストはない）。
解答 3

3 食事調査に関する記述である。誤っているのはどれか。1つ選べ。

1. 季節変動を小さくするため、年数回の調査を繰り返す。
2. 個人内変動を小さくするため、調査日数を多くする。
3. 調査員間に発生する変動を小さくするため、調査員の訓練を行う。
4. 申告誤差を小さくするため、無作為抽出法によって対象者を選定する。
5. 環境汚染物質の摂取量を把握するため、陰膳法を用いる。 （第31回国家試験）

解説 4. 無作為抽出は、母集団からサンプルを無作為に抽出するため調査の信頼性は高いが、申告誤差を小さくする要因にはならない。申告誤差は、太っている人が申告しやすいとされる過小申告、過大申告がある。
解答 4

4 地域において1,000人の成人女性を対象に、食事と乳がんとの関係を明らかにするための栄養疫学研究を計画したい。1回の食事調査結果から個人の習慣的な食物摂取状況を把握する方法である。正しいのはどれか。1つ選べ。

1. 食事記録法（秤量法）
2. 食事記録法（目安量法）
3. 24時間食事思い出し法
4. 食物摂取頻度調査法
5. 陰膳法 （第29回国家試験）

解説 1. 食事記録法は数日間に摂取した飲食物とその量をその都度記録する。大規模調査に向かない。
2. 1,000人もの大規模な調査において、調査の負担が大きい食事記録法は向かない。 3. 24時間食事思い出し法は、熟練した管理栄養士が面接による調査を行うので大規模な調査には向かない。 5. 陰膳法は、対象者の摂取した食事と同じものをもう1食分作ってもらい、それを買って、分析を行い、摂取量を測る。とても手間とお金もかかるので大規模調査には向かない。
解答 4

5　食事調査法に関する記述である。誤っているのはどれか。1つ選べ。
1. 24時間食事思い出し法では、習慣的な食事内容の変更が生じやすい。
2. 秤量法は、他の調査結果の精度を評価する基準とされる。
3. 目安量法では、目安量と食品重量の標準化が必要である。
4. 食物摂取頻度調査法は、集団内での摂取量のランク付けができる。
5. 陰膳法では、日本食品標準成分表に収載されていない食品を評価できる。　（第27回国家試験）

解説　1. 24時間食事思い出し法では、習慣的な食事内容の変更はされにくい。　解答 1

6　食事調査法に関する記述である。正しいのはどれか。1つ選べ。
1. 秤量記録法は、対象者の負担が小さい。
2. 秤量記録法は、1日で個人の習慣的な摂取量が把握できる。
3. 24時間思い出し法は、面接方法の標準化が必要である。
4. 陰膳法は、対象者の記憶に依存する。
5. 食物摂取頻度調査法は、他の食事調査法の精度を評価する際の基準となる。　（第32回国家試験）

解説　1. 秤量記録法は、対象者の負担が大きい。 24時間思い出し法や、食物摂取頻度調査法は比較的対象者の負担が小さい。 2. 食物摂取頻度調査法は、個人の習慣的な摂取量が把握できる。 4. 24時間思い出し法は、対象者の記憶に依存する。 5. 食事記録法は、他の食事調査法の精度を評価する際の基準となる。　解答 3

7　集団を対象とした食事調査実施時の誤差に関する記述である。正しいのはどれか。1つ選べ。
1. 摂取量の平均値の精度は、調査人数の影響を受ける。
2. 日間変動の程度は、高齢者が若年者より大きい。
3. 季節変動は、偶然誤差に含まれる。
4. 過小申告は、偶然誤差に含まれる。
5. 過小申告の程度は、BMIが大きい者ほど小さい。　（第32回国家試験）

解説　2. 日間変動の程度は、高齢者が若年者より小さい。 3. 季節変動は、系統誤差に含まれる。 4. 過小申告は、系統誤差に含まれる。 5. 過小申告の程度は、BMIが大きい者ほど大きい。　解答 1

8　食事調査における摂取量の変動に関する記述である。最も適当なのはどれか。1つ選べ。
1. 摂取量の分布の幅は、1日調査と比べて、複数日の調査では大きくなる。
2. 標本調査で調査人数を多くすると、個人内変動は小さくなる。
3. 個人内変動のひとつに、日間変動がある。
4. 変動係数（%）は、標準誤差/平均 × 100 で表される。
5. 個人内変動の大きさは、栄養素間で差はない。　（第34回国家試験）

解説　1. 摂取量の分布の幅は、1日調査と比べて、複数日の調査では小さくなる。 2. 標本調査で調査人数を多くすると、個人間変動は小さくなる。 4. 変動係数（%）は、標準偏差/平均 × 100 で表され

る。 5. 個人内変動の大きさは、栄養素間で異なる。 解答 3

9 栄養素等摂取量の測定方法に関する記述である。最も適当なのはどれか。 1 つ選べ。

1. 食物摂取頻度調査法では、目安量食事記録法に比べ、調査員の熟練を必要とする。
2. 秤量食事記録法は、他の食事調査法の精度を評価する際の基準に用いられる。
3. 食物摂取頻度調査法の質問票の再現性は、生体指標（バイオマーカー）と比較して検討される。
4. 24 時間食事思い出し法は、高齢者に適した調査法である。
5. 陰膳法による調査結果は、食品成分表の精度の影響を受ける。 （第 34 回国家試験）

解説 1. 食物摂取頻度調査法では、目安量食事記録法に比べ、調査員の熟練を必要としない。 3. 食物摂取頻度調査法の質問票の再現性は、食物摂取頻度調査法による再調査の結果と比較する。 4. 24 時間食事思い出し法は、記憶に依存するので高齢者に適していない調査法である。 5. 陰膳法による調査結果は、化学分析するので食品成分表の精度の影響を受けない。 解答 2

10 K 市において、50 歳代女性 1,000 人を対象とした個人の習慣的なカルシウム摂取量を把握するために、食事調査を行いたい。この調査法として、最も適切なのはどれか。1 つ選べ。

1. 食事記録法（秤量法）
2. 24 時間食事思い出し法
3. 半定量式食物摂取頻度調査法
4. 陰膳法 （第 33 回国家試験）

解説 1. 食事記録法（秤量法）は、個人の習慣的な摂取量を把握する調査には向いていない。 2. 24 時間食事思い出し法は、調査には訓練された調査者が必要であり、対象者の記憶力や摂取した食物を把握する能力も必要である。大規模の調査には向いていない。 4. 陰膳法は、他の調査法に比べて、食事を用意する費用や手間がかかることなどから大規模な調査には適さない。 解答 3

11 集団を対象とした食事調査によって得られた栄養素摂取量のデータ解析に及ぼす影響と、その解決法に関する記述である。[ ]に入る正しいものの組み合わせはどれか。1 つ選べ。

食事調査によって得られた栄養素摂取量について、[a]の影響を取り除く方法のひとつとして、栄養素摂取量を[a]で除し、単位当たりの栄養素摂取量を算出する方法がある。この方法を[b]という。また、データ解析段階では、交絡因子の影響を取り除くため、一般的に[c]が行われている。

	a	b	c
1.	総エネルギー摂取量	栄養素密度法	マッチング
2.	総エネルギー摂取量	栄養素密度法	層化
3.	総エネルギー摂取量	残差法	マッチング
4.	総たんぱく質摂取量	残差法	層化
5.	総たんぱく質摂取量	栄養素密度法	マッチング

（第 33 回国家試験）

解説　食事調査によって得られた栄養素摂取量について、[エネルギー摂取量]の影響を取り除く方法のひとつとして、栄養素摂取量を[エネルギー摂取量]で除し、単位当たりの栄養素摂取量を算出する方法がある。この方法を[栄養素密度法]という。また、データ解析段階では、交絡因子の影響を取り除くため、一般的に[層化]が行われている。

解答 2

12　食事調査における栄養素摂取量のエネルギー調整に関する記述である。最も適当なのはどれか。1つ選べ。

1. ある特定の栄養素摂取量と疾病との関連を検討する際に有用である。
2. 過小申告の程度を評価することができる。
3. エネルギー産生栄養素以外の栄養素には、用いることができない。
4. 脂肪エネルギー比率は、残差法によるエネルギー調整値である。
5. 密度法によるエネルギー調整値は、観察集団のエネルギー摂取量の平均値を用いて算出する。

（第35回国家試験）

解説　2. エネルギー調整からは、過小申告の程度を評価することはできない。　3. エネルギー産生栄養素以外の栄養素にも、用いることができる。　4. 脂肪エネルギー比率は、密度法によるエネルギー調整値である。　5. 残差法によるエネルギー調整値は、観察集団のエネルギー摂取量の平均値を用いて算出する。

解答 1

13　ある集団を対象に健康・栄養調査を実施し、喫煙習慣の有無別に食塩摂取量と血圧値の相関を検討したところ、図のような結果が得られた。結果の解釈に関する記述である。正しいのはどれか。1つ選べ。

1. 図中のデータAを分析対象としてよいか、解析前に検討する。
2. 食塩摂取量と収縮期血圧には、負の相関がある。
3. 相関係数を用いて、食塩摂取量から収縮期血圧の予測値を計算できる。
4. 喫煙習慣なし群の相関は、喫煙習慣あり群より強い。
5. 喫煙習慣の有無による各群の食塩摂取量に差はない。

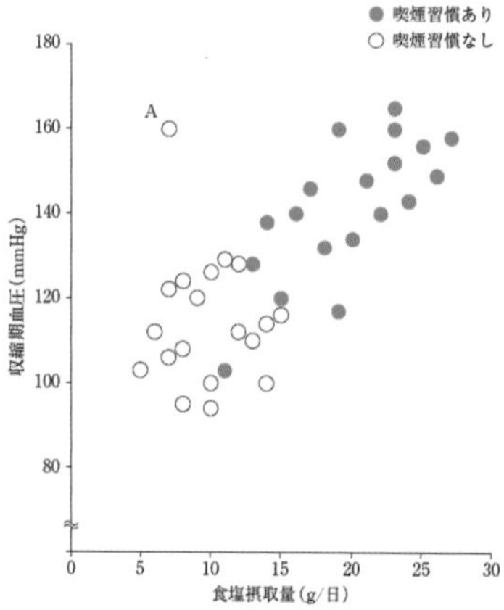

（第28回国家試験）

解説 2. 食塩摂取量と収縮期血圧には、正の相関がある。 3. 相関係数を用いて、食塩摂取量から収縮期血圧の予測値を計算することはできない。 4. 喫煙習慣なし群の相関は、喫煙習慣あり群より弱い。 5. 喫煙習慣の有無による各群の食塩摂取量に差がみられ、喫煙習慣ありの対象者のほうが食塩摂取量が多い傾向がある。 解答 1

引用・参考文献

1) 磯博康、祖父江友孝編「初めて学ぶ　やさしい疫学」南江堂（日本疫学会編）2018

2) 中村好一：「基礎から学ぶ楽しい疫学」医学書院 2002

3) 今木正英編：「公衆栄養学」南江堂 2011

4) 佐々木敏：「わかりやすいEBMと栄養疫学」同文書院 2008

5) 草間かおる、内田和宏、大滝直人、徳野裕子、林宏一、松田依果、森脇千夏：「イラスト　公衆栄養学」東京教学社 2020

6) 古畑公、松村康弘、鈴木三枝編「公衆栄養学」光生館 2013

7) 日本栄養改善学会「食事調査マニュアル　はじめの一歩から実践・応用まで（改定2版）」南江堂 2008

8) 栄養調査情報のひろば　国民健康栄養調査　国立健康・栄養研究所
https://www.nibiohn.go.jp/eiken/nns/kokumin/safe.html

9) 坪野吉孝、久道茂：「栄養疫学」南江堂 2010

10) 伊藤貞嘉、笹木敏監修：「日本人の食事摂取基準2020年版」、第一出版 2020

11) 井上浩一、加藤勇太、池本真二、松﨑政三、影山光代、比嘉並誠：「日本人の食事摂取基準の2020年版の実践・運用」、第一出版 2020

12) 田中 平三、横山 徹爾：「栄養疫学における総エネルギー摂取量に対する解釈と取り扱い方」日本栄養・食料学会誌　50(4), 316-320, 1997

第5章

公衆栄養マネジメント

達成目標

- 公衆栄養活動の基本となるマネジメントサイクルについて説明できる。
- 公衆栄養アセスメントの目的、方法、留意点を説明できる。
- 公衆栄養プログラムの短期・中期・長期目標設定について説明できる。
- 公衆栄養プログラムの計画の必要性や優先順位の考え方を理解し、実効性のある計画策定について説明できる。
- 公衆栄養プログラムの実施において、地域の社会資源の組織化、活用、連携などの進め方、重要性について説明できる。
- 公衆栄養プログラムの評価方法について説明できる。

1　公衆栄養マネジメント

1.1 公衆栄養マネジメントの考え方・重要性

マネジメントとは、ある目標を達成するために、現状を分析、評価し、改善のための計画を立て、実施することを繰り返し、現状をよりよい状態に改善することである。そのためにアセスメントから Plan（計画）→ Do（実施）→ Check（評価）→ Act（改善）の PDCA サイクルを繰り返す。評価は各過程にフィードバックされなければならない。

公衆栄養マネジメントとは、公衆の領域において、組織あるいはプログラムの目的と具体的な目標を達成するために、PDCA サイクルに従って公衆栄養活動を行うことである。

1.2 公衆栄養マネジメントの過程

(1) PDCA サイクルに基づくマネジメント

公衆栄養マネジメントのプロセスを図 5.1 に示す。

1) アセスメント

対象の健康に関するニーズや課題を把握し、その原因や条件などを明確にする。

2) 計画

最終的な目的、目標（誰のために、何のために、いつまでに、どこまで改善するのか）を明確にしたうえで、対策や事業を選定し、評価項目や方法を決める。また、必要な社会的資源（人・物・場所など）や予算の確保も行う。

3) 実施

対策や事業が対象に効果的に届くように適切な方法やツールを活用し、社会的資源および資金のコーディネートを行う。

4) 評価

目的や具体的な目標が達成されるような質の高い、効果的な政策やプログラムが実施されたかが確認される。

5) 改善

評価結果は次の政策やプログラムの改善にフィードバックされて生かされる。

公衆栄養プログラムは、公衆栄養の到達目標である QOL の向上に向け、マネジメントサイクルを繰り返しながら行われる。したがって、公衆栄養活動に従事する管理栄養士・栄養士は、栄養教育に必要な知識・技術のみならず、プログラムのマネジメント能力が必要になる。このため、日頃から他職種との連携を密にし、常に情報収集に努め、対象集団の健康・栄養課題を把握しておくことが大切である。

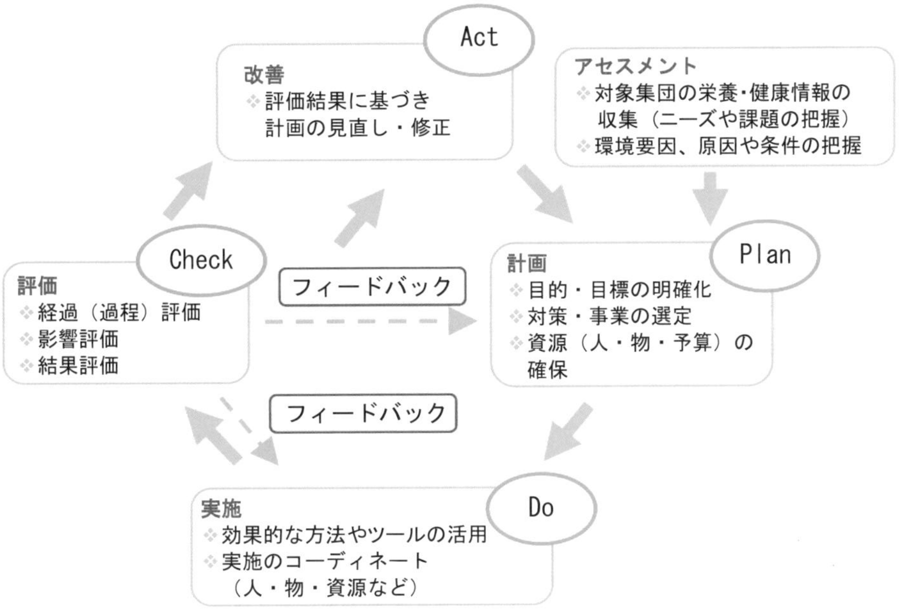

図 5.1　公衆栄養マネジメントのプロセス

(2) プリシード・プロシードモデルに基づくマネジメント（詳細は第 5 節 1.1）

プリシード・プロシードモデル（図 5.2）は、1991 年にグリーン（L.W.Green）らによって提唱された。公衆栄養活動を公衆栄養マネジメントの過程に沿って展開する際には、ヘルスプロモーションの進め方の枠組みを示したこのモデルが広く活用されている。事前アセスメントと計画策定に関わるプリシード（第 1～4 段階）と、実施と評価に関わるプロシード（第 5～8 段階）から構成されている。

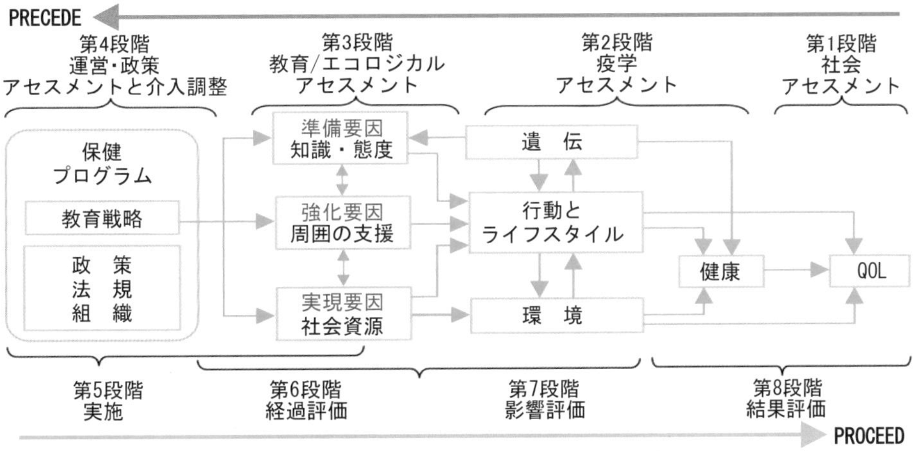

図 5.2　プリシード・プロシードモデル

2 公衆栄養アセスメント

2.1 公衆栄養アセスメントの目的と方法

(1) 公衆栄養アセスメントの目的

公衆栄養アセスメントの目的は、対象集団の実態を把握・分析し、ニーズや課題を明らかにすることである。対象集団の経済、文化、環境などの情報を収集・分析し、公衆栄養プログラムの目標設定のための資料とする。さらに、目標を対象集団と共有し、持続的で、効果的なプログラムを実施するために、対象集団の価値観や主観的な課題などに関してもニーズアセスメントを行う。

公衆栄養アセスメントで用いる項目は、対象集団や目的によって異なる。項目を体系化すると目的に沿った項目の検討が容易になる。公衆栄養アセスメントで用いる項目と指標例、調査方法を表 5.1 に示した。

表 5.1　公衆栄養アセスメントで用いる項目と指標例、調査方法

アセスメント項目		指標例	調査方法
生活の質（QOL）		生きがい，価値観，満足度	質問法，観察法
健康・疾病状態		人口動態：出生，死亡 疾病状況：有病率，平均寿命，健康寿命，要介護状況 健康指標：健康意識、健診受診率	統計資料，質問法
栄養状態		身体計測：身長，体重，BMI，腹囲，皮下脂肪厚 血液：血中脂質・コレステロール値，HbA1c 尿：尿中ナトリウム・カリウム	身体計測， 生化学検査
食物摂取状況		エネルギー・栄養素等摂取量，食品群別摂取量， 食物摂取頻度	食事調査
食行動		食事時刻、食事にかける時間，共食者，食事バランス， 朝食欠食率，外食率	質問法，観察法
食知識・スキル・態度		知識：適正体重の知識，栄養素の知識 スキル：献立作成，調理技術，栄養成分表示の活用 態度：食生活改善意欲	質問法，観察法
周囲の支援		家族や友人の協力，地域や職場での食育の取り組み， 対象地域の食事サービスの量と質	質問法，観察法
食環境	食物へのアクセス	食料品販売店の分布，食品加工，地産地消，給食施設， ヘルシーメニューの提供店	質問法，観察法 統計資料
	情報へのアクセス	インターネット，マスコミ，学習の場の提供， 飲食店での栄養成分表示	質問法，観察法， 統計資料
自然・社会環境		気候，風土，地理的条件，上下水道普及率，交通，産業， 所得，就労状況，教育施設，保健・医療・福祉施設， 運動施設，伝統的文化	質問法，観察法， 統計資料

(2) 公衆栄養アセスメントの方法

栄養状態のアセスメントは実測や検査による場合が多い。食物摂取状況のアセスメントに用いる食事調査法については第4章「栄養疫学」に詳述した。対象集団の意識や行動などの実態を把握する調査を**社会調査法**という。社会調査法は、**実態調査**と**文献調査**に大別される（表5.2）。実態調査には対象集団を観察する**観察法**と対象者に質問をする**質問法**がある。

表5.2 社会調査方法

調査方法			
実態調査	観察法	統制観察	
		非統制観察	参与観察、非参与観察
	質問法	自計調査	配票法、集合法、郵送法
		他計調査	面接法、電話法、グループディスカッション
文献調査（既存資料の活用）			

2.2 食事摂取基準の地域集団への活用

(1) 活用の基本的考え方

集団を対象とした食事改善を目的として食事摂取基準を用いる場合の基本的事項を表5.3に示す。活用の際には、PDCAサイクルに基づく活用を基本とする（図5.3）。

① **食事評価（アセスメント）**：食事摂取状況のアセスメントにより、エネルギー・栄養素の摂取量が適切かどうかを評価する。

② **計画**：食事評価に基づき、食事改善計画を立案する。

③ **実施**：食事改善を実施する。

④ **検証**：エネルギー、栄養摂取量の検証を行う。検証を行う際には、食事評価を行う。

⑤ **改善**：検証結果を踏まえ、計画や実施の内容を改善する。

(2) 食事摂取状況のアセスメント

食事摂取、すなわちエネルギーおよび各栄養素の摂取状況の評価は、食事調査によって得られる摂取量と食事摂取基準の各指標で示されている値とを比較する。ただし、エネルギー摂取量の過不足の評価には、BMIまたは体重変化量を用いる。さらに、エネルギーや栄養素の摂取量が適切かどうかの評価は、生活環境や生活習慣などを踏まえ、対象者の状況に応じて臨床症状や臨床検査値も含め、総合的に評価する。

表 5.3　集団の食事改善を目的として食事摂取基準を活用する場合の基本的事項

目　的	用いる指標	食事摂取状況のアセスメント	食事改善の計画と実施
エネルギー摂取の過不足の評価	体重変化量 BMI	○体重変化量の測定 ○測定された BMI の分布から、BMI が目標とする BMI の範囲を下回っている、あるいは上回っている者の割合を算出	○BMI が目標とする範囲内に留まっている者の割合を増やすことを目的として計画を立案 （留意点）一定期間をおいて2回以上の評価を行い、その結果に基づいて計画を変更し、実施
栄養素の摂取不足の評価	推定平均必要量 目安量	○測定された摂取量の分布と推定平均必要量から、推定平均必要量を下回る者の割合を算出 ○目安量を用いる場合は、摂取量の中央値と目安量を比較し不足していないことを確認	○推定平均必要量では、推定平均必要量を下回って摂取している者の集団内における割合をできるだけ少なくするための計画を立案 ○目安量では、摂取量の中央値が目安量付近かそれ以上であれば、その量を維持するための計画を立案 （留意点）摂取量の中央値が目安量を下回っている場合、不足状態にあるかどうかは判断できない
栄養素の過剰摂取の評価	耐容上限量	○測定された摂取量の分布と耐容上限量から、過剰摂取の可能性を有する者の割合を算出	○集団全員の摂取量が耐容上限量未満になるための計画を立案 （留意点）耐容上限量を超えた摂取は避けるべきであり、超えて摂取している者がいることが明らかになった場合は問題を解決するために速やかに計画を修正、実施
生活習慣病の発症予防を目的とした評価	目標量	○測定された摂取量の分布と目標量から、目標量の範囲を逸脱する者の割合を算出する。ただし、発症予防を目的としている生活習慣病が関連する他の栄養関連因子及び非栄養性の栄養因子の存在と程度も測定し、これらを総合的に考慮した上で評価	○摂取量が目標量の範囲に入る者又は近づく者の割合を増やすことを目的とした計画を立案 （留意点）発症予防を目的としている生活習慣病が関連する他の栄養関連因子及び非栄養性の関連因子の存在とその程度を明らかにし、これらを総合的に考慮した上で、対象とする栄養素の摂取量の改善の程度を判断。また、生活習慣病の特徴から考え、長い年月にわたって実施可能な改善計画の立案と実施が望ましい。

出典）厚生労働省「日本人の食事摂取基準 2020 版」

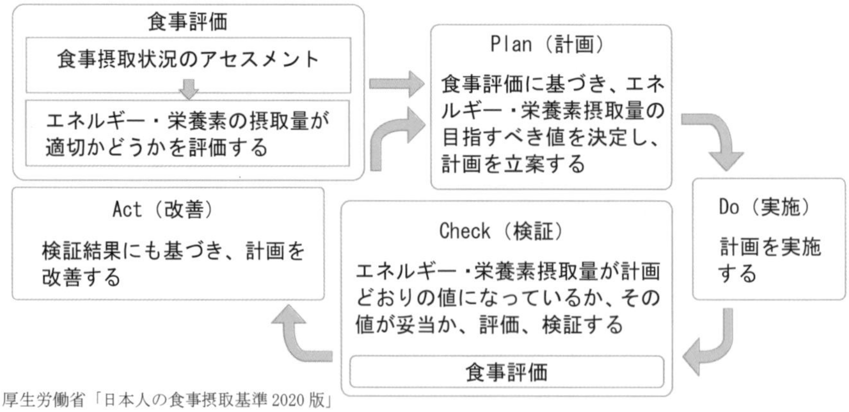

出典）厚生労働省「日本人の食事摂取基準 2020 版」

図 5.3　食事摂取基準の活用と PDCA サイクル

2.3 地域観察の方法と活用

地域観察の方法（観察法）には観察内容があらかじめ規定されている**統制観察**と規定されていない**非統制観察**がある（表 5.4）。さらに、非統制観察は調査者自らが対象集団の中に入って調査する**参与観察**と、入らずに部外者として調査する**非参与観察**がある。公衆栄養活動では日常生活を営んでいる人間集団を対象とするため、統制観察の実施は難しい場合もある。

表 5.4　観察法

調査方法		概　要	利　点	欠　点
統制観察		事前に観察手続きを規定したうえで行う方法。厳密に設計された観察調査票に機械的に記入する。	データの定量化が可能	日常の条件下での結果と異なる
非統制観察	参与観察 非参与観察	「非」と付くように統制を加えず、あるがままの様子を観察する方法。何を記録するかといったことも定められていないので、気づいたことを記録していく。 【参与観察】調査者が調査対象者の集団の生活にとけ込んで調査 【非参与観察】視察・参観などのように部外者として調査	日常の条件下での現象が把握できる	技術の標準化、結果の定量化が難しい

2.4 質問調査の方法と活用

質問調査（質問法）は、文書（質問票）によって質問し、文書で回答してもらう**自計調査**と、口頭で質問し、口頭で回答してもらう**他計調査**に分類される（表 5.5）。自計調査には、**配票法**（留置き法）、**集合法**、**郵送法**がある。他計調査には**面接法**、**電話調査法**、**グループディスカッション**がある。各調査方法には、調査票の回収率や誤記の可能性、経費などに関してそれぞれ利点と欠点がある。調査の目的や予算、期日、調査員確保の見通しなどを勘案し、実状に適した方法を用いる。

例題 1　観察法の統制観察に関する記述である。正しいのはどれか。1つ選べ。

1. 日常の条件下での現象が把握できる。
2. 事前に観察項目を設定せず、気づいたことを記録する。
3. 調査結果を定量化して評価できる。
4. 調査者が対象集団の一員として生活に加って調査する。
5. 調査者は部外者として参観により調査を行う。

解説　表 5.4 参照　3 以外は非統制観察に関する記述である。　**解答** 3

表 5.5　質問法

調査方法		概　要	利　点	欠　点
自計調査（質問紙法）	配票法（留置き法）郵送法	文書で質問し、文書で回答してもらう方法 配票法：事前に質問紙を配布し、後から回収してまわる 集合法：被調査者に一堂に集まってもらい、その場で回答してもらう 郵送法：郵送で配布回収する	時間と費用が少なく効率的 無記名での調査が可能	質問の意味を誤解する場合がある
他計調査	面接法 電話法 グループディスッカション法	口頭で質問し、口頭で回答してもらう方法 面接法：面接での調査 電話法：電話での調査 グループディスカッション法：グループでのインタビュー、ディスカッションを行う	質問の意味を問い返して理解してもらうことができる グループの場合は、ほかのメンバーとの相互作用で、本音や新しい意見が出る	調査者によるバイアスがかかる可能性がある 時間と費用がかかる 回答者が特定されてしまう

(1) 質問紙法

質問紙法は、社会ニーズのほか、健康・食生活状況などを把握するために多くのアセスメントで利用される。調査票の作成においては、調査の目的に沿って調査項目を選定し、質問項目を絞り込み、データの種類と回答方法を整理して回答欄を設ける。データの種類には、量的データ（年齢、体重、件数など主に単位を伴う数値）と質的データ（性別、職種などカテゴリーに分類されたデータ）がある。また、回答方法には選択肢法（単一回答形式、複数回答形式、順位回答形式）と自由回答法（質問に対する回答を自由に答えてもらう）などがある。いずれも統計処理をすることを考慮して検討する。

(2) 面接法

調査員が対象者に面接し、その回答を調査員が調査票に記入する方法である。質問項目や方法をあらかじめ決めて行う方法（構造化面接）と回答を自由に聞き出す方法（半構造化面接）がある。面接調査法は、統計的なデータからは明らかにされにくい、あるいは明らかにされていない課題などの質的情報の収集に利用されることが多い。面接調査法の長所は対象者に質問を理解させやすいため、質問紙に比べて中身の深い情報をデータとして得ることができ、本人への確認も可能であり、有効回答率が高いことである。短所は調査員の費用と訓練が必要であること、時間がかかること、プライバシーへの配慮を徹底する必要があることである。

(3) 電話調査法

対象者に電話をして質問し、調査票に調査員が記入する方法である。短期間にその時点での意識や意見を調査できるが、対象が固定電話保有者に限られる。

2.5 既存資料の活用方法と留意点

統計資料の活用は、社会調査法における文献調査にあたる。他の目的で収集された既存の統計資料、記録、報告書、論文などを用いる方法である。利点は、時間と費用がかからず、労力も節約できることである。また、一般化された質問項目を用いている場合は集団間の比較も可能である。留意点は、対象者の情報を特定できないこと、知りたい内容が調査・分析されていないことがあるなどである。また、結果の解釈の際には、既存資料における対象集団の特性が、そのまま自分たちの調査集団にあてはまるか配慮が必要である。公衆栄養アセスメントに用いる主な既存資料のうち、公的資料を表 5.6 に示した。

例題 2　自計調査と比較した他計調査の特徴に関する記述である。正しいのはどれか。１つ選べ。

1. 調査に時間がかかる。
2. 無記名での調査が可能である。
3. 質問内容の解釈に誤解が生じやすい。
4. 誤記入が生じやすい。
5. 広範囲から多数のデータの収集が可能である。

解説　表 5.5 参照　1. 正しい　他計調査は、口頭で質問し口頭で回答を得るため、文書で質問し文書で回答を得る自計調査に比べて調査に時間がかかる。2. 3. 4. 5. すべて自計調査の特徴である。　**解答** 1

2.6 健康・栄養情報の収集と管理

情報収集に際しては、必要な標本数を抽出できることが求められる。結果の精度を高めるためにも計画段階で①調査目的、②調査項目、③調査対象、④調査規模、⑤調査時期、⑥調査方法、⑦解析方法、⑧報告方法、⑨予算、⑩日程などを明確にしておくことが大切である。

個人および集団を対象に健康・栄養データを収集する際には、参加者に調査目的・意義を十分に説明したうえで、参加者から**インフォームド・コンセント**（正しい情報が伝えられたうえでの同意）を得る必要がある。

得られたデータは個人情報保護のために慎重に取り扱うことが求められる。例えば、個人ごとに識別番号（ID 番号）を付け、名簿と調査結果は別の担当者が管理し、データ解析は氏名などの個人情報を削除した状態で行うことが望ましい。

表5.6　公衆栄養アセスメントに用いる主な既存資料

名称	内容と調査項目【提示される主な指標】
国勢調査	5年ごとに実施される全数調査。個人調査（性、年齢、配偶関係、就業状況、就業地等）と世帯調査（人員、住居の種類等）が行われる。 【人口の推移、人口構造の変化（人口ピラミッド）、人口指標（年少人口、生産年齢人口、老年人口】
人口動態統計	届出による出生、死亡、死産、婚姻、離婚を集計（毎年）。 【出産数、出生率、合計特殊出生率、総再生産率、純再生産率、死因別死亡、粗死亡率、50歳以上死亡率（PMI）、年齢調整死亡率、標準化死亡率（SMR）、死産、乳児死亡率、周産期死亡、妊産婦死亡】
生命表	生命表作成期間における死亡状況が変わらないと仮定したときの、各年齢の生存者の余命を推計（完全生命表は5年ごと、簡易生命表は毎年）。 【平均寿命、平均余命、健康寿命】
患者調査	3年ごとに医療機関を対象に実施される標本調査（患者の性、生年月日、疾患名、診療科目、入院・外来、住所、医療機関所在地など）。 【受療率、推計患者数、総患者数、平均在院日数】
循環器疾患基礎調査	満30歳以上の者を対象におおむね10年ごとに実施される標本調査（既往歴、現在の治療等の状況、自覚症状、健康診断の受診状況、身体状況、血圧測定、血液検査、問診、尿検査、心電図）。 【高血圧の者の割合、循環器疾患既往の概況】
国民健康・栄養調査	毎年実施される標本調査（栄養素等摂取状況、食事状況、生活習慣、体格、血液指標、運動量等）。
食中毒統計調査	全国の保健所を対象に毎年実施（原因となった家庭・業者・施設等の所在地、名称、発病年月日、原因食品名、病因物質、患者数、死者数等）。 【病因物質別・原因食品別・原因施設別の発生件数・患者数・死者数】
国民生活基礎調査	世帯（世帯状況、家計支出総額、医療保検の加入状況、公的年金の受給状況、就業状況等）、所得（所得の種類別金額、所得税等の額、生活意識の状況等）については毎年実施。健康（自覚症状、通院、日常生活への影響、健康意識、悩みやストレスの状況、健康診断等の受診状況等）、介護（要介護度の状況、介護が必要となった原因、居宅サービスの利用状況、介護時間）、貯蓄（貯蓄現在高、借入金残高等）は3年ごとの大規模調査時に実施（標本調査）。 【有訴者率、通院者率、健康状態、健診・人間ドックの受診状況、高齢者のいる世帯割合、要介護者、寝たきり者】
家計調査	毎月実施される標本調査（収入・支出、貯蓄・負債等）。 【費目別消費支出、食品価格の変動と消費、収入階級別世帯分布、家計消費指数】
社会生活基本調査	5年ごとに実施される標本調査（1日の生活時間、介護の状況、情報通信機器の使用の状況、学習・研究活動、ボランティア活動、スポーツ活動、趣味・娯楽活動、旅行・行楽、就業状態、就業希望、仕事の種類、従業上の地位、1週間の就業時間、通勤時間、週休制度等）。 【時間帯別行動者率、趣味・娯楽の種類別行動者数、普段の就業状態】
保健・衛生行政業務報告（衛生行政報告例）	衛生関係諸法規の施行に伴う各都道府県、指定都市及び中核市における衛生行政の実態として年度ごとに報告（精神保健福祉関係、栄養関係、衛生検査関係、生活衛生関係、食品衛生関係、乳肉衛生関係、医療関係、薬事関係、母体保護関係、特定疾患（難病）関係、狂犬病予防関係）。 【給食施設数の年次推移、特定給食施設・その他の給食施設別施設数、特定給食施設の種類別構成割合】
地域保健・健康増進事業報告（旧地域保健・老人保健事業報告）	地域保健事業（地域保健法、母子保健法、予防接種法）、健康増進事業（健康増進法）について全国の保健所及び市区町村が年度ごとに報告。 【妊産婦・乳児・幼児等の健康診査の実施状況、保健指導・訪問指導の実施状況、健康増進関係事業の内容別指導状況（栄養指導、運動指導等）、予防接種の実施状況、職種別にみた常勤職員の配置状況、がん検診の受診状況】

表 5.6　つづき

名称	内容と調査項目【提示される主な指標】
乳幼児栄養調査	全国の 4 歳未満の乳幼児及び乳幼児のいる世帯を対象とする標本調査（母乳育児（授乳）及び離乳食・幼児食の現状、子どもの生活習慣、健康状態等）。 【栄養方法の推移、母乳育児に関する出産施設での支援状況、離乳食の開始・完了時期、ベビーフードの使用状況】
乳幼児身体発育調査	一般調査は全国の乳幼児を対象とし、病院調査は全国の産科病床を有する病院で 1 か月健診を受診した乳幼児の標本調査（身長、体重、運動・言語機能、栄養（母乳・人工乳・離乳等）、出産週数、家族環境等）。 【体重・身長・胸囲・頭囲の年・月・日齢別、性別のパーセンタイル値、妊娠中の喫煙・飲酒状況】
健康福祉動向調査	全国の世帯員を対象とした標本調査（自覚的健康観、健康不安、運動の実行状況、日常生活活動の状況、健康に関する情報の収集等、（年度によりテーマが異なる））。
学校保健統計調査	幼稚園、小学校、中学校、高等学校及び中等教育学校に在籍する幼児、児童及び生徒を対象に毎年実施される標本調査（発育状態（身長、体重及び座高）、健康状態（視力、聴力、疾病・異常の有無等）。 【肥満傾向児の出現率、疾病別・異常被患率】
食料需給表	日本で供給される食料の生産から最終消費に至るまでの総量を明らかにする目的で、FAO（国際連合食糧農業機関）の作成の手引きに準拠して農林水産省の調査値から毎年度作成。 【食糧自給率、供給栄養量】

（　）内は主な調査項目、【　】内は調査結果として報告される代表的な項目

例題 3　公衆栄養アセスメントで利用される情報とその出典の組み合わせである。正しいのはどれか。1 つ選べ。

1. 死因別死亡率 ―――――――――― 国勢調査
2. 介護が必要となった原因 ――――― 国民健康・栄養調査
3. 外食産業における食べ残し量 ―――― 国民生活基礎調査
4. 乳幼児身体発育値 ―――――――― 学校保健統計調査
5. 授乳期の栄養法 ――――――――― 乳幼児栄養調査

解説　表 5.6 参照　1. 死因別死亡率は、人口動態統計によって把握できる。一方、国勢調査（人口静態統計）からは人口構図などが分かる。　2. 介護が必要となった原因は、国民生活基礎調査で把握できる。一方、国民健康・栄養調査では、身体状況、栄養素摂取量および生活習慣が明らかとなる。　3. 純食料のうち、食品の廃棄や食べ残しは、食品ロス統計調査によって把握できる。　4. 乳幼児の身体発育値は、乳幼児身体発育調査から把握できる。学校保健統計調査では、学校（幼稚園、小学校、中学校、高等学校および中等教育学校）在籍者の発育・健康状態が明らかとなる。　5. 授乳期の栄養法は、乳幼児の食事などの実態とともに乳幼児栄養調査で明らかとなる。

解答　5

コラム　研究を目的とする場合の倫理審査について

公衆栄養学分野の研究計画書は、採血などの侵襲的な検査を伴わず質問紙調査のみを行う場合でも所属機関の倫理委員会の審査を受けることが必要である。

厚生労働省・文部科学省・経済産業省による「人を対象とする生命科学・医学系研究に関する倫理指針」(厚生労働省・文部科学省・経済産業省：令和3年6月30日施行)」(https://www.meti.go.jp/press/2020/03/20210323004/20210323004.html) を参考にする。

3 公衆栄養プログラムの目標設定

3.1 公衆栄養アセスメント結果の評価（図5.4）

(1) 集団の代表性の確認

実施しようとする公衆栄養活動の対象集団の代表性を保っているか、回収率と対象者の属性を確認する。それは得られたデータに偏りがないかを調べるためである。本来、地域全体の計画を立てる場合、全数調査が望ましい。例えば、地域全体のプログラムを計画しようと調査したにもかかわらず、特定の人のデータしか得られなかった場合、地域全体の計画を立てるのは難しい。しかし、それは実際にはできないことが多いため、**無作為抽出法**（例えば、性や年齢別に層化した層化抽出法や居住地区から地区を抽出したのち抽出する多段階抽出法など）を用いる。無作為に抽出された対象者が全員協力してくれた場合は、地域全体代表者として捉えてよいが、ある特定の集団からしか協力が得られなかった場合、地域全体の結果と評価するのは難しい。

(2) アセスメント項目の整理

アセスメント項目を種類別に整理する。アセスメントの項目が健康状態に関するものなのか、生活習慣（行動）に関するものなのか、知識や態度に関するものなのかを整理してから評価を行うことで、目標設定やプログラムの計画が行いやすくなる。公衆栄養プログラムでは、**プリシード・プロシードモデル**（PRECEDE-PROCEED model）を用いることが多い。アセスメント項目の整理・評価においても、プリシード・プロシードモデルの枠組みを使うと進めやすい。

(3) 量的データの集約

アセスメントで収集した量的データは、そのままでは課題がみえない。そこで、データの整理、すなわち記述統計を行う。記述統計の結果はグラフなど図式化すると課題が抽出しやすい。

(4) アセスメント結果の評価

得られた結果の評価には、目安となるものが必要になる。例えば、同様の統計結果が全国や他地域にあればそれと比較する。また定期的に同じ項目をアセスメントしていれば、経年的変化をみることもできる。他にアセスメント結果の評価方法として、年齢や性、地区別に比較する方法もあげられる。例えば、対象者を年代別に分け、栄養状態を比較することで、年代ごとの特徴が分かる。このように、アセスメント結果は、何かと比較することで評価を行うため、アセスメント計画の段階において、どのように評価を行うか考えておく必要がある。

(1) 集団の代表性の確認
　得られたデータに偏りがないか調べる

(2) アセスメント項目の整理
　アセスメント項目を種類別に整理する

(3) 量的データの集約
　収集した量的データは統計的に
　まとめる

(4) アセスメント結果の評価
　例：全国や地域と比較する
　　　経年的変化をみる
　　　性、年齢、地域別にみる

図 5.4　アセスメント結果の評価の手順

3.2 改善課題の抽出

アセスメントの結果、把握した対象地域の実態から、改善すべき課題を抽出する。すべての課題を扱うことは難しいため、優先順位をつけ、課題を抽出する必要がある。その際、「健康・栄養課題を改善することにより、地域住民の健康増進が図れるのか」、「健康・栄養改善の効果とそのための費用負担は可能か」などの視点が重要である。また、抽出された課題は、住民や関係者と共有することが必要である。

3.3 短期・中期・長期の課題設定の目的と相互の関連

短期・中期・長期の課題設定はプリシード・プロシードモデルの枠組みを使うと理解しやすい。プリシード・プロシードモデルでは、公衆栄養プログラムを実施すると、まず、個人の知識や態度（準備要因）が変容し、行動や生活習慣が変わる。そして、健康状態およびQOL（生活の質）が向上するという考え方である。すなわち、知識や態度は変容しやすく、健康状態の変容には時間を要する。これは改善課題の抽出において、健康に関するものからみていく理由のひとつである。

環境に対する働きかけでも同様である。環境を変えるための規則や法律（実現要因）が作成され、その後環境自体が変わる。図 5.5 にプリシード・プロシードモデルを参考に、短期・中期・長期の課題の考え方をまとめた。

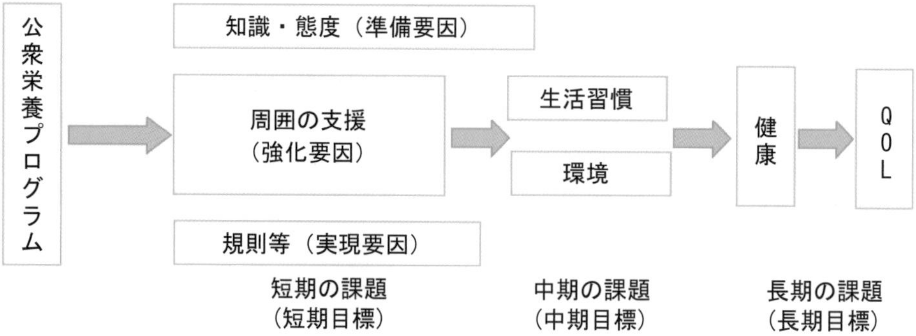

図5.5　短期・中期・長期の課題と目標

3.4 改善課題に基づく改善目標の設定

課題は、それぞれ**短期目標**・**中期目標**・**長期目標**となる（図5.5）。目標達成期間は、対象集団の規模によって変わってくるが、長期目標は健康やQOLでは10年以上、中期目標はおおよそ3〜10年、短期目標は1〜2年である。

短期・中期・長期目標に含まれる目標は、その内容により**学習目標**（leaning objectives）、**行動目標**（behavioral objectives）、**環境目標**（environmental objectives）、**プログラム目標**（program objectives）とよばれる。さらに、プログラム実施に関する目標は**実施目標**（process or administrative objective）とよばれる（表5.7）。

改善目標の設定は、課題抽出と同様、QOLや健康の課題改善の目標となるプログラム目標から設定する。そして、それに必要な行動目標を立て、次に行動目標の達成に必要な学習目標や環境目標を立てる。

目標設定では評価を想定した目標を立てることが重要である。

(1) 対象者の特定

対象者を特定し、対象者にあった内容にすることである。目標のなかに、「X地区の40歳以上65歳までの男性…」と目標の対象者を入れると評価もしやすい。

(2) 達成が評価できる内容

次に、達成が評価できる内容にする。例えば、「糖尿病有病者を減らす」という目標の場合、どれぐらい減らせば目標達成になるのかが分からない。そこで、「糖尿病有病者を5万人から3万人にする」といった数値目標を設定すると、評価しやすくなる。

(3) 達成期間を考慮した内容

また、達成期間を考慮した内容であることも重要である。すなわち「いつまでに」という目標達成時期を目標に入れることで、評価だけでなく、それに向けてのプログラムも立てやすくなる。

表 5.7　目標の種類とその内容

目標期間	目標の種類	内　容	例
短期目標	実施目標	プログラム実施状況	研修会実施、参加者人数
	学習目標	知識・スキル・態度の変化	食生活に対する意識の変化
中期目標	行動目標	生活習慣の変化	食習慣の改善
	環境目標	環境の変化	ヘルシーレストランの増加
長期目標	プログラム目標	健康・QOL の変化	罹患率の変化、死亡率の変化、QOL 評価指標の変化

(4) 達成・実施可能な内容

さらに、達成可能な内容であることと実施可能な内容であることも考慮する必要がある。プログラムの予算、時間、スタッフ、場所などの資源をよく考え、達成目標の数値や目標達成の期間を決めることが重要である。

例題 4 ある地域で高血圧改善を目的とした予防教室を実施した。この場合の長期目標として正しいのはどれか。1 つ選べ。

1. 高血圧予防教室の参加者数
2. 1 日 10g 未満の食塩摂取を実践する人の増加
3. 高血圧の罹患率の低下
4. 正常血圧を維持するのに必要な食事内容を理解している人の増加
5. 栄養成分表示を参考にする人の増加

解説 表 5.7 参照　1. 教室への参加者数は短期目標である。　2. 1 日 10g 未満の食塩摂取を実践する人の増加は中期目標である。　4. 正常血圧を維持するのに必要な食事内容を理解している人の増加は短期目標である。　5. 栄養成分表示を参考にする人の増加は中期目標である。　**解答** 3

3.5 目標設定の優先順位

目標設定は、プログラム目標を立て、そのプログラム目標の達成に必要な行動目標をあげる。したがって、行動目標は複数があげられる可能性がある。さらに、その行動目標を設定するために、複数の学習目標や環境目標があげられる。そこで、目標の優先順位をつける必要がある。

目標の優先順位は、**課題改善の重要性**と**プログラム実施による改善可能性**の 2 つのポイントで考える。

(1) 目標の重要性、改善可能性

1) 重要性

健康課題との関連性が明確であること、対象者のなかでその割合が高いことから考える。例えば、心疾患対策をプログラム目標として設定した場合、喫煙はリスクファクターとしてエビデンスが高い。しかし、対象とする集団のなかでは喫煙者が少なかった場合、禁煙に関する目標を設定する重要性は低くなる。

2) 改善可能性

行動の特徴（例えば、喫煙やアルコールなど中毒になる可能性のある行動は変わりにくい）やプログラムの実施のしやすさ（例えば、対象となる集団が固まっているため介入しやすい）など、さまざまな要因で決まる。改善可能性はプログラム実施期間も関連する。プログラム目標で設定した目標達成時期を考慮し、その期間で改善できる行動目標を選択することが重要である。

(2) 優先順位の決め方（図 5.6）

① **最優先に取り上げる目標**

重要性が高く、プログラム実施による改善可能性が高いものを取り上げる（第１分画）。

② **次に取り上げるもの**

改善可能性は低いが、課題改善の重要性が高いものを取り上げる（第２分画）。

③ **実施可能性は高いが、重要性が低いもの**

その後プログラム実施に役立つなど（例えば費用のかかるプログラムを実施する前に、変化しやすい目標を設定したプログラムを実施してみる）の目的があれば取り上げるが、優先順位は低い（第３分画）。

④ **重要性も実施可能性も低いもの**

プログラムから除外する（第４分画）。

	重要性：高	重要性：低
改善可能性：高	最優先プログラム（第１分画）	政治目的以外優先度は小（第３分画）
改善可能性：低	新プログラムでの、優先度大：評価不可欠（第２分画）	プログラムから除外（第４分画）

図 5.6　目標設定の優先順位

4 公衆栄養プログラムの計画

4.1 地域社会資源の把握と管理

公衆栄養プログラムは地域住民や集団のQOLや健康レベルの向上を目指して実施するものである。健康課題を解決するためには、個人の努力だけでは不十分で、個人を取り巻く社会全体で取り組む必要がある。このため、公衆栄養プログラムの計画策定では、まず地域の**社会資源**を把握し、それぞれの機能・役割とプログラムにおける位置づけを整理することが大切である。

公衆栄養活動における社会資源には、組織、集団、施設、機関、人材などがある（表5.8）。人的資源としては、管理栄養士・栄養士の他、医師、歯科医師、薬剤師、保健師、看護師、言語聴覚士、歯科衛生士などの保健医療専門家と食生活改善推進員などのボランティアが存在する（表5.8）。対象地域にはどのような人的資源が存在するのかを把握し、常日頃より協力関係を構築しておくことが重要である。

表5.8　地域社会資源の把握の視点

1. 保健医療福祉施設	5. マスメディア
❖保健所 ❖市町村保健センター ❖病院・診療所 ❖地域包括支援センター	❖新聞社 ❖テレビ・ラジオ ❖ケーブルテレビ ❖ミニコミ誌
2. 運動・スポーツ施設	6. 関係機関・団体
❖スポーツ・フィットネスクラブ ❖運動場、体育館 ❖運動ができる公園・遊歩道	❖栄養士会・医師会等の専門家団体 ❖国保連合会、健康保険組合 ❖食生活改善推進員などのボランティア組織 ❖PTA ❖商店街、商工会議所 ❖農協、漁協 ❖婦人会、老人クラブ ❖社会福祉協議会
3. 健康づくりに活用できる施設	
❖上記2以外でウォーキングや体操のできる場 ❖健康学習のできる場 ・公民館、自治会館 ・コミュニティセンター	
4. 教育機関	7. 各種人材
❖大学・短大・専門学校 ❖小・中・高等学校 ❖保育園・幼稚園	❖健康教育の講師となる人材 ❖管理栄養士・栄養士の他、医師、歯科医師、薬剤師、保健師、看護師、言語聴覚士、歯科衛生士等

4.2 運営面・政策面のアセスメント

公衆栄養プログラムの計画には、**運営面・政策面のアセスメント**が必要である。

(1) 運営面のアセスメント

計画策定の段階でプログラムの運営に必要な**時間、人的・物的資源**、予算についてのアセスメントを行う。特に、計画の実現性を高めるために、障害となる要因はできるだけ取り除いておくことが重要である。

1) 時間、人的・物的資源、予算

(i) 時間

計画の実施期間、間隔、所要時間などについて、いつまでに目標を達成するのか、評価はいつするのかなど、時間的な問題を明確にする。プログラムの時間の把握には、時間的なスケジュールを立てると活動内容別に活動時期や同時期に進行する活動が把握できる（表5.9）。

表5.9　年間スケジュールの一例

（事業名：朝食毎日食べよう大作戦）

活動内容	4月	5月	6月	7月	8月	9月	10月	11月	12月	1月	2月	
打ち合わせ会議	←	→	←	→						←	→	
関係機関協力依頼		←	→									
イベント			←	→								食育月間に実施
ポスター・チラシ配布			←	→			←	→				
ボランティア研修			←	→								
親子の料理教室				←	―	―	―	→				併せて実施
食生活実態調査				←	―	―	―	→				併せて実施
データ集計・解析							←	―	―	―	→	
評価とフィードバック										←	→	

(ii) 人的・物的資源

プログラムの実効性を高めるためには、人的（職種・人数など）、施設・設備、物品など地域のさまざまな社会資源を把握し、活用や連携のあり方について検討する。特に、人的資源の確保はプログラムを実施するうえでは重要な要素であり、どの時期に、どの職種が何人必要であるかを月単位、週単位、日単位で把握し、どのように確保するのかを検討する。表5.10に日単位でのスケジュールの一例として、10回コースの栄養教室（食生活改善推進員養成講座）3回目を示した。実施主体は市町村である。計画当初に不足した受付のスタッフは食生活改善推進員に、食品衛生の講義は県保健所の食品衛生監視員に依頼し、調理実習は、栄養士を雇いあげた例である。この表では、教室開催日のタイムスケジュール、必要な職種・人数・役割と会場が確認できる。

公衆栄養プログラム実施の人的資源には、管理栄養士・栄養士、医師、歯科医師、保健師、歯科衛生士、食品衛生監視員などの専門職種の他、行政や専門職種と地域住民との間に立って活動に協力する食生活改善ボランティア（食生活改善推進員など）は欠かせない存在であり、大切な人的資源である。

（iii） 予算

公衆栄養プログラムの実施には予算（経費）の確保が必須である。賃金、報償費、旅費、需用費（教材費、印刷製本費など）、役務費（通信運搬費）、委託料、使用料、備品購入費などの予算を確保する必要がある。予算は政策実現の根拠となり、計画の実現性を高めるための基盤となる。計画策定時には、計画の内容にあわせて、必要経費を詳細に積算して予算を編成し、事業計画書を付けて、財政当局へ予算を要求する。予算積算根拠の一例を表 5. 11 に示す。

表 5. 10　1 日単位でのスケジュールの一例

（事業名：第 3 回栄養教室）

10 回コースの第 3 回　実施主体：市町村

時間	内　容	会　場	担　当　者
9:00	受付	中会議場	食生活改善推進員 2
9:30	講義「健康と栄養・食生活」		管理栄養士 1
10:00	講義「暮らしの中の食品衛生」		食品衛生監視員 1
10:45	演習「食事バランスチェック」		管理栄養士 1
11:10	調理実習「バランスのとれた食事」	調理室	管理栄養士 1　栄養士（非常勤）1
12:30	試食	調理室	全スタッフ
13:00	意見交換会	中会議室	
14:00	閉会		

表 5. 11　予算の積算の例

（事業名：健康づくり実践発表大会）

節	積算根拠	
報償費 70 千円	謝礼	
	講師	@30, 000 円×1 人＝30, 000 円
	パネリスト	@ 8, 000 円×5 人＝40, 000 円
旅費 74 千円	交通費	
	講師（〇〇県）	@40, 720 円×1 人＝40, 720 円
	パネリスト（県内）	@ 6, 500 円×5 人＝32, 500 円
需用費 224 千円	食料費	
	講師等昼食	@ 1, 000 円×6 人＝6, 000 円
	消耗品費	
	PR 用チラシ	@10 円×10, 000 部×1. 05＝105, 000 円
	看板	60, 000 円
	資料	@100 円×500 部×1. 05＝52, 500 円
使用量及び賃借料 131 千円	会場使用量	
	〇〇会館大ホール（1 日）	78, 750 円
	冷暖房費	@6, 825 円×6 時間＝40, 950 円
	〇〇会館控室（1 日）	5, 000 円
	冷暖房費	@1, 050 円×6 時間＝6, 300 円
計	499 千円	

2）時間、人的・物的資源、予算が対処できない場合

プログラムの一部をとりやめる、事業を変更・縮小する、目標を下げる、介入方法を変える、次年度へ繰り越すなど、対処方法を検討する。その際には、次のことに配慮が必要である。

① 目標達成のための重要な要素（優先順位づけ）は何か
② 効果をあげるために最低必要な取り組みは何か
③ 介入しても効果がでないと思われる取り組みは何か
④ 目的を変更せずにどこまで目標をさげることができるか
⑤ 費用がかかるものは何か
⑥ 次年度繰り越しが可能か

プログラムを変更する場合は、関係者間で再度企画検討会議を開催し、目標やプログラム内容に矛盾がないか十分検討する。

3）実施の障害となる要因の検討

公衆栄養プログラム実施の障害となる要因は、上記以外にも、次のようなことが考えられる。

① 目標が高すぎる

変化は急激なものより、段階的なもののほうが実行しやすい。最初から高い目標を設定するのではなく、達成可能な低い目標から始め、段階的に上げていく方が効果的である。

② スタッフが慣れていない

スタッフが慣れていない手法は抵抗があるので、慣れた手法を用いる。新しい手法や計画している手法を初めて使うスタッフがいる場合は、十分な打ち合わせと研修が必要である。

③ 地域住民や地域組織へ情報提供が徹底していない

計画したプログラムを地域住民や組織に受け入れてもらうために、広報誌・マスメディアなどを活用したPRの徹底や住民・地域組織への説明会などを開催し、理解と協力を求める。

(2) 政策面のアセスメント

わが国の公衆栄養プログラムは、主として国や地方自治体などの行政機関による行政サービスの一環として実施されてきた経緯がある（図5.7）。そのため、計画の策定にあたっては、国や地方自治体による政策、公衆栄養関連法規、関係行政機関による現行の関連計画、各種制度による保健事業、既存の公衆栄養プログラムとの調整を図る**政策面のアセスメント**が必要である。

1）政策・法規・行政機関

国や地方自治体、関係機関では、健康政策、社会保障政策、教育政策などの公衆栄養活動に関りが深い政策が実施されている。これらは、健康増進・栄養関係の多くの法規に基づいて推進されている（図 5.8）。

公衆栄養プログラム策定および実施に際しては、関連分野における現行の政策、法規、行政機関などを把握し、それらの中で計画を推進する要因、または障害となる要因について事前評価を行う。さらに、その障害を取り除くための方策を考える。

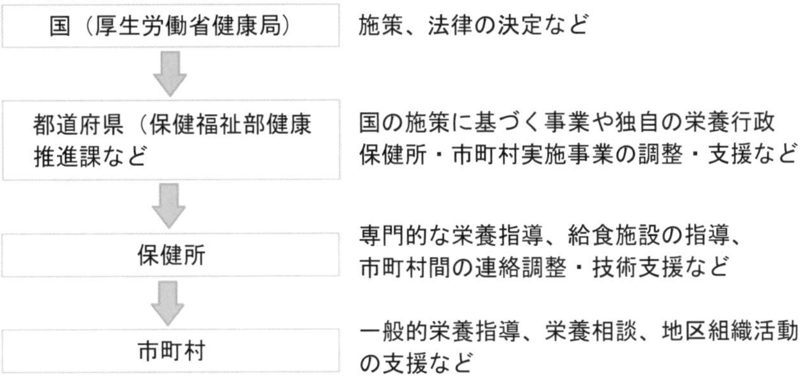

図 5.7　栄養行政の流れと主な業務

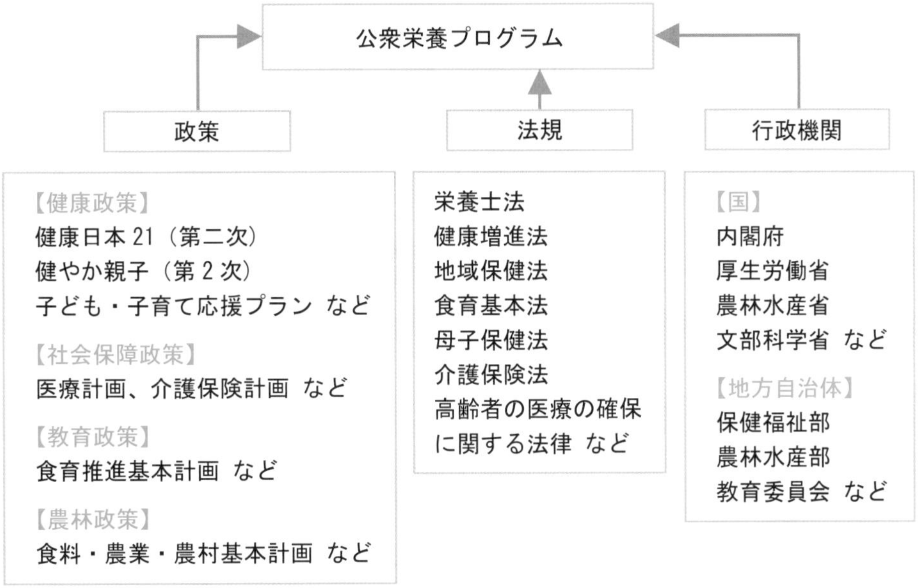

図 5.8　公衆栄養プログラムに関わる政策・法規・行政機関

2）現行の関連計画との調整

現在、国および地方自治体では、公衆栄養プログラムに関連するさまざまな計画が実施されている。プログラムの策定にあたっては、これらの関連計画と整合性をもつよう必要に応じて調整し、効果的かつ効率的な計画とすることが大切である。

公衆栄養プログラムに関係する現行の関連計画には、次のようなものがある。

① 21世紀の国民健康づくり運動（**健康日本21（第二次）**）（厚生労働省）

② 第三次医療費適正化計画（厚生労働省）

③ 健やか親子21（第2次）（厚生労働省）

④ 農林水産業・地域の活力創造プラン（農林水産業）

⑤ 食育の推進（内閣府、文部科学省、厚生労働省、農林水産省）

都道府県や市町村においてもこれらに沿った保健医療計画、健康増進計画、母子保健計画などが策定されている。プログラム計画では、これらの計画と整合性をもつよう、調整する必要がある。

3）各種制度による保健事業との調整

健康増進法、母子保健法、高齢者の医療の確保に関する法律などの関連法律に基づく事業や地方自治体独自の事業など、多くの保健事業が実施されている。

公衆栄養プログラムは、単独で行われる場合もあるが、健康づくり事業、母子保健事業や介護保険事業などの保健事業との関連が大きく、その一環として行われることも多い。そこで、他の保健事業を把握し、実施主体と連携を図ることは、実行性や実現性の高いプログラムとするために重要である。

4）既存公衆栄養プログラムとの調整

新規に公衆栄養プログラムを策定する場合には、既存のプログラムとの重複や欠落などを確認し、調整を図る必要がある。特に、プログラムの実施主体が異なる場合は、内容の重複、役割などの調整が不可欠である。プログラムの内容によっては、連携・協働することで効果や効率が上がることが期待できる。

例題5　公衆栄養プログラムの計画に関する記述である。誤っているのはどれか。1つ選べ。

1. 計画を策定する際のメンバー構成は、課題に応じて決定する。
2. パブリックコメントは、プログラムに関係する団体に対して行う。
3. 運営面のアセスメントは、実施階段の計画の変更を避けるうえで有効である。
4. 政策面のアセスメントには、現行の計画との調整が含まれる。
5. 公衆栄養プログラムの計画策定では、まず社会資源を把握することが重要である。

解説 2. パブリックコメントは、プログラムに関係する団体のみならず、広く国民から意見を募集するものである。 **解答** 2

4.3 計画策定

改善すべき課題に基づいて設定した目標を達成するために、運営面・政策面のアセスメント結果を踏まえて計画を策定する。計画策定時には、計画策定の必要性を地域住民や関係者に説明し、その意見を踏まえ、計画策定が必要か否かの合意を得る必要がある。行政サイドの一方的な計画や事業展開は、地域住民を含め関係者の協力が得られず、効果的な事業展開は難しい。

(1) 計画策定の必要性

計画策定の必要性を表 5.12 に示す。地域住民や関係者から合意を得るためには、計画策定の必要性だけでなく、事業の目的の他、波及効果、継続性、緊急性などの納得できる事業説明が必要である（アカウンタビリティ）。

表 5.12 計画策定の必要性

計画策定の効果	詳細説明
組織としての合意形成が図れる	概念、現状認識、課題などを共有することで、計画の必要性や到達目標を組織として認識できる
事業体系と目的が明確になる	活動の目標を明確にすることにより、目標達成のための手段としての事業が位置づけられ、個々の事業の役割が明確になる
資源や人材などの適正配分ができる	計画策定の過程において、「ニーズの設定」「優先順位の決定」「予算や人材配置方針」が明らかとなり、資源や人材の適材適所配置が可能となる
説明責任を果たせる	策定された計画をコミュニケーションツールとして活用することで、行政として説明責任が果たせる

(2) 計画策定の体制づくり

公衆栄養プログラムの策定にあたっては、行政関係者のみでなく、専門家、関係機関・団体や地域住民など幅広い関係者の参加が重要となる。計画を策定するためには、これらの関係者や関係機関に協力を求め、計画の体制づくりを行う。メンバー構成は課題に応じ、調整する必要がある。

【体制づくりのポイント】

① 計画策定には、公衆栄養活動の専門家だけでなく、関連分野の専門家や関連組織の協力もあおぐ。

② 計画策定には対象者にも参加してもらい、目的を共有する。

・地域の場合、自治体や食生活改善推進員組織などの住民組織の参加を求める。

・職域の場合、従業員のグループなどの参加を求める。

③ 対象者と計画を策定する組織との関係性を明確にする。

④ 計画を策定するメンバー構成は、解決する問題によって調整する。

(3) 計画書の作成

計画案が具体的になった段階で計画書として文書化する。これは事業を行う関係者間で事業の目的や方法などの情報を共有するために必要である。計画書に記載する基本的項目を（表 5.13）に示す。

表 5.13　計画書に記載する基本的項目

① 事業名	⑦ 実施方法
② 背景・目的	⑧ 実施における役割分担（専門性、関係機関・団体、住民）
③ 計画策定の必要性・優先性	⑨ 人的資源（協力者、協力体制）
④ 対象者	⑩ 物的資源（器材、施設など）
⑤ 期間	⑪ 予算
⑥ 事業によって目指す目標（評価指標）	⑫ 評価方法

(4) コミュニティオーガニゼーション

地域における健康課題を解決するためには、健康づくり計画のもとで、住民一人ひとりが「**自分達の健康は自分達で守る**」という考えをもち、積極的に健康づくり活動に参加することが必要である。それを可能にする前提条件のひとつに地域社会の組織活動（**コミュニティオーガニゼーション**）がある。

1) 役割

地域住民が自主的で組織的な活動を行うことであり、地区組織活動ともよばれている。公衆栄養活動とは、栄養・食生活に視点をおいた住民の健康づくり地区組織活動のことである。コミュニティオーガニゼーションは、地域の保健福祉活動の連携を図るためのネットワークづくりや健康増進・公衆栄養プログラムを策定し推進していくうえで、大きな役割を担う。

2) 目的

多くの地域住民が行政や専門家の支援のもとに連携して行う健康づくり活動を通して、住民一人ひとりの**自己管理能力の向上（エンパワメント）**や健康水準を向上させることにより、地域社会を基盤とする社会連帯意識を強化することである。

3）実践

公衆栄養活動におけるコミュニティオーガニゼーションの実践のひとつとして食生活改善推進員により、ボランティア組織活動の形で、地域の特性に応じて、肥満予防活動や減塩活動をはじめとするさまざまな地区組織活動が展開されている。

地域の健康・栄養課題は、コミュニティオーガニゼーションによって問題が解決されることが望ましい。しかし、現実問題として、地域住民のみの活動では、専門知識や活動資金などにおいて課題があり、限られた活動になる可能性もあるため、行政機関や専門家による支援やそれらとの連携が重要となる。

4）概念

コミュニティオーガニゼーションで主要な概念は、表5.14に示すように、①エンパワメント、②コミュニティの能力、③参加、④課題の選択、⑤批判的な意識とされている。

表5.14　コミュニティオーガニゼーションの主要概念

概　念	定　義	適　用
エンパワーメント	人々が彼ら自身の生活やコミュニティを変革していくための社会的な行動のプロセス。	コミュニティの人々は、願っている変化を起こすために、より力をつけることが待期される。
コミュニティの能力	コミュニティの特徴や能力は、問題を発見し、解決していく力がどのくらいあるかに影響する。	人々は、リーダーシップ、社会的ネットワーク、権力へのアクセスを通じて、コミュニティの生活に活発に参加する。
参加	組織化は、人々が立っているところから出発しなくてはならない。そして、コミュニティの人々が同じように関わるようにする。	コミュニティの人々は、主観的なニーズ、共有した力、資源についての認識に基づいて、自分達の課題をみつける。地域の能力は、地域で課題をみつけて、合意形成し、目標を達成することで得られる。
課題の選択	成功可能で、特定の課題を決める。その過程で、コミュニティの力を統一し、形成する。	コミュニティの参加により、課題をみつける。より広い戦略の一部として、ターゲットが決められる。
批判的な意識	変化をさせるための思考と行動を通じて課題の根本原因について理解する。	人々は、課題の根本原因やコミュニティの活動について対話をする。

4.4 住民参加

地域における健康課題を解決するためには、**住民参加**が不可欠である。ヘルスプロモーションの概念からも、住民自らが主体的に活動に参加することが重要である。

(1) 住民参加の進め方

住民が公衆栄養活動へ参加する際の段階には、表5.15に示す5段階があげられる。

表 5.15　住民参加の5段階（行政への住民参加の視点から）

	住民参加の段階	住民参加の方法
第1段階	**知らせること** 行政側から住民に一方的に情報を提供すること	公聴会、広報などの情報提供
第2段階	**相談、協議** 住民の意見を聴き、取り入れること	住民モニターから意見を聴く、要望書などから意見を取り入れる
第3段階	**パートナーシップ** 住民と行政側の交渉によって、権限の再分配をする。すなわち政策決定を共同で行うこと	計画策定組織に住民を入れる
第4段階	**権限の委譲** 特定の事業などについて住民側にその権限を委譲すること	
第5段階	**住民の自主管理** 政策決定から運営の全てを、住民側に移すこと	

(2) 計画策定におけるアプローチ

アプローチとして、次の2つの手法がある（表 5.16）。

1）課題解決型アプローチ

① 実施者（専門家）が理想の姿を提示する。

② 現状を把握して課題を選び出す。

③ 住民の参加により、どのように解決すればよいかという議論を行い、目的を共有して計画を策定する。

2）目的設定型アプローチ

① 住民を含めた参加者全体で、目的となる理想の姿を協議し、目的を共有することから出発する。

② 目指す方向性を考え、現状を把握する。

③ 問題の明確化、計画策定へと進める。

4.5 プログラムに関連する関係者・機関の役割

公衆栄養プログラムは、実施主体となる保健所・保健センターなどの行政機関の他に、関連するさまざまな関係機関が参加して実施される。行政栄養士が担うべき業務については、厚生労働省通知「地域における行政栄養士による健康づくりおよび栄養・食生活の改善の基本方針について」（2013年3月29日）に示されている（表 5.17）。

表 5.16 計画策定のアプローチ[1)]

	課題解決型アプローチ	目的設定型アプローチ
方法	専門家が考えた 理想の姿 ↓ 現状把握 ↓ 課題の明確化 ↓ 計画策定	皆で考える 理想の姿←目的の共有 ↓ （住民参加） 現状把握 ↓ 課題の明確化 ↓ 計画策定
利点	1. 実現可能な計画が策定できる 2. 比較的短時間で策定可能 3. 関係者間の調整が容易 4. データに基づく戦略策定が容易	1. 目的の共有化が図りやすい 2. 住民が目的の議論に参加できる
欠点	1. 専門家まかせになりやすい 2. 目的を意識した議論が少ない	1. 住民に高い意識が必要 2. 事務局に一定以上の能力が必要 3. 比較的時間がかかる 4. 実現困難な計画になる可能性がある

表 5.17 地域における行政栄養士による健康づくり及び栄養・食生活の改善の基本方針

1. 都道府県	2. 保健所設置市及び特別区	3. 市町村
(1)組織体制の整備 (2)健康・栄養課題の明確化とPDCAサイクルに基づく施策の推進 (3)生活習慣病の発症予防と重症化予防の徹底のための施策の推進 (4)社会生活を自立的に営むために必要な機能の維持及び向上のための施策の推進 (5)食を通じた社会環境の整備の促進 ①特定給食施設における栄養管理状況の把握及び評価に基づく指導・支援 ②飲食店によるヘルシーメニュー提供等の促進 ③地域の栄養ケア等の拠点の整備 ④保健、医療、福祉及び介護領域における管理栄養士・栄養士の育成 ⑤健康増進に資する食に関する多領域の施策の推進 ⑥健康危機管理への対応	(1)組織体制の整備 (2)健康・栄養課題の明確化とPDCAサイクルに基づく施策の推進 (3)生活習慣病の発症予防と重症化予防の徹底のための施策の推進 (4)社会生活を自立的に営むために必要な機能の維持及び向上のための施策の推進 ①次世代の健康 ②高齢者の健康 (5)食を通じた社会環境の整備の促進 ①特定給食施設における栄養管理状況の把握及び評価に基づく指導・支援 ②飲食店によるヘルシーメニュー提供等の促進 ③保健、医療、福祉および介護領域における管理栄養士・栄養士の育成 ④食育推進のネットワークの構築 ⑤健康危機管理への対応	(1)組織体制の整備 (2)健康・栄養課題の明確化とPDCAサイクルに基づく施策の推進 (3)生活習慣病の発症予防と重症化予防の徹底のための施策の推進 (4)社会生活を自立的に営むために必要な機能の維持及び向上のための施策の推進 ①次世代の健康 ②高齢者の健康 (5)食を通じた社会環境の整備の促進 ①保健、医療、福祉および介護領域における管理栄養士・栄養士の育成 ②食育推進のネットワークの構築 ③健康危機管理への対応

出典）「地域における行政栄養士による健康づくり及び栄養・食生活の改善の基本方針について」健が発0329第4号（2013年3月29日）から作成

(1) 保健所

1994（平成6）年に**地域保健法**が成立し、行政組織としての保健所と市町村の役割が見直された。保健所は、都道府県、指定都市、中核市その他の政令で定める市または特別区が設置できる。保健所には、管理栄養士・栄養士をはじめ医師、歯科医師、薬剤師、保健師などの保健医療職が配置され、連携して公衆栄養業務に関わっている。また、**健康増進法**で保健所を設置する都道府県知事（または市長・特別区区長）は、専門的な知識および技術を必要とする栄養指導業務や特定給食施設の指導に対する指導や助言を行う者として、医師または管理栄養士の資格を有する職員を、**栄養指導員**に命ずるとしている。

(2) 市町村保健センター

地域保健法によると、市町村保健センターは住民に対し健康相談、保健指導及び健康診査その他地域保健に関し必要な事業を行うとされている。また「地域保健対策の推進に関する基本的な指針」(2022年2月1日 厚生労働省告示 第24号) では、「住民に身近で利用頻度の高い保健、福祉サービスを一元的に実施する」とされている。これらにより、市町村では母子保健サービスや高齢者福祉サービス、介護保険サービスなどと一体化した健康づくりサービスがなされており、住民に直結した身近な保健活動において、重要な役割を担っている。

(3) 保健医療従事者

地域には、医師、歯科医師、管理栄養士・栄養士、薬剤師、看護師、助産師、歯科衛生士、理学療法士、作業療法士、言語聴覚士、社会福祉士など多くの保健医療従事者がいる。大部分は法的に資格や業務が定められている。これらの医療関係者はそれぞれの専門職種としての職能団体を組織していることが多い。例えば、医師会、歯科医師会、栄養士会、薬剤師会、看護協会などである。これらの専門職団体は公益法人として地域社会に貢献する公益事業を展開しており、地域での公衆栄養活動にはこれら職能団体と連携することが重要である。

(4) ボランティア

食生活改善推進員は、公衆栄養の分野で最も古くから地区組織活動に取り組んでいる。1959（昭和34）年厚生省（当時）の「栄養及び食生活改善地区組織の育成について」に基づいて養成が開始されたボランティア組織である。健康づくりや食生活改善、生活習慣病予防、食育活動、介護予防事業などに大きな役割を担っている。

(5) 民間企業、関係団体、非営利団体（NPO）

行政機関に限らず、民間企業、関係団体、非営利団体（NPO）などと連携を図り、また計画段階から情報の共有化を図ることが大切である。食育基本法施行後、「食育」

をキーワードに民間企業の社会活動が盛んになっている。公衆栄養改善活動に関する事業協賛、共同研究などが期待できる。その他食環境の整備において、民間企業の活動は非常に強い推進力となっている。外食や加工食品の利用が増加するなか、QOL を高める食品の提供、それらの情報提供、また飲食店の栄養成分表示事業や特定給食施設における栄養情報の提供なども民間団体によって実施されることが多い。

5 公衆栄養プログラムの評価

公衆栄養プログラムは、アセスメント→計画→実施→評価という一連の流れのなかで行われ、評価はそのなかでプログラムの適正を測るものであり、プログラムがどのような成果をもたらしたのか、期待した結果が得られなかったのかを評価して、その情報が次のプログラムの計画作成に役立てられるようにしなければならない。実施されたプログラムの何が問題で、何がよかったのかについてフィードバックされることが必要である。評価のデザインなど詳細についても、プログラムの計画策定の段階から行うようにすることが望ましい。

5.1 評価の種類

プログラムの評価は、大きく企画評価（インプット）、過程評価（アウトプット）、結果評価（アウトカム）の 3 つに分かれる。プログラム実施後には、経済評価、総合評価も行う。評価は、目標達成の状況を検証するために行われるが、この評価を実施するにあたって、日々の詳細な観察と記録が必要となる。この日々の詳細な観察と記録のことをモニタリングという。評価は、どのような点についてモニタリングするかあらかじめ決めて、プログラムの何がうまくいっていて、何がうまくいっていないかを測定することができるようにする。モニタリングする項目には、プログラムの企画進行の記録や、参加人数、参加スタッフの状況、タイムスケジュール、会合の実施状況、地域の反応などがある。結果の評価に先立ち、結果の指標の定期的点検と記録で、中間的な評価や当初のプログラムの修正にも活用される。

評価に役立つさまざまなモデルが提唱されている。グリーンのモデル（みどりモデル）とよばれる**プリシード・プロシードモデル**（PRECEDE-PROCEED モデル）（図 5.9）は、保健プログラムの企画・評価モデルである。プリシードの部分は、計画策定に関わる部分であるが、プロシードは、実施後評価に関わる部分である。実施（第五段階）→ 経過評価（第六段階）→ 影響評価（第 7 段階）→ 結果評価（第 8 段階）となっている。WHO の提唱している**健康影響査定**（HIA）[2)]などがある。

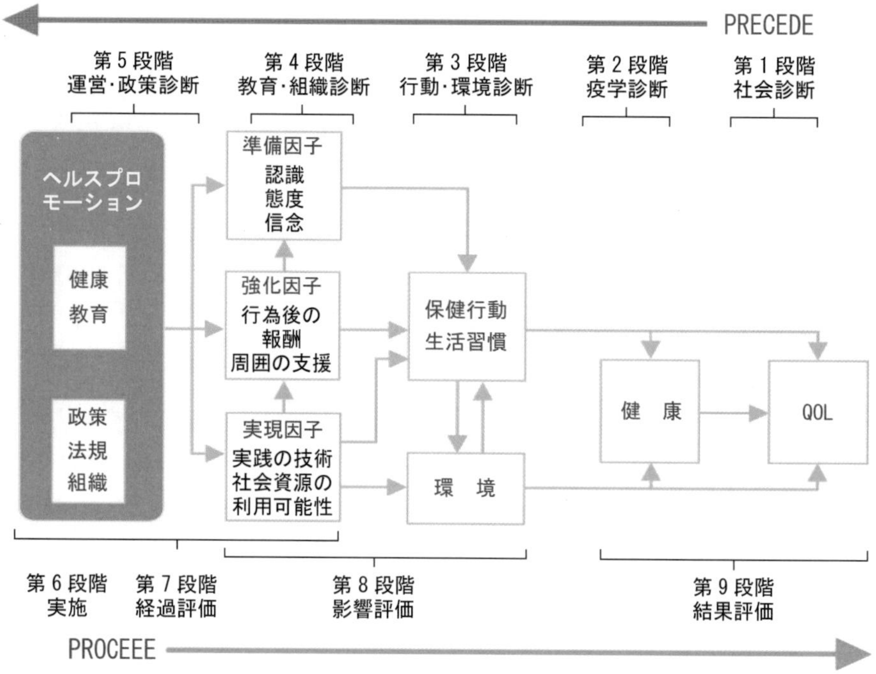

図5.9　プリシード・プロシードモデル[1)]

(1) 結果評価

結果評価は、公衆栄養プログラムによって、地域診断で抽出された問題に対して、どれだけ改善できたかどれだけ変化したかという指標である。健康状態、栄養状態、QOLの改善状況、目標への達成度などである。具体的な評価指標として、罹患率、有病率、死亡率、客観的・主観的健康度、QOL関連指標などがある。公衆栄養学的に介入が容易で変化が起きやすい因子は、結果評価として適しているが、変更困難な指標は、計画段階で、介入プログラムから外しておくか、その他の指標も結果評価として加えておくべきである。

(2) 過程（経過）評価

アウトカムを生じさせるものはアウトプット（プログラムの実施量）である。過程評価とは、アウトプットの質と量を評価するものである。計画したプログラムが本当に実施されているのかどうかを確認することである。プログラムの実施状況、スタッフの活動（情報収集、問題分析、目標設定、プログラムの実施状況）、対象者の活動（サービス、事業に対する満足度、継続率、参加状況等）社会資源の活用状況、地域社会の反応などモニタリングを継続して評価に用いる。また、過程評価は、スタッフや対象者に対するアンケートやインタビューで評価される。過程評価は結果評価を説明するためにも不可欠であり、フィードバックが行われることにより、プログラムをよりよい方向へ導くものとなる。

(3) 影響評価

影響評価は、プリシード・プロシードモデルの第2段階で設定した目標となる行動やその準備要因・強化要因・実現要因、環境要因の各目標が達成されたかどうかを評価する。グリーンらは、影響評価を公衆栄養プログラムの直接的な効果を評価する段階と定義している。すなわち、目標に対する活動や行動の変容などに影響を与える、**準備要因**（知識、態度、信念、技能、行動などの変化）、**実現要因**（社会的資源利用度に関する変化等）、**強化要因**（周囲の支援、対象者に影響を及ぼす環境、対象者が所属する組織の反応の変化、周囲の理解の変化等）、あるいはその行動に影響のある環境要因がある。

1）準備要因

保健行動のモデルとして、**ヘルス・ビリーフモデル**（health berief model）がある（図5.10）。このモデルの概念は、ローゼンストックによって提唱され、その後ベッカーによって発展し広く用いられている、予防的な健康行動を説明するものである。対象者の健康に関する信念は、行動を起こすかどうかに必須であり、その信念が変わるように働きかけることにより、行動が変化するということを示したモデルである。人が健康によいとされる行動をとるようになるには、予防行動の利益の自覚（有益性）と予防行動の障害性の自覚（障害）の差が、実行の可能性を決定するとしている。

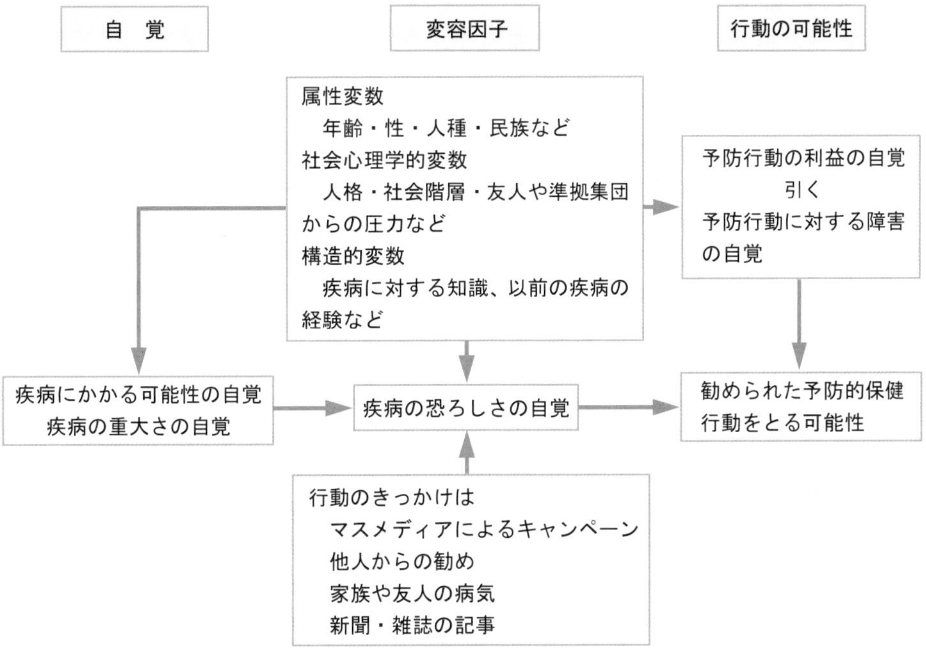

図5.10　ヘルスビリーフモデル[2)]

糖尿病の患者さんが、医師より栄養指導を受けるように勧められた場合、患者さんは糖尿病であるが、合併症になって重大な状況になるとは考えていない。しかし、知識としては目が障害を受けることは知っている（重大性）。栄養指導を受けたら糖尿病の症状は改善することができるのか（有益性）、しかし食事制限の実行は難しそうだ（障害）と判断する。患者さんにとって、プラス面とマイナス面のどちらが大きいかで、健康によいとされる行動が起こるかどうかの可能性は異なる。保健行動に関する判断は、人によって異なり、動機づけに関連する知識、信念、価値観などを準備要因として評価する。

2）実現要因

アルバート・バンデューラが提唱した主要な概念のひとつに**自己効力感（セルフエフィカシー**：self-efficacy）がある。バンデューラは、人の行動が大きく変わるには、自分の持つ力を信じることほど大きな力を持つものはないとした。自分自身が有効に活用できる技術や力を持っていると確信することで行動を起こすようになるというのである。「自分にはある目標を達するための力がある、能力がある」＝行動を起こす前に感じる「できそう！」という気持ちや「自分にはこれならできるのではないか」という気持ちが自己効力感である。この概念を**図5.11**に示した。人が行動を実行するには、その行動をとるとどんないいことがあるのかと考える「**結果期待**」と、その行動を実行できると考える「**効力期待（自己効力感）**」の2つの期待が必要であるとした。

また、プロチャスカによって考え出された、**トランスセオレティカルモデル**（**行動変容段階モデル**）がある。これは、変容のステージ、意思決定バランス、自己効力感、変容のプロセスの4つの概念で構成されている。対象者の行動の変容をひとつのプロセスとして捉え、変容過程をその準備性から5つの段階（ステージ）に分類している。対象者の行動変容の段階がどの段階にあるかによって、その段階に応じた働きかけが必要だとしている。5つのステージは、**前熟考期（無関心期）→ 熟考期（関心期）→ 準備期 → 行動期 → 維持期**である。この段階を特徴づけているのは、「自己効力感」、「意思決定のバランス（有益性と障害）」である（**図5.12**）。行動変容を援助するためには、対象者が今どこのステージにいるかを把握することが重要である。

保健行動を行っていく能力・技術（スキル）に関係するものは実現要因と考えることができる。また、その行動に影響を与える環境要因である、各種医療資源や地域資源の利便性、関係法規や条例、地域ネットワークなどは重要な実現要因といえる。

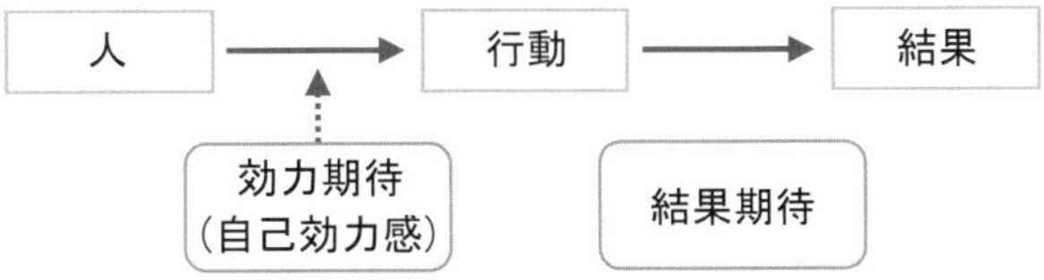

図 5.11　社会的認知理論（効力期待と結果期待）

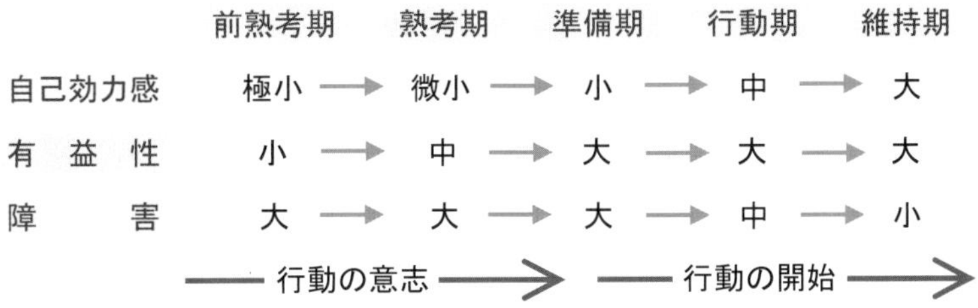

図 5.12　トランスセオレティカルモデル

3）強化要因

保健行動を継続するために機能する強化要因は、動機を行動に結びつけ、その行動が維持されるのに必要である。周囲の環境や周囲の人の態度など環境要因である。社会的称賛が得られることにより、行動は継続されるが、それが得られない場合は行動が弱まることもある。家族や日常的に接する人々の応援やサポート、自らの役割のモデルとなる人々（尊敬する仲間、信頼する先生、あこがれのテレビタレント等）がある。これらの要因により、行動変容が維持される。

(4) 経済評価

公衆栄養プログラムを実施する場合は、ボランティアが実施したとしても予算が必要である。経済評価は、投入された費用と結果として産出（改善、獲得）された**健康結果**とを検討する[2]ことである。健康結果は、得られた私益として評価され、指標として効果、効用、便益がある。効果は、身体的、社会的な直接の機能の変化で、例として、死亡率、救命率、生存期間、平均寿命、要介護割合、体重減少、血圧降下などがある。効用は、効果を患者や家族の価値観によって評価しなおしたもので、生活の質（QOL）、**質を考慮した生存年数**（quality ajusted life years：QALYs）がある。便益は、効果を経済的に貨幣価値により評価しなおしたもので、労働可能期間を生産価値に置き換えたものなどである。経済評価には、費用とその結果としての効果、効用、便益との関係を検討する**費用効果**（cost/efficitiveness）**分析と費用効用**（cost/efficacy）**分析**、**費用便益**（cost/benefit）**分析**がある（図 5.13）。

また、公衆栄養活動には、有害事象が伴う場合もあるため、実際の費用効果＝（有益な結果－有害な結果）／費用で計算が必要である。

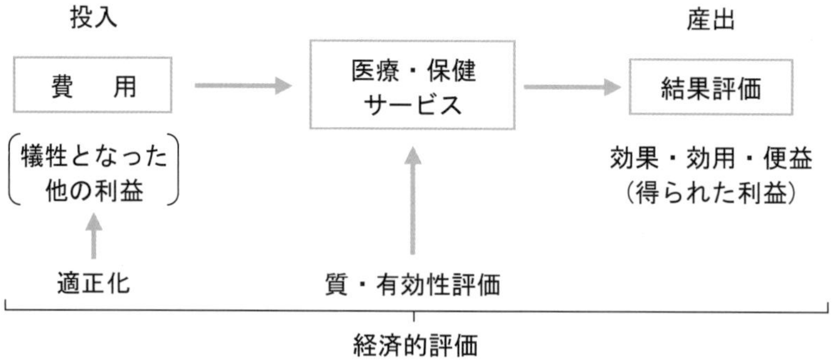

図 5.13　保健に投入する費用と得られる健康改善の評価[3)]

(5) 健康影響査定（HIA）

健康影響査定（Health Impact Assessment：HIA）は、プログラムが集団の健康にどのような影響を与えるかを予測・評価するための一連のプロセス、方法のことで、利益と不利益の両方を評価する。健康の便益を促進し、かつ不利益を最小にするように政策を最適化していく一連の過程とその方法論である[4)]。HIA では、健康を身体的、精神的、および社会的な視点から定義している。HIA が対象としている健康影響は、身体、精神および社会的な変化に関するあらゆる変化や影響についてであり、これらは客観的な方法・指標によって測定可能な変化だけでなく、主観的な感覚、活力、不安、生活の質に関する影響も含まれているとしている[5)]。人々の健康は広範な社会経済要因によって影響されるという考え方で、健康影響を評価し、HIA を実施することで、①広範囲な健康の定義、②保健医療以外の政策における健康配慮、③分野横断的な政策協議（Health in All Policies）、④住民参加・利害関係者の関与、⑤事前のリスク対応というようなメリットが期待される。新しい施策、方針、事業などが提案された際に、それに伴う健康影響をアセスメント（事前に予測）し、想定された不利な健康影響を減じ、また健康上の便益を促進するような対策を予め備えるための一連の手続きのことである。

HIA の手順を**図 5.14** に示した。スクリーニングでは、事業の目的、対象となる集団、事業を行うことで予想されるメリット、事業を行うことで、逆に不利益を来す集団はないのか、不利益の内容はどういったもので、その影響の確からしさや強さはどの程度のものなのかなどをチェックする(スクリーニング)。スクリーニングの結果、「健康に影響（良・悪）がある。」と判断される項目が全体の過半数を上回った場合、この事業は健康に影響があると見なし、本格的な HIA を行なう。まず、事業により影響を受ける（与える）利害関係者集団（住民や関連部署の公務員など）を結成する（ステアリンググループ）。ステアリンググループは、どのタイプの HIA

にするのか、会議の日程やHIAにかかる費用を決める（スコーピング）。公開されている政策分析、該当地区のプロファイル（人口構成、疾病統計など）、ヒアリングやアンケート実施を行う定性・定量データの収集などをもとに事業全体のアセスメントを行った後、再びステアリンググループでアセスメントの結果をもとにさらに議論を深め健康影響査定を行う。最終的には事業のよい面を伸ばし、悪い面を低減する案を出して関連部署へ提出する。ステアリンググループは、事業が実行された後も定期的なモニタリングを行い、フィードバックして繰り返し健康影響査定を行うことでさらによりよい事業にしていく。

5.2 評価のデザイン

評価（研究）方法は複数存在するが、それぞれ利点と欠点をもっている。明らかにしたい事実について、どの評価（研究）方法を採用したら最も適切なのかを考える必要がある。これら複数の手順・方法のなかで最適な評価（研究）デザインを採用する。

評価（研究）デザインの分類方法を表5.18に示した。研究方法の分類も研究者によってさまざまであるが、一般的に、大きく分けて**観察研究**と**介入研究**がある。観察研究とは、調査対象者に対して、ありのままの状態を調査・研究するのみで、介入を伴わない現象そのものを調べるものである。これに対して介入研究では、曝露状況を介入によって変化させ、その後どうなるか検討を加える。

観察研究には、多くの研究方法があり、記述疫学研究、生態学的研究、横断研究、コホート研究、症例対照研究がある。分析疫学は、記述疫学研究などから得られた、関連があると疑われた要因（仮説要因）と疾病との統計学的関連を確かめ、要因の因果性を推定する方法である。仮説の検証を主な目的とする。分析疫学は、生態学的研究からコホート研究までをいう。

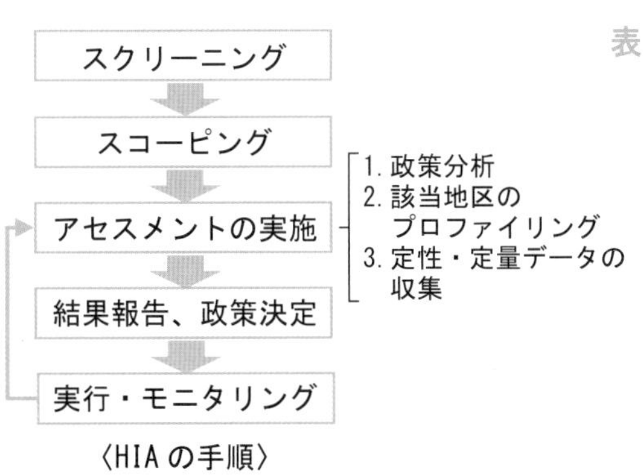

図5.14　健康影響査定の手順[7]

表5.18　評価（研究）デザインの分類

1. 観察研究
　①記述疫学研究
　②生態学的研究
　③横断研究
　④コホート研究
　⑤症例対照研究

2. 介入研究
　①個人割付介入研究
　②集団割付介入研究

どの研究デザインを用いるかはとても重要である。何の目的で何を明らかにするのか、そしてその研究デザインでそれが明らかになるのか、なぜその方法が適しているのか、それぞれの研究デザインの特徴を理解し、欠点や長所を把握したうえで、最適な研究デザインを選択する。そして、得られた結果の評価を行う際も研究デザイン、計画・実施段階の質を判断しながら総合的に行うことが求められる。記述疫学は、仮説を立てるために用いられることが多いが、原因と結果の因果関係に対する信頼度は、生態学的研究＜横断研究＜症例対照研究＜コホート研究＜無作為化割り付け比較試験の順に高い。

(1) 記述疫学研究

記述疫学研究は、曝露については考えないで、疾病の頻度を明らかにしようとするものである。人間集団における疾病の疫学特性（発症頻度、分布、関連情報）を人、場所、時間別に詳しく正確に観察し、記述する研究である[8]。「人」における性、年齢、人種、遺伝、家族歴など、「場所」としての国際比較、国内では地方別、県別市町村別、南北差、都市・農村差研究結果に基づき、発生要因の仮説設定、「時間」としての年次変化、趨勢（長期）変化、周期変動、季節変動など観察する。研究結果に基づき、発生要因の仮説設定が行われる。曝露についてはほとんど検討していないが、疾病の原因などを検討する場合には、重要な情報となることがある。

(2) 生態学的研究

生態学的研究は分析対象を個人でなく、地域または集団単位（国、県、市町村）とし、異なる地域や国の間での要因と疾病の関連を検討する方法である。観察単位は集団であり、既存の集団のデータを利用して、曝露と疾病頻度の関係を比較する。

動物性の飽和脂肪の摂取量が多いと、虚血性心疾患による死亡率の高いことはよく知られているが、フランスでは、飽和脂肪（乳脂肪）の摂取量が他の国々と比較して虚血性心疾患による死亡率が大変低いというフレンチパラドックスとして注目された。図5.15のグラフは、各国の乳脂肪の摂取量と虚血性心疾患の死亡率をプロットしたものである。これは、既存の集団としての各国のデータを用いた生態学的研究の例である[9),10)]。

生態学的研究は、既存のデータを利用するので、他の疫学研究に比して経費や労力がかからないという利点がある。しかしながら、欠点として曝露や疾病発生を個人単位でなく、集団としてしか把握していないことがあげられる。生態学的研究は、その結果をもとに仮説設定を行い、その後の研究を別の研究で実施し確認するのが好ましい。集団の結果を個人に適用できるとは限らない。しかし、環境汚染等の評価などには集団としての曝露の情報が有用である場合もある。

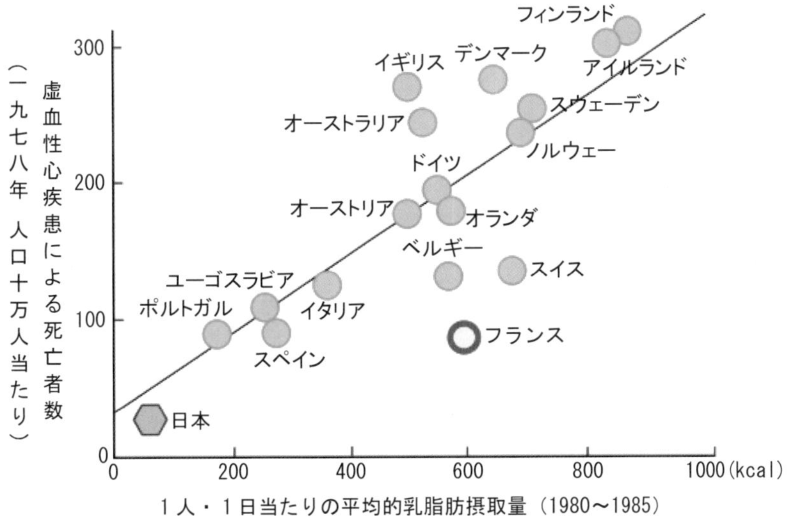

図 5.15　平均乳脂肪摂取量と虚血性心疾患による死亡率

(3) 横断研究

横断研究はある集団のある一時点での疾病（健康障害）の有無と要因の保有状況を同時に調査し、関連を明らかにする方法である。断面研究ともよばれる。一度の調査で曝露要因と疾病の関連を評価するため、罹患率でなく有病率が用いられる。横断研究の利点は、曝露要因と疾病の関係を比較的容易に安い費用で検討することができるという点である。また、調査時点での曝露要因を調査するため、過去を振り返ったりする必要がなく正確である。しかし、欠点としては、疾病の発生によって変化する曝露については、疾病になったので曝露要因が変化したのか、曝露要因が原因で疾病が発症したのか、曝露要因と疾病の時間的前後関係を明らかにできない点である。そのため、横断研究では曝露要因と疾病が関連あるとしか言及できず、因果を明らかにすることができない。

図 5.16 に横断研究の例を示した。個人の血圧の状況と食塩の摂取量を同時に調査して関連が認められたとしても、減塩を心がけたので血圧が低下したのか、血圧が高いと指摘されたので、減塩を心がけたのか分からない。あるいは、食塩の摂取量が多いので血圧が高くなったのか、血圧が高い人は食塩濃度が高いものを好むという結果だったのか不明である。ある一時点を調査しているので、時間軸が欠けているという欠点がある。曝露要因が時間的に先立ってあって、その後に疾病を発症することで因果がいえるようになる。

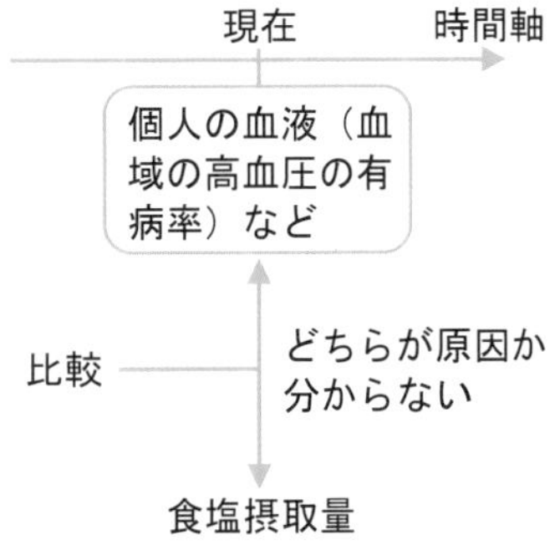

図 5.16　横断研究

(4) コホート研究

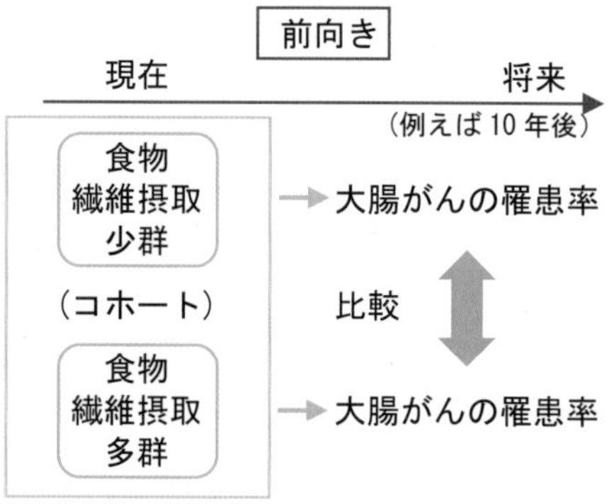

図5.17　コホート研究

コホート研究は、曝露要因と疾病との関係を検討するときに、曝露要因が先にあり、その後に起きる疾病の発症を検討する。すなわち、調査時点で、仮説として考えられる要因をもつ集団（曝露群）ともたない集団（非曝露群）を追跡し、両群の疾病の罹患率または死亡率を比較する方法である。また、どのような要因をもつ者が、どのような疾病に罹患しやすいかを究明し、かつ因果関係の推定を行うことを目的としている[8)]。

図5.17にコホート研究の例を示した。現在の食物繊維の摂取量が多い群と少ない群を追跡し、大腸がんがどのくらい発症するかを明らかにする。曝露要因が先にあり、大腸がんの発症はその後に起きる。ここで、前向きという時間軸が存在する。「曝露」→「疾病発症」の方向性で因果を考える。曝露の有無から発症を考えるので、曝露情報の妥当性は高いので、因果を推定するには説得力が高くなる。しかし、疾病発症までは時間がかかり、手間、研究費がかかる。まれな疾患を対象とする研究では、因果の推定は不可能な場合が多い。

(5) 症例対照研究

症例対照研究は、疾病の原因（曝露要因）を過去にさかのぼって探そうとする研究である。コホート研究では、まれな疾患を対象とするのは不可能なことが多いと述べたが、まれな疾患の発症と曝露要因の関連を検討する場合に適している。

図5.18に症例対照研究の例を示した。現在の肺がんの疾病のある群とない群の2群間の、過去の曝露要因（喫煙習慣）の有無を調べる。観察の方向性は後ろ向きで、「曝露」←「疾病発症」が観察の方向となっている。目的とする疾病（健康障害）の患者集団とその疾病に罹患したことのない人の集団を選び、仮説が設定された要因に曝露されたものの割合を両群比較するのである。オッズ比（相対危険の近似値）から因果関係の推定が可能となる（図5.19）。

症例対照研究の最大の利点は、経費、手間、時間がかからないことである。これが、コホート研究と比較して優れた点である。また、疾病発症がスタート時にあるので、まれな疾患でも症例数を集めることは可能である。曝露が前に先行し、疾病が後に起きるため、時間軸が設定され、因果についても検討ができる。しかしながら、曝露情報を過去にさかのぼり収集するので、記憶があいまいだったりするためコホート研究と比較すると曝露情報の妥当性は低くなってしまう。

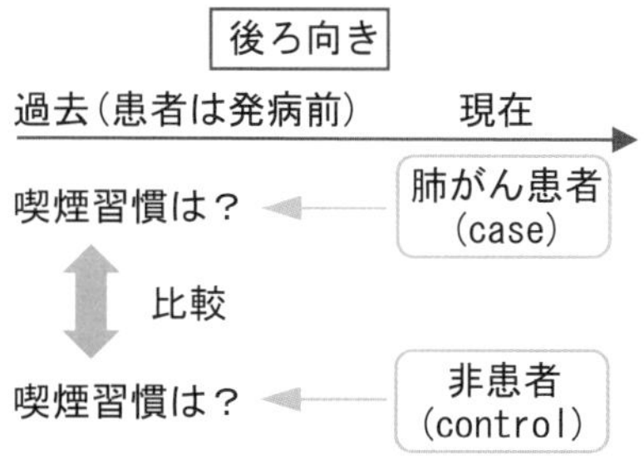

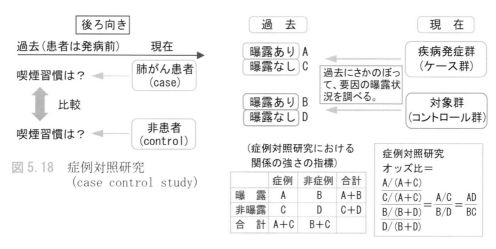

図 5.18　症例対照研究
(case control study)

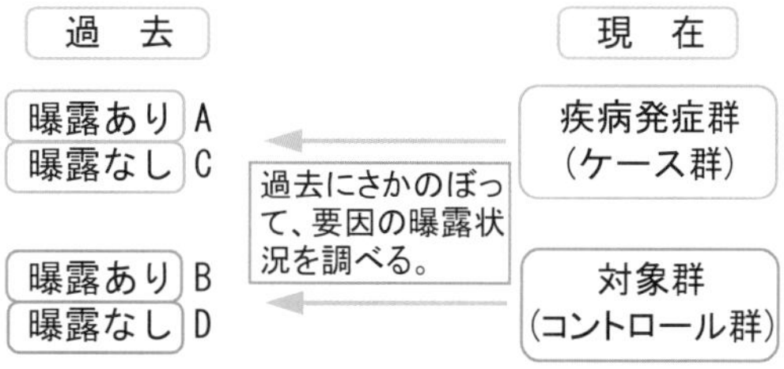

(症例対照研究における関係の強さの指標)

	症例	非症例	合計
曝　露	A	B	A+B
非曝露	C	D	C+D
合　計	A+C	B+C	

症例対照研究
オッズ比＝

$$\frac{A/(A+C)}{C/(A+C)} \Big/ \frac{B/(B+D)}{D/(B+D)} = \frac{A/C}{B/D} = \frac{AD}{BC}$$

図 5.19　症例対照研究におけるオッズ比

(6) 介入研究

介入研究は、曝露要因と疾病発生の関係を明らかにするうえで最も強力な研究デザインである。介入研究における結果評価の重要な目的のひとつは、因果関係を明らかすることである。因果関係を明らかにするためには、曝露要因が疾病発症に先立ってある時間の概念が必要となる。したがって、介入プログラムを曝露要因とすると、介入後に結果（アウトカム）が生じるため、因果関係の推定が可能となる。

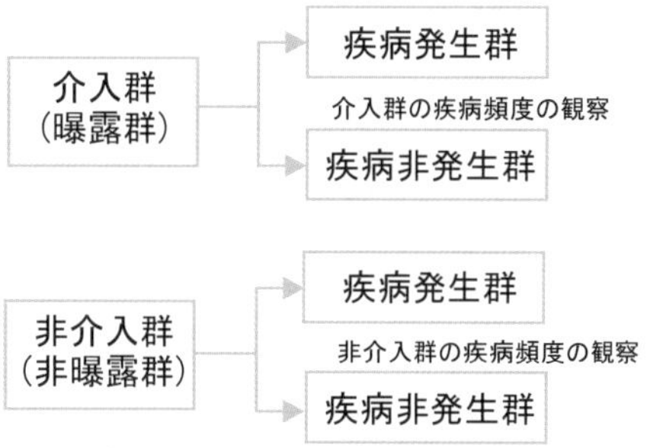

図 5.20　介入研究

介入研究の流れを図 5.20 に示した。コホート研究と似ているが、異なるのは介入の有無であるため、介入群と非介入群（コントロール群）の比較を行う点にある。

1）非無作為化試験

介入研究では、介入群と非介入群の結果を比較するが、どうやって介入群と非介入群を選ぶかが大切となる。**非無作為化試験**は、2 つの群に分ける際に無作為(ランダムに）に分けている研究をさす。例えば主治医、病棟、病院など恣意的に治療群と対照群を割り付けられることで、両者の性質に偏りが生じやすくなり、結果に影響が生じる恐れがあるためランダム化比較試験よりもエビデンスレベルが低いとされている。

2）無作為化比較対象試験

介入群とコントロール群のベースライン特性が偏らないようにすることは、両群を比較するには重要である。**無作為比較対照試験**（randomized controlled trial :

RCT）は、無作為（ランダム）に介入群とコントロール群に割り付ける介入研究である。RCTは、因果関係を明らかにする研究としては、最もエビデンスが高い研究とされている。

無作為に割り付けるだけでなく、コントロール群には介入しないだけでなく、プラセボの投与を行うことで、対象者が自分は介入群かコントロール群か分からなくするなどの工夫がされる。また、**二重盲検**といって、研究者自身もどちらが介入群かどうか分からないようにする方法もある。

5.3 経過（過程）評価の方法

(1) 経過評価のための情報収集

公衆栄養活動や公衆栄養プログラムが、どのように実施されているかを実施中に評価を行うことを過程評価という。計画された期間（時間）、資源（担当者やボランティアなどの従事者、施設、物資）、経費（予算）が適正に運用されているかなどについて評価を行う。初期の過程評価は、プログラムを修正する（フィードバック）ために使われ、後期に行う場合は次のプログラムを計画するために活用される。過程評価では、予定通り計画された方法で行われているか、対象者集団にプログラムは届いているか、時間は十分充てられているか、支援は十分かなどについて質問を行う。

WHOでは、保健プログラムの評価の視点として4つをあげている。①実効性：目標は達成されたか。②効率性：目標達成のために経費はどのくらい使われたか。③適切性：目標達成のために最も有効な手段がとられたか。④妥当性：目標の設定は妥当であったか。

また、具体的に①どのくらいの多くのメッセージが、②どのくらいの頻度で、③いつ、④誰に対して、⑤誰によって広められたか、ということの情報を集める。言い換えると、「キャンペーンや教育プログラムが、計画され、意図された通りに実施されているか」（WHO:Preparation and Use of Food Based Dietary Guidelines. Technical Report Series 880,1998）ということである。

いずれの情報も、対象者の性、年齢、個人の生活歴、ライフサイクル、現在の身体的、精神的、社会的状況を考慮して決定されるもので、個人特性や地域特性についても適正に評価できるように、総合的に情報を収集する必要がある。それによって適正な評価が可能となる。

(2) 過程評価のためのモニタリング

モニタリングの方法として、郵送調査、電話調査などのアンケート調査、個別・集団面接、また対象集団での討論（ブレインストーミング、バズセッション）がある。ブレインストーミングとは、ある議題についてアイデアを出したい場合や、問題点を列挙したい場合などに、複数人が集まって自由に意見を述べる方法のことである。この方法により、新たな発想を生みだすことが期待できる。ブレインストーミングにはいくつかのルールがある。ひとつは、人の意見を否定しないことである。意見が否定されると、否定された本人も、その場にいる他者も、新たなアイデアを言い出しにくくなってしまうためである。また、もうひとつのルールは、意見の質よりも量を重視することである。突飛な意見や個人的に重要ではないと思われる意見も、すべて思いついたことは発言し、列挙することが大事だとされている。一方、バズセッションは、参加者を少人数のグループ（原則６名）に分けて、自由に討議させ、そこで得られた結論をグループの代表者が発表し、さらに参加者全体としての討議を進める、というものである。バズとはハチのブンブンという羽音のことで、討議が活発に行われる様子をさしている。

(3) 資源の活用状況・プログラムの進捗状況

資源が適切に活用されているかについて評価すると、プログラムが円滑に進められていたかどうか把握できる。地域の資源を適切に活用できていることは、プログラムがうまく機能していることにつながる。資源は、大きく予算、人材、時間の３つがあげられる。予算の内容は、消耗品費、人件費、謝礼金、旅費、印刷費、会議費、資料費、通信運搬費、運営費などがあげられる。人材は、行政職、保健師、管理栄養士・栄養士、その他の医療従事者、ソーシャルワーカー、事務作業員、ボランティアなどである。最後に、準備にかかった時間、予備テストの実施、教材作成、配布、連絡調整、フォローアップにかかった時間などについて評価を行う。プログラムの進捗状況は、時間的経過に沿ってチェックするが、時間的資源をどのように活用していたかの記録でもある。

(4) スタッフ、参加者、地域社会の反応

過程評価における、スタッフ、参加者、地域社会の反応を把握し分析することは重要である。反応を調査するのに最も手軽に行えるのがアンケート調査である。アンケート調査を実施する際には、質問の作成は重要である。最初に簡単に答えられるような大まかな質問から初めて、その後より細かい選択肢のある質問というような工夫で答えやすくなる。一方、特定な回答に誘導するような質問の並べ方にならないように注意する。何を知りたいのか、アンケートの目的は何なのか忘れないよ

うにする。また、分量が多すぎて回答するのが嫌にならないように適切な量にする。

5.4 影響・結果評価の方法

(1) 影響・結果評価のための情報収集・モニタリング

影響評価は、公衆栄養プログラムの実施段階での、目標に対する活動や行動変化に関係する知識、信念、技能、行動などの変化、対象者に影響を及ぼす対象者が所属する組織の反応の変化、周囲の理解度の変化、社会的資源の利用度の変化などが指標となる。結果評価の指標となるのは、罹患率や死亡率、主観的 QOL など公衆栄養プログラムの最終的に目指すゴールである。そのプログラムの有効性を評価するものである。これらの評価指標は、プログラムが何を目指して行うのか計画の段階からあらかじめ選択すべきものであり、それがあってプログラムもそれに向かって機能していく。結果評価は、栄養教育プログラムの目標に対する評価である。健康状況、主観的 QOL に関するため、個人情報保護という点で慎重に取り扱う必要がある。人を対象として研究を行う場合の倫理指針[11]では、「傷病の成因（健康に関する様々な事象の頻度及び分布並びにそれらに影響を与える要因を含む。）及び病態の理解並びに傷病の予防方法並びに医療における診断方法及び治療方法の改善又は有効性の検証を通じて、国民の健康の保持増進又は患者の傷病からの回復若しくは生活の質の向上に資する知識を得ることを目的として実施される研究について、個人情報保護、インフォームド・コンセント（説明と同意）等遵守して実施しなければならない。」とされている。

(2) 評価結果の解釈の基本

1) データの種類

データには、量的データと質的データがある。量的データとは、量として測定されるデータで、連続した数字で表される。身長、体重などのデータは量的データである。量的データには、比例尺度と間隔尺度がある。比例尺度は、年齢、重さ、長さ、濃度などの値の大小関係と値の差の大きさ・比に意味があり、値 0 が絶対的な意味をもつ。間隔尺度は、摂氏温度、日付など値の大小関係と値の差の大きさに意味があり、値 0 は相対的な意味しかもたない。

質的データは、不連続な数字として表される変数や文字で表現されるデータである。「男性、女性」、「ある、なし」、「やせ、普通、肥満」など名義尺度（カテゴリーデータ）という。質的データには、順序をつけられるものと、つけられないものがある。「男性、女性」は順序がつけられない名義尺度、「やせ、普通、肥満」は順序がつけられる順序尺度という。順序尺度は順序はつけられるが、等間隔であることは少なく、等間隔ではないことが多い。「とても大きい、まあまあ大きい、普通、まあまあ小さい、とても小さい」は、順序尺度であるが、量的変数に変換して「1、2、3、4、5」として扱うことも可能である。

2) 検定の種類

正規分布となる量的データを対象とする検定はパラメトリック検定とよばれ、平均値の差のｔ検定などがある。非正規分布を扱う検定はノンパラメトリック検定とよばれ、中央値が検定に用いられ、順位の差の検定であるマンホイットニーのＵ検定が用いられる。順序尺度は、量的変数に変換して、ノンパラメトリック検定であるWilcoxon順位和検定でマン・ホイットニーのＵ検定と同じである。

順序づけができない質的データは、カテゴリーに関する検定を用いる。カテゴリーの全体に対する比率で表し、割合の差の比較を行う代表的なχ^2検定がある。

ｔ検定は、2群の平均値の差の検定には用いられるが、3群以上では使えないため、3群以上の平均値の差の比較をする場合は、一元配置の分散分析(one-way analysis of variance : one-way ANOVA) を用いる。

回帰分析は、原因と考えている因子である独立変数（説明変数）と結果と考えている目的変数（従属変数）の用量反応関係をみる場合に用いる。$y = a + \beta x$という一時回帰式で表される。ｘが説明変数でｙが目的変数である。ｘが1増えるとｙがどれくらい増えるか、減るかを表す。ｘもｙも正規分布に準ずる場合である。摂取エネルギーと肥満度の関係、体重と血圧の関係などをみる場合は回帰分析を用いることができる。

独立変数が血圧で、目的変数が疾病の発症の有無（カテゴリーデータ）という2値データである場合はロジスティック回帰分析を用いる。

分析する2つの変数が、説明変数と目的変数ではなく、2つの関連の強さをみる

表5.19　量的データと質的データ（順序尺度）における記述統計量と検定方法の比較

	量的データ	質的データ（順序尺度）
記述統計	平均	中央値
	標準偏差	25パーセンタイル 75パーセンタイル
2群間の比較	(対応のない)ｔ検定	wilcoxonの順位和検定 Mann-WhitineyのＵ検定
	(対応のある)ｔ検定	Wilcoxonの符号付順位和検定
3群間以上の比較	(対応のない)分散分析	Friedman検定
	(対応のある)分散分析	Kriskal-Wolis検定

場合は相関として表すことができる。相関があるとは、変数xが増えればyが増える場合は正の相関があるとよぶ。xが増えればyが減る場合は負の相関があるという。相関の強さは相関係数で表される。相関係数には積率相関係数（Pearson's correlation coefficient）と順位相関係数（Speaman's correlation coefficient）がある。量的な相関を検討したい場合は積率相関係数、順位に関する相関を検討したい場合は順位相関係数を用いる。また、2つの変数の分布が正規分布に近い場合は積率相関係数を、分布が正規分布から外れている場合は順位相関係数を用いる。

3）群間比較

公衆栄養プログラムの実施で、教育を受けた介入群と、受けなかったコントロール群の比較を実施する場合、説明変数と目的変数は連続変数、順位尺度、名義尺度のどれなのか、そしてその分布は正規分布かどうか、それによって評価方法が変わる。**表5.20**に群間比較のための手法を示した。

群間の比較を行う場合には、2群の比較、3群以上の比較などが考えられるが、説明変数がカテゴリーデータとなっている。2群であれば、男性と女性、肥満の有無など、3群以上では、やせ、普通、肥満の比較といった比較などを行う。目的変数が連続量かカテゴリーデータか、順序尺度かによって適した検定方法を選ぶ。連続変数であれば、その分布は正規分布か否かによっても検定方法は異なる。4章の栄養疫学のところで交絡因子について述べたが、注目している2変量の関連に影響を与え、関連があるのに関連がないような結果に導いたり、みかけ上関連があるようにみせてしまう第3の変数が交絡因子である。群間の比較を行う場合にも交絡因子は存在する可能性は否定できない。群間比較において、交絡因子の影響を取り除く工夫が必要となる。

表5.20　群間比較のための手法

	説明変数	目的変数	検定法
例1	カテゴリ値（2群の比較）	連続量（正規分布）	対応のないt検定
例2	カテゴリ値（2群または3群以上の比較）	カテゴリ値（2値変数）	χ^2検定、フイッシャーの直接確率法
例3	カテゴリ値（2群の比較）	連続量（非正規分布）、順序カテゴリ値	マン・ホイットニーのU検定
例4	カテゴリ値（3群以上の比較）	連続量（正規分布）	1元配置分散分析（多重比較）
例5	カテゴリ値（3群以上の比較）	連続量（非正規分布）、順序カテゴリ値	クラスカル・ウォリスの検定

5.5 評価結果のフィードバック

公衆栄養プログラムを実施後の評価の種類や方法について説明したが、評価の結果を有効に活用することが求められる。評価のための評価ではなく、評価はプログラムを見直し改善して、よりよいプログラムを実施する必要がある。そのため、適切な時期に評価結果をフードバックすることが重要となる。企画評価や過程評価は、プログラムの企画・実施段階で行われるので、評価結果をもとにプログラムを修正することが可能となる。プログラムの終了時に行われる影響・結果評価は、プログラムの目標・目的の達成度を評価するので、プログラムがうまくいったかどうかの評価になる。

結果評価を含んだ公衆栄養プログラムの報告書を作成し、多くの人と結果を共有することは、各地域や職域など対象集団で実施された公衆栄養活動の情報を共有することにつながる。それによって、公衆栄養プログラム、ガイドライン、健康政策の改善の可能性が高まることにつながる。

章末問題

1 公衆栄養マネジメントに関する記述である。誤っているのはどれか。1つ選べ。

1. マネジメントは、対象集団の特性にあわせて行う。
2. 課題解決型アプローチでは、目的設定は専門家主導で行う。
3. 計画策定時には、必要な社会資源を確認する。
4. 評価は、マネジメントサイクルの各段階について行う。
5. 目標で取り上げなかった項目は、評価の対象外である。　(第33回国家試験)

解説 1. 正しい。公衆栄養マネジメントは、対象者や地域の特性にあわせて実施することが大切である。

2. 正しい。計画策定のアプローチには、大きく分けて「課題解決型」と「目的設定型」がある。課題解決型アプローチでは、目標設定は専門家が主導で行い、目標達成に向けて住民の参加を求める。一方で、目的設定型アプローチでは、目標設定から住民と専門家がともに協議する。

3. 正しい。計画策定時には、目標達成に必要な社会資源（人・物・資金など）を確保する必要がある。

4. 正しい。マネジメントサイクルの各段階において、しかるべき評価を行う必要がある。例えば、企画評価や経過評価、影響評価、結果評価などがある。

5. 誤り。目標で取りあげなかった項目であっても、評価の対象とみなしてよい。ただし、プログラムの前後で比較できない場合がある。

解答 5

2　公衆栄養アセスメントに用いる情報と、その出典の組み合わせである。最も適当なのはどれか。1つ選べ。

1. 人口構造の変化 -- 生命表
2. 食中毒の患者数 -- 患者調査
3. 世帯における食品ロスの実態 -- 食料需給表
4. 乳幼児の身体の発育の状態 -- 乳幼児栄養調査
5. 介護が必要な者の状況 -- 国民生活基礎調査

（第35回国家試験）

解説　1. 人口構造の変化は、国勢調査である。　2. 食中毒の患者数は、食中毒統計調査である。3. 世帯における食品ロスの実態は、食品ロス統計調査である。　4. 乳幼児の身体の発育の状態は、乳幼児身体発育調査である。

解答 5

3　集団における栄養調査データを、日本人の食事摂取基準（2020年版）を用いて評価した。評価項目とその指標の組み合わせである。最も適当なのはどれか。1つ選べ。

1. エネルギーの摂取不足 -- 推定エネルギー必要量（EER）を下回る者の割合
2. エネルギーの過剰摂取 -- 推定エネルギー必要量（EER）を上回る者の割合
3. 栄養素の摂取不足 -- EARを下回る者の割合
4. 栄養素の摂取不足 -- RDAを下回る者の割合
5. 栄養素の過剰摂取 -- AIを上回る者の割合

（第35回国家試験）

解説　1. エネルギーの摂取不足 -- BMIが目標の範囲内に留まる人の割合。　2. エネルギーの過剰摂取 -- BMIが目標の範囲内に留まる人の割合。　4. 栄養素の摂取不足 -- EARを下回る者の割合。集団における評価では、RDAは用いない。　5. 栄養素の過剰摂取 -- ULを上回る人の割合。

解答 3

4　A市では住民を対象とした健康診査を実施した結果、メタボリックシンドロームの者が増加していることがわかった。A市が、最初に取り組むべき目標である。最も適切なのはどれか。1つ選べ。

1. ウエスト周囲長の基準値を超える者の割合を減らす。
2. 適切な質と量の食事を習慣的に摂取している者の割合を増やす。
3. 自己実現を図れる者の割合を増やす。
4. 栄養バランスのよい食事を知っている者の割合を増やす。

（第32回国家試験）

解説　1.「ウエスト周囲長の基準値を超える者の割合を減らす」には、客観的な疫学指標に基づいた評価が必要で、A市全体を評価するには、長い期間が必要である。最初に取り組むべき短期目標というより、中・長期的な目標であるため、誤りである。　2. 食習慣の改善は、短期間での定着や評価が難しく、比較的長い期間を要する取り組みであり、中期目標と考えられるため、誤りである。
3. 自己実現とは、自分自身の目標や理想を達成することであり、短期間で達成可能な自己目標もありえるが、健康増進（ここでは、メタボリックシンドロームの予防・改善）のための自己実現を図るには、比較的長い期間を要する。そのため、最初に取り組むべき目標として、最も適切とはいえない。
4. 正しい。栄養バランスのよい食事などに関する知識の修得は、比較的短期間で達成できる目標であるため、最初に取り組むべきものとして最も適切といえる。

解答 4

5 公衆栄養プログラムの計画にあたり、課題の優先順位づけのため、重要度と改善可能性の2つの要素からマトリックスを作成した（図）。課題の優先順位の判断に関する記述である。正しいのはどれか。2つ選べ。

1. AとBの優先度は、同じである。
2. AとCの優先度は、同じである。
3. BとDの優先度は、同じである。
4. Bは、新たな手法を用いて取り組むべき課題である。
5. Dは、プログラムの計画から除外する。　（第31回国家試験）

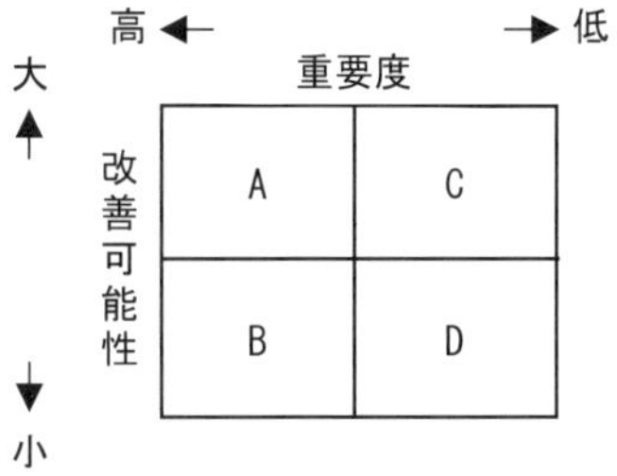

図　重要度と改善可能性からみた優先順位決定マトリックス

解説　1. 重要度および改善可能性が高いAが、最も優先度が高い課題である。　2. 重要度および改善可能性が高いAが、最も優先度が高い課題である。　3. は5. の解説参照。　4. 正しい。Bは、重要度が高いため、優先順位は高いが、改善可能性の低い課題である。改善できる手法を開発、検証して取り組むべきである。　5. 正しい。重要度および改善可能性が低いDは、最も優先度が低い課題であり、プログラムから除外する課題である。　解答 4、5

6 地域における公衆栄養活動の進め方に関する記述である。誤っているのはどれか。1つ選べ。

1. PDCAサイクルに基づいた活動を推進する。
2. 地域のニーズを把握するため、自治会を活用する。
3. 活動を効果的に推進するため、関係機関と連携する。
4. 住民の参加は、事業評価段階から行う。
5. 行政栄養士は、コーディネーターとして活動する。　（第33回国家試験）

解説　1. 正しい。公衆栄養活動は、PDCAサイクルに基づき推進する。

2. 正しい。公衆栄養活動において住民のニーズを把握するためには、自治会などの地域コミュニティを活用し、住民の声をできるだけ集める必要がある。

3. 正しい。公衆栄養活動を効果的に推進するために、地域住民は、さまざまな分野の機関や専門家、行政と連携する必要がある。

4. 誤り。公衆栄養活動への住民の参加は、事業評価段階からではなく、事業初期の計画段階から行う。住民の声が企画内容に反映されるように、公衆栄養活動事業を計画することが、重要である。

5. 正しい。公衆栄養活動において、行政栄養士は、公衆栄養活動を推進したり、住民の課題を客観的な視点から判断し、課題解決に向けた情報提供を行ったりするだけでなく、解決の糸口となる関係機関との連携や調整も行う。　解答 4

7　地域の公衆栄養活動についての記述である。誤っているのはどれか。1つ選べ。

1. 主な目的は、疾病の治療である。
2. 主な対象者は、地域住民である。
3. 主な活動の拠点は、保健所や保健センターである。
4. さまざまな団体と連携して取り組む。
5. 食の循環を意識した活動を行う。　（第31回国家試験）

解説　1. 誤り。公衆栄養活動は、疾病の予防を目的とする。
2. 正しい。公衆栄養活動の対象は地域住民であり、自主的かつ組織的に行われる。
3. 正しい。保健所や保健センターは、公衆栄養活動の主な活動の拠点としてあげられる。
4. 正しい。公衆栄養活動は、地域住民が専門家や行政と協同して行う。
5. 正しい。公衆栄養活動は、生態系や食物連鎖を含めた、持続可能な食の循環を意識した活動である。

解答 1

8　地域における行政栄養士による健康づくりおよび栄養・食生活の改善の基本指針に基づいて、市町村（保健所設置市および特別区を除く）の行政栄養士が取り組む具体的な内容である。誤っているのはどれか。1つ選べ。

1. 低出生体重児減少に対する取り組み
2. 高齢者の低栄養状況の把握
3. 食育推進ネットワークの構築
4. 健康危機管理への対応
5. 特定給食施設における栄養管理状況の把握　（第32回国家試験）

解説　1.～4.は、市町村の行政栄養士が取り組む内容である。　5. 特定給食施設における栄養管理状況の把握は、市町村ではなく、都道府県・特別区の行政栄養士が取り組む内容である。　解答 5

9　近年小児肥満が増加しているA市では、小児肥満者の割合を減らす公衆栄養プログラムを実施することになった。その背景として抽出された4つの課題のうち、行政が最初に取り組むべきものとして、最も適切なのはどれか。1つ選べ。

1. 保護者が適切なおやつの量を知らない。
2. 保健センター、保健所、学校間の連携が取れていない。
3. 公共交通機関が整備されていないため、車に依存している。
4. 冬の積雪量が多く、外での身体活動量が少ない。　（第30回国家試験）

解説　2. まず第一に、「小児肥満の割合を減らす」という目標を達成するためには、保健センター、保健所、学校間などの幅広い関係者の協力と健康支援体制の整備が重要である。このような連携が保たれているなかで、行政は総合的な視点に立ち、他分野との協力体制を整えていく必要がある。　解答 2

参考文献

(1節、2節、3節)

1) ローレンス・W. グリーン, マーシャル・W. クロイター：実践ヘルスプロモーション PRECEDE-PROCEDE モデルによる企画と評価. 神馬征峰(訳). 医学書院. 2005.

2) https://www.mhlw.go.jp/stf/seisakunitsuite/bunya/kenkou_iryou/kenkou/eiyou/syokuji_kijyun.html?msclkid=2b90517bceb811eca044bd1ebc37f1c7
厚生労働省「日本人の食事摂取基準 2020 版」

3) https://www.mhlw.go.jp/bunya/kenkou/dl/eiyou_b.pdf
厚生労働省「地域における行政栄養士による健康づくり及び栄養・食生活の改善の基本方針について」健が発 0329 第 4 号（2013 年 3 月 29 日）

4) 厚生労働省、財団法人健康・体力づくり事業財団「地域における健康日本 21 実践の手引き」2000

5) 監修（一社)全国栄養士養成施設協会、(公社)日本栄養士会　井上浩一、草間かおる、村山伸子「サクセス管理栄養士・栄養士養成講座　公衆栄養学」 第一出版　2021

6) 由田克士、荒井裕介編著「カレント 改訂 公衆栄養学 第 2 版」建帛社　2022

7) 加島浩子、森脇弘子編「ウエルネス公衆栄養学 2021 年版」医歯薬出版　2021

8) 000905616.pdf (mhlw.go.jp) 地域保健対策の推進に関する基本的な指針（平成 6 年厚生省告示第 374 号） 最終改正：令和 4 年 2 月 1 日 厚生労働省告示第 24 号

(4節)

1) ローレンス・W.グリーン、マーシャル・W・クロイター、神馬征峰訳：ヘルスプロモーション -PRECEDE-PROCEED モデルによる活動の展開、医学書院、2005

2) 中川靖枝、岩本昌子：栄養教育と健康の科学　理工図書　2014

3) 水嶋春朔影：地域診断の進め方　根拠に基づく生活習慣病対策と評価、医学書院、2010

4) WHO European Centre for Health Policy, 1999

5) 藤野善久、松田晋哉：Health Impact Assessment の基本的概念および日本での今後の取り組みに関する考察 . 日本公衆衛生学雑誌, 54, 73-80. 2007

6) 日本公衆衛生学会版：健康影響予測評価ガイダンス（公衆衛生モニタリング・レポート委員会 2011 年提案版）2011

7) 日本 HIA 研究会(久留米大学環境医学講座)：HIA（健康影響予測）スクリーニング・チェックリスト記入のためのしおり 2011

8) 日本疫学会広報委員会監修：疫学用語の基礎知識　2015

9) 斉藤 衛郎：フレンチパラドックスとヨーロピアンパラドックス　栄養学雑誌 Vol.54　No.3　223～226 1996

10) Renaud, S. and deLorgeril , M.：Wine, alcohol, platelets, and the French paradox for coronary heart disease, Lancet, 339, 1523-1526 1992

11) 文部科学省・厚生労働省.　疫学研究に関する倫理指針. 2004.
https://www.mhlw.go.jp/general/seido/kousei/i-kenkyu/ekigaku/0504sisin.html

12) 佐々木敏：やさしい EBN と栄養疫学、同文書院 2008

第6章 公衆栄養プログラムの展開

達成目標

- 健康づくり、食育、在宅療養・介護支援などの地域特性に対応したプログラムの展開について説明できる。
- 健康・食生活の危機管理と食支援の意義と方法について説明できる。
- 地域・栄養ケアのためのネットワークづくりの意義と方法について説明できる。
- 食環境づくりのためのプログラムの展開について説明できる。
- 地域集団の特性別プログラムについて具体例をあげて説明できる。

1 地域特性に対応したプログラムの展開

1.1 健康づくり

わが国の健康づくり対策は、1978（昭和 53）年に第 1 次国民健康づくり運動がスタートし、数次にわたり対策が継承され、図 6.1 に示すとおり、現在に至るまで展開されている。また、国民への普及・啓発のために具体的な指針などが作成され、健康づくりプログラムのツールとして活用されている。

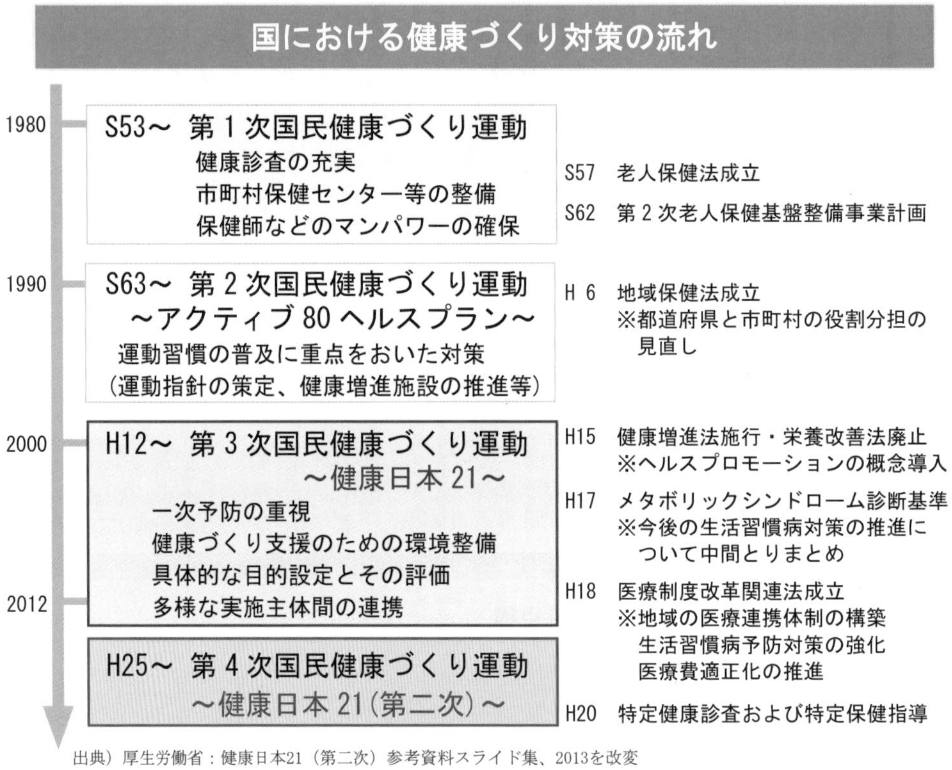

出典）厚生労働省：健康日本21（第二次）参考資料スライド集、2013を改変

図 6.1　健康づくり対策の流れ

(1) 第 1 次国民健康づくり運動

第 1 次国民健康づくり運動では、感染症から成人病（現在の生活習慣病）へと疾病構造が変化したことに対応した保健対策をめざし、地域に密着した保健サービスを提供するための体制整備の観点から、①生涯を通じた健康づくりの推進、②健康づくりの基盤整備、③健康づくりの啓発・普及の 3 点を柱に推進された。

〈指針等〉 ❖健康づくりのための食生活指針（1985 年）

❖加工食品と栄養成分表示に関する報告（1986年）

❖肥満とやせの判定表・図の作成（1986年）

(2) 第2次国民健康づくり運動「アクティブ80ヘルスプラン」

第２次国民健康づくり運動「アクティブ80ヘルスプラン」は、人生80年時代を迎え、80歳になっても自立して、社会参加できる活動的な高齢者をめざそうという趣旨で推進された。より積極的な健康増進として健康づくりの３要素（栄養・運動・休養）のうち、運動に重点をおいた健康増進事業が実施されるとともに、老人健康診査体制の確立など一定の成果を収めてきたものの、施策の評価が困難であることなどの課題を残してきた。

〈指針等〉❖健康づくりのための食生活指針（対象特性別）（1990年）
❖外食栄養成分表示ガイドライン策定（1990年）
❖健康づくりのための運動指針（1993年）
❖健康づくりのための休養指針（1994年）
❖年齢対象別身体活動指針（1997年）

(3) 第３次国民健康づくり運動

出生率の低下や急速な高齢化に伴う生活習慣病の増加、要介護者の増加などの新たな社会問題を踏まえ、第３次国民健康づくり運動では、21世紀における国民の健康づくり運動「健康日本21」が策定された。「健康日本21」では、①従来にも増して、健康を増進し、発病を予防する「一次予防」に重点を置いた施策を盛り込んだこと、②国民の健康増進、疾病予防において重要な課題となる生活習慣病および生活習慣のなかから対象分野を設定し、それぞれの分野ごとに具体的な目標を提示することにより、健康づくり対策の評価を可能としたこと、③医療保険者、医療機関、非営利団体などの広範な健康関連団体などの参加により、それぞれの機能を生かして、効果的に個人の健康づくりを支援できる社会環境を構築することを盛り込んだことが特徴である。そのため、2008（平成20）年に特定健康診査・特定保健指導が導入され、ハイリスクアプローチが強化されるとともに、健康無関心層にも働きかけるための情報ツール「食生活指針」や「食事バランスガイド」などを活用した食環境整備などのポピュレーションアプローチも推進された。

〈指針等〉❖食生活指針（2000年）
❖健康づくりのための睡眠指針（2003年）
❖健康診査の実施等に関する指針（2004年）
❖日本人の食事摂取基準 2005 版（2004年）
❖食事バランスガイド（2005年）
❖健康づくりのための運動基準 2006（2006年）

❖健康づくりのための運動指針 2006（2006年）

❖日本人の食事摂取基準 2010（2009年）

(4) 第4次国民健康づくり運動「健康日本21（第二次）」

さらに、21世紀における国民の健康づくり運動「健康日本21」の最終評価結果を踏まえて、目標の実効性を高めるため、健康増進法に基づく「国民の健康の増進の総合的な推進を図るための基本的な方針」（平成24年7月10日厚生労働大臣告示）の健康づくり施策の基本となるものとして、第4次国民健康づくり運動「健康日本21（第二次）」が告示された。

基本的な方向の最上位は、①健康寿命の延伸と健康格差の縮小、②生活習慣病の発症予防と重症化予防の徹底、③社会生活を営むために必要な機能の維持および向上、④健康を支え、守るための社会環境の整備、⑤栄養・食生活、身体活動・運動、休養、飲酒、喫煙および歯・口腔の健康に関する生活習慣および社会環境の改善、が基本的な方向性として示されている。これらには具体的な目標が設定されており、中間評価、最終評価を行い、その後の健康づくり対策に反映するとしている。また、2002（平成14）年に制定された健康増進法において、都道府県は、国の基本方針を勘案して都道府県健康増進計画を策定することが義務づけられ、市町村は国や都道府県の方針と基本計画を勘案して、市町村としての健康増進計画の策定が推奨され、各自治体では健康寿命の延伸に向け、医療費の適正化などの成果のみえる健康づくりおよび栄養・食生活改善施策を推進することが求められている（**図6.2**）。

〈指針等〉 ❖健康づくりのための身体活動基準 2013（2013年）

❖日本人の食事摂取基準 2015版（2014年）

❖日本人の長寿を支える「健康な食事」（2015年）

❖食生活指針の改定（2016年）

❖日本人の食事摂取基準 2020（2019年）

また、健康日本21（第二次）の推進にあたり、行政栄養士による健康づくりおよび栄養・食生活の改善の一層の推進が図られるよう「地域における行政栄養士による健康づくりおよび栄養・食生活の改善の基本指針」（平成25年3月29日厚生労働省）では、健康づくりや栄養・食生活改善に取り組むための基本的な考え方とその具体的な内容が示されている。

このようなことを念頭に、地域における健康づくりの成果がみえる施策とするためには、社会や自治体の情勢を踏まえ、①優先すべき健康課題の総合的な分析と明確化、②明確にした優先すべき健康課題の背景にある要因（栄養・食生活に関連する）を特定することが必要である（**表6.1**）。①および②を前提に、③ターゲットと

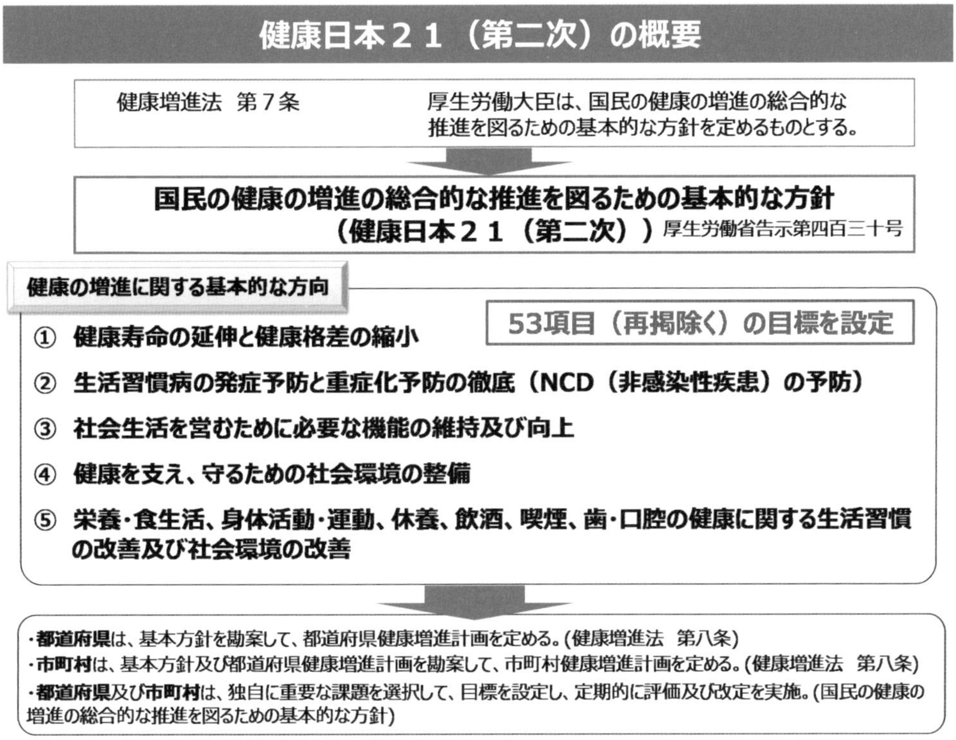

健康日本２１（第二次）の概要
健康増進法　第７条
厚生労働大臣は、国民の健康の増進の総合的な推進を図るための基本的な方針を定めるものとする。
国民の健康の増進の総合的な推進を図るための基本的な方針
（健康日本２１（第二次））厚生労働省告示第四百三十号
健康の増進に関する基本的な方向
53項目（再掲除く）の目標を設定
① 健康寿命の延伸と健康格差の縮小
② 生活習慣病の発症予防と重症化予防の徹底（NCD（非感染性疾患）の予防）
③ 社会生活を営むために必要な機能の維持及び向上
④ 健康を支え、守るための社会環境の整備
⑤ 栄養・食生活、身体活動・運動、休養、飲酒、喫煙、歯・口腔の健康に関する生活習慣の改善及び社会環境の改善
・都道府県は、基本方針を勘案して、都道府県健康増進計画を定める。（健康増進法　第八条）
・市町村は、基本方針及び都道府県健康増進計画を勘案して、市町村健康増進計画を定める。（健康増進法　第八条）
・都道府県及び市町村は、独自に重要な課題を選択して、目標を設定し、定期的に評価及び改定を実施。（国民の健康の増進の総合的な推進を図るための基本的な方針）

出典）厚生労働省：健康日本 21 推進全国連絡協議会「健康日本 21（第二次）」改変

図 6.2　健康日本 21（第二次）の概要

すべき対象や課題を明確にし、既存事業の見直しや新規事業の企画に取り組むために、効果的かつ効率的なプロセスを構築し、課題解決に向けた対策および施策の立案・実施・評価を行うことが重要となる（表 6.2）。

表 6.1　健康課題の総合分析 －優先的な健康課題とその要因の特定－

	データ	出　典
①優先すべき社会・健康課題	人口構造の推移（将来推計含む） 高齢者人口と高齢化率	日本の地域別将来推計人口 国勢調査
	平均寿命・健康寿命 健康格差	都道府県別生命表 厚生労働省科学研究
	死亡状況（粗死亡、年齢調整、SMR）	人口動態統計
	医療費	国民医療費、国保連合会（年報）
	社会保障給付費	介護保険事業状況報告（年報）
②健康課題の要因の特定	健康状態（身体の状況） ❏血圧の状況 ❏糖尿病の状況 ❏栄養状態（BMI 判定）の状況	国民健康・栄養調査 県民健康・栄養調査
	身体活動の状況 ❏運動習慣の状況 ❏歩数の状況	
	食物（栄養）摂取状況 ❏食塩摂取量 ❏野菜摂取量	
	生活習慣の状況 ❏歯・口腔の状況 ❏飲酒・喫煙の状況	

表6.2　施策の構築プロセス別のポイント

プロセス	ポイント
0 実践体制の整備	❖持続的に実施できる体制　❖多職種との協働体制
1 健康課題の総合的な分析	❖社会や組織の情勢を踏まえ、優先課題に対し健康づくり施策（栄養・食生活改善施策）で改善することを目的とした評価指標の作成
2 健康課題の優先順位の検討	
3 優先的健康課題の背景にある要因分析	❖焦点化した健康課題の背景にある生活習慣や食習慣などの特徴の明確化（実態把握に有効な方法の選択）
4 対策の企画・実施	❖ターゲットの焦点化　❖既存事業の見直し ❖対策と評価計画の作成
5 評価・検証	❖階層別（重層的）評価
6 モニタリング	❖モニタリング体制 ❖結果や進捗状況の周知・共有

施策展開の概要（例）

表6.3　プロセス別の実施状況の概要

プロセス	実施状況・結果
0 実践体制	❖関係自治体、関係団体等のヒアリング ❖事業推進のための調整会議の開催 ❖庁内関係課・学識経験者等による検討会議を設置
1 健康課題の総合的分析	❖関連計画、保健医療福祉統計、医療費、社会保障給付費等の既存資料の整理及び分析
2 健康課題の優先順位の検討	❖県民健康･栄養調査等のデータを踏まえて評価指標の検討
3 食生活の要因分析	❖ターゲット層の食事調査票等から実態把握 健康課題の背景にある食生活の特徴を明確化
4 対策の企画・実施	❖事業計画を作成し、予算確保
5 評価・検証	❖事業実施・評価指標を踏まえて、事業を評価
6 モニタリング	❖保健医療福祉統計、県民健康･栄養調査等で確認

成果のみえる栄養･食生活改善施策の構築のプロセスを踏まえ、次のとおり事業を進めた。

１健康課題の総合分析
２優先すべき健康課題

→

・「脳血管疾患・脳梗塞」の年齢調整死亡率が全国で上位
・医療費や疾病状況から、優先すべきは、「高血圧」

３健康課題の要因
健康課題の背景にある食習慣の特徴

→

・年齢階層別生活習慣病割合は 65－74 歳が最も高い
・高血圧性疾患、脳血管疾患の医療費は 65 歳以上で急増
・塩分摂取量は、男性 50 歳代、女性 70 歳代が最も高い
・高血圧と高塩分摂取の要因となる食習慣（食品）の関連について分析

4対策の企画・実施 ➡	・ターゲット層は「元気な高齢者」 ・モデル地区を選定し、高齢者の食を支援するための体制整備 ・健康診査結果説明会で個別の食生活指導（ハイリスクアプローチ） ・高齢者の通いの場を「元気になるための共食」の場として活用（ポピュレーションアプローチ） ・健康課題の背景にある食生活の特徴（高食塩摂取となる要因）を改善するためのリーフレットの作成、通いの場での活用の他、公民館にポスターとして掲示、広報誌による情報提供（ポピュレーションアプローチ）

例題 1　国民の健康づくり運動に関する記述である。誤っているのはどれか。1つ選べ。

1. 1978年（昭和53年）に第1次国民の健康づくり運動がスタートし、数次にわたり対策が継承され、現在に至るまで展開されている。
2. 第2次国民の健康づくり運動「アクティブ80ヘルスプラン」では、運動に重点をおいた健康増進事業が実施された。
3. 第3次国民健康づくり運動「健康日本21」では、個人の健康づくりを支援できる社会環境を構築することを盛り込んだことが特徴である
4. 社会環境として特定健康診査・特定保健指導が導入され、ポピュレーションアプローチが強化された。
5. 第4次国民健康づくり運動「健康日本21（第二次）」の基本的な方向の最上位は、「健康寿命の延伸、健康格差の縮小」である。

解説　4. 特定健康診査・特定保健指導は、ハイリスクアプローチである。ポピュレーションアプローチとは、健康無関心層にも働きかけるための情報ツール「食生活指針」「食事バランスガイド」を活用した食環境整備などである。　**解答** 4

例題 2　健康づくり施策（プログラム）に関する記述である。正しいのはどれか。2つ選べ。

1. 施策の構築には、優先すべき健康課題の総合的な分析を行い、課題を明確にすることが重要である。
2. 健康課題は、人口構造の推移や死亡状況から分析し、医療費や社会保障給付との関連は必要ない。
3. 具体的なプログラムには、優先すべき健康課題の背景にある要因（栄養・食生

活に関連する）を特定することが必要である。

4. 具体的なプログラムとして、公民館でポスターの掲示や広報誌による情報提供は、ポピュレーションアプローチに該当しない。

5. 施策（プログラム）の評価は、対策の進捗状況に応じて評価指標を検討する。

解説（表6.2、表6.3 参照） 2. 健康課題として、医療費や社会保障給付についても分析することが必要である。 4. 公民館でポスターの掲示や広報誌による情報提供は、不特定多数の人に働きかけるポピュレーションアプローチに該当する。
5. 施策（プログラム）の評価指標は、健康課題の優先順位とあわせて検討し、対策の実施前に作成する。 **解答** 1、3

1.2 食育

食育は、2005（平成17）年に成立した食育基本法による食育推進基本計画に基づき、健康・食生活分野から食の安全、教育、農業、食文化、環境分野など多岐にわたる取り組みのなかで、着実に推進されている。2016（平成28）年からの第3次食育推進基本計画では、「生涯にわたる食の営み」や「生産から食卓までの食べ物の循環」にもあらためて目を向け、それぞれの環（わ）をつなぎ、広げていくことを目指している。

しかし、社会経済構造や国民の食に関する価値観などの状況が変化し、「食」をめぐるさまざまな問題が依然として、各分野に顕在化している。さらに、過栄養（肥満や生活習慣病）と低栄養（若い女性のやせ・高齢者のフレイル）の問題が混在する「栄養不良の二重負荷」という新たな問題にも直面している。そのため、健康寿命の延伸のために、国民一人ひとりが健康づくりや生活習慣病の発症・重症化の予防や改善に向けて健全な食生活を実践できるよう、食育の観点からも積極的な取り組みが求められている（図6.3）。

また、2013（平成25）年に、「和食；日本の伝統的な食文化」が未来に残すべき財産としてユネスコ無形文化遺産に登録された。日本の食文化には、料理はもとより、食材、食べ方、作法など、さまざまな要素が含まれており、世界が認めた価値のある日本の誇れる食文化を守り、その魅力を次世代に伝えることが期待されている。

このようなことから、食育基本法の基本理念である「豊かな人間性を育む」ための取り組みに加え、少子高齢化や疾病構造の変化が進むなかで、生涯にわたり食育を実践することは、健康づくりや生活習慣病予防につながる。「食」に関する幅広

食育基本法成立から 15 年

（第1条）目的　国民が生涯にわたって健全な心身を培い、豊かな人間性を育むことができるようにするため、食育を総合的、計画的に推進する。

生活環境
- 家族形態の多様化
- ひとり親世帯・共働き世帯・生活困窮者世帯など・一人暮らし高齢者

社会環境
- 外食や中食に関する食品事業者の多様化・健康産業の育成

「食」をめぐるさまざまな問題が依然として、各分野に顕在化

健康・食生活
- 食塩の過剰摂取や栄養バランスの偏り
- 若い世代の食の問題の増加
  - ・朝食を食べないことがある
  - ・主食・主菜・副菜を揃えて食べる割合が低い
  - ・自らが調理し、食事を作る頻度が低い
  - ・食生活に起因する生活習慣病の増加

栄養不良の二重負荷
- 過栄養と低栄養の問題が混在する
  過栄養が懸念されている人
  （肥満や生活習慣病と、その予備群）
  栄養不良が心配される人
  （やせ、拒食、低栄養など）
- 若い女性のやせ
- 壮年期、中年期は生活習慣病や肥満症
- フレイル（虚弱）や低栄養状態

食文化
- 地域の郷土料理や伝統料理、行事食など、日本の伝統的な食文化の保護・継承
- 食文化の伝承を担う人材の育成
- 栄養バランスに優れた「日本型食生活」の普及

食料・農業
- 食料自給率の低迷
- 農林水産物の利用拡大や農業の重要性への理解
- 食品廃棄や食料資源のロスの増加
- 生産から消費までの食の循環への理解

食の安全
- 食の安全・安心への関心の高まり
- マスメディアなどの食に関する情報が氾濫
- 食に関する正しい情報を適切に判断する力

図6.3　「食」を巡る循環とさまざまな問題

い分野の関係機関・団体や食品関連事業者などの多様な関係者が主体的かつ密接に連携・協力を図り、「健康寿命の延伸の実現」に向けた食育を推進することが必要である。

さらに、国民が生涯にわたり身近な地域で食育を実践するためには、国民に最も身近な存在である市町村が、生産者、食品関連事業者、ボランティアなどの多くの関係者と幅広く連携し、総合的かつ効果的に取り組むことが重要である。そのため、市町村が、地域の特性を活かした市町村食育推進計画を策定し、計画的な取り組みを実施することができるよう、都道府県は市町村との連携・協力体制を積極的に進め、市町村支援に努めている。

例題3　食育の推進に関する記述である。誤っているのはどれか。1つ選べ。

1. 食育は、食育基本法による食育推進基本計画に基づき推進されている。
2. 食育の取り組みは、健康・食生活分野から食の安全、教育、農業、食文化、環境分野など多岐にわたる。
3. 食育は、都道府県が主体となり推進するもので、市町村においては食育推進計画を策定する必要はない。
4. 生活習慣病の発症・重症化の予防や改善のため、健全な食生活を実践できるよう、食育の観点からも積極的な取り組みが求められている。
5. 「和食；日本の伝統的な食文化」がユネスコ無形文化遺産に登録された。

解説　3. 食育は、国民に最も身近な存在である市町村が、地域の特性を活かした市町村食育推進計画を策定し、計画的な取り組みを実施することができるよう、都道府県は市町村との連携・協力体制を積極的に進め、市町村支援に努めている。**解答** 3

1.3　在宅療養・介護支援

以前は、医療が提供される場所は診療所か病院に限られており、在宅における医療は、往診として突発的な状況における例外的医療であった。1992（平成4）年の医療法の第2次改正により、「医療は、国民自らの健康の保持のための努力を基礎として、病院、診療所、介護老人保健施設その他の医療を提供する施設、医療を受ける者の居宅等において、医療提供施設の機能に応じ効率的に提供されなければならない。」と規定され、在宅医療は、医療を提供する施設における外来・通院医療、入院医療に次ぐ、第3の医療と捉えられている。

高齢化が進展し、医療と介護の両方を必要とする状態の高齢者の増加が予想されるなかで、住み慣れた地域で、自分らしい暮らしを人生の最期まで続けることができるよう、在宅医療と介護を一体的に切れ目のない提供体制の構築を推進するために、住民や地域の医療・介護関係者と地域の目指すべき姿を共有し、医療機関と介護事業所などの関係者との協働・連携を推進することを目的とする地域包括ケアシステムの構築を目指し、取り組みが進められてきた。

2014（平成26）年に介護保険法が改正され、地域包括ケアシステムの構築のために重点的に取り組む事項として、2015（平成27）年度から市町村が行う事業として、地域支援事業に在宅医療・介護連携推進事業が位置づけられた。また、2019（令和元）年6月に取りまとめられた「認知症施策推進大綱」の柱のひとつに「医療・ケア・介護サービス・介護者への支援」が位置づけられ、認知症高齢者の地域での生活を支えるためにも、医療と介護の連携の推進が求められている（図 6. 4）。

在宅医療・介護連携の推進

❖医療と介護の両方を必要とする状態の高齢者が、住み慣れた地域で自分らしい暮らしを続けることができるよう、地域における医療・介護の関係機関（※）が連携して、包括的かつ継続的な在宅医療・介護を提供することが重要。

（※）在宅療養を支える関係機関の例
- 診療所・在宅療養支援診療所・歯科診療所等（定期的な訪問診療等の実施）
- 病院・在宅療養支援病院・診療所（有床診療所）等（急変時の診療・一時的な入院の受入れの実施）
- 訪問看護事業所、薬局（医療機関と連携し、服薬管理や点滴・褥瘡処置等の医療処置、看取りケアの実施等）
- 介護サービス事業所（入浴、排泄、食事等の介護の実施）

❖このため、関係機関が連携し、多職種協働により在宅医療・介護を一体的に提供できる体制を構築するため、都道府県・保健所の支援の下、市区町村が中心となって、地域の医師会等と緊密に連携しながら、地域の関係機関の連携体制の構築を推進する。

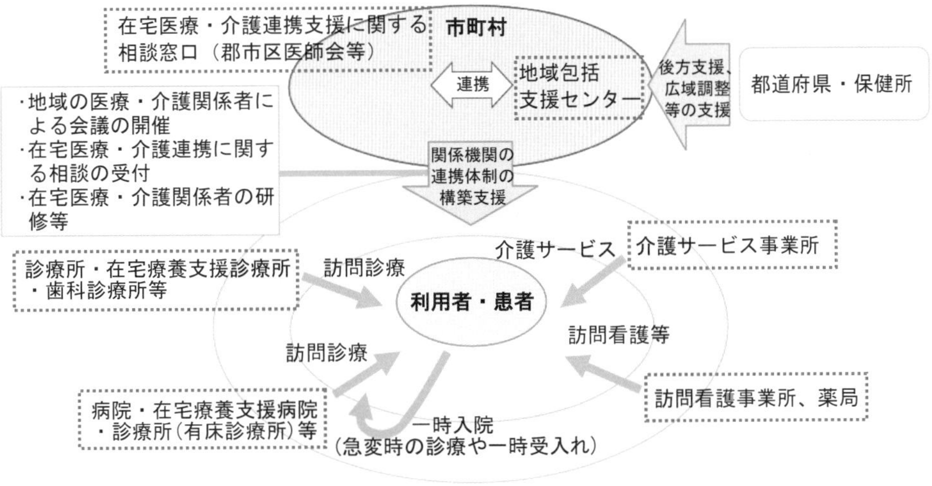

図 6. 4　在宅医療・介護連携の推進

在宅医療では、通院が困難となったり、退院し自宅に戻った場合で、かかりつけ医が自宅での療養が必要だと判断したときには、医師の指示のもとそれぞれの専門知識をもつ医療職が連携し、訪問することで専門的なサービスを受けられる。在宅医療で受けられる主なサービスは表 6. 4 のとおりであるが、各サービスに関わる他職種と連携をとり、かつ在宅療養者の疾患・病状・栄養状態に適した栄養食事指導（支援）を行うことが必要となる。療養者や家族（介護者）が悔いを残さない療養生活を送るため、療養者や家族の立場や思いを理解し、最期まで口から食べられるよう、栄養・食生活支援が展開されることが期待される。

また、介護支援においては、地域や高齢者施設における栄養ケアマネジメントを基本とした栄養管理や、個々の高齢者の特性に応じた生活の質（QOL）の向上が図ら

表 6.4 在宅で受けられる主なサービス

訪問診療	通院が困難な者の自宅などに**医師**が訪問し、診療を行う。
訪問歯科診療 訪問歯科衛生指導	通院が困難な者の自宅などに**歯科医師・歯科衛生士**が訪問し、歯の治療や入れ歯の調整などを通じて食事を噛んで飲み込めるよう支援を行う。
訪問看護*	**看護師等**が自宅などに訪問し、安心感のある生活を営めるよう処置や療養中の世話などを行う。
訪問薬剤管理指導*	通院が困難な者の自宅などに**薬剤師**が訪問し、薬の飲み方や飲み合わせなどの確認・管理・説明などを行う。
訪問による リハビリテーション*	通院が困難な者の自宅などに**理学療法士・作業療法士・言語聴覚士**が訪問し、運動機能や日常生活で必要な動作を行えるように、訓練や家屋の適切な改造の指導などを行う。
訪問栄養食事指導*	**管理栄養士**が自宅などに訪問し、病状や食事の状況、栄養状態や生活の習慣に適した食事などの栄養管理の指導を行う。

＊ 医師の指導のもとで実施

れるよう健康管理支援も進められている。

さらに、地域包括ケアシステムの下、できるだけ住み慣れた地域で在宅を基本とした生活の継続を目指すには、医療・介護関連施設と自宅などを切れ目なくつなぐ、適切な栄養管理を可能とする食環境の整備が重要となる。在宅医療・在宅介護の推進の流れのなかで、地域の高齢者が医療・介護関連施設以外でも健康・栄養状態を適切に維持することができ、かつ口から食べる楽しみも得られるような食生活の支援ができるよう、厚生労働省では「地域高齢者等の健康支援を推進する配食事業の栄養管理に関するガイドライン」(平成 29 年 3 月) (表 6.5) を策定し、健康支援型配食サービスを推進している。地域包括ケアシステムの構築に向けては、公的介護保険の活用のみならず、地域高齢者の「自助」の推進も重要であり、地域における共食の場(通いの場)やボランティアなどを活用した、適切な栄養管理に基づく健康支援型配食サービスを推進し、地域高齢者の低栄養・フレイル予防に資する、効果的・効率的かつ自主的な健康管理の支援につなげることが期待されている (図 6.5)。

表 6.5 配食事業者向けガイドラインの概要

- 日々の配食には教材的役割が期待され、適切に栄養管理された食事が提供される必要があることから、献立作成の対応体制、基本手順、栄養価のばらつきの管理などの在り方について、わが国として初めて整理。
- 利用者の適切な食種の選択を支援する観点から、配食事業者は利用者の身体状況などについて、注文時のアセスメントや継続時のフォローアップを行うとともに、利用者側は自身の身体状況などを正しく把握したうえで、配食事業者に適切に伝えることが重要であり、その基本的在り方を整理。
  → 献立作成や、配食利用者に対する注文時のアセスメントと継続時のフォローアップについては、管理栄養士または栄養士(栄養ケア・ステーションなど、外部の管理栄養士を含む)が担当することを推奨。

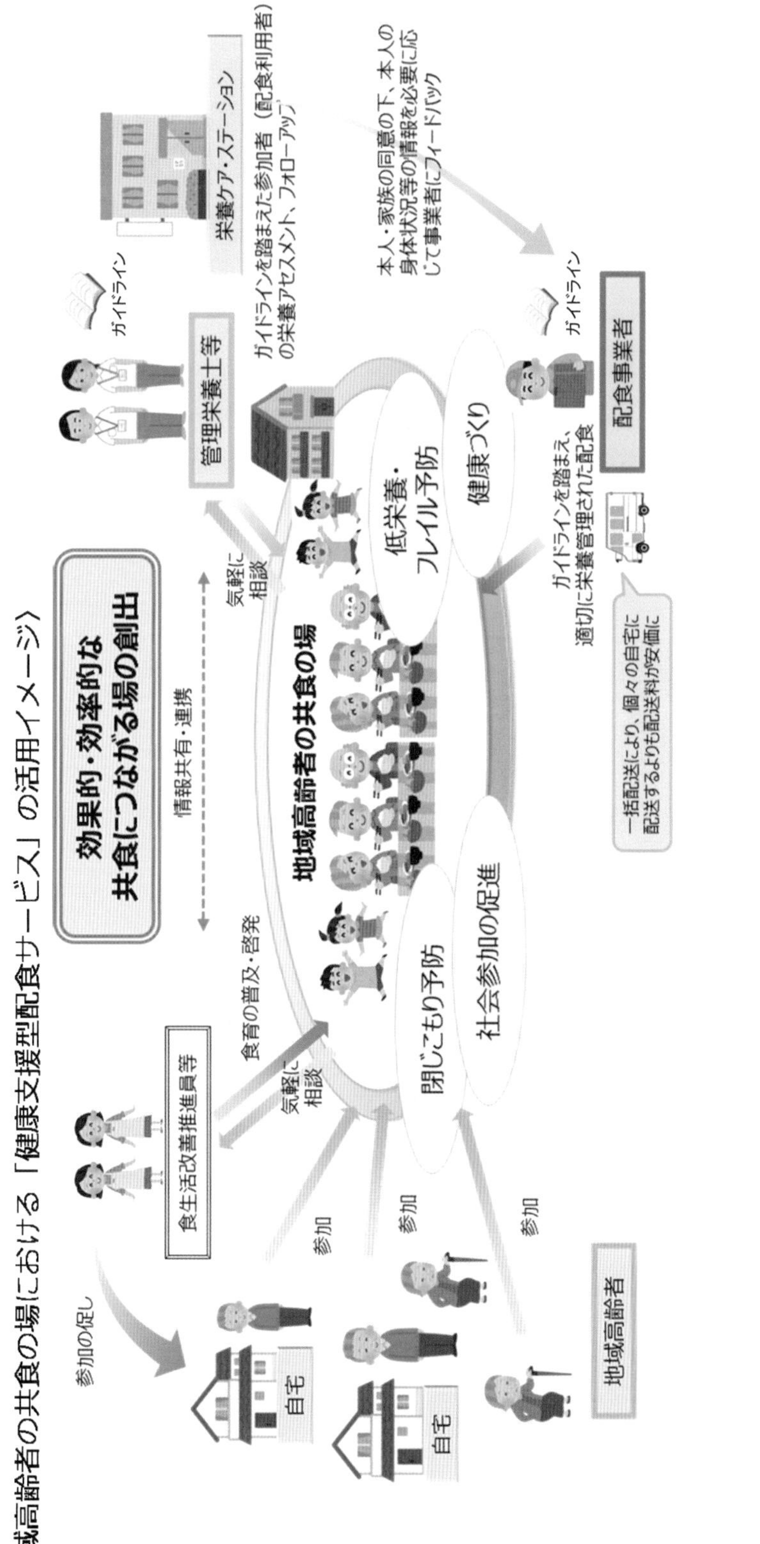

出典）2040を展望した社会保障・働き方改革本部　資料2より抜粋

図 6.5　地域高齢者の共食の場における「健康支援型配食サービス」の活用イメージ

高齢化に伴う機能低下を遅らせるためには、低栄養の予防など良好な栄養状態を維持することが重要であり、介護予防事業などにおいて取り組みが行われているが、地域高齢者の心身の多様な課題（フレイルなど）に対応し、きめ細かな支援をするために、後期高齢者広域連合の保健事業について、市町村において介護保険の地域支援事業や国民健康保険の保健事業を一体的に実施し、地域高齢者の低栄養防止・重症化予防の推進のための取り組みを全国的に展開していく（**図 6.6**）。

地域高齢者の健康支援を行うにあたっては、ハイリスクアプローチとポピュレーションアプローチを組み合わせて展開していく必要があり、各自治体においては健康増進部局の他、介護保険、地域包括ケアシステムなどの高齢者施策を所管する部門との間で十分な連携が必要である。また、高齢者の食生活から暮らし全体を捉えた個別のアプローチに加え、医療・介護・保健という関係者だけでなく、配食事業者なども含めた食に関わる幅広い関係者とも連携した地域高齢者の栄養・食生活を支えるネットワークを構築することも求められている。

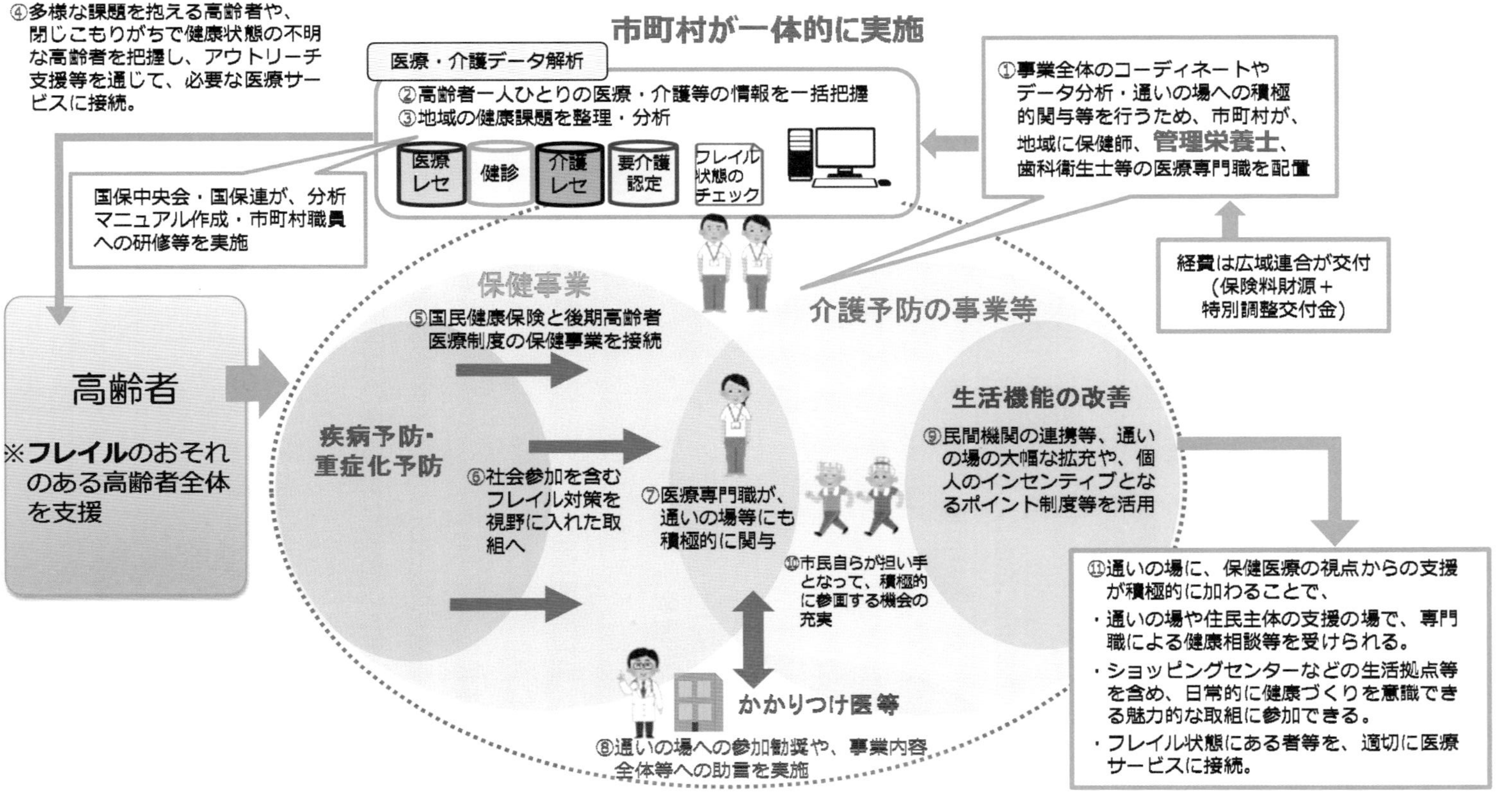

出典）2040を展望した社会保障・働き方改革本部　資料2より抜粋

図 6.6　高齢者の保健事業と介護予防の一体的な実施

例題4　在宅療養・介護支援に関する記述です。正しいのはどれか。2つ選べ。

1. 在宅における医療は、突発的な往診としての例外的医療に限られている。
2. 地域包括ケアシステムとは、高齢者が住み慣れた地域で、自分らしい暮らしを人生の最期まで続けることができるためのものである。
3. 訪問食事指導は、管理栄養士が行うもので、他職種との連携は必要ない。
4. 療養者や家族（介護者）が悔いを残さない療養生活を送るため、最期まで口から食べられるよう、栄養・食生活支援が必要である。
5. 「健康支援型配食サービス」は、健康な若い世代を対象としたもので、高齢者は対象とならない。

解説　1. 医療法の第2次改正により、在宅でも医療を受けることができ、医療を提供する施設における外来・通院医療、入院医療に次ぐ、第3の医療と捉えられている。　3. 在宅療養者の疾患・病状・栄養状態に適した栄養食事指導（支援）を行うためには、他職種との連携が必要である。　5.「健康支援型配食サービス」は、「地域高齢者等の健康支援を推進する配食事業の栄養管理に関するガイドライン」により推進されている。

解答　2、4

1.4 健康・食生活の危機管理と食支援

わが国の災害対策法制は、災害の予防、発災後の応急期の対応および災害からの復旧・復興の各ステージを網羅的にカバーする「**災害対策基本法**」を中心に、各ステージにおいて、災害類型に応じて各々の個別法によって対応する仕組みとなっている。災害対策基本法の目的は、国、都道府県、市町村、およびその他の公共機関を通じて必要な体制を確立し、責任の所在を明確にするとともに、防災計画の作成、災害予防、災害応急対策、災害復旧および防災に関する財政金融措置その他必要な災害対策の基本を定めることにより、総合的かつ計画的な防災行政の整備および推進を図ることである。また、「**災害救助法**」は、発災後の応急期における応急救助に対応する主要な法律であり、災害に際して国が応急的に必要な補助を行うことを規定している。このような災害対策法制を理解し、都道府県、市町村における防災計画に基づき、被災者の健康状態にあった食支援を関係者と連携し、的確かつ迅速に行うことが必要となる。

災害発生時には、被災の影響を受けた地域住民の健康維持や安心した生活を送るために、迅速な栄養・食支援活動が重要となる。「地域における行政栄養士による健康づくりおよび栄養・食生活の改善の基本指針について」（厚生労働省：平成25年

3月）では、行政栄養士の業務として災害、食中毒、感染症、飲料水汚染などの飲食に関する健康危機に対して、発生の未然防止、発生時に備えた準備、発生時における対応、被害回復の対応などについて、都道府県、保健所設置市および特別区、市町村の役割が示されている（**表6.6**）。

各都道府県における大規模災害時の被災者に対する保健医療活動に係る体制の整備にあたり、保健医療活動チームの派遣調整、保健医療活動に関する情報の連携、整理および分析などの保健医療活動の総合調整を行う保健医療調整本部が設置される。調整本部では、**災害時健康危機管理支援チーム**（DHEAT）、**災害派遣医療チーム**（DMAT）、**日本医師会災害医療チーム**（JMAT）、**災害派遣精神医療チーム**（DPAT）、**日本栄養士会災害支援チーム**（JDA-DAT）や被災都道府県以外から派遣された保健医療チーム、その他関係機関との連絡および情報連携を円滑に行うことになる。このような体制のなかで、被災後に想定される栄養・食生活支援の問題を最小限にするためには、行政栄養士も地域保健従事職種の一員として、連携と分担による効果的な支援活動が行えるよう、地域の医療・福祉・行政における栄養部門と連携し、情報の収集・伝

表6.6　行政栄養士業務指針における健康危機管理への対応

都道府県	保健所設置市及び特別区	市町村
災害、食中毒、感染症、飲料水汚染等の飲食に関する健康危機に対して、発生の未然防止、発生時に備えた準備、発生時における対応、被害回復の対応等について、		
市町村や関係機関等と調整を行い、必要なネットワークの整備を図ること。	住民に対して適切な情報の周知を図ること。	
	近隣自治体や関係機関等と調整を行い、	都道府県や関係機関等と調整を行い、
	的確な対応に必要なネットワークの構築や支援体制の整備を図ること。	
特に、災害の発生に備え、地域防災計画に栄養・食生活支援の具体的な内容を位置づけるよう、関係部局との調整を行うこと。		
保健医療職種としての災害発生時の被災地への派遣の仕組みや支援体制の整備に関わること。		
また、地域防災計画に基づく的確な対応を確保するため、市町村の地域防災計画における栄養・食生活の支援内容と連動するよう調整を行うとともに、関係機関や関係者等との支援体制の整備を行うこと。		

出典）「地域における行政栄養士による健康づくり及び栄養・食生活の改善の基本方針について」
（平成25年3月29日付がん対策・健康増進課長通知）

達・共有を図ることが重要となる。特に避難者のなかで、要配慮者（乳幼児や妊産婦、高齢者、疾病や食物アレルギーなどで食事制限のある者）への対応や外部からの支援物資などに対応できる人材の確保が必要となることから、日本栄養士会災害支援チーム（JDA-DAT）に協力要請を行い、迅速かつ効果的な対応を行うことができるよう、平常時から都道府県栄養士会などと体制の整備を行うことが重要となる（図6.7）。

災害時には、時間経過（フェイズ）で想定される健康・栄養課題が変化していくため、これらの課題に迅速かつ的確に対応することが求められる（表6.7）。また、昨今の地球規模の異常気象によって、国内のいずれの地域においても甚大な被害をもたらす自然災害の発生の脅威が高まっており、災害支援は、災害の種類（地震・水害・雪害など）や規模、発生場所や時期に対応しなくてはならない。さらに、支援者のスキルや人数などによって、支援の方法やプライオリティーが変わってくる。

このようなことから、これまでの各被災地で実際に行われた支援活動のなかで、管理栄養士・栄養士がどのような役割を果たしてきたのかなどについて知り、自らの地域や所属などにおける災害時の栄養・食支援活動のあり方について考え、見直していくことが重要となる。

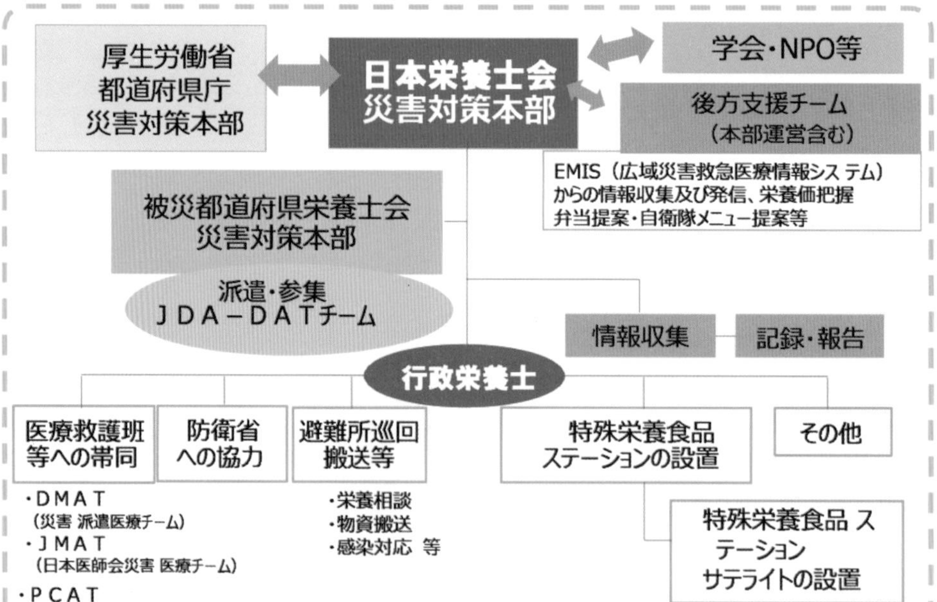

出典）日本栄養士会　研修資料スライド

図6.7　JDA-DAT災害支援活動例

表 6.7　フェイズに応じた栄養・食生活支援活動

フェーズ	フェーズ 0	フェーズ 1	フェーズ 2	フェーズ 3	フェーズ 4
	初動期	緊急対策期	緊急対応期	復旧期	復興期
	24 時間以内	72 時間以内	4 日目～2 週間	概 3 週間～1 カ月	概ね 1 カ月以降
状況	ライフライン寸断	ライフライン寸断	ライフライン徐々に復旧	ライフライン概ね復旧	仮設住宅
想定される栄養課題	食料確保 飲料水確保 要食配慮者の食品不足（乳児用ミルク、アレルギー食、嚥下困難者食事制限等）	支援物資到着（物資過不足、分配の混乱） 水分摂取を控えるため脱水エコノミー症候群	避難所栄養過多 栄養不足 栄養バランス悪化 便秘、慢性疲労、体調不良者増加 食生活の個別対応が必要な人の把握	食事の簡便化 栄養バランス悪化 慢性疾患悪化 活動量不足による肥満	自立支援 食事の簡便化 栄養バランス悪化 慢性疾患悪化 活動量不足による肥満
栄養補給	高エネルギー食		たんぱく質、ビタミン・ミネラル不足への対応		
食事提供	主食（おにぎり・パン等） 水分 →	炊き出し →	弁当 →	→	→
支援活動		避難所アセスメント、巡回栄養相談			栄養教育、相談

いずれのフェイズでも栄養問題は発生する

出典）日本栄養士会　研修資料スライドを基に作成

被災者への食事の提供については、災害時の物資（食材）調達などに係る関係部署との連携を図り、健康を維持するために必要な栄養を確保できる献立を事前に準備しておくことが必要である。また、災害発生には多様な栄養問題が引き起こり、要配慮者へ円滑に食事を提供することが困難となることも想定されることから、具体的な対応について検討し、平常時から備え、提供体制を整備しておくことが必要である。

また、避難所における炊き出しを想定して、事前に必要な人員や食材の確保、調理用具、食器などの準備をしておくとともに、食中毒予防の観点から、食品衛生部署と連携して衛生管理についても検討しておくことが必要である。

保健所の行政栄養士は、平常時に行っている特定給食施設指導の一環として、災害時においても喫食者の命を守るための食事の提供が継続できるよう、食糧の備蓄状況や災害時対応マニュアルの作成状況などを把握し、施設へ必要な助言や支援を行う。

また、各施設だけで食事の提供の継続が困難な場合も想定して、近隣の施設が相互支援できる連携体制の整備を推進することも必要となる。

さらに、災害時の被害をより少なくするためには、支援活動だけでなく、「自助・共助・公助」を理解し、災害の発生時に地域全体で連携できるよう、地域住民へ平常時からの具体的な災害の備えや関係者との体制整備への協力と理解を普及啓発することで、地域における防災・災害対策を推進していく（図 6.8）。

「自助」＝自らの身は自らが守る。
家庭で日頃から災害に備えたり、災害時には事前に避難するなど、自分で自分・家族・財産を守ること。自分を守るのは「自助の力」

「共助」＝地域のことは地域で守る。
地域の災害時要援護者の避難に協力したり、地域の方々と消化活動を行うなど、近隣の人たちと助け合うこと。
自分ひとりで対応できない状況になったときに頼るのが「共助の力」
⇒状況に応じて自分も共助に参加する（助ける側）意識が前提

「公助」＝行政機関による救助活動や支援物資の提供。
行政機関が個人や地域の取り組みを支援したり、自助・共助で対応できない大枠の活動や組織づくり・支援のこと。
地域全体の状況を安定させ、復旧・復興に向かうための動きが「公助の力」
⇒公助（援助）が円滑に実施されるには「共助」との連携が効果的

平常時からの備えが最も重要であり、対策を推進する

図 6.8　地域における災害対策の考え方

例題 5　災害時における栄養・食支援に関する記述である。誤っているのはどれか。１つ選べ。

1. 災害時には、都道府県、市町村における「防災計画」に基づき、被災者の健康状態にあった食支援を関係者と連携し、的確かつ迅速に行うことが必要となる。
2. 「災害対策基本法」は、発災後の応急期における応急救助に対応する主要な法律である。
3. 平常時から要配慮者（乳幼児や妊産婦、高齢者、疾病や食物アレルギーなどで食事制限のある者）を把握しておくことが必要である。
4. 災害時の物資（食材）調達などに係る関係部署との連携を図り、健康を維持するために必要な栄養を確保できる献立を事前に準備しておくことが必要である。
5. 保健所の行政栄養士は、平常時から特定給食施設指導を通して、食糧の備蓄や災害時における対応マニュアルの作成などについて必要な助言や支援を行う。

解説　2. 発災後の応急期における応急救助に対応する主要な法律は「災害救助法」である。「災害対策基本法」は、災害の予防、発災後の応急期の対応および災害からの復旧・復興の各ステージを網羅的にカバーする法律である。　**解答**　2

1.5　地域・栄養ケアのためのネットワークづくり

公衆栄養プログラムの展開においては、実施主体となる保健所・保健センターなどの行政機関の他に、さまざまな関係者・機関と連携して行われる。

プログラムとして設定した健康課題に対応した事業を実施するために、地域の社会資源を把握するとともに、関係者・機関の役割を検討し、ネットワークを整備することが必要である。ネットワークは、行政機関に限らず広い視点で民間企業、関係団体、ボランティアなどと連携を図り、効率的に活動を進めることが重要である。

健康日本21（第二次）の推進にあたり、行政栄養士による健康づくりおよび栄養・食生活の改善の一層の推進が図られるよう「地域における行政栄養士による健康づくりおよび栄養・食生活の改善の基本方針について（行政栄養士業務指針）」が厚生労働省から発出された（2013年3月29日健が発0329号第4号）。

業務指針では、高齢化の一層の進展に伴い在宅療養者が増大することを踏まえ、地域の在宅での栄養・食生活に関するニーズの実態把握を行う仕組みを検討するとともに、在宅の栄養・食生活の支援を担う管理栄養士の育成や確保を行うため、地域の医師会や栄養士会など関係団体と連携し、地域のニーズに応じた栄養ケアの拠点の整備に努めることとしている。また、健康増進に資する食に関する多領域の施策では、住民主体の活動やソーシャルキャピタルを活用した健康づくり活動を推進するため、食生活改善推進員などに係るボランティア組織の育成や活動の活性化を図り、関係機関などとの幅広いネットワークを構築することが示されている。

(1) 栄養ケア・ステーション

地域の栄養ケアの拠点として、（公社）日本栄養士会により**栄養ケア・ステーション**の整備が進められている。栄養ケア・ステーションは、栄養状態の改善による疾病またはその重症化の予防と療養、健康の維持増進のために行われる管理栄養士および栄養士による栄養ケアを、住民が日常生活の場で気軽に利用できるようにすることを目的として、地域社会を基盤に設置運営される施設である。

施設には、都道府県栄養士会が公益目的事業として設置運営する栄養ケア・ステーションと（公社）日本栄養士会の栄養ケア・ステーション認定制度に則り、「栄養ケア・ステーション」の名称使用の許諾要件を満たしていると認定された、栄養士会以外の事業者が設置運営する栄養ケア・ステーションがある。今後は、市町村単位での設置も目指している。

(2) 食生活改善推進員（ボランティア）

食生活改善推進員（ヘルスメイト）は、1959年、厚生省（現厚生労働省）からの通知「栄養および食生活改善実施地区組織の育成について」に基づいて開始されたボランティア組織である。わが家の食卓を充実させ、地域の健康づくりを行うことから出発した食生活改善推進員は、「食生活を改善する人」として、一人ひとりがもつ豊かな感性と知性と経験が結集され、“私達の健康は私達の手で”をスローガンに、食を通した健康づくりのボランティアとして活動を進めてきた。

食生活改善推進員になるには、市町村で開催される「食生活改善推進員の養成講座」を受け、修了した後に「市町村食生活改善推進員協議会」に自ら入会して会員となり健康づくりや食生活改善、生活習慣病予防などに関するボランティア活動を行っている。各市町村協議会は、保健所単位、都道府県単位の協議会とネットワークを構築し、指導・支援を受けながら活動を展開している（**図 6.9**）。

平成17年「食育基本法」が施行されたことから、食生活改善推進員は、地域における食育推進の担い手として、「食育アドバイザー」を併名された。子どもから高齢者まで、健全な食生活を実践することのできる食育活動を進めている。今後も食生活改善を核とした地域ボランティア活動は、高齢社会を迎え地域包括ケアや地域共生社会の構築が求められるなか、食生活改善のみにとどまらないさまざまな可能性をもつとともに重要な役割を果たすことが期待されている。

また、地域には食生活改善推進員の他、母子保健推進員、愛育班員、保健補導員、健康推進員、介護予防サポーター、認知症予防サポーターなどとよばれるボランティが幅広く活動している。

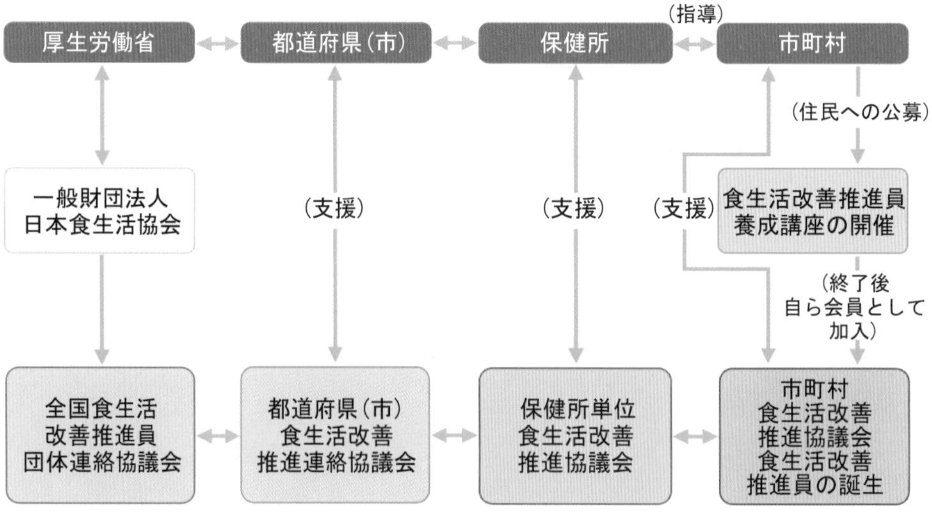

図 6.9　食生活改善推進員の体制

例題 6 地域・栄養ケアのためのネットワークづくりに関する記述である。誤っているのはどれか。１つ選べ。

1. ネットワークは、行政機関に限らず、広い視点で民間企業、関係団体、ボランティアなどと連携を図り、効率的に活動を進めることが重要である。
2. 日本栄養改善学会によって、地域の栄養ケアの拠点として整備が進められているのが、栄養ケア・ステーションである。
3. 食生活改善推進員（ヘルスメイト）は、1959 年、厚生省（現厚生労働省）から「栄養および食生活改善実施地区組織の育成について」の通知に基づいて開始されたボランティア組織である。
4. 食生活改善推進員は、市町村で開催される「食生活改善推進員の養成講座」を受け、修了した者である。
5. 食生活改善推進員は、地域における食育推進の担い手として、「食育アドバイザー」を併名されている。

解説 2. 地域の栄養ケアの拠点として整備が進められている栄養ケア・ステーションは（公社）日本栄養士会によるものである。 **解答** 2

2 食環境づくりのためのプログラムの展開

2.1 食環境づくりのためのプログラムの展開

世界保健機関（WHO）のオタワ憲章（1986 年）において、「人々が自ら健康をコントロールし、改善することができるようにするプロセス」として、ヘルスプロモーションが定義され、人々が健康に到達する過程としての生活行動の選択は、環境に大きく影響されることが示された。このようなことから、個人にとって、そして社会全体にとってのよりよい食物選択のために、適切な情報とより健康的な食物が私たちの身近に利用可能であるような環境づくり（環境を担保するための法的・制度的基盤の整備を含む）を目指すことは、ヘルスプロモーションの観点からきわめて重要なことである。

「健康日本 21」（2000 年～2010 年）の栄養・食生活分野の目標は、① 個人や集団の栄養状態・栄養素・食物摂取の目標、② 知識・態度･行動の目標、③ 個人の行動を支援するための環境づくりの 3 段階に整理されていた。さらに、食環境の改善が重要であるとし、2004 年に厚生労働省において「健康づくりのための食環境整備に関する検討会が開催され、栄養・食生活に関する環境づくり（食環境整備）の推進方策がとりまとめらえた。それらのなかで、栄養・食生活分野の環境要因は、「周囲の人々の支援」、「食物へのアクセス」、「情報へのアクセス」、「社会環境」に整理された。このうち、食環境とは、図 6. 10 に示すように、「食物へのアクセス」と「情報へのアクセス」ならびに両者の統合であるとされた。この考えは、「健康日本 21（第二次）」（2013 年）においても継承され、社会環境の質の向上のためのより広い枠組みで栄養・食生活関連の環境整備を目指すことになった。

これまで、栄養・食生活に関する情報提供、普及啓発に資するツール（学習教材、媒体）として、食事摂取基準、六つの基礎食品、食生活指針および食事バランスガイドなどを作成し普及啓発してきている。また、より健康に配慮した食物提供とそれに伴う情報提供として、外食における栄養成分表示やヘルシーメニュー（適切な食生活改善のための減塩やバランスのとれたメニューなど）の提供などの事業が各地で推進されており、住民の食生活に関する正しい知識の普及と食物選択のための情報提供が推進されている。しかし、健康に関心の低い人々も含めたすべての住民にとって、分かりやすく身近な情報提供が十分に行われていない状況もあることから、さらに、栄養成分表示の活用や「健康な食事」の普及啓発、ナッジ理論といった新たな行動変容のための仕掛けなどによる食環境整備の充実が求められている。

また、健康づくりの観点から、飲食店、給食サービス企業、関係団体などによる

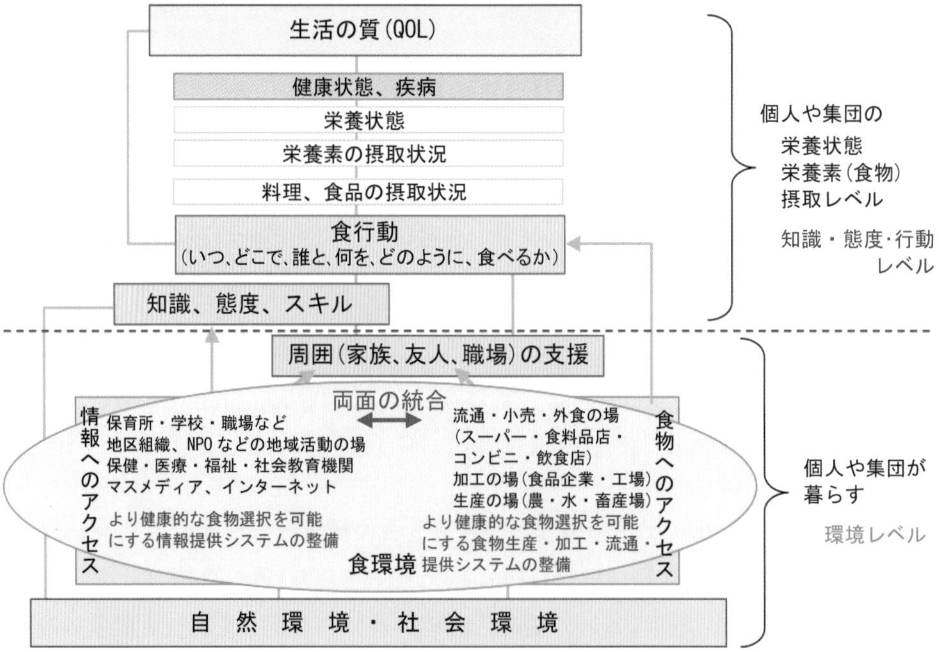

図 6. 10　健康づくりと食環境の関係

健康に配慮した食事の提供、食品製造業者による健康に配慮した食品の開発などが行われてきている。さらに、食品産業関係団体などにおいても、提供する料理や食品の栄養成分などの情報を提供する必要性についての認識が高まっており、消費者が食物を購入する際の健康で安全を確認するための重要な情報源として期待できる。

このようなことから、健康日本 21（第二次）の進捗状況や目標の在り方などに関する事項について検討した中間報告書においては、バランスのとれた食事を入手しやすい環境づくりの推進について、給食事業などや自治体の具体的な取り組みを示し、さらに充実させていくことが必要であるとしている。

例題 7 食環境づくりに関する記述である。正しいのはどれか。1 つ選べ。

1. 食環境づくりは、ヘルスプロモーションの観点からは重要なことではない。
2. 「健康日本 21」において食環境の改善が重要であるとし、栄養・食生活に関する環境づくり（食環境整備）の推進方策がとりまとめられた。
3. 食環境とは、「周囲の人々の支援」、「食物へのアクセス」、「情報へのアクセス」、「社会環境」の統合である。
4. 栄養成分表示は、活用する人が少ないことから、食環境づくりとして期待されていない。
5. 健康に関心の低い人々のための食環境づくりは必要ない。

解説 1. 人々が健康になるための生活行動の選択は、環境に大きく影響されることから、食環境づくりはヘルスプロモーションの観点からきわめて重要なことである。 3. 栄養・食生活に関する環境づくり（食環境整備）の推進方策において、食環境とは「食物へのアクセス」と「情報へのアクセス」ならびに両者の統合であるとされた。 4. 健康づくりの観点からの栄養成分などの情報を提供する必要性への認識が高まっており、消費者が食物を購入する際の重要な情報源として期待できる。 5. 健康に関心の低い人々も含めたすべての住民に、ナッジ理論といった新たな行動変容のための仕掛けなどによる食環境づくりの充実が求められている。 **解答** 2

2.2 食品表示法の施行

食品の表示については、食品衛生法、JAS法および健康増進法の 3 つの法律でルールが定められていたが、各々の法律の目的が異なっていたために、制度が複雑で分かりにくいものとなっていた。そこで、この 3 つの法律の食品の表示に関する規定を統合し、食品の表示に関する包括的かつ一元的な制度として**食品表示法**（2015年

4月1日施行）が制定され、消費者、事業者の双方にとって分かりやすい表示制度の実現が可能となった。具体的な表示のルールは、食品表示基準（2015年内閣府令）に定められており、食品の製造者、加工者、輸入者、または販売者に対して食品表示基準の遵守が義務付けられている。

食品表示法は、図6.11のように表示内容によって、品質事項、衛生事項、保健事項の3つの事項に区分されており、栄養成分表示は保健事項に該当する。保健事項にかかる表示項目は、わが国の健康づくりに関する施策や国際的な基準（CODEXなど）との整合性を図りつつ定められている。

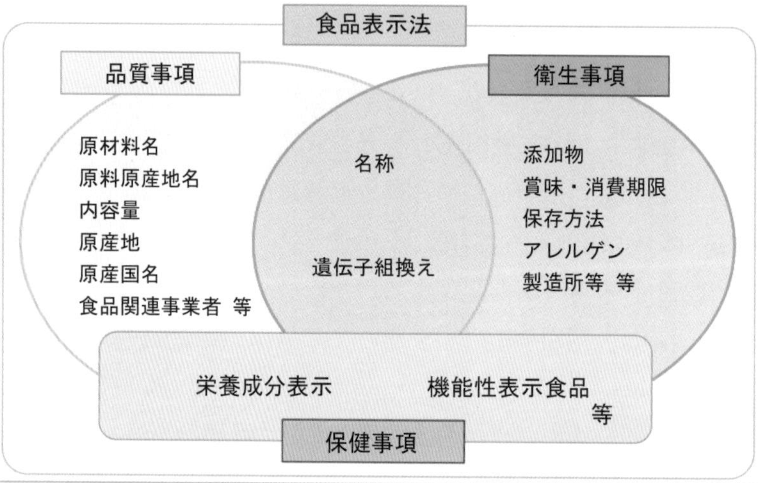

○品質事項：食品の品質に関する適正な表示により消費者の選択に資すること等を目的とした表示事項（※JAS法）
○衛生事項：国民の健康の保護を図ること等を目的とした表示事項（※食品衛生法）
○保健事項：国民の健康の増進を図ること等を目的とした表示事項（※健康増進法）
※食品表示法が定められる以前に規定のあった主な法律名

図6.11　食品表示法における3つの事項

例題8　食品表示法に関する記述である。誤っているのはどれか。1つ選べ。

1. 食品表示法（2015年4月1日施行）は、食品の表示に関する包括的かつ一元的な制度として策定された。
2. 表示のルールは、食品表示基準（2015年内閣府令）に定められている。
3. 表示内容は、品質事項、衛生事項、保健事項に区分されている。
4. 栄養成分表示は、表示内容の衛生事項に該当する。
5. 原材料名、原料原産地名は、表示内容の品質事項に該当する。

解説　4. 栄養成分表示は、表示内容の保健事項に該当する。　**解答** 4

2.3 特別用途食品・保健機能食品の活用

(1) 特別用途食品制度

特別用途食品（特別保健用食品を除く）は、乳児の発育や、妊産婦、授乳婦、えん下困難者、病者などの健康の保持・回復などに適するという特別の用途について表示を行う食品である。特別用途食品として食品を販売するには、健康増進法に基づく「特別の用途に適する旨の表示」について消費者庁の許可を受ける必要がある。特別用途食品には、「病者用食品」、「妊産婦、授乳婦用粉乳」、「乳児用調製乳」、および「えん下困難者用食品」があり、許可基準があるものについてはその適合性を審査（許可基準型）し、許可基準がないものについては個別に評価（個別評価型）を行っている（図 6.12）。

利用対象者は、医師、薬剤師、管理栄養士などから助言や指導を受けながら、それぞれの食品について正しく理解して、自らが選択・利用することが必要となる。

(2) 保健機能食品制度

保健機能食品制度は、消費者が安心して食生活の状況に応じた食品の選択ができるよう、適切な情報提供をすることを目的とした制度である。

（ⅰ）「特定保健用食品」（ⅱ）「栄養機能食品」（ⅲ）「機能性表示食品」の３つのカテゴリーに分類され、国が安全性や有効性などを考慮して設定した基準を満たしている場合に称することができる。なお、食品表示基準では、保健機能食品以外の食品にあっては保健機能食品と紛らわしい名称、栄養成分の機能および特定の保健の目的が期待できることを示す用語の表示は禁止されている（図 6.13）。

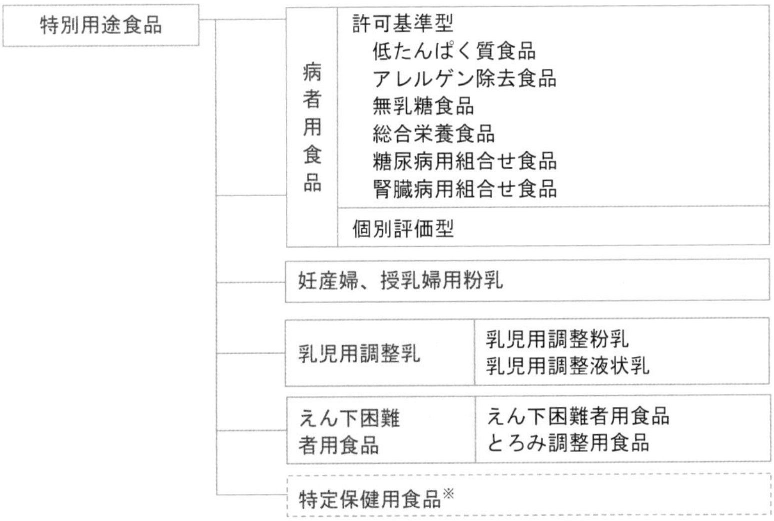

※ 特定の保健の用途に適する食品（特定保健用食品）については、特別用途食品制度と保健機能食品制度の両制度に位置づけられている。

図 6.12　特別用途食品の区分

機能性が表示されている食品について

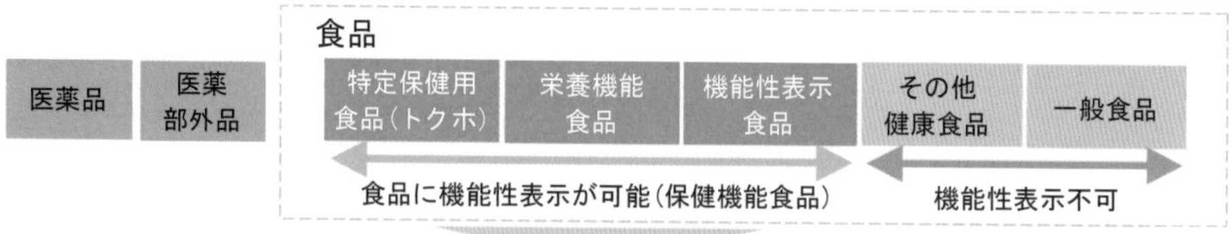

	特定保健用食品	栄養機能食品	機能性表示食品
認証方式	国による個別許可	自己認証 （国への届出不要）	自己認証 （販売前に国への届出必要）
対象成分	体の中で成分がどのように働いているか、という仕組みが明らかになっている成分	ビタミン 13 種類 ミネラル 6 種類 脂肪酸 1 種類	体の中で成分がどのように働いているか、という仕組みが明らかになっている成分（栄養成分を除く。）
可能な機能性表示	健康の維持、増進に役立つ、または適する旨を表示（疾病リスクの低減に資する旨を含む。） （例：糖の吸収を穏やかにします	栄養成分の機能の表示（国が定める定型文） （例：カルシウムは、骨や歯の形成に必要な栄養素です。）	健康の維持、増進に役立つ、または適する旨を表示（疾病リスクの低減に資する旨を除く。） （例：A が含まれ、B の機能があることが報告されています。）
マーク	消費者庁許可 特定保健用食品	なし	なし

図 6.13　保健機能性表示制度の概要

（ｉ）特定保健用食品

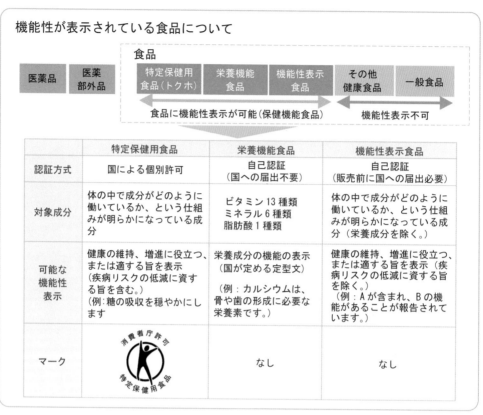

特定保健用食品（表 6.8）は、からだの生理学的機能などに影響を与える保健効能成分（関与成分）を含み（表 6.9）、その摂取により、特定の保健の目的が期待できる旨の表示（保健の用途の表示）をする食品である。特定保健用食品として販売するには、食品ごとに食品の有効性や安全性について審査を受け、消費者庁の許可を受ける必要があり、許可マークが付されている。

表 6.8　特定保健用食品の区分

- ❏特定保健用食品：食生活において特定の保健の目的で摂取をする者に対し、その摂取により当該保健の目的が期待できる旨の表示をする食品
- ❏特定保健用食品（疾病リスク低減表示）：関与成分の疾病リスク低減効果が医学的・栄養学的に確立されている場合、疾病リスク低減表示を認める
- ❏特定保健用食品（規格基準型）：特定保健用食品としての許可実績が十分であるなど科学的根拠が蓄積されている関与成分について規格基準を定め、個別審査なく、規格基準に適合するか否かの審査を行い許可される
- ❏条件付き特定保健用食品：審査で要求している有効性の科学的根拠のレベルには届かないものの、一定の有効性が確認される食品を、限定的な科学的根拠であることを表示することを条件として、許可対象と認める

表 6.9 特定保健用食品の主な関与成分と表示

表示内容	保健機能成分（関与成分）
おなかの調子をととのえる食品 （整腸作用）	フラクトオリゴ糖、ガラクトオリゴ糖、ラクチュロース、ポリデキストロース、難消化性デキストリン、グアーガム、サイリウム種皮由来の食物繊維、ビフィズス菌など
血圧が高めの方に適する食品 （血圧調節作用）	ラクトトリペプチド、カゼインドデカペプチド、杜仲葉配糖体、サーデンペプチドなど
コレステロールが高めの方に適する食品 （血清コレステロール低下作用）	大豆たんぱく質、キトサン、低分子化アルギン酸ナトリウム、植物ステロールなど
血糖値が気になる方に適する食品 （血糖上昇抑制作用）	難消化性デキストリン、小麦アルブミン、グアバ葉ポリフェノール、L-アラビノースなど
ミネラルの吸収を助ける食品	CCM（クエン酸リンゴ酸カルシウム）、CPP（カゼインホスホペプチド）、ヘム鉄、フラクトオリゴ糖など
食後の血中の中性脂肪をおさえる食品 （食後血中中性脂肪上昇抑制作用）	ジアシルグリセロール、グロビンたんぱく分解物など
虫歯の原因になりにくい食品	パラチノース、マルチトール、キシリトール、エリスリトール、茶ポリフェノールなど
歯の健康維持に役立つ食品	キシリトール、還元パラチノース、第 2 リン酸カルシウム、CPP - ACP（カゼインホスホペプチド - 非結晶リン酸カルシウム複合体など
体脂肪がつきにくい食品	ジアシルグリセロールなど
骨の健康が気になる方に適する食品	ビタミン K_2、大豆イソフラボンなど
鉄の補給を必要とする貧血気味の方の食品	ヘム鉄など

（ii）栄養機能食品

人の生命・健康の維持に必要な特定の栄養素の補給のために利用されることを目的とした食品で、科学的根拠が充分にある栄養機能について表示することができる（表 6.10）。栄養素の名称と機能だけでなく、「日本人の食事摂取基準」に基づいた 1 日の摂取目安量（上限・下限量）や摂取上の注意事項も表示する義務がある。ただし、国が決めた基準に沿っていれば、許可や届けなどの必要はなく、食品に含まれている栄養成分の栄養機能を表示することができる自己認証制度となっている。現在規格基準が定められている栄養素はビタミン（ナイアシン、パントテン酸、ビオチン、ビタミン A、ビタミン B_1、ビタミン B_2、ビタミン B_6、ビタミン B_{12}、ビタミン C、ビタミン D、ビタミン E、ビタミン K、葉酸）とミネラル（亜鉛、カリウム、カルシウム、鉄、銅、マグネシウム）および n-3 系脂肪酸である。

（iii）機能性表示食品

機能性を分かりやすく表示した食品の選択肢を増やすことを目的として、2015 年に「機能性表示食品」が加わった。安全性および機能性に関する一定の科学的根拠に基づき、食品関連事業者の責任において、疾病に罹患していない者（未成年者、妊産婦（妊娠を計画している者を含む）および授乳婦を除く）に対し、機能性関与

表 6.10　栄養機能食品の栄養機能表示

栄養成分	栄養機能表示
n-3 系脂肪酸	n-3 系脂肪酸は、皮膚の健康維持を助ける栄養素です。
亜鉛	亜鉛は、味覚を正常に保つのに必要な栄養素です。 亜鉛は、皮膚や粘膜の健康維持を助ける栄養素です。 亜鉛は、たんぱく質・核酸の代謝に関与して、健康の維持に役立つ栄養素です。
カリウム	カリウムは、正常な血圧を保つのに必要な栄養素です。
カルシウム	カルシウムは、骨や歯の形成に必要な栄養素です。
鉄	鉄は、赤血球を作るのに必要な栄養素です。
銅	銅は、赤血球の形成を助ける栄養素です。 銅は、多くの体内酵素の正常な働きと骨の形成を助ける栄養素です。
マグネシウム	マグネシウムは、骨や歯の形成に必要な栄養素です。 マグネシウムは、多くの体内酵素の正常な働きとエネルギー産生を助けるとともに、血液循環を正常に保つのに必要な栄養素です。
ナイアシン	ナイアシンは、皮膚や粘膜の健康維持を助ける栄養素です。
パントテン酸	パントテン酸は、皮膚や粘膜の健康維持を助ける栄養素です。
ビオチン	ビオチンは、皮膚や粘膜の健康維持を助ける栄養素です。
ビタミンA	ビタミンAは、夜間の視力の維持を助ける栄養素です。 ビタミンAは、皮膚や粘膜の健康維持を助ける栄養素です。
ビタミンB_1	ビタミンB_1は、炭水化物からのエネルギー産生と皮膚や粘膜の健康維持を助ける栄養素です。
ビタミンB_2	ビタミンB_2は、皮膚や粘膜の健康維持を助ける栄養素です。
ビタミンB_6	ビタミンB_6は、たんぱく質からのエネルギーの産生と皮膚や粘膜の健康維持を助ける栄養素です。
ビタミンB_{12}	ビタミンB_{12}は、赤血球の形成を助ける栄養素です。
ビタミンC	ビタミンCは、皮膚や粘膜の健康維持を助けるとともに、抗酸化作用をもつ栄養素です。
ビタミンD	ビタミンDは、腸管でのカルシウムの吸収を促進し、骨の形成を助ける栄養素です。
ビタミンE	ビタミンEは、抗酸化作用により、体内の脂質を酸化から守り、細胞の健康維持を助ける栄養素です。
ビタミンK	ビタミンKは、正常な血液凝固能を維持する栄養素です。
葉酸	葉酸は、赤血球の形成を助ける栄養素です。葉酸は、胎児の正常な発育に寄与する栄養素です。

成分によって健康の維持および増進に資する特定の保健の目的が期待できる旨を容器包装に表示する食品である。しかし特定保健用食品と異なり、消費者庁の個別の許可を受けたものではなく、個別の審査も行われないが、科学的根拠や安全性などの情報を事業者の責任で消費者庁へ「届け出」を行うことが決められている。届け出られた情報については、消費者庁のウェブサイトで確認できる。

機能性表示食品の届出事項には ❖表示の内容 ❖食品関連事業者に関する基本情報 ❖安全性の根拠に関する情報 ❖機能性の根拠に関する情報 ❖生産・製造および品質の管理に関する情報 ❖健康被害の情報収集体制 ❖その他必要な事項がある。

特定保健用食品、栄養機能食品、および機能性表示食品はいずれも医薬品ではなく、疾病の治療・治癒・予防などを目的として摂取するものではない。これらの食品の摂取にあたっては、食事からの栄養摂取や食生活の改善を基本としたうえで、機能性や目安量、作用機序など公開されている情報を充分に確認することが必要である。

例題 9　特定保健用食品の関与成分と生理機能である。正しいのはどれか。1つ選べ。

1. ラクトトリペプチドは、おなかの調子をととのえる作用がある。
2. フラクトオリゴ糖は、血清コレステロール値を低下させる作用がある。
3. マルチトールは、 虫歯の原因になりにくい食品で、歯の再石灰化を促進する作用がある。
4. キトサンは、血糖値の上昇を抑制する作用がある。
5. 難消化性デキストリン、食後の血中の中性脂肪の上昇を抑制する作用がある。

解説　1. ラクトトリペプチドは、血圧を降下させる作用がある。　2. フラクトオリゴ糖は、おなかの調子をととのえる作用がある。　4. キトサンは、血清コレステロール値を低下させる作用がある。　5. 難消化性デキストリンは、血糖値の上昇を抑制する作用がある

解答 3

例題 10　栄養機能食品の栄養機能表示である。誤っているのはどれか。1つ選べ。

1. 亜鉛は、味覚を正常に保つのに必要な栄養素である。
2. カリウムは、正常な血圧を保つのに必要な栄養素である。
3. ビタミンAは、夜間の視力の維持を助ける栄養素である。
4. ビタミンKは、抗酸化作用により、体内の脂質を酸化から守り、細胞の健康維持を助ける栄養素である。
5. ビタミンDは、腸管でのカルシウムの吸収を促進し、骨の形成を助ける栄養素である。

解説　4. ビタミンKは、正常な血液凝固能を維持する栄養素である。抗酸化作用により、体内の脂質を酸化から守り、細胞の健康維持を助ける栄養素はビタミンEである。

解答 4

2.4 栄養成分表示の活用

栄養成分表示は、原則としてすべての予め包装された一般消費者向け加工食品および一般消費者向け添加物において表示が義務づけられている。また、生鮮食品、業務用加工食品および業務用添加物については、任意表示の対象となる。

食品表示基準では、国民の栄養摂取の状況からみて、その欠乏または過剰な摂取が国民の健康の保持増進に影響を与えている栄養成分などを定め、その含有量などを栄養成分表示として表示することとしている（**表 6.11**）。食品表示基準に規定する栄養成分などのうち**表 6.12** のとおり、基本５項目の栄養成分の量および熱量は、栄養成分表示をする場合には必ず表示しなければならない。

なお、栄養成分および熱量の補給ができる旨、適切な摂取ができる旨、ナトリウム塩および糖類を添加していない旨などの栄養強調表示をする場合には、一定の基準を満たすことを義務づけている。

このように、販売に供する食品の栄養成分および熱量の表示に一定のルール化を図ることで、消費者が食品を選択するうえでの適切な情報を提供する。

表 6.11　食品表示基準に規定する栄養成分など

熱量、たんぱく質、脂質、飽和脂肪酸、n-3 系脂肪酸、n-6 系脂肪酸、コレステロール、炭水化物、糖質、糖類〔単糖類または二糖類であって、糖アルコールでないものに限る〕、食物繊維、ミネラル類（亜鉛、カリウム、カルシウム、クロム、セレン、鉄、銅、ナトリウム［食塩相当量で表示］、マグネシウム、マンガン、モリブデン、ヨウ素、リン）、ビタミン類（ナイアシン、パントテン酸、ビオチン、ビタミンA、ビタミンB_1、ビタミンB_2、ビタミン B_6、ビタミンB_{12}、ビタミンC、ビタミンD、ビタミンE、ビタミンK、葉酸）

表 6.12　栄養成分表示をする際の表示区分（義務表示・推奨表示・任意表示）と各対象成分

<table>
<tr><th colspan="2" rowspan="2">対象となる栄養成分など</th><th colspan="2">加工食品</th><th colspan="2">生鮮食品</th><th colspan="2">添加物</th></tr>
<tr><th>一般用</th><th>業務用</th><th>一般用</th><th>業務用</th><th>一般用</th><th>業務用</th></tr>
<tr><td>栄養成分表示をする場合、必ず表示しなければならない「基本5項目」</td><td>熱量、たんぱく質、脂質、炭水化物、ナトリウム（食塩相当量で表示）</td><td>義務表示</td><td>任意表示※</td><td>任意表示※</td><td>任意表示※</td><td>義務表示</td><td>任意表示※</td></tr>
<tr><td rowspan="2">「基本5項目」以外で上記食品表示基準に規定する栄養成分</td><td>飽和脂肪酸、食物繊維</td><td>推奨表示（任意表示）</td><td rowspan="2">任意表示</td><td rowspan="2">任意表示</td><td rowspan="2">任意表示</td><td rowspan="2">任意表示</td><td rowspan="2">任意表示</td></tr>
<tr><td>n-3 系脂肪酸、n-6 系脂肪酸、コレステロール、糖質、糖類、ミネラル類（ナトリウムを除く）ビタミン類</td><td>任意表示</td></tr>
</table>

食品表示基準では、その欠乏や過剰な摂取が国民の健康の保持増進に影響を与えている栄養成分などについて、補給ができる旨や適切な摂取ができる旨の表示をする際の栄養強調表示の基準を定めている（一般用加工食品および一般用生鮮食品のみ該当）。栄養強調表示は下記のように分類され、表示をする場合は、定められた条件を満たす必要がある（図 6.14）。

また、健康増進法第 65 条第 1 項には、「何人も、食品として販売に供する物に関して広告その他の表示をするときは、健康の保持増進の効果、その他内閣府令で定める事項（以下、健康保持増進効果など）について、著しく事実に相違する表示をし、または著しく人を誤認させるような表示をしてはならない。」という規定があり、食品として販売に供する物に関して、広告その他の表示をする際は、健康保持増進効果などについて虚偽誇大表示をすることが禁止されている。

これは、実際には表示どおりの健康保持増進効果などを有しない食品であるにもかかわらず、一般消費者が その表示を信じ、表示された効果を期待して摂取し続け、

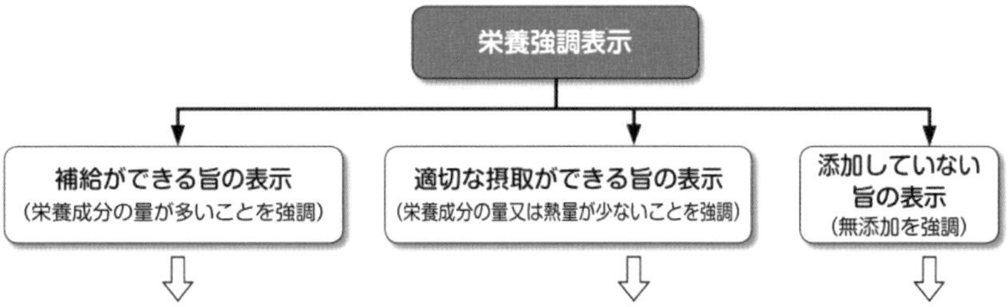

強調表示の種類	高い旨	含む旨	強化された旨	含まない旨	低い旨	低減された旨	無添加強調表示
	絶対表示		相対表示	絶対表示		相対表示	
表現例	高○○ ○○豊富 ○○たっぷり	○○含有 ○○源 ○○入り	○○ 30%アップ ○○ 2 倍	無○○ ○○ゼロ ノン○○	低○○ ○○ひかえめ ○○ライト	○○ 30%カット ○○ 10g オフ ○○ハーフ	○○無添加 ○○不使用
該当する栄養成分等	たんぱく質、食物繊維、亜鉛、カリウム、カルシウム、鉄、銅、マグネシウム、ナイアシン、パントテン酸、ビオチン、ビタミン A、ビタミン B_1、ビタミン B_2、ビタミン B_6、ビタミン B_{12}、ビタミン C、ビタミン D、ビタミン E、ビタミン K、葉酸			熱量、脂質、飽和脂肪酸、コレステロール、糖類、ナトリウム			糖類、ナトリウム塩

図 6.14　栄養強調表示の分類

表 6.12 の用語解説

・**義務表示**：栄養成分表示をする場合に、必ず表示しなければならない 5 つの項目（基本 5 項目）で、これらは、生活習慣病予防や健康の維持・増進に深く関わる重要な成分である。

・**推奨表示**：義務表示ではないが、積極的に表示を推進するよう努めなければならない項目で、日本人の摂取状況や生活習慣病予防との関連から、表示することが推奨される成分である。

・**任意表示**：義務表示対象成分以外の表示対象となる項目である。

※ 任意表示であっても、食品表示基準に規定する栄養成分などの表示を行う場合（一般用生鮮食品の場合には栄養表示をしようとする場合）には必ず「基本 5 項目」の表示が必要である。

（注）その他、トランス脂肪酸の表示についてもルールが示されている。

ひいては適切な診療機会を逸してしまう事態を防止するためである。「健康保持増進効果等」について、禁止の対象となる「誇大表示」に該当するか否かの判断は、一般消費者が表示から受ける印象・認識が基準となり、特定の文言や表現などを一律に禁止するものではなく、その適用は表示全体の訴求内容によって判断される。

健康増進法では、表 6.13 ような事項について、虚偽誇大表示を行うことは禁止されている

このように、食品表示法に基づいた栄養成分表示が義務づけられ、表示してある食品は増えていくことにより、栄養成分表示を活用する機会も増えていくことになる。栄養成分表示の活用の場面や方法は、ライフステージや健康課題、食品の選択・購入の実態によってさまざまであることが想定されることから、消費者庁が中心となって、栄養成分表示を消費者が正しく理解し活用できるように普及啓発活動を行っている（図 6.15）。2018 年には、消費者の特性に応じた栄養成分表示活用のためのリーフレットを作成・公表している。栄養成分表示を使って現在の摂取状況や生活習慣病予防や健康増進を進めることをねらいとし、①栄養成分表示ってなに？、②適正体重の維持、③食生活の質を見直す、④減塩社会への道、⑤高齢者の低栄養予防の 5 つのテーマに焦点をあて、健康づくりに役立つ食品選択のポイントなどを示した内容になっている。

このように、消費者の健康の保護および増進を図り、自主的かつ合理的な食品選択ができる社会づくりを進めるためには、栄養成分表示の義務化にあわせて、消費者が栄養成分表示を使って適切な食品選択ができる実践力を育む消費者教育の推進が必要になる。消費者教育は、知識を習得するだけでなく、日常生活のなかでの実践的な能力を育み、社会の消費者力の向上を目指して行われるものである。既に教育機関・地域・消費者団体・事業者・事業者団体・地方公共団体・行政などにより行われている食育の取り組みとして、推進することができる。2019 年には、栄養成分表示を活用した消費者教育の推進を目指して、消費者に身近な地域において、地域の健康課題や地域でよく購入（販売）されている食品に着目した具体的な場面での取り組みを例にして、教育実践マニュアルが作成され、取り組みが進められている（図 6.16）。

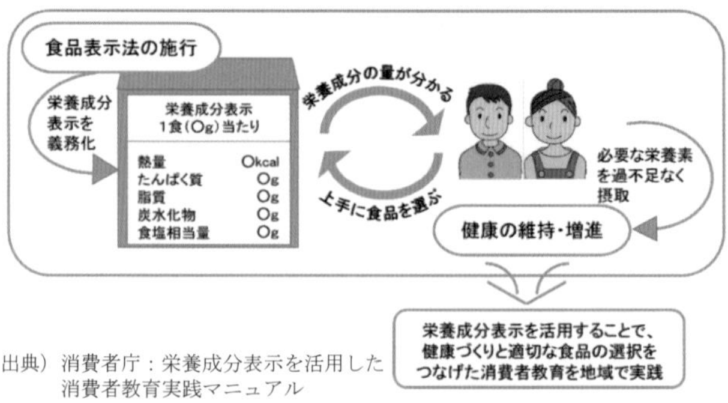

出典）消費者庁：栄養成分表示を活用した消費者教育実践マニュアル

図 6.15　栄養成分表示を使った地域での消費者教育

表 6.13　「健康保持増進効果等」に該当する表示例

健康保持増進効果等	表示例
①疾病の治療または予防を目的とする効果	「糖尿病、高血圧、動脈硬化の人に」、「末期がんが治る」、「虫歯にならない」、「肥満の解消」など。
②身体の組織機能の一般的増強、増進を主たる目的とする効果	「疲労回復」、「強精（強性）強壮」、「体力増強」、「食欲増進」、「老化防止」、「免疫機能の向上」など
③特定の保健の用途に適する旨の効果	「本品はおなかの調子を整えます」、「この製品は血圧が高めの方に適する」など
④栄養成分の効果	「カルシウムは、骨や歯の形成に必要な栄養素です」など
⑤人の身体を美化し、魅力を増し、容ぼうを変え、または皮膚もしくは毛髪を健やかに保つことに資する効果	「皮膚にうるおいを与えます」、「美肌、美白効果が得られます」、「美しい理想の体形に」など
⑥名称またはキャッチフレーズにより表示するもの	「ほね元気」、「延命○○」、「快便食品（特許第○○号」、「血糖下降茶」、「血液サラサラ」など
⑦含有成分の表示および説明により表示するもの	「ダイエットの効果で知られる○○○を××mg配合」など
⑧起源、由来などの説明により表示するもの	「○○○という古い自然科学書をみると×××は肥満を防止し、消化を助けるとある。こうした経験が昔から伝えられていたが故に食膳に必ず備えられたものである」など
⑨新聞、雑誌などの記事、医師、学者などの談話やアンケート結果、学説、体験談などを引用または掲載することにより表示するもの	○○　○○（××県、△△歳） 「××を3カ月間毎朝続けて食べたら、9kgやせました」など
⑩行政機関（外国政府機関を含む）や研究機関などにより、効果などに関して認められている旨を表示するもの	「××国政府認可○○食品」、「○○研究所推薦△△食品」など

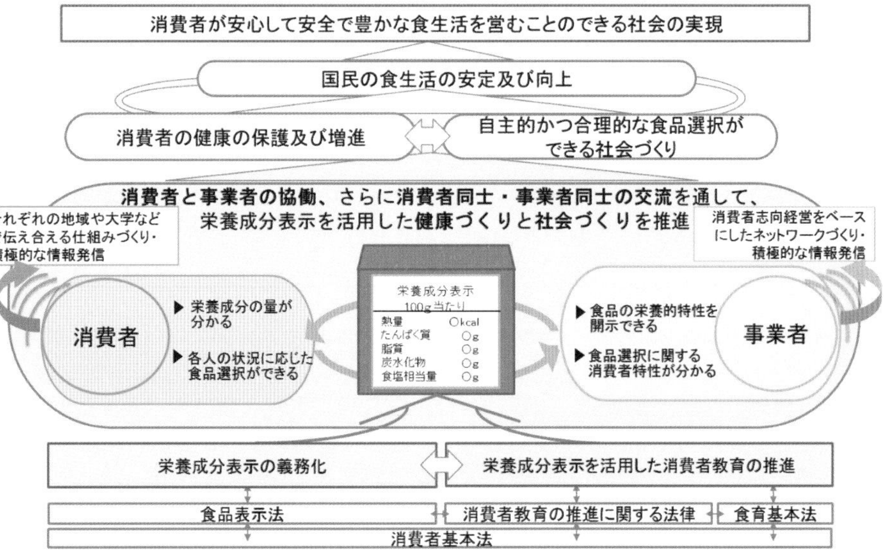

出典）消費者庁：栄養成分表示を活用した消費者教育実践マニュアル

図 6.16　栄養成分表示を活用した消費者教育の推進

例題11　食品表示法に基づく栄養成分表示に関する記述である。正しいのはどれか。１つ選べ。

1. 一般加工食品には、栄養成分表示が推奨されている。
2. 一般用生鮮食品の栄養成分表示は、任意とされている。
3. 熱量、たんぱく質、脂質、炭水化物及び食塩相当量のナトリウム以外の栄養成分についての表示はできない。
4. 健康増進法では、食品の広告その他の表示をする際は、健康保持増進効果等について虚偽誇大表示をすることが禁止されている。
5. 栄養成分表示をする際、栄養成分の補給ができる旨や適切な摂取ができる旨の表示をすることは禁止されている。

解説　1. 一般加工食品には、栄養成分表示が義務化されている。　2. 一般用生鮮食品の栄養成分表示は任意とされている。　3. 栄養成分表示は、基本5項目の熱量、たんぱく質、脂質、炭水化物および食塩相当量のナトリウム以外の栄養成分についても表示することができる。　5. 食品表示基準では、その欠乏や過剰な摂取が国民の健康の保持増進に影響を与えている栄養成分などについて、補給ができる旨や適切な摂取ができる旨の表示をする際の栄養強調表示の基準を定めている。　**解答** 4

2.5 健康づくりのための外食料理の活用

(1) 外食と中食の選び方

外食は、家庭以外の食堂やレストランなどの飲食店やファストフード店・喫茶店・居酒屋・事業所給食などでの食事をさす。また、中食（なかしょく）とは、惣菜店やお弁当屋・コンビニエンスストア・スーパーなどでお弁当や惣菜などを購入したり、外食店のデリバリー（宅配・出前）などを利用して、家庭外で商業的に調理・加工されたものを購入して食べる形態の食事をさす。

近年、社会情勢の変化による食生活の簡略化などのライフスタイルの変化によって、単身者・高齢者の世帯のみでなく、全世帯で外食や中食の利用は増加傾向にあり、健康管理のうえでもその選び方を考える必要がある。

外食の利用は、単身世帯が他の世帯よりも多い傾向にあり、特に若い世代で多い。個々の生活背景の違いによって食生活も多様化し、外食は食生活に欠かせないものになっていることから、外食を日常的に利用する場合、料理の選び方にも配慮が必要である。中食の利用は、食べたいものを必要な分だけ少量ずつでも購入ができることや種類も豊富で手軽に利用できることから家事の負担を軽減することができる。

単身者や高齢者の世帯では、簡便な食事として利用できるというだけではなく、多様な食品を摂取できるので栄養的にもメリットがある。しかし、味の濃い料理や脂肪を多く含む料理が多く、食塩や脂肪の摂取量の増加につながりやすいことから、料理の選び方に配慮が必要である。

健康日本21（第二次）では、「食品中の食塩や脂肪の低減に取り組む食品企業および飲食店の増加」、「利用者に応じた食事の計画、調理および栄養の評価、改善を実施している特定給食施設の割合」を目標項目にあげている。これを受け、自治体の地方計画において栄養成分表示を行っている飲食店などに関する目標を掲げ、健康づくりのための食環境を推進している。各自治体においては、栄養士会や関係団体、商店街、飲食店などと協力して、利用者が栄養バランスや適正な栄養摂取量の目安が分かるような情報提供や健康に配慮したメニュー（ヘルシーメニュー）の提供などの取り組みが行われている。自治体によっては、地域の外食店に栄養成分表示をすすめ、低カロリー・低脂肪や塩分控えめのメニューを置く料理店を募集して「栄養成分表示の店」「健康づくり協力店」として登録する制度をつくっている場合もあり、自治体のホームページで登録店舗を検索することができる。

このようなことから、ファミリーレストランやファストフードなどのチェーン店では、メニューやリーフレット、ホームページなどで料理に含まれる栄養成分を表示する店が増えている。

また、中食の利用にあたっては、内容をよく知ることが大切であり、栄養成分表示や「食事バランスガイド」のコマの表示がされているものが増えてきているので、料理を選択する際の参考になる。市販されている総菜や弁当には、栄養表示の他にも原材料や添加物・アレルギー表示・消費期限・保存方法など表示されており、購入の際の目安になる。

(2) 日本の長寿を支える「健康な食事」

健康寿命の延伸の実現に向け、外食や中食においても健康に資する食事を提供できる環境を整えるとともに、適切な食事を選択するための情報提供の体制整備が必要である。2015年に厚生労働省の「日本人の長寿を支える「健康な食事」のあり方検討会」の報告書を踏まえて、「生活習慣病予防その他健康増進を目的として提供する食事の目安（表6.14）の普及について」の健康局長通知が発出された。また、地方自治体や関係団体に対し、それぞれの地域や対象特性にあわせ、この目安を活用し、「健康な食事」について、国民や社会の理解を求める活動の展開が求められた。

「健康な食事」の普及・展開として、日本栄養改善学会と日本給食経営管理学会を中心とした複数の学会からなる「健康な食事・食環境」コンソーシアムが立ち上が

表 6.14　生活習慣病予防その他の健康増進を目的として提供する食事の目安

	一般女性や中高年男性で、生活習慣病の予防に取り組みたい人向け 650kcal未満	一般男性や身体活動量の高い女性で、生活習慣病の予防に取り組みたい人向け 650〜850kcal
主食 （料理Ⅰ） の目安	穀類由来の炭水化物は40〜70g	穀類由来の炭水化物は70〜95g
主菜 （料理Ⅱ） の目安	魚介類、肉類、卵類、大豆・大豆製品由来のたんぱく質は10〜17g	魚介類、肉類、卵類、大豆・大豆製品由来のたんぱく質は17〜28g
副菜 （料理Ⅲ） の目安	緑黄色野菜を含む2種類以上の野菜（いも類、きのこ類・海藻類も含む）は120〜200g	緑黄色野菜を含む2種類以上の野菜（いも類、きのこ類・海藻類も含む）は120〜200g
牛乳・乳製品、果物の目安	牛乳・乳製品及び果物は、容器入りあるいは丸ごとで提供される場合の1回提供量を目安とする。 牛乳・乳製品：100〜200g又はml（エネルギー150kcal未満*） 果物：100〜200g（エネルギー100kcal未満*） *これらのエネルギー量は、650kcal未満、または650〜850kcalに含めない。	
料理全体の目安	〔エネルギー〕 ○料理Ⅰ、Ⅱ、Ⅲを組み合わせる場合のエネルギー量は650kcal未満 ○単品の場合は、料理Ⅰ：300kcal未満、料理Ⅱ：250kcal未満、料理Ⅲ：150kcal未満 〔食塩〕 ○料理Ⅰ、Ⅱ、Ⅲを組み合わせる場合の食塩含有量（食塩相当量）は3g未満 （当面3gを超える場合は、従来品と比べ10%以上の低減） ○単品の場合は、食塩の使用を控えめにすること （当面1gを超える場合は、従来品と比べ10%以上の低減） ※1　エネルギー、食塩相当量について、見えやすいところにわかりやすく情報提供すること ※2　不足しがちな食物繊維など栄養バランスを確保する観点から、精製度の低い穀類や野菜類、いも類、きのこ類、海藻類など多様な食材を利用することが望ましい	〔エネルギー〕 ○料理Ⅰ、Ⅱ、Ⅲを組み合わせる場合のエネルギー量は650〜850kcal未満 ○単品の場合は、料理Ⅰ：400kcal未満、料理Ⅱ：300kcal未満、料理Ⅲ：150kcal未満 〔食塩〕 ○料理Ⅰ、Ⅱ、Ⅲを組み合わせる場合の食塩含有量（食塩相当量）は3.5g未満 （当面3.5gを超える場合は、従来品と比べ10%以上の低減） ○単品の場合は、食塩の使用を控えめにすること （当面 1gを超える場合は、従来品と比べ10%以上の低減） ※1　エネルギー、食塩相当量について、見えやすいところにわかりやすく情報提供すること ※2　当該商品を提供する際には、「しっかりと身体を動かし、しっかり食べる」ことについて情報提供すること

出典）厚生労働省健康局：生活習慣病予防その他の健康増進を目的として提供する食事の普及に係る実施の手引き

り、栄養バランスのよい食事が選べる社会をめざして、2018年4月に「健康な食事・食環境」認証制度を開始した。制度は、外食・中食・事業所給食で、健康な食事「スマートミール」を継続的に健康的な環境で提供する飲食店や事業所を認証する新制度である。「スマートミール」とは、健康づくりに役立つ要素を含む栄養バランスのとれた食事、つまり一食のなかで、主食・主菜・副菜が揃い、野菜がたっぷりで、食塩の摂り過ぎにも配慮した食事のことである（**表 6.15**）。

審査・認証は「健康な食事・食環境」コンソーシアムが担当し、認証された施設は、認証マークを使ってメニューやポップなどにより、スマートミールを提供していることをアピールできる。このような取り組みは、現在増加している健康経営を

表 6.15　スマートミールの基準

スマートミールの基準		ちゃんと	しっかり
		450〜650 kcal 未満	650〜850 kcal
		☆栄養バランスを考えて「ちゃんと」食べたい女性や中高年男性の方向け	☆栄養バランスを考えて「しっかり」食べたい男性や身体活動量の高い女性の方向け
主　食	飯、パン、めん類	（飯の場合）150〜180 g（目安）	（飯の場合）170〜220 g（目安）
主　菜	魚、肉、卵、大豆製品	60〜120 g（目安）	90〜150 g（目安）
副　菜	野菜、きのこ、海藻、いも	140 g 以上	140 g 以上
食　塩相当量		3.0 g 未満	3.5 g 未満

厚生労働省の「生活習慣病予防その他の健康増進を目的として提供する食事の目安」等に基づき基準を設定している。

掲げる企業においてや、従業員の疾病予防を図るため給食経営管理においても注目されている。

例題 12　日本の長寿を支える「健康な食事」に関する記述である。<u>誤っている</u>のはどれか。１つ選べ。

1.「健康な食事」は、外食や中食においても健康に資する食事を提供できる環境を整えるために検討された。
2.「健康な食事」の目安は、生活習慣病予防その他健康増進を目的として提供される食事の目安である。
3.「健康な食事」の展開として、「健康な食事・食環境」コンソーシアムによる認証制度がある。
4.「健康な食事・食環境」認証制度は、外食・中食・事業所給食で、健康な食事「スマートミール」を提供する施設を認証する。
5.「スマートミール」の審査・認証は、栄養成分表示を所管している消費者庁が行う。

解説　5.「スマートミール」の審査・認証は、日本栄養改善学会と日本給食経営管理学会を中心とした複数の学会からなる「健康な食事・食環境」コンソーシアムが担当する。

解答 5

3 地域集団の特性別プログラムの展開

3.1 ライフステージ別

ライフステージは、人間の生涯を妊娠期、授乳期、新生児・乳児期、発育期（幼児期、学童期、思春期）、成人期、更年期、高齢期に分けられる。各ライフステージの生理的特徴、栄養問題の特徴、栄養アセスメントの重要なポイント、栄養素必要量の考え方、栄養ケア・マネジメントの実践的な内容を踏まえたプログラムの展開が必要となる。また、それぞれのライフステージは独立したものではなく、ライフステージ全体をひとつの流れとして捉えることが重要である。

(1) 妊娠期・授乳期

母子保健対策は、**児童福祉法**（1947 年）と**母子保健法**（1965 年）により保健所を中心に推進されてきたが、**地域保健法**（1997 年）の制定、母子保健法の改正により母子保健事業は市町村に一元化された。思春期から妊娠、出産、乳幼児期、学童期を通じて、一貫した総合的な保健サービスがそれぞれの時期に適切に行われるよう、体系化が図られている。

公衆栄養マネジメントでは、最初の栄養アセスメントとして、健康状態は主に健康診断で把握される。母子の健康状態などの管理は市町村から妊娠された者に交付される母子手帳で行われる。

妊産婦の健康診査（以下、健診）は、市町村が受診勧奨しているものであり、主に医療機関での個別健診である。医療機関では受診した妊産婦に対して、両親学級などの集団指導や個別指導・相談を行っており、さらに、出産後の授乳指導や新生児の相談などを必要に応じて行っている。

市町村においても、妊娠・出産期に必要な知識を習得し、良好な妊娠期を過ごすことができることに加えて、身近な地域に相談し合える仲間をつくり、安心して子育てができる社会環境を目指していることが特徴でもある。

妊産婦の食生活指導や相談に広く活用されている「妊産婦のための食生活指針」（2006 年）は、「健やか親子 21」の検討会で妊産婦の食生活の重要性が議論され、策定されてから約 15 年が経過し、健康や栄養・食生活に関する課題を含む、妊産婦を取り巻く社会状況などが変化していることから、改定が行われた（2021 年 3 月）。妊娠、出産、授乳などにあたっては、妊娠前からの健康なからだづくりや適切な食習慣の形成が重要である。このため、改定後の指針の対象には妊娠前の女性も含むこととし、名称を「妊娠前からはじめる妊産婦のための食生活指針（**表 6.16**）」とした。

改定後の指針は、妊娠前からの健康づくりや妊産婦に必要とされる食事内容とともに、妊産婦の生活全般、からだや心の健康にも配慮した10項目から構成されている。妊娠期における望ましい体重増加量については、「妊娠中の体重増加指導の目安」(2021年3月8日　日本産科婦人科学会）を参考として提示されている（表6.17)。

また、1日に、何をどれだけ食べたらよいのかの目安が示された「食事バランスガイド」および「妊産婦のための食事バランスガイド」に沿った食事をすることを推奨している。

(2) 新生児・乳幼児期

乳児とは新生児（生後28日未満）から1歳未満の者をいい、幼児とは満1歳から5歳（就学に至るまで）の者をいう。

新生児期から乳児期前半までは、栄養摂取はすべて母乳あるいは育児用ミルクに依存しており、乳汁栄養はとても重要である。また、乳児期後半を含めた離乳期の各段階で適切な離乳食を進めることは、幼児期以降の健全な成長・発達のために重要である。

表6.16　妊娠前からはじめる妊産婦のための食生活指針

～妊娠前から、健康なからだづくりを～

- 妊娠前から、バランスのよい食事をしっかりとりましょう
- 「主食」を中心に、エネルギーをしっかりと
- 不足しがちなビタミン・ミネラルを、「副菜」でたっぷりと
- 「主菜」を組み合わせてたんぱく質を十分に
- 乳製品、緑黄色野菜、豆類、小魚などでカルシウムを十分に
- 妊娠中の体重増加は、お母さんと赤ちゃんにとって望ましい量に
- 母乳育児も、バランスのよい食生活のなかで
- 無理なくからだを動かしましょう
- たばことお酒の害から赤ちゃんを守りましょう
- お母さんと赤ちゃんのからだと心のゆとりは、周囲のあたたかいサポートから

表6.17　妊娠中の体重増加指導の目安*

妊娠前の体格**		体重増加指導量の目安
低体重	18.5未満	12～15kg
普通体重	18.5以上25.0未満	10～13kg
肥満（1度）	25.0以上30未満	7～10kg
肥満（2度以上）	30以上	個別対応 （上限5kgまでが目安）

* 「増加量を厳格に指導する根拠は必ずしも十分ではないと認識し、個人差を考慮したゆるやかな指導に心がける。」産婦人科診療ガイドライン編2020 CQ0 10より

** 体格分類は日本肥満学会の肥満度分類に準じた。

乳幼児健診は、法定健診である１歳６カ月健診と３歳児健診があるが、法定健診以外にもさまざまな健診が実施されており、健診方法や実施頻度、対象児の設定などについては、市町村により地域性がある。乳幼児健診時を活用して個別の栄養相談が行われることが多いが、場合によっては、健診とは別に専門家を交えて相談の場を設定し、対面で丁寧に相談に応じるプログラムもある。

また、市町村の乳幼児検診は、対象把握、問診、診察、保健指導の各場面で多職種が関わることから、健診後のカンファレンスでは、受診者だけでなく、未受診者も含めて、課題のある乳幼児への対応について検討が行われる。特に乳児は、発達・発育に個人差が大きく、保護者の育児不安も大きいことから、児と保護者ごとに応じた相談スキルが求められる。管理栄養士は食の専門家として、多職種と連携し、課題解決のための発言が求められる（図 6.17）。

管理栄養士は、健診以外においても、離乳食教室や育児学級、個別栄養相談（来所、電話、メール、訪問など）の他、さまざまな母子保健事業に関連して、栄養相談・指導を行っている。

離乳に関するプログラムでは、市町村の他、医療機関や保育園などで離乳食教室や個別相談が行われている。その基本となるのが「離乳の基本」（1980 年）を基に

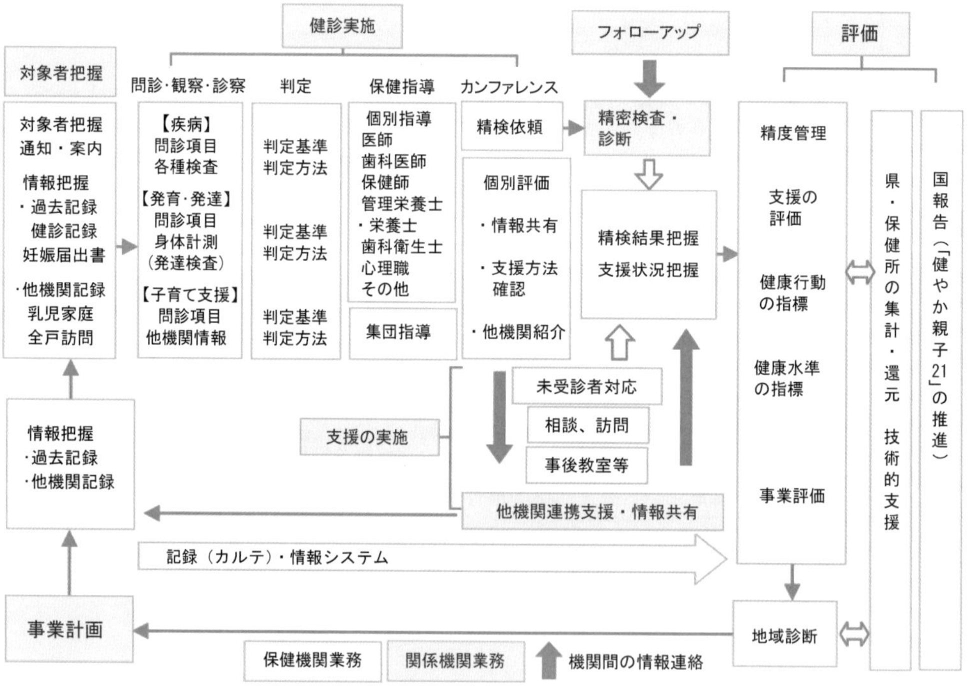

出典）国立生育医療研究センター：乳幼児健康診査事業実践ガイド（2018）

図 6.17　標準的な乳幼児健康診査の実施体制と評価

策定された「改訂離乳の基本」（1995 年）である。その後、「授乳・離乳の支援ガイド」が策定され（2007 年）、2019 年に「授乳・離乳の支援ガイド改訂版」となっている。科学的根拠に基づき、改訂が行われてきたが、2019 年の改訂版では、「ガイドはあくまでも目安であり、子どもの発育・発達の状況に応じて調整する」ことを強調していることが特徴である。

(3) 母子保健に関する計画

「健やか親子 21」（2001 年）は、21 世紀の母子保健の主要な取り組みを提示するビジョンである。関係者、関係機関・団体が一体となって、その達成に向けて取り組む国民運動計画として、「健康日本 21」の一翼を担うものとして策定された。

2013 年にとりまとめた最終評価報告書で示された今後の課題や提言をもとに、2015 年には「健やか親子 21（第 2 次）」が策定された。「日本全国どこで生まれても、一定の質の母子保健サービスが受けられ、かつ生命が守られるという地域間での健康格差を解消すること、疾病や障害、経済状態などの個人や家庭環境の違い、多様性を認識した母子保健サービスを展開することから、10 年後の目指す姿を「すべての子どもが健やかに育つ社会」の実現に向けて、3 つの基盤課題と 2 つの重点課題が示されている（図 6.18、表 6.18）

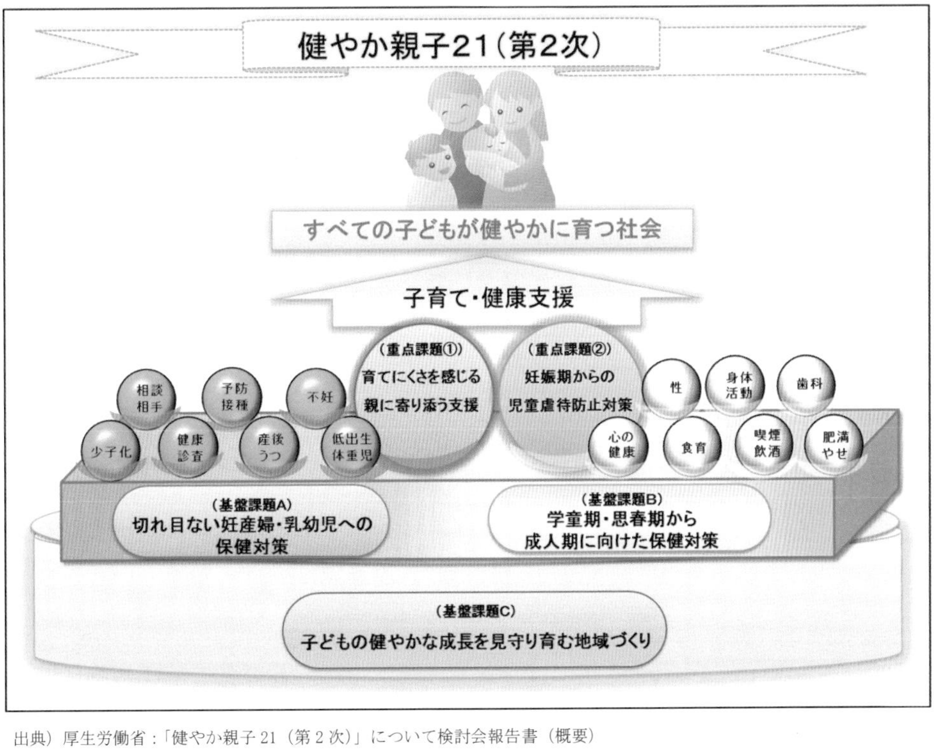

出典）厚生労働省：「健やか親子 21（第 2 次）」について検討会報告書（概要）

図 6.17　健やか親子 21（第 2 次）イメージ図

表 6.18　「健やか親子 21（第 2 次）」における課題の概要

課題名		課題の説明
基盤課題 A	切れ目ない妊産婦・乳幼児への保健対策	妊婦・出産・育児期における母子保健対策の充実に取り組むとともに、各事業間や関連機関の有機的な連携体制の強化や、情報の利活用、母子保健事業の評価・分析体制の構築を図ることにより、切れ目ない支援体制の構築を目指す。
基盤課題 B	学童期・思春期から成人期に向けた保健対策	児童生徒自らが、心身の健康に関心をもち、よりよい将来を生きるため、健康の維持・向上に取り組めるよう、多分野の協働による健康教育の推進と次世代の健康を支える社会の実現を目指す。
基盤課題 C	子どもの健やかな成長を見守り育む地域づくり	社会全体で子どもの穏やかな成長を見守り、子育て世代の親を孤立させないよう支えていく地域づくりを目指す。具体的には、国や地方公共団体による子育て支援施策の拡充に限らず、地域にあるさまざまな資源（NPO や民間団体、母子愛育会や母子保健推進員など）との連携や役割分担の明確化があげられる。
重点課題①	育てにくさを感じる親に寄り添う支援	親子が発信するさまざまな育てにくさ(※)のサインを受け止め、丁寧に向き合い、子育てに寄り添う支援の充実を図ることを重点課題のひとつとする。 (※)育てにくさとは：子育てに関わる者が感じる育児上の困難感で、その背景として、子どもの要因、親の要因、親子関係に関する要因、支援状況を含めた環境に関する要因など多面的な要素を含む。育てにくさの概念は広く、一部には発達障害などが原因となっている場合がある。
重点課題②	妊娠期からの児童虐待防止対策	児童虐待を防止するための対策として、①発生予防には、妊娠届出時など妊娠期から関わることが重要であること、②早期発見・早期対応には、新生児訪問などの母子保健事業と関係機関の連携強化が必要であることから重点課題のひとつとする。

(4) 成長期（学童期・思春期）

就学前の幼児期（1 歳から小学校入学）までの健康・栄養状態は地域の母子保健において管理されている。就学後は学校保健において管理されており（学校安全保健法）、市町村教育委員会では就学前健診と毎年定期健診を行うことが義務づけられている。このようなことから、成長期である学童期の公衆栄養プログラムは、主に学校教育で行われている。

食生活を取り巻く社会環境が変化し、食生活が多様化するなか、学童期では生活のリズムの乱れから食生活上の問題が生じやすい。学童期は、成長に必要な栄養摂取ができるよう、栄養や食事の摂り方などについて正しい知識に基づいて、食をコントロールしていく自己管理能力を身につけ、思春期に向けて望ましい食習慣を完成させる重要な時期である。

このようなことから、2005 年には子どもの理解力に応じて食の基礎知識に関わる食育を推進する指導体制を強化するため栄養教諭制度が整備された。「栄養教諭を中核としたこれからの学校の食育」（文部科学省：2007 年）では、栄養教諭の職務が

「食に関する指導」と「学校給食の管理」に整理された。栄養教諭は、学校全体の食に関する指導計画の策定、教職員間や家庭、地域との連携、調整などにおいて、学校栄養職員とともに、食育を推進する重要な教員である。

「食に関する指導の手引き（第二次改定版）のポイント」（文部科学省：2019年）では、食に関する指導に係る全体計画の必要性と作成手順が示され、学校における食育の推進がこれまで以上に明確に位置づけられた。小中学校では、各教科、道徳および総合的な学習の時間などでもそれぞれの特質に応じて、食育を行うよう努めることとされている。

思春期は、自己管理能力を育成し修得を可能にする時期である。思春期から青年期はライフスタイルが多様になり、親から自立する段階でもあり、食事も子ども自身により管理することが多くなることから、正しい食習慣と生活習慣の重要性を認識することが重要である。しかし、この世代はライフステージのなかでも公衆栄養プログラムにアクセスしにくい世代である。そのため、食の乱れを是正すること、食品の選択方法や調理技術を身につけ、1日に摂取すべき食事の量や質を知るなど、食の自立を図るため、個々人に適したプログラムの企画や展開の場など、社会資源を活用した連携が必要となる。

(5) 成人期

成人期は、社会活動の中心になる年齢であり、年齢範囲は明確に定義されていないが、食事摂取基準（2015年版）の年齢区分にあわせ18〜69歳を成人期とすると、若年期（18〜29歳）から壮年期（30〜49歳）・中年期（50〜69歳）と年齢幅も広く、世代によっても社会的役割が異なる。

特に若年期は活力に満ち、健康・栄養状態が良好な者が多く、健康への関心が低く、生活習慣の乱れが起きやすい。さらに、壮・中年期は仕事に対する責任が重くなり、健康への関心は高くなるものの、この時期に特徴的な疾病のリスクが高くなることから、特に生活習慣病を防ぎ、老化をできるだけ遅らせ、この後の高齢期の健康と健康寿命の延伸を図るための重要な時期である。

成人期における健（検）診には、市町村が行う健康増進事業（健康増進法）と事業主が行う定期健診（労働安全衛生法）がある。さらに、2008年に老人保健法を改正した「高齢者の医療の確保に関する法律（高齢者医療確保法）」により、「標準的な健診・保健指導プログラム」に基づいた特定健康診査・特定保健指導が行われている。

健康増進事業（健康増進法）には、健康手帳交付、健康教育、健康相談、機能訓練、訪問指導や、歯周病疾患、骨粗鬆症、肝炎ウイルス、がんの生活習慣病以外の検診が行われている。健康増進事業の対象年齢は、子宮がん検診を除き40歳以上であるが、健康教育については年齢制限のない市町村もある。また、健診項目を限定し、40歳未満の者（特定健康診査非対象者）を対象に健診・保健指導を実施している市町村もある。

事業場における労働者の健康の保持増進については、労働安全衛生法に基づき、事業場における労働者の健康保持増進措置を推進するため、1988年に事業場における労働者の健康保持増進のための指針（THP※指針）を策定し、トータル・ヘルスプロモーション・プラン（THP）の取り組みを普及してきた。一方で、THP指針策定から30年以上が経過し、産業構造の変化や高齢化の一層の進展、働き方の変化など、日本の社会経済情勢が大きく変化していくなかで、事業場における健康保持増進対策についても見直しの必要が出てきた。そのため、2020年3月に、事業場における健康保持増進対策をより推進する観点から、THP指針が改正され、また、2021年2月には、医療保険者と連携した健康保持増進対策がより推進されるよう、さらに「職場における心とからだの健康づくりのための手引き“事業場における労働者の健康保持増進のための指針”」（厚生労働省）として改定された。

THPは、すべての働く人を対象とした心とからだの健康づくり運動であり、労働者の健康の保持増進のために必要な措置を行うことが事業者の努力義務となっている。THPは職場における一次予防（健康増進）であり、産業医による健康測定を行い、それを受けて必要に応じて運動指導、保健指導、メンタルヘルスケア、栄養指導が行われる。

このうち、メンタルヘルスケアについては、労働者の受けるストレスが拡大する傾向にあり、精神障害に係る労災補償問題が増加していることから、2006年に「労働者の心の健康の保持増進の指針」（厚生労働省）が示され、2015年には、常時50人以上の労働者を使用する事業者に対し、ストレスチェックを実施することが義務化された。

1）THP指針改正のポイント

（i）2019年度（2020年3月）の主な改正ポイント

①従来の労働者「個人」から「集団」への健康保持増進措置の視点を強化

これまでよりも幅広い労働者の健康保持増進の促進を目指す。

具体的には、すでに生活習慣上の課題がある労働者だけではなく、すぐには生活

※THP：トータル・ヘルスプロモーション・プラン（Total Health promotion Plan）の略称で、労働安全衛生法第70条の2により厚生労働大臣が公表した指針に沿って、働く人が心とからだの両面にわたる健康的な生活習慣への行動変容を行うため、事業場で計画的に行う健康教育などの活動のこと。

習慣上の課題が見当たらない労働者や、よりよい生活習慣や健康状態を目指す労働者も対象に含まれる。また、個々の労働者に限らず、一定の集団に対して活動を推進できるように「ポピュレーションアプローチ」の視点を強化している。

② 事業場の特性にあった健康保持増進措置への見直し

事業場の規模や業務内容、労働者の年齢構成などの特性に応じて、柔軟に健康保持増進措置の内容を検討し、実施できるように見直された。

③ 健康保持増進措置の内容の規定から、取組方法を規定する指針への見直し

「事業場の特性にあった健康保持増進措置の見直し」のとおり、指針に基づく措置内容を柔軟化した。一方で、PDCA サイクルの各段階において事業場で取り組むべき項目を明確にし、事業場が健康保持増進対策に取り組むための『進め方』を規定するよう方針が見直された。

（ii）2020 年度（2021 年 2 月）の主な改正ポイント

① 医療保険者と連携した健康保持増進対策

医療保険者と連携したコラボヘルスの推進が求められている。健康保持増進措置として労働者の健康状態を把握する際には、定期健康診断の結果などを医療保険者に提供する必要があること、そのデータを医療保険者と連携して事業場内外の複数の集団間のデータと比較した取り組みの決定などに活用することが望ましいことが明確化された。

(6) 高齢期

高齢期とは、老化により身体組織・臓器が萎縮し、機能低下が進む時期である。高齢者とは何歳からをさすか一定の定義はないが、一般的に 65～74 歳を前期高齢者、75 歳以上を後期高齢者という。

人生 100 年時代を見据え、健康寿命を延伸するため、高齢者の予防・健康づくりを推進することが重要である。高齢者の大半は何らかの自覚症状を有し、医療機関に受診しているが、重症化による要介護状態などへの移行を防止することが課題である。

慢性疾患の有病率が非常に高く、複数の慢性疾患を有する割合も高水準であり、早期発見・早期対応（特定健診・保健指導の実施率向上など）、効果的な重症化予防（日常生活に支障が生じるリスクへの対応）が必要である。また、高齢者の生活機能は 75 歳以上で急速に低下し、身の回りの動作などは維持されていても、買い物、外出などの生活行為ができなくなる傾向があることから、高齢者が気軽に立ち寄る通いの場（介護予防の場）を整備しているが、参加率は低迷している。フレイル対策（運動、口腔、栄養など）を含めたプログラムの改善が求められていることから、高齢者が参加しやすい活動の場の拡大や、フレイル対策を含めたプログラムの充実が課題である。

しかし、生活習慣病対策・フレイル対策（医療保険）と介護予防（介護保険）は制度ごとに実施主体が別であり、医療保険の保健事業は、後期高齢者医療制度に移行する75歳を境に、保険者・事業内容が異なる（図6.19）。そのため、2020年から高齢者の保健事業と介護予防事業が一体的に実施される枠組みが構築され、後期高齢者を対象としたフレイル健診（後期高齢者医療制度の健診）が開始された。

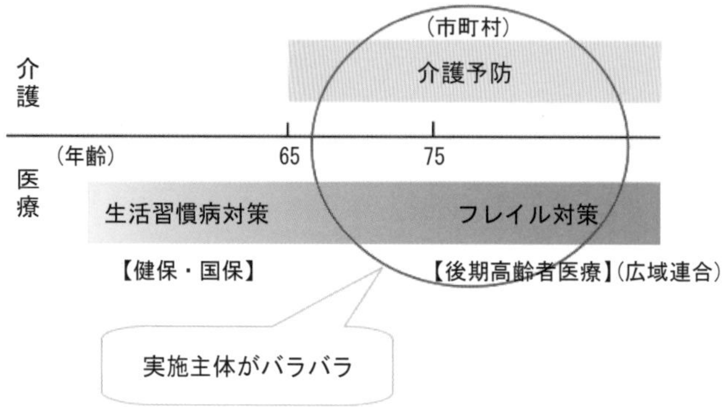

図6.19　一体的な対応の必要性

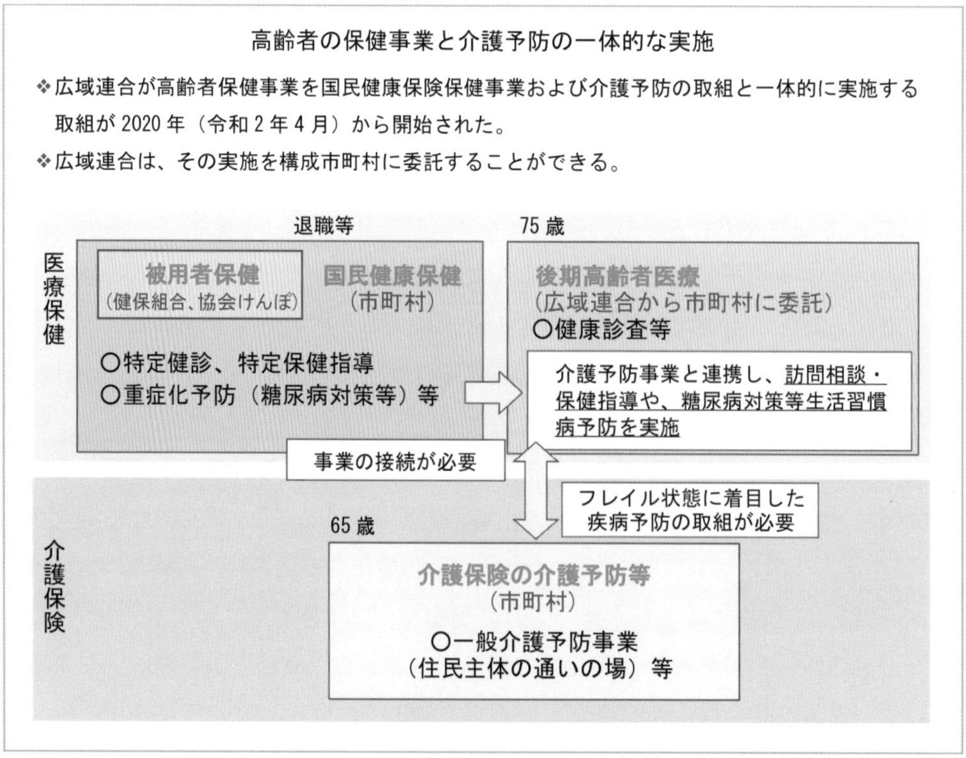

図6.20　高齢者の保健事業と介護予防事業の一体的な実施

このようなことから、「高齢者の特性を踏まえた保健事業ガイドライン第2版」が改定され、高齢者の保健事業と介護予防の一体的な実施の推進に向けたプログラムが盛り込まれた。

特定健康診査の「標準的な質問票」に代わるものとして、後期高齢者に対する健康診査（以下：健診）の場で質問票を用いた問診（情報収集）を実施し、高齢者の特性を踏まえた健康状態を総合的に把握する。本質問票を用いた評価は、健診の際に活用されることを想定しているが、市町村の介護予防・日常生活支援総合事業（総合事業）における通いの場やかかりつけ医の医療機関など、さまざまな場面で健康状態が評価されることにより、住民や保健事業・介護予防担当者などが高齢者のフレイルに対する関心を高め、生活改善を促すことが期待される。

また、質問票の回答内容と健診・医療・介護情報を併用し、高齢者を必要な保健事業や医療機関受診につなげ、地域で高齢者の健康を支えることを目指している。さらに、保健指導における健康状態のアセスメントとして活用するとともに、行動変容の評価指標として用いることとしている。

1）質問票を用いた健康状態の評価について

（ⅰ）健診の場で実施する

健診を受診した際に、本質問票を用いて健康状態を評価する。健診は多くの高齢者にアプローチができる機会である。

（ⅱ）通いの場（地域サロンなど）で実施する

通いの場などに参加する高齢者に対して本質問票を用いた健康評価を実施する。

（ⅲ）かかりつけ医（医療機関）などの受診の際に実施する

医療機関を受診した高齢者に対して、本質問票を用いた健康評価を実施する。

質問票の質問項目の考え方は、フレイル予防は多面的な視点が重要であり（図6.21）、高齢者の特性を踏まえ健康状態を総合的に把握するという目的から、①健康状態、②心の健康状態、③食習慣、④口腔機能、⑤体重変化、⑥運動・転倒、⑦認知機能、⑧喫煙、⑨社会参加、⑩ソーシャルサポートの10類型に整理され、質問項目数は、高齢者の負担を考慮し15項目に絞り込まれた（表6.19）。

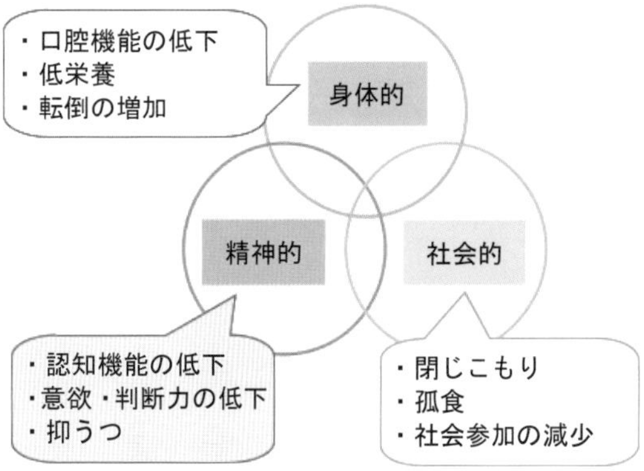

図6.21　フレイル予防の多面的な視点

表 6.19　質問表の内容について

類型名	No	質問文	回　答
健康状態	1	あなたの現在の健康状態はいかがですか	①よい ②まあよい ③ふつう ④あまりよくない ⑤よくない
心の健康状態	2	毎日の生活に満足していますか	①満足 ②やや満足 ③やや不満 ④不満
食習慣	3	1日3食きちんと食べていますか	①はい ②いいえ
口腔機能	4	半年前に比べて固いもの(*)が食べにくくなりましたか *さきいか、たくあんなど	①はい ②いいえ
	5	お茶や汁物などでむせることがありますか	①はい ②いいえ
体重変化	6	6カ月間で2～3kg以上の体重減少がありましたか	①はい ②いいえ
運動・転倒	7	以前に比べて歩く速度が遅くなってきたと思いますか	①はい ②いいえ
	8	この1年間に転んだことがありますか	①はい ②いいえ
	9	ウオーキングなどの運動を週に1回以上していますか	①はい ②いいえ
認知機能	10	周りの人から「いつも同じことを聞く」などの物忘れがあるといわれていますか	①はい ②いいえ
	11	今日が何月何日か分からないときがありますか	①はい ②いいえ
喫煙	12	あなたはたばこを吸いますか	①吸っている ②すっていない　③やめた
社会参加	13	週に1回以上は外出していますか	①はい ②いいえ
	14	ふだんから家族や友人と付き合いがありますか	①はい ②いいえ
ソーシャルサポート	15	体調が悪いときに、身近に相談できる人がいますか	①はい ②いいえ

介護予防事業では、要支援・要介護状態になる前に介護予防を進め、地域の包括的継続的なマネジメント機能を強化するため、市町村では地域支援事業が行われている。2017年からは、この事業に介護予防・日常生活支援総合事業（以下、総合事業）が加わった。

総合事業では、要支援者と虚弱高齢者に対して、介護予防・生活支援サービス事業（訪問型サービス、通所型サービス、その他生活支援サービス、介護予防ケアマネジメント）と、一般介護予防事業（介護予防把握事業、介護予防普及啓発事業、地域介護予防活動支援事業、一般介護予防事業評価事業、地域リハビリテーション活動支援事業）がある。管理栄養士などは各事業の栄養・食生活支援の部門に関わっている（図6.22）。

総合事業を構成する各事業の内容及び対象者

(1) 介護予防・生活支援サービス事業（サービス事業）

○ 対象者は、制度改正前の要支援者に相当する者。
①要支援認定を受けた者
②基本チェックリスト該当者（事業対象者）

事業	内容
訪問型サービス	要支援者等に対し、掃除、洗濯等の日常生活上の支援を提供
通所型サービス	要支援者等に対し、機能訓練や集いの場など日常生活上の支援を提供
その他の生活支援サービス	要支援者等に対し、栄養改善を目的とした配食や一人暮らし高齢者等への見守りを提供
介護予防ケアマネジメント	要支援者等に対し、総合事業によるサービス等が適切に提供できるようケアマネジメント

※事業対象者は、要支援者に相当する状態等の者を想定。
※基本チェックリストは、支援が必要だと市町村や地域包括支援センターに相談に来た者に対して、簡便にサービスにつなぐためのもの。
※予防給付に残る介護予防訪問看護、介護予防福祉用具貸与等を利用する場合は、要支援認定を受ける必要がある。

(2) 一般介護予防事業

○ 対象者は、第１号被保険者の全ての者及びその支援のための活動に関わる者。

事業	内容
介護予防把握事業	収集した情報等の活用により、閉じこもり等の何らかの支援を要する者を把握し、介護予防活動へつなげる
介護予防普及啓発事業	介護予防活動の普及・啓発を行う
地域介護予防活動支援事業	住民主体の介護予防活動の育成と支援を行う
一般介護予防事業評価事業	介護保険事業計画に定める目標値の達成状況等を検証し、一般介護予防事業の評価を行う
地域リハビリテーション活動支援事業	介護予防の取り組みを機能強化するため、通所、訪問、地域ケア会議、住民主体の通いの場等へのリハビリ専門職等による助言等を実施

図 6.22　総合事業の構成

例題 13　高齢者の保健事業と介護予防事業に関する記述である。誤っているのはどれか。１つ選べ。

1. 高齢者のフレイル対策として、後期高齢者を対象としたフレイル健診（後期高齢者医療制度の健診）が行われている。
2. 後期高齢者に対する健康診査の場で質問票を用いた問診（情報収集）が実施されている。
3. 質問票の質問項目の考え方は、フレイル予防は多面的な視点を踏まえ、健康状態を総合的に把握するということを目的としている。
4. 介護予防事業では、要支援・要介護状態として認定された高齢者を対象としている。
5. 介護予防・日常生活支援総合事業（総合事業）では、介護予防・生活支援サービス事業と一般介護予防事業がある。

解説　4. 介護予防事業では、要支援・要介護状態になる前に介護予防を進め、地域の包括的継続的なマネジメント機能を強化するために行われている。　**解答** 4

3.2 生活習慣病ハイリスク集団

生活習慣病ハイリスク者の早期発見のための健（検）診は、医療法各法に基づき保険者や市町村で行われてきた。しかし、役割分担や受診者に対するフォローが必要などの問題が指摘されていた。さらに、運動・食事・喫煙などの不適切な生活習慣が引き金となり、肥満、脂質異常、血糖高値、血圧高値から起こる虚血性心疾患、脳血管疾患、糖尿病などの発症・重症化を予防することも重要である。重症化に至っていく前段階で、保険者が健診結果によりリスクが高い者を的確なタイミングで選定し、本人自らが健康状態を自覚し、生活習慣改善の必要性を理解したうえで実践につなげられるよう、専門職が個別に介入する必要がある。そこで、2008年4月から公的医療保険の保険者に対して「**高齢者の医療の確保に関する法律**」に基づき、「**特定健康診査と特定保健指導**」を実施し、その結果を国に報告することが義務づけられている。

「特定健康診査」の対象者は、40歳～74歳の各医療保険加入者で、加入者が「労働安全衛生法」などに基づく健康診断で、特定項目の検査などを受けたことが確認できた場合は、特定健康診査を受診したとみなされる。また、75歳以上の後期高齢者に対する健診は、高齢者医療法に規定される後期高齢者医療制度に基づいて行われる。

一方、「特定保健指導」は「特定健康診査」の結果、主として内臓脂肪の蓄積（**メタボリックシンドローム**）に着目し、健診受診者全員に対して必要度に応じて階層化された保健指導（プログラム）が行われる。

プログラムを効果的・効率的に実施するために「標準的な健診・保健指導プログラム」（厚生労働省）が作成されており、健診項目や判定基準、保健指導のデータが標準化されるなど、統一した実施・評価が行われている。また、学習教材も開発されている。特定健診・特定保健指導は、アウトソーシングしてもよいが、その場合は、アウトソーシング基準を満たしていなければならない。

特定保健指導は、健診結果と問診票により「情報提供」（全受診者を対象に、健診結果通知時などに実施）、「動機づけ支援」「積極的支援」の3つに階層化される（**図6.23**）。

「動機づけ支援」では、支援が3カ月以上経過した後に評価を行い、「積極的支援」は動機づけ支援の後、3カ月以上継続して支援した後に評価を行う（**図6.24**）。

評価は、ストラクチャー（構造）評価（施設、予算、職員数など）、プロセス（過程）評価（実施手段、保健指導実施者の態度、対象者の満足度など）、アウトプット（事業実施量）評価（特定健診受診率、特定保健指導実施率、実施回数や参加人数な

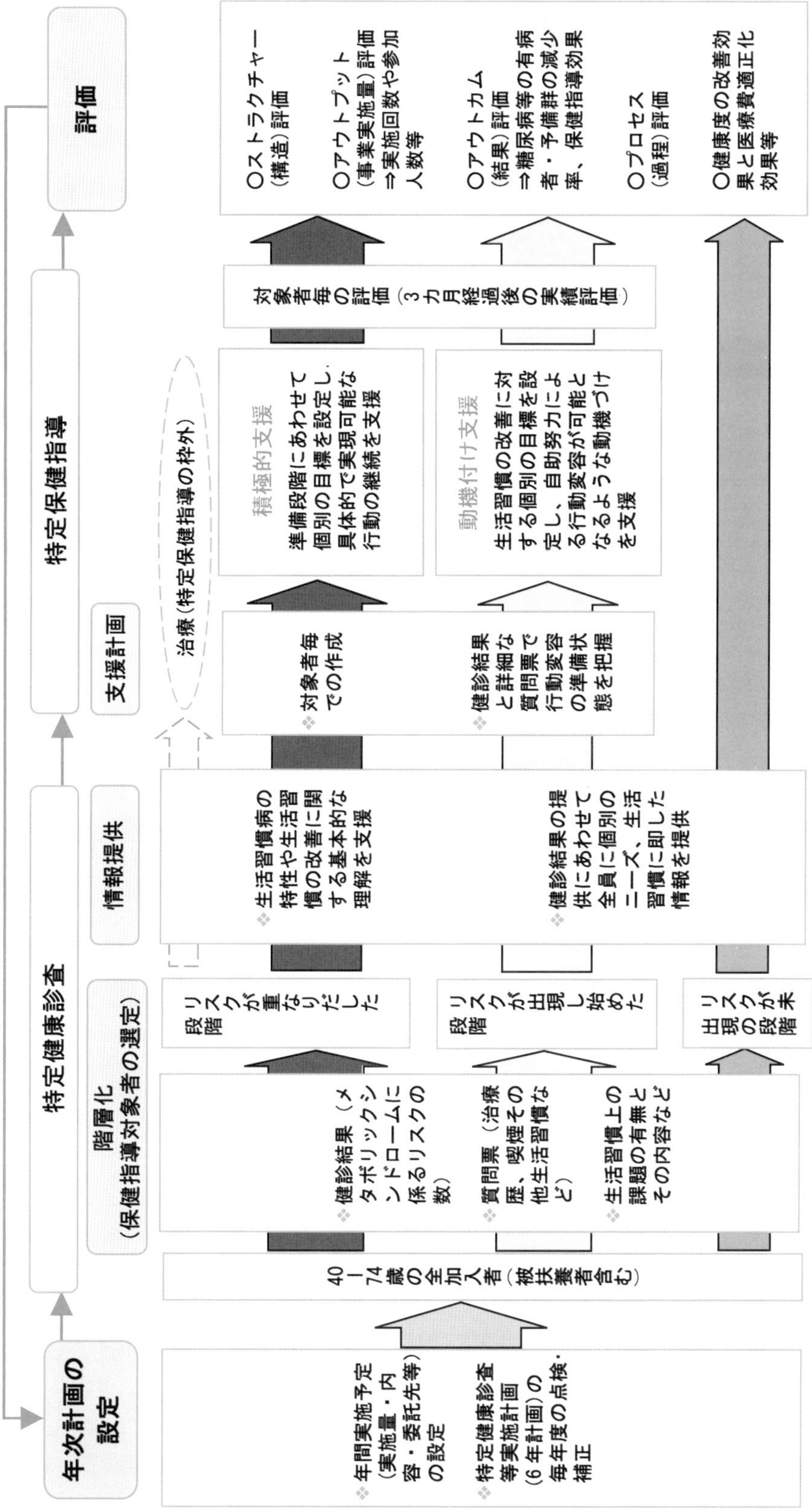

図 6.23　特定健診・特定保健指導の基本的な流れ

ど)、アウトカム（結果）評価（糖尿病などの有病者・予備群の減少率、医療費の変化、保健指導による対象者の健康状態への効果など）がある（図 6.23)。

「2018年度版標準的な健診・保健指導プログラム」（厚生労働省）では、従来の保健指導では十分な効果が得られなかった者や健康への関心が低い者に対する保健指導の新たな選択肢として、宿泊型新保健指導（スマート・ライフ・ステイ）プログラムが導入された。これは、体験学習やグループダイナミクスの相乗効果を取り入れた困難事例のための指導法として注目されている。

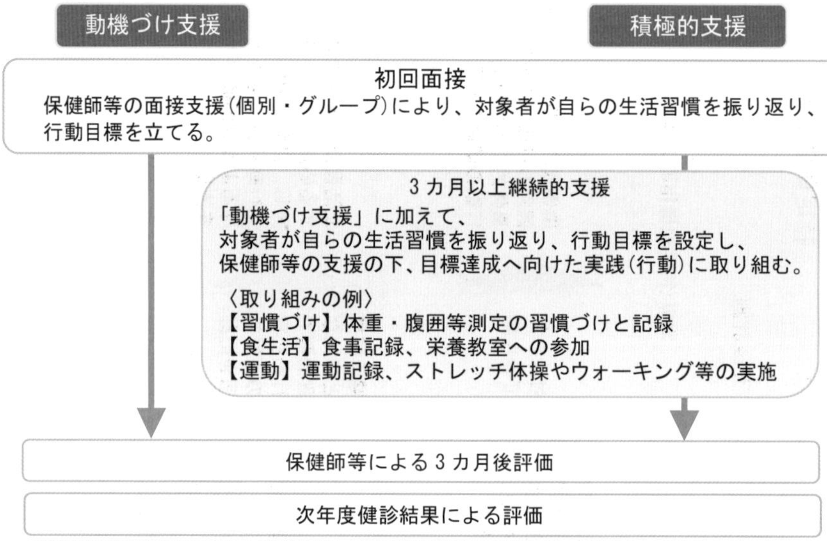

（注）積極的支援における3カ月後評価は、他の継続支援と一体的に行ってもよいこととなっている。

図 6.24　特定保健指導の流れ

例題 14　特定健康診査・特定保健指導における評価指標と評価の種類の組み合わせである。正しいのはどれか。1つ選べ。

1. 特定健康診査の実施率 ----- プロセス評価
2. 特定保健指導の実施率 ----- ストラクチャー評価
3. 糖尿病の有病者・予備群の割合 ----- アプトプット評価
4. 生活習慣病関連の医療費 ----- アウトカム評価
5. 事業の実施回数や参加人数 ----- プロセス評価

解説　1. 特定健康診査の実施率は、アウトプット評価に用いる指標である。　2. 特定保健指導の実施率は、アウトプット評価に用いる指標である。　3. 糖尿病の有病者・予備群の割合は、アウトカム評価に用いる指標である。　5. 事業の実施回数や参加人数は、アウトプット評価に用いる指標である。　**解答**　4

章末問題

1 国民の健康づくり運動「健康日本 21（第二次）」に関する記述である。誤っているのはどれか。1 つ選べ。

1. 健康日本 21（第二次）は、第 4 次国民の健康づくり運動である。
2. 健康日本 21（第二次）は、健康増進法に基づく国民の健康の増進の総合的な推進を図るための基本方針として告示された。
3. 基本的な方向性には、具体的な目標値が設定され、中間評価、最終評価を行う。
4. 都道府県および市町村は、健康増進計画を策定することが義務づけられている。
5. 都道府県および市町村は、独自に重要な課題を選択して、目標を設定し、定期的に評価および改定を行う。

解説 4. 都道府県は、国の基本方針を勘案して健康増進計画を策定することが義務づけられているが、市町村としての計画策定は推奨されているもので、努力義務である。 解答 4

2 高齢者を対象に介護予防を目的とした集団健康づくりプログラムの評価項目と、評価の種類の組み合わせである。正しいのはどれか。2 つ選べ。

1. プログラムの参加者数 ---------- 経過評価
2. プログラムの進捗状況 ---------- 結果評価
3. プログラムに関する満足度 ----- 影響評価
4. 共食の頻度が増加した割合 ----- 結果評価
5. 低栄養状態にある者の割合 ----- 結果評価

解説 2. プログラムの進捗状況は、経過評価に該当する。 3. プログラムに関する満足度は、経過評価に該当する。 4. 共食の頻度が増加した割合は、影響評価に該当する。 解答 1、5

3 食育基本法の基本理念（第 2 条～第 8 条）に関する記述である。誤っているのはどれか。1 つ選べ。

1. 国民の心身の健康の増進と豊かな人間性
2. 食に関する感謝の念と理解
3. 子どもの食育における保護者、教育関係者等の役割
4. 食に関する体験活動と食育推進活動の実践
5. 高齢者の食育における地域包括ケアシステムの役割

解説 基本理念には、高齢者の食育における地域包括ケアシステムの役割に関する記述はない。食育推進運動の展開、伝統的な食文化、環境に調和した生産等への配慮および農山漁村の活性化と食料自給率の向上の貢献、食品の安全性の確保等における食育の役割が規定されている。 解答 5

4　在宅医療として受けられるサービスと主な専門職種との組み合わせである。誤っているのはどれか。１つ選べ。

1. 歯科訪問診療・訪問歯科衛生指導-----歯科医師・歯科衛生士
2. 訪問看護（医師の指示のもと）-----看護師
3. 訪問薬剤管理指導（医師の指示のもと）-----薬剤師
4. 訪問診療-----理学療法士・作業療法士・言語聴覚士
5. 訪問栄養食事指導（医師の指示のもと）-----管理栄養士

解説　訪問診療は、通院が困難な患者の自宅などに医師が訪問し、診療を行う。理学療法士・作業療法士・言語聴覚士は、医師の指示のもとで、自宅などを訪問し、運動機能や日常生活で必要な動作が行えるように訓練等を行う。　解答 4

5　行政栄養士が災害発生時の栄養・食生活支援を行うために、平常時から準備しておくことに関する記述である。誤っているのはどれか。１つ選べ。

1. 地域防災計画へ栄養・食生活支援の具体的な内容を位置づける。
2. 災害時の栄養・食生活支援のための具体的なマニュアルを作成する。
3. 管内の給食施設に対し、適切に食料の備蓄ができているか指導を行う。
4. 家庭における食料備蓄推進の普及啓発活動を行う。
5. 被災地への管理栄養士派遣の仕組みを整備しておく必要はない。

解説　被災地における栄養・食生活支援を行うことは、行政栄養士の重要な役割であるので、管理栄養士派遣の仕組みを整備しておくことが必要である。　解答 5

6　地域の野菜摂取量増加を目的とした、食物アクセスの整備に関する記述である。正しいのはどれか。２つ選べ。

1. 地域野菜を販売してくれるコンビニエンスストアを増やす。
2. 小売店が販売する野菜に、生産者名のポップ（POP）を掲示する。
3. レストランで地場産の野菜を使った料理を提供する。
4. 野菜の宅配事業を行っている農家を広報で紹介する。
5. 地域野菜を使った学校給食の献立の作り方を家庭に配布する。

解説　2、4、5 は情報へのアクセスに該当する。　解答 1、3

7　特定保健用食品に関する記述である。誤っているのはどれか。１つ選べ。

1. 身体の生理学的能に資する特定の保健機能をもった食品。
2. 個別許可型は、消費者庁で個別に許可されると表示することが可能なもの。
3. 規格基準型が導入され、規格基準により許可される。
4. 特定保健用食品は、直接身体症状の改善や治療に結びつく表示もできる。
5. 特定保健用食品は、形状規制が撤廃されている。（錠剤やカプセルでもよい。）

解説 4. 特定保健用食品は医薬品ではないので、直接身体症状の改善や治療に結びつく表示はできない。
解答 4

8 栄養機能食品に関する記述である。正しいのはどれか。１つ選べ。
1. 栄養機能食品は、消費者庁への届出が必要である。
2. 栄養機能食品は、個別の食品の安全性について国による評価を受ける必要がある。
3. 生鮮食品は、栄養成分の機能の表示ができる。
4. 葉酸は、栄養成分の機能の表示ができない。
5. 栄養機能食品は、特定保健用食品の１つとして位置づけられている。

解説 1. 栄養機能食品は、消費者庁への届出は必要ない。 2. 栄養機能食品は、個別の食品の安全性について国による評価を受ける必要はない。 4. 葉酸は、栄養成分の機能の表示ができる。 5. 栄養機能食品は、保健機能食品の１つとして位置づけられている。
解答 3

9 健康増進法で禁止されている虚偽誇大表示に関する記述である。誤っているのはどれか。1つ選べ。
1. 疾病の治療または予防を目的とする効果
2. 栄養機能食品の表示に関する基準による栄養成分の機能表示
3. 食品の起源、由来等の説明により表示するもの
4. 新聞や雑誌等の記事、医師、学者などの談話、利用者の体験談などを引用または掲載することにより表示するもの
5. 行政機関や研究機関等により効果等に関して認められている旨を表示するもの

解説 2. 栄養機能食品の表示に関する基準による栄養成分の機能表示は、保健機能食品制度に位置づけられ、表示が認められている。
解答 2

10 妊産婦の身体と食生活・生活習慣に関する記述である。誤っているのはどれか。１つ選べ。
1. 妊娠前からの健康的なからだづくりを推奨する。
2. 「主食」を中心に、エネルギーをしっかりととる。
3. 不足しがちなビタミン・ミネラルを「副菜」でたっぷりとる。
4. 妊娠前の体格が低体重（BMI18.5 未満）であった妊婦の妊娠中の体重増加指導の目安は、7～10 kg である。
5. 妊婦の喫煙は、低出生体重時のリスクとなる。

解説 「妊娠前からはじめる妊産婦のための食生活指針」(2021 年 3 月) では、妊娠期における望ましい体重増加量を「妊娠中の体重増加量の目安」(2021 年 3 月 8 日日本産婦人科学会) を参考に提示している。4. 妊娠前の体格が低体（BMI18.5 未満）であった妊婦の妊娠中の体重増加指導の目安は、12～15 kg である。
解答 4

11 学校保健に関する記述である。正しいのはどれか。2つ選べ。

1. 市町村教育委員会には、就学前健診は義務づけられていない。
2. 食育を推進する指導体制強化をするため栄養教諭制度が整備された。
3. 栄養教諭の職務は「食に関する指導」に整理された。
4. 食に関する指導の手引きでは、食に関する指導に係る全体計画の必要性と作成の手順が示されている。
5. 食に関する指導に係る全体計画は、家庭や地域との連携、調整などは必要ない。

解説　1. 市町村教育委員会には、就学前健診と入学後の定期健診を行うことが義務つけられている。　3. 栄養教諭の職務は「食に関する指導」と「学校給食の管理」に整理された。　5. 食に関する指導に係る全体計画では、家庭や地域との連携、調整についても、食育の推進として重要としている。

解答 2、4

12 トータル・ヘルス・プロモーションプラン（THP）に関する記述である。誤っているのはどれか。1つ選べ。

1. THP は、すべての働く人を対象に、事業場で計画的に行う健康づくり活動である。
2. 労働安全衛生法に基づき、厚生労働省が THP 指針を策定し、普及している。
3. 2019 年 THP 指針改正により、ハイリスクアプローチの視点が強化された。
4. 産業医が中心となり健康測定を行い、必要に応じて、運動指導、保健指導、栄養指導、メンタルヘルスを行う。
5. メンタルヘルスとして、一次予防に主目的とする年1回のストレスチェックが事業者に義務づけられた。

解説　3. 2019 年 THP 指針改正により、従来の労働者「個人」から「集団」へのポピュレーションアプローチの視点が強化された。

解答 3

13 介護保険の総合事業の一般介護予防事業に関する記述である。正しいのはどれか。1つ選べ。

1. 対象者は、要支援認定を受けた者、基本チェックリスト該当者
2. 訪問型サービス（掃除、洗濯などの日常生活上の支援）
3. 地域介護予防活動支援事業（住民主体の介護予防活動の育成・支援）
4. 介護予防ケアマネジメント（総合事業によるサービス等が適切に提供できるようケアマネジメント）
5. 通所型サービス（機能訓練や集いの場など日常生活上の支援）

解説　1. 要支援認定を受けた者、基本チェックリスト該当者は介護予防・生活支援サービス（サービス事業）の対象者である。　2. 訪問型サービス（掃除、洗濯などの日常生活上の支援）はサービス事業である。　4. 介護予防ケアマネジメント（総合事業によるサービス等が適切に提供できるようケアマネジメント）はサービス事業である。　5. 通所型サービス（機能訓練や集いの場など日常生活上の支援）はサービス事業である。

解答 3

14 特定健康診査・特定保健指導に関する記述である。正しいのはどれか。1つ選べ。

1. 根拠となる法律は、労働安全衛生法である。
2. 特定健康診査・特定保健指導の実施は、市町村の義務である。
3. 特定保健指導では、対象者の選定方法に関して、階層化の概念が導入されている。
4. 階層化は、動機づけ支援と積極的支援の2段階に分類する。
5. 特定保健指導は、アウトソーシング（外部委託）はできない。

解説 1. 根拠となる法律は、高齢者の医療の確保に関する法律（高齢者医療法）である。 2. 特定健康診査・特定保健指導の実施は、各種保健医療者の義務である。 4. 階層化は、保健指導対象外（情報提供レベル）と動機づけ支援、積極的支援の3段階に分類する。 5. 特定健康診査・特定保健指導は、アウトソーシング（外部委託）してもよい。

解答 3

引用・参考文献

1) 厚生科学審議会地域保健健康増進栄養部会次期国民健康づくり運動プラン策定専門委員会：健康日本21（第二次）の推進に関する参考資料
https://www.mhlw.go.jp/bunya/kenkou/dl/kenkounippon21_02.pdf
2) 厚生労働省：国民の健康の増進の総合的な推進を図るための基本的な方針（厚生労働省告示第430号,2012年7月10日）. 2012.
https://www.mhlw.go.jp/bunya/kenkou/dl/eiyou_b.pdf
3) 厚生労働省：健康日本21（第二次）参考資料スライド集. 2013.
https://www.mhlw.go.jp/bunya/kenkou/dl/kenkounippon21_sura.pptx
4) 厚生労働省：健康日本21（第二次）の概要. 2013.
https://www.mhlw.go.jp/topics/2015/02/dl/tp0219-05-05p.pdf
5) 厚生労働省：地域における行政栄養士による健康づくり及び栄養・食生活の改善の基本指針について（厚生労働省健康局がん対策・健康増進課長. 2013年3月29日）. 2013.
https://www.mhlw.go.jp/bunya/kenkou/dl/eiyou_b.pdf
6) 磯部澄枝（分担事業者）：健康日本21（第2次）の推進における健康づくり及び栄養・食生活改善に関する効果的施策展開に関する研究. 健康づくり及び栄養・食生活改善施策を効果的に展開するためのプロセスガイド. 平成27年度地域保健総合推進事業. 2016.
7) 食育基本法（平成17年6月13日法律第63号）
8) 農林水産省：「第3次食育推進計画」啓発リーフレット
https://www.maff.go.jp/j/syokuiku/dai3_kihon_keikaku.html
9) 群馬県：ぐんま食育こころプラン（第3次群馬県食育推進計画）
10) https://www.pref.gunma.jp/05/d6210080.html
11) 厚生労働省：在宅・介護推進事業の手引き Der.3. 2020.
https://www.mhlw.go.jp/content/12400000/000666660.pdf

12）厚生労働省：在宅医療に関する普及・啓発リーフレット
13）厚生労働省：地域高齢者の健康支援を推進配食事業の栄養管理に関するガイドライン．2017.
https://www.mhlw.go.jp/file/06-Seisakujouhou-10900000-Kenkoukyoku/guideline_3.pdf
https://www.mhlw.go.jp/stf/seisakunitsuite/bunya/0000061944.html
14）2040年を展望した社会保障・働き方改革本部のとりまとめについて
（2019年5月29日）参考資料2
https://www.mhlw.go.jp/content/12601000/000513707.pdf
15）日本公衆衛生協会：大規模災害時の栄養・食生活支援活動ガイドライン-その時自治体職員は何をするのか．2018年度地域保健総合推進事業．2019.
http://www.jpha.or.jp/sub/pdf/menu04_2_h30_02_13.pdf
16）厚生労働省：避難所における食事の提供に係る適切な栄養管理の実施について（厚生労働省健康局栄養指導室長．2018年8月1日）．2018.
17）（公社）日本栄養士会：日本栄養士会災害支援チーム活動マニュアル．2014.（JDA-DAT：The Japan Dietetic Association-Disaster Assistance Team）
https://www.dietitian.or.jp/news/upload/images/jdadatM_Ver2.pdf
18）（公社）日本栄養士会：栄養ケア・ステーション認定制度規則．2017.
https://www.dietitian.or.jp/about/concept/pdf/kisoku.pdf
19）（公社）：認定栄養ケア・ステーション認定申請マニュアル．2017.
https://www.dietitian.or.jp/about/concept/pdf/manual.pdf
20）厚生労働省：健康日本21　各論1　栄養・食生活
21）https://www.mhlw.go.jp/www1/topics/kenko21_11/pdf/b1.pdf
22）健康づくりのための食環境整備に関する検討会（厚生労働省）：健康づくりのための食環境整備に関する検討会報告書．2014.
https://www.mhlw.go.jp/shingi/2004/12/s1202-4.html
23）厚生科学審議会地域保健健康増進栄養部会：「健康日本２１（第二次）」中間評価報告書．2018.
https://www.mhlw.go.jp/content/000481242.pdf
24）厚生労働省：資料4　健康寿命延伸プラン．2019.
https://www.mhlw.go.jp/content/12601000/000514142.pdf
25）消費者庁：食品表示法の概要．2013.
26）https://www.caa.go.jp/policies/policy/food_labeling/food_labeling_act/pdf/130621_gaiyo.pdf
27）消費者庁：特別用途食品について
28）https://www.caa.go.jp/policies/policy/food_labeling/foods_for_special_dietary_uses/
29）消費者庁：特定保健用食品について
30）https://www.caa.go.jp/policies/policy/food_labeling/foods_for_specified_health_uses/
31）消費者庁：栄養機能食品について
https://www.caa.go.jp/policies/policy/food_labeling/foods_with_nutrient_function_claims/
32）消費者庁：機能性表示食品について
https://www.caa.go.jp/policies/policy/food_labeling/foods_with_function_claims/
33）消費者庁：（消費者の方向け）栄養成分表示の活用について

https://www.caa.go.jp/policies/policy/food_labeling/nutrient_declearation/consumers/
34) 消費者庁：地域特性をいかした栄養成分表示等の活用に向けた消費者教育に関する調査事業報告書. 2019.
https://www.caa.go.jp/policies/policy/food_labeling/information/research/2018/pdf/information_research_2018_190827_0001.pdf
35) 消費者庁：栄養成分表示を活用した消費者教育実践マニュアル-地域で進める話合いからの実践-
https://www.caa.go.jp/policies/policy/food_labeling/information/research/2018/pdf/information_research_2018_190827_0002.pdf
36) 厚生労働省：日本人の長寿を支える「健康な食事」のあり方に関する検討会　報告書. 2014.
https://www.mhlw.go.jp/file/05-Shingikai-10901000-Kenkoukyoku-Soumuka/0000070498.pdf
37)「健康な食事・食環境」コンソーシアム：「健康な食事・食環境」認証制度 https://smartmeal.jp/
38) 特定非営利活動法人　日本栄養改善学会：応用栄養学　ライフステージ別・環境別　医歯薬出版. 2012.
39) 厚生労働省：令和2年版　厚生労働白書　資料編（雇用均等・児童福祉）P191
https://www.mhlw.go.jp/wp/hakusyo/kousei/19-2/dl/07.pdf
40) 厚生労働省：妊娠前からはじめる妊産婦のための食生活指針-妊娠前から、健康なからだづくりを-解説要領. 2021.
https://www.mhlw.go.jp/content/000763688.pdf
41) 国立成育医療研究センター：乳幼児健康診査事業実践ガイド. 2018.
https://www.mhlw.go.jp/content/11900000/000520614.pdf
42)「授乳・離乳の支援ガイド」改定に関する研究会（厚生労働省）：授乳・離乳の支援ガイド改定版. 2019.
https://www.mhlw.go.jp/content/11908000/000496257.pdf
43) 厚生労働省：健やか親子21（第2次）について　検討会報告書. 2015.
https://www.mhlw.go.jp/file/05-Shingikai-11901000-Koyoukintoujidoukateikyoku-Soumuka/0000045627.pdf
44) 文部科学省：栄養教諭を中核としたこれからの学校の食育. 2017.
https://www.mext.go.jp/a_menu/sports/syokuiku/__icsFiles/afieldfile/2017/08/09/1385699_001.pdf
45) 文部科学省：食に関する指導の手引き（第二次改定版）のポイント. 2019.
https://www.mext.go.jp/component/a_menu/education/detail/__icsFiles/afieldfile/2019/05/07/1293002_1_1_1.pdf
46) 厚生労働省：健康増進事業実施要領（健康増進法）
https://www.mhlw.go.jp/file/05-Shingikai-10901000-Kenkoukyoku-Soumuka/14.pdf
47) 厚生労働省：職場における心とからだの健康づくりのための手引き-事業場における労働者の健康保持増進のための指針-. 2021.
https://www.mhlw.go.jp/content/000747964.pdf
48) 厚生労働省：労働者の心の健康の保持増進の手引き. 2020.
https://www.mhlw.go.jp/content/000560416.pdf
49) 厚生労働省：高齢者の保健事業と介護予防の一体的な実施について（概要版）

https://www.mhlw.go.jp/content/000769368.pdf

50）厚生労働省：高齢者の特性を踏まえた保健事業ガイドライン第2版. 2019.
https://www.mhlw.go.jp/content/12401000/000557575.pdf

51）厚生労働省：介護予防・日常生活支援総合事業ガイドライン（概要）
https://www.mhlw.go.jp/file/06-Seisakujouhou-12300000-Roukenkyoku/0000088276.pdf

52）厚生労働省：平成30年度生活習慣病対策健診・保健指導の企画・運営・評価に関する研修資料. 2018.
https://www.niph.go.jp/soshiki/jinzai/koroshoshiryo/tokutei30/S1-1.pdf

53）厚生労働省：特定健康診査等実施計画作成の手引き（第3版）. 2018.
https://www.mhlw.go.jp/file/06-Seisakujouhou-12400000-Hokenkyoku/0000173539.pdf

54）厚生労働省；標準的な健診・保健指導プログラム　平成30年度版. 2018.
https://www.mhlw.go.jp/content/10900000/000496784.pdf

参考資料

(1) 地域保健法(抄)

(昭和二十二年九月五日法律第百一号,最終改正;平成三〇年七月二五日法律第七九号)

第一章 総 則

第一条 この法律は、地域保健対策の推進に関する基本指針、保健所の設置その他地域保健対策の推進に関し基本となる事項を定めることにより、母子保健法(昭和四十年法律第百四十一号)その他の地域保健対策に関する法律による対策が地域において総合的に推進されることを確保し、もつて地域住民の健康の保持及び増進に寄与することを目的とする。

第二条 地域住民の健康の保持及び増進を目的として国及び地方公共団体が講ずる施策は、我が国における急速な高齢化の進展、保健医療を取り巻く環境の変化等に即応し、地域における公衆衛生の向上及び増進を図るとともに、地域住民の多様化し、かつ、高度化する保健、衛生、生活環境等に関する需要に適確に対応することができるように、地域の特性及び社会福祉等の関連施策との有機的な連携に配慮しつつ、総合的に推進されることを基本理念とする。

第三条 市町村(特別区を含む。以下同じ。)は、当該市町村が行う地域保健対策が円滑に実施できるように、必要な施設の整備、人材の確保及び資質の向上等に努めなければならない。

2 都道府県は、当該都道府県が行う地域保健対策が円滑に実施できるように、必要な施設の整備、人材の確保及び資質の向上、調査及び研究等に努めるとともに、市町村に対し、前項の責務が十分に果たされるように、その求めに応じ、必要な技術的援助を与えることに努めなければならない。

3 国は、地域保健に関する情報の収集、整理及び活用並びに調査及び研究並びに地域保健対策に係る人材の養成及び資質の向上に努めるとともに、市町村及び都道府県に対し、前二項の責務が十分に果たされるように必要な技術的及び財政的援助を与えることに努めなければならない。

第二章 地域保健対策の推進に関する基本指針

第四条 厚生労働大臣は、地域保健対策の円滑な実施及び総合的な推進を図るため、地域保健対策の推進に関する基本的な指針(以下「基本指針」という。)を定めなければならない。

2 基本指針は、次に掲げる事項について定めるものとする。

一 地域保健対策の推進の基本的な方向

二 保健所及び市町村保健センターの整備及び運営に関する基本的事項

三 地域保健対策に係る人材の確保及び資質の向上並びに第二十一条第一項の人材確保支援計画の策定に関する基本的事項

四 地域保健に関する調査及び研究に関する基本的事項

五 社会福祉等の関連施策との連携に関する基本的事項

六 その他地域保健対策の推進に関する重要事項

3 厚生労働大臣は、基本指針を定め、又はこれを変更したときは、遅滞なく、これを公表しなければならない。

第三章 保健所

第五条 保健所は、都道府県、地方自治法(昭和二十二年法律第六十七号)第二百五十二条の十九第一項の指定都市、同法第二百五十二条の二十二第一項の中核市その他の政令で定める市又は特別区が、これを設置する。

2 都道府県は、前項の規定により保健所を設置する場合においては、保健医療に係る施策と社会福祉に係る施策との有機的な連携を図るため、医療法(昭和二十三年法律第二百五号)第三十条の四第二項第九号に規定する区域及び介護保険法(平成九年法律第百二十三号)第百十八条第二項第一号に規定する区域を参酌して、保健所の所管区域を設定しなければならない。

第六条 保健所は、次に掲げる事項につき、企画、調整、指導及びこれらに必要な事業を行う。

一 地域保健に関する思想の普及及び向上に関する事項

二 人口動態統計その他地域保健に係る統計に関する事項

三 栄養の改善及び食品衛生に関する事項

四　住宅、水道、下水道、廃棄物の処理、清掃その他の環境の衛生に関する事項
五　医事及び薬事に関する事項六保健師に関する事項
七　公共医療事業の向上及び増進に関する事項
八　母性及び乳幼児並びに老人の保健に関する事項
九　歯科保健に関する事項十精神保健に関する事項
十一　治療方法が確立していない疾病その他の特殊の疾病により長期に療養を必要とする者の保健に関する事項
十二　エイズ、結核、性病、伝染病その他の疾病の予防に関する事項
十三　衛生上の試験及び検査に関する事項
十四　その他地域住民の健康の保持及び増進に関する事項

第七条　保健所は、前条に定めるもののほか、地域住民の健康の保持及び増進を図るため必要があるときは、次に掲げる事業を行うことができる。
一　所管区域に係る地域保健に関する情報を収集し、整理し、及び活用すること。
二　所管区域に係る地域保健に関する調査及び研究を行うこと。
三　歯科疾患その他厚生労働大臣の指定する疾病の治療を行うこと。
四　試験及び検査を行い、並びに医師、歯科医師、薬剤師その他の者に試験及び検査に関する施設を利用させること。

第八条　都道府県の設置する保健所は、前二条に定めるもののほか、所管区域内の市町村の地域保健対策の実施に関し、市町村相互間の連絡調整を行い、及び市町村の求めに応じ、技術的助言、市町村職員の研修その他必要な援助を行うことができる。

第九条　第五条第一項に規定する地方公共団体の長は、その職権に属する第六条各号に掲げる事項に関する事務を保健所長に委任することができる。

第十条　保健所に、政令の定めるところにより、所長その他所要の職員を置く。

第十一条　第五条第一項に規定する地方公共団体は、保健所の所管区域内の地域保健及び保健所の運営に関する事項を審議させるため、当該地方公共団体の条例で定めるところにより、保健所に、運営協議会を置くことができる。

第十二条　第五条第一項に規定する地方公共団体は、保健所の事業の執行の便を図るため、その支所を設けることができる。

第十三条　この法律による保健所でなければ、その名称中に、保健所たることを示すような文字を用いてはならない。

第十四条　保健所の施設の利用又は保健所で行う業務については、政令で定める場合を除いては、使用料、手数料又は治療料を徴収してはならない。

第十五条　国は、保健所の施設又は設備に要する費用を支出する地方公共団体に対し、予算の範囲内において、政令で定めるところにより、その費用の全部又は一部を補助することができる。

第十六条　厚生労働大臣は、政令の定めるところにより、第五条第一項に規定する地方公共団体の長に対し、保健所の運営に関し必要な報告を求めることができる。
2　厚生労働大臣は、第五条第一項に規定する地方公共団体に対し、保健所の設置及び運営に関し適切と認める技術的な助言又は勧告をすることができる。

第十七条　この章に定めるもののほか、保健所及び保健所支所の設置、廃止及び運営に関して必要な事項は、政令でこれを定める。

第四章　市町村保健センター

第十八条　市町村は、市町村保健センターを設置することができる。
2 市町村保健センターは、住民に対し、健康相談、保健指導及び健康診査その他地域保健に関し必要な事業を行うことを目的とする施設とする。

第十九条　国は、予算の範囲内において、市町村に対し、市町村保健センターの設置に要する費用の一部を補助することができる。

第二十条　国は、次条第一項の町村が市町村保健センターを整備しようとするときは、その整備が円滑に実施されるように適切な配慮をするものとする。

第五章　地域保健対策に係る人材確保の支援に関する計画

第二十一条　都道府県は、当分の間、基本指針に即して、政令で定めるところにより、地域保健対策の実施に当たり特にその人材の確保又は資質の向上を支援する必要がある町村について、町村の申出に基づき、地域保健対策を円滑に実施するための人材の確保又は資質の向上の支援に関する計画（以下「人材確保

支援計画」という。）を定めることができる。

2　人材確保支援計画は、次に掲げる事項について定めるものとする。

一　人材確保支援計画の対象となる町村（以下「特定町村」という。）

二　都道府県が実施する特定町村の地域保健対策を円滑に実施するための人材の確保又は資質の向上に資する事業の内容に関する事項

3　前項各号に掲げる事項のほか、人材確保支援計画を定める場合には、特定町村の地域保健対策を円滑に実施するための人材の確保又は資質の向上の基本的方針に関する事項について定めるよう努めるものとする。

4　都道府県は、人材確保支援計画を定め、又はこれを変更しようとするときは、あらかじめ、特定町村の意見を聴かなければならない。

5　都道府県は、人材確保支援計画を定め、又はこれを変更したときは、遅滞なく、厚生労働大臣にこれを通知しなければならない。

第二十二条　国は、政令で定めるところにより、予算の範囲内において、人材確保支援計画に定められた前条第二項第二号の事業を実施する都道府県に対し、当該事業に要する費用の一部を補助することができる。

2　国は、前項に規定するもののほか、人材確保支援計画を定めた都道府県が、当該人材確保支援計画に定められた事業を実施しようとするときは、当該事業が円滑に実施されるように必要な助言、指導その他の援助の実施に努めるものとする。

(2) 健康増進法（抄）

（平成十四年八月二日法律第百三号）

最終改正：令和一年六月七日号外法律第 26 号）

第一章　総　則

（目的）

第一条　この法律は、我が国における急速な高齢化の進展及び疾病構造の変化に伴い、国民の健康の増進の重要性が著しく増大していることにかんがみ、国民の健康の増進の総合的な推進に関し基本的な事項を定めるとともに、国民の栄養の改善その他の国民の健康の増進を図るための措置を講じ、もって国民保健の向上を図ることを目的とする。

（国民の責務）

第二条 国民は、健康な生活習慣の重要性に対する関心と理解を深め、生涯にわたって、自らの健康状態を自覚するとともに、健康の増進に努めなければならない。

（国及び地方公共団体の責務）

第三条　国及び地方公共団体は、教育活動及び広報活動を通じた健康の増進に関する正しい知識の普及、健康の増進に関する情報の収集、整理、分析及び提供並びに研究の推進並びに健康の増進に係る人材の養成及び資質の向上を図るとともに、健康増進事業実施者その他の関係者に対し、必要な技術的援助を与えることに努めなければならない。

（健康増進事業実施者の責務）

第四条　健康増進事業実施者は、健康教育、健康相談その他国民の健康の増進のために必要な事業（以下「健康増進事業」という。）を積極的に推進するよう努めなければならない。

（関係者の協力）

第五条　国、都道府県、市町村（特別区を含む。以下同じ。）、健康増進事業実施者、医療機関その他の関係者は、国民の健康の増進の総合的な推進を図るため、相互に連携を図りながら協力するよう努めなければならない。

（定義）

第六条　この法律において「健康増進事業実施者」とは、次に掲げる者をいう。

一　健康保険法（大正十一年法律第七十号）の規定により健康増進事業を行う全国健康保険協会、健康保険組合又は健康保険組合連合会

二　船員保険法（昭和十四年法律第七十三号）の規定により健康増進事業を行う全国健康保険協会

三　国民健康保険法（昭和三十三年法律第百

九十二号）の規定により健康増進事業を行う市町村、国民健康保険組合又は国民健康保険団体連合会
四　国家公務員共済組合法（昭和三十三年法律第百二十八号）の規定により健康増進事業を行う国家公務員共済組合又は国家公務員共済組合連合会
五　地方公務員等共済組合法（昭和三十七年法律第百五十二号）の規定により健康増進事業を行う地方公務員共済組合又は全国市町村職員共済組合連合会
六　私立学校教職員共済法（昭和二十八年法律第二百四十五号）の規定により健康増進事業を行う日本私立学校振興・共済事業団
七　学校保健安全法（昭和三十三年法律第五十六号）の規定により健康増進事業を行う者
八　母子保健法（昭和四十年法律第百四十一号）の規定により健康増進事業を行う市町村
九　労働安全衛生法（昭和四十七年法律第五十七号）の規定により健康増進事業を行う事業者
十　高齢者の医療の確保に関する法律（昭和五十七年法律第八十号）の規定により健康増進事業を行う全国健康保険協会、健康保険組合、市町村、国民健康保険組合、共済組合、日本私立学校振興・共済事業団又は後期高齢者医療広域連合
十一　介護保険法（平成九年法律第百二十三号）の規定により健康増進事業を行う市町村
十二　この法律の規定により健康増進事業を行う市町村
十三　その他健康増進事業を行う者であって、政令で定めるもの

第二章　基本方針等

（基本方針）
第七条　厚生労働大臣は、国民の健康の増進の総合的な推進を図るための基本的な方針（以下「基本方針」という。）を定めるものとする。
基本方針は、次に掲げる事項について定めるものとする。
一　国民の健康の増進の推進に関する基本的な方向
二　国民の健康の増進の目標に関する事項
三　次条第一項の都道府県健康増進計画及び同条第二項の市町村健康増進計画の策定に関する基本的な事項
四　第十条第一項の国民健康・栄養調査その他の健康の増進に関する調査及び研究に関する基本的な事項
五　健康増進事業実施者間における連携及び協力に関する基本的な事項
六　食生活、運動、休養、飲酒、喫煙、歯の健康の保持その他の生活習慣に関する正しい知識の普及に関する事項
七　その他国民の健康の増進の推進に関する重要事項
2　厚生労働大臣は、基本方針を定め、又はこれを変更しようとするときは、あらかじめ、関係行政機関の長に協議するものとする。
3　厚生労働大臣は、基本方針を定め、又はこれを変更したときは、遅滞なく、これを公表する ものとする。
（都道府県健康増進計画等）
第八条　都道府県は、基本方針を勘案して、当該都道府県の住民の健康の増進の推進に関する施策についての基本的な計画（以下「都道府県健康増進計画」という。）を定めるものとする。
2　市町村は、基本方針及び都道府県健康増進計画を勘案して、当該市町村の住民の健康の増進の推進に関する施策についての計画（以下「市町村健康増進計画」という。）を定めるよう努め るものとする。
3　国は、都道府県健康増進計画又は市町村健康増進計画に基づいて住民の健康増進のために必要な事業を行う都道府県又は市町村に対し、予算の範囲内において、当該事業に要する費用の一部を補助することができる。
（健康診査の実施等に関する指針）
第九条　厚生労働大臣は、生涯にわたる国民の健康の増進に向けた自主的な努力を促進するため、健康診査の実施及びその結果の通知、健康手帳（自らの健康管理のために必要な事項を記載する手帳をいう。）の交付その他の措置に関し、健康増進事業実施者に対する健康診査の実施等に関する指針（以下「健康診査等指針」という。）を定めるものとする。
2　厚生労働大臣は、健康診査等指針を定め、又はこれを変更しようとするときは、あらかじめ、総務大臣、財務大臣及び文部科学大臣に協議するものとする。
3　厚生労働大臣は、健康診査等指針を定め、又はこれを変更したときは、遅滞なく、これを公表するものとする。

第三章　国民健康・栄養調査等

（国民健康・栄養調査の実施）

第十条　厚生労働大臣は、国民の健康の増進の総合的な推進を図るための基礎資料として、国民の身体の状況、栄養摂取量及び生活習慣の状況を明らかにするため、国民健康・栄養調査を行うものとする。

2　厚生労働大臣は、独立行政法人国立健康・栄養研究所（以下「研究所」という。）に、国民健康・栄養調査の実施に関する事務のうち集計その他の政令で定める事務の全部又は一部を行わせることができる。

3　都道府県知事（保健所を設置する市又は特別区にあっては、市長又は区長。以下同じ。）は、その管轄区域内の国民健康・栄養調査の執行に関する事務を行う。

（調査世帯）

第十一条　国民健康・栄養調査の対象の選定は、厚生労働省令で定めるところにより、毎年、厚生労働大臣が調査地区を定め、その地区内において都道府県知事が調査世帯を指定することによって行う。

2　前項の規定により指定された調査世帯に属する者は、国民健康・栄養調査の実施に協力しなければならない。

（国民健康・栄養調査員）

第十二条　都道府県知事は、その行う国民健康・栄養調査の実施のために必要があるときは、国民健康・栄養調査員を置くことができる。

2　前項に定めるもののほか、国民健康・栄養調査員に関し必要な事項は、厚生労働省令でこれを定める。

（国の負担）

第十三条　国は、国民健康・栄養調査に要する費用を負担する。

（調査票の使用制限）

第十四条　国民健康・栄養調査のために集められた調査票は、第十条第一項に定める調査の目的以外の目的のために使用してはならない。

（省令への委任）

第十五条　第十条から前条までに定めるもののほか、国民健康・栄養調査の方法及び調査項目その他国民健康・栄養調査の実施に関して必要な事項は、厚生労働省令で定める。

（生活習慣病の発生の状況の把握）

第十六条　国及び地方公共団体は、国民の健康の増進の総合的な推進を図るための基礎資料として、国民の生活習慣とがん、循環器病その他の政令で定める生活習慣病（以下単に「生活習慣病」という。）との相関関係を明らかにするため、生活習慣病の発生の状況の把握に努めなければならない。

（食事摂取基準）

第十六条の二　厚生労働大臣は、生涯にわたる国民の栄養摂取の改善に向けた自主的な努力を促進するため、国民健康・栄養調査その他の健康の保持増進に関する調査及び研究の成果を分析し、その分析の結果を踏まえ、食事による栄養摂取量の基準（以下この条において「食事摂取基準」という。）を定めるものとする。

2　食事摂取基準においては、次に掲げる事項を定めるものとする。

一　国民がその健康の保持増進を図る上で摂取することが望ましい熱量に関する事項

二　国民がその健康の保持増進を図る上で摂取することが望ましい次に掲げる栄養素の量に関する事項

イ　国民の栄養摂取の状況からみてその欠乏が国民の健康の保持増進を妨げているものとして厚生労働省令で定める栄養素

ロ　国民の栄養摂取の状況からみてその過剰な摂取が国民の健康の保持増進を妨げているものとして厚生労働省令で定める栄養素

3　厚生労働大臣は、食事摂取基準を定め、又は変更したときは、遅滞なく、これを公表するものとする。

第四章　保健指導等

（市町村による生活習慣相談等の実施）

第十七条　市町村は、住民の健康の増進を図るため、医師、歯科医師、薬剤師、保健師、助産師、看護師、准看護師、管理栄養士、栄養士、歯科衛生士その他の職員に、栄養の改善その他の生活習慣の改善に関する事項につき住民からの相談に応じさせ、及び必要な栄養指導その他の保健指導を行わせ、並びにこれらに付随する業務を行わせるものとする。

2　市町村は、前項に規定する業務の一部について、健康保険法第六十三条第三項各号に掲げる病院又は診療所その他適当と認められるものに対し、その実施を委託することができる。

（都道府県による専門的な栄養指導その他の保健指導の実施）

第十八条　都道府県、保健所を設置する市及び特別区は、次に掲げる業務を行うものとする。

一　住民の健康の増進を図るために必要な栄養指導その他の保健指導のうち、特に専門的な知識及び技術を必要とするものを行うこと。
二　特定かつ多数の者に対して継続的に食事を供給する施設に対し、栄養管理の実施について必要な指導及び助言を行うこと。
三　前二号の業務に付随する業務を行うこと。
2　都道府県は、前条第一項の規定により市町村が行う業務の実施に関し、市町村相互間の連絡調整を行い、及び市町村の求めに応じ、その設置する保健所による技術的事項についての協力その他当該市町村に対する必要な援助を行うも のとする。
（栄養指導員）
第十九条　都道府県知事は、前条第一項に規定する業務（同項第一号及び第三号に掲げる業務については、栄養指導に係るものに限る。）を行う者として、医師又は管理栄養士の資格を有する都道府県、保健所を設置する市又は特別区の職員のうちから、栄養指導員を命ずるものとする。
（市町村による健康増進事業の実施）
第十九条の二　市町村は、第十七条第一項に規定する業務に係る事業以外の健康増進事業であって厚生労働省令で定めるものの実施に努めるものとする。
（都道府県による健康増進事業に対する技術的援助等の実施）
第十九条**の三**　都道府県は、前条の規定により市町村が行う事業の実施に関し、市町村相互間の連絡調整を行い、及び市町村の求めに応じ、その設置する保健所による技術的事項についての協力その他当該市町村に対する必要な援助を行うものとする。
（健康増進事業の実施に関する情報の提供の求め）
第十九条の四　市町村は、当該市町村の住民であってかつて当該市町村以外の市町村（以下この項において「他の市町村」という。）に居住していたものに対し健康増進事業を行うために必要があると認めるときは、当該他の市町村に対し、厚生労働省令で定めるところにより、当該他の市町村が当該住民に対して行った健康増進事業に関する情報の提供を求めることができる。
2　市町村は、前項の規定による情報の提供の求めについては、電子情報処理組織を使用する方法その他の情報通信の技術を利用する方法であって厚生労働省令で定めるものにより行うよう努めなければならない。
（報告の徴収）
第十九条の五　厚生労働大臣又は都道府県知事は、市町村に対し、必要があると認めるときは、第十七条第一項に規定する業務及び第十九条の二に規定する事業の実施の状況に関する報告を 求めることができる。

第五章　特定給食施設

（特定給食施設の届出）
第二十条　特定給食施設（特定かつ多数の者に対して継続的に食事を供給する施設のうち栄養管理が必要なものとして厚生労働省令で定めるものをいう。以下同じ。）を設置した者は、その事業の開始の日から一月以内に、その施設の所在地の都道府県知事に、厚生労働省令で定める事項を届け出なければならない。
2　前項の規定による届出をした者は、同項の厚生労働省令で定める事項に変更を生じたときは、変更の日から一月以内に、その旨を当該都道府県知事に届け出なければならない。その事業を休止し、又は廃止したときも、同様とする。
（特定給食施設における栄養管理）
第二十一条　特定給食施設であって特別の栄養管理が必要なものとして厚生労働省令で定めるところにより都道府県知事が指定するものの設置者は、当該特定給食施設に管理栄養士を置かなければならない。
2　前項に規定する特定給食施設以外の特定給食施設の設置者は、厚生労働省令で定めるところにより、当該特定給食施設に栄養士又は管理栄養士を置くように努めなければならない。
3　特定給食施設の設置者は、前二項に定めるもののほか、厚生労働省令で定める基準に従って、適切な栄養管理を行わなければならない。
（指導及び助言）
第二十二条　都道府県知事は、特定給食施設の設置者に対し、前条第一項又は第三項の規定による栄養管理の実施を確保するため必要があると認めるときは、当該栄養管理の実施に関し必要な指導及び助言をすることができる。
（勧告及び命令）
第二十三条　都道府県知事は、第二十一条第一項の規定に違反して管理栄養士を置かず、若しくは同条第三項の規定に違反して適切な栄養管理を行わず、又は正当な理由がなくて前条の栄養管理をしない特定給食施設の設置者があるときは、当該特定給食施設の設置者に対し、管理栄養士を置き、又は適切な栄養管理を行うよう勧告をすることができる。

2　都道府県知事は、前項に規定する勧告を受けた特定給食施設の設置者が、正当な理由がなくてその勧告に係る措置をとらなかったときは、当該特定給食施設の設置者に対し、その勧告に係る措置をとるべきことを命ずることができる。

（立入検査等）

第二十四条　都道府県知事は、第二十一条第一項又は第三項の規定による栄養管理の実施を確保するため必要があると認めるときは、特定給食施設の設置者若しくは管理者に対し、その業務に関し報告をさせ、又は栄養指導員に、当該施設に立ち入り、業務の状況若しくは帳簿、書類その他の物件を検査させ、若しくは関係者に質問させることができる。

2　前項の規定により立入検査又は質問をする栄養指導員は、その身分を示す証明書を携帯し、関係者に提示しなければならない。

3　第一項の規定による権限は、犯罪捜査のために認められたものと解釈してはならない。

第六章　受動喫煙防止

第一節　総　　則

（国及び地方公共団体の責務）

第二十五条　国及び地方公共団体は、望まない受動喫煙が生じないよう、受動喫煙に関する知識の普及、受動喫煙の防止に関する意識の啓発、受動喫煙の防止に必要な環境の整備その他の受動喫煙を防止するための措置を総合的かつ効果的に推進するよう努めなければならない。

（関係者の協力）

第二十六条　国、都道府県、市町村、多数の者が利用する施設（敷地を含む。以下この章において同じ。）及び旅客運送事業自動車等の管理権原者（施設又は旅客運送事業自動車等の管理について権原を有する者をいう。以下この章において同じ。）その他の関係者は、望まない受動喫煙が生じないよう、受動喫煙を防止するための措置の総合的かつ効果的な推進を図るため、相互に連携を図りながら協力するよう努めなければならない。

（喫煙をする際の配慮義務等）

第二十七条　何人も、特定施設及び旅客運送事業自動車等（以下この章において「特定施設等」という。）の第二十九条第一項に規定する喫煙禁止場所以外の場所において喫煙をする際、望まない受動喫煙を生じさせることがないよう周囲の状況に配慮しなければならない。

2　特定施設等の管理権原者は、喫煙をすることができる場所を定めようとするときは、望まない受動喫煙を生じさせることがない場所とするよう配慮しなければならない。

（定義）

第二十八条　この章において、次の各号に掲げる用語の意義は、当該各号に定めるところによる。

一　たばこ　たばこ事業法（昭和五十九年法律第六十八号）第二条第三号に掲げる製造たばこであって、同号に規定する喫煙用に供されるもの及び同法第三十八条第二項に規定する製造たばこ代用品をいう。

二　喫煙　人が吸入するため、たばこを燃焼させ、又は加熱することにより煙（蒸気を含む。次号及び次節において同じ。）を発生させることをいう。

三　受動喫煙　人が他人の喫煙によりたばこから発生した煙にさらされることをいう。

四　特定施設　第一種施設、第二種施設及び喫煙目的施設をいう。

五　第一種施設　多数の者が利用する施設のうち、次に掲げるものをいう。

イ　学校、病院、児童福祉施設その他の受動喫煙により健康を損なうおそれが高い者が主として利用する施設として政令で定めるもの

ロ　国及び地方公共団体の行政機関の庁舎（行政機関がその事務を処理するために使用する施設に限る。）

六　第二種施設　多数の者が利用する施設のうち、第一種施設及び喫煙目的施設以外の施設をいう。

七　喫煙目的施設　多数の者が利用する施設のうち、その施設を利用する者に対して、喫煙をする場所を提供することを主たる目的とする施設として政令で定める要件を満たすものをいう。

八　旅客運送事業自動車等　旅客運送事業自動車、旅客運送事業航空機、旅客運送事業鉄道等車両及び旅客運送事業船舶をいう。

九　旅客運送事業自動車　道路運送法（昭和二十六年法律第百八十三号）による旅客自動車運送事業者が旅客の運送を行うためその事業の用に供する自動車をいう。

十　旅客運送事業航空機　航空法（昭和二十七年法律第二百三十一号）による本邦航空

運送事業者（旅客の運送を行うものに限る。）が旅客の運送を行うためその事業の用に供する航空機をいう。
十一　旅客運送事業鉄道等車両　鉄道事業法（昭和六十一年法律第九十二号）による鉄道事業者（旅客の運送を行うものに限る。）及び索道事業者（旅客の運送を行うものに限る。）並びに軌道法（大正十年法律第七十六号）による軌道経営者（旅客の運送を行うものに限る。）が旅客の運送を行うためその事業の用に供する車両又は搬器をいう。
十二　旅客運送事業船舶　海上運送法（昭和二十四年法律第百八十七号）による船舶運航事業者（旅客の運送を行うものに限る。）が旅客の運送を行うためその事業の用に供する船舶（船舶法（明治三十二年法律第四十六号）第一条に規定する日本船舶に限る。）をいう。
十三　特定屋外喫煙場所　第一種施設の屋外の場所の一部の場所のうち、当該第一種施設の管理権原者によって区画され、厚生労働省令で定めるところにより、喫煙をすることができる場所である旨を記載した標識の掲示その他の厚生労働省令で定める受動喫煙を防止するために必要な措置がとられた場所をいう。
十四　喫煙関連研究場所　たばこに関する研究開発（喫煙を伴うものに限る。）の用に供する場所をいう。

第七章　特別用途表示等

（特別用途表示の許可）
第四十三条　販売に供する食品につき、乳児用、幼児用、妊産婦用、病者用その他内閣府令で定める特別の用途に適する旨の表示（以下「特別用途表示」という。）をしようとする者は、内閣総理大臣の許可を受けなければならない。
2　前項の許可を受けようとする者は、製品見本を添え、商品名、原材料の配合割合及び当該製品の製造方法、成分分析表、許可を受けようとする特別用途表示の内容その他内閣府令で定める事項を記載した申請書を、その営業所の所在地の都道府県知事を経由して内閣総理大臣に提出しなければならない。
3　内閣総理大臣は、研究所又は内閣総理大臣の登録を受けた法人（以下「登録試験機関」という。）に、第一項の許可を行うについて必要な試験（以下「許可試験」という。）を行わせるものとする。
4　第一項の許可を申請する者は、実費（許可試験に係る実費を除く。）を勘案して政令で定める額の手数料を国に、研究所の行う許可試験にあっては許可試験に係る実費を勘案して政令で
2　定める額の手数料を研究所に、登録試験機関の行う許可試験にあっては当該登録試験機関が内閣総理大臣の認可を受けて定める額の手数料を当該登録試験機関に納めなければならない。
5　内閣総理大臣は、第一項の許可をしようとするときは、あらかじめ、厚生労働大臣の意見を聴かなければならない。
6　第一項の許可を受けて特別用途表示をする者は、当該許可に係る食品（以下「特別用途食品」という。）につき、内閣府令で定める事項を内閣府令で定めるところにより表示しなければならない。
7　内閣総理大臣は、第一項又は前項の内閣府令を制定し、又は改廃しようとするときは、あらかじめ、厚生労働大臣に協議しなければならない。

（登録試験機関の登録）
第四十四条　登録試験機関の登録を受けようとする者は、内閣府令で定める手続に従い、実費を勘案して政令で定める額の手数料を納めて、内閣総理大臣に登録の申請をしなければならない。

（欠格条項）
第四十五条　次の各号のいずれかに該当する法人は、第四十三条第三項の登録を受けることができない。
一　その法人又はその業務を行う役員がこの法律の規定に違反し、罰金以上の刑に処せられ、その執行を終わり、又はその執行を受けることのなくなった日から二年を経過しないもの
二　第五十五条の規定により登録を取り消され、その取消しの日から二年を経過しない法人
三　第五十五条の規定による登録の取消しの日前三十日以内にその取消しに係る法人の業務を行う役員であった者でその取消しの日から二年を経過しないものがその業務を行う役員となっている法人

（登録の基準）
第四十六条　内閣総理大臣は、第四十四条の規定により登録を申請した者（以下この項において「登録申請者」という。）が次に掲げる要件のすべてに適合しているときは、その登録をしなければならない。この場合において、

登録に関して必要な手続は、内閣府令で定める。

一　別表の上欄に掲げる機械器具その他の設備を有し、かつ、許可試験は同表の中欄に掲げる条件に適合する知識経験を有する者が実施し、その人数が同表の下欄に掲げる数以上であること。

二　次に掲げる許可試験の信頼性の確保のための措置がとられていること。

イ　試験を行う部門に許可試験の種類ごとにそれぞれ専任の管理者を置くこと。

ロ　許可試験の業務の管理及び精度の確保に関する文書が作成されていること。

ハ　ロに掲げる文書に記載されたところに従い許可試験の業務の管理及び精度の確保を行う専任の部門を置くこと。

三　登録申請者が、第四十三条第一項若しくは第六十三条第一項の規定により許可若しくは承認を受けなければならないこととされる食品を製造し、輸入し、又は販売する食品衛生法（昭和二十二年法律第二百三十三号）第四条第八項に規定する営業者（以下この号及び第二十六条の十第二項において「特別用途食品営業者」という。に支配されているものとして次のいずれかに該当するものでないこと。

イ　登録申請者が株式会社である場合にあっては特別用途食品営業者がその親法人（会社法（平成十七年法律第八十六号）第八百七十九条第一項に規定する親法人をいう。）であること。

ロ　登録申請者の役員（持分会社（会社法第五百七十五条第一項に規定する持分会社をいう。）にあっては、業務を執行する社員）に占める特別用途食品営業者の役員又は職員（過去二年間に当該特別用途食品営業者の役員又は職員であった者を含む。）の割合が二分の一を超えていること。

ハ　登録申請者の代表権を有する役員が、特別用途食品営業者の役員又は職員（過去二年間に当該特別用途食品営業者の役員又は職員であった者を含む。）であること。

2　登録は、次に掲げる事項を登録台帳に記帳して行う。

一　登録年月日及び登録番号

二　登録試験機関の名称、代表者の氏名及び主たる事務所の所在地

三　登録試験機関が許可試験を行う事業所の名称及び所在地

（登録の更新）

第四十七条　登録試験機関の登録は、五年以上十年以内において政令で定める期間ごとにその更新を受けなければ、その期間の経過によって、その効力を失う。

2　前三条の規定は、前項の登録の更新について準用する。

（試験の義務）

第四十八条　登録試験機関は、許可試験を行うことを求められたときは、正当な理由がある場合を除き、遅滞なく、許可試験を行わなければならない。

（事業所の変更の届出）

第四十九条　登録試験機関は、許可試験を行う事業所の所在地を変更しようとするときは、変更しようとする日の二週間前までに、内閣総理大臣に届け出なければならない。

（試験業務規程）

第五十条　登録試験機関は、許可試験の業務に関する規程（以下「試験業務規程」という。）を定め、許可試験の業務の開始前に、内閣総理大臣の認可を受けなければならない。これを変更しようとするときも、同様とする。

3　試験業務規程には、許可試験の実施方法、許可試験の手数料その他の内閣府令で定める事項を定めておかなければならない。

4　内閣総理大臣は、第一項の認可をした試験業務規程が許可試験の適正かつ確実な実施上不適当となったと認めるときは、登録試験機関に対し、その試験業務規程を変更すべきことを命ずることができる。

（業務の休廃止）

第五十一条　登録試験機関は、内閣総理大臣の許可を受けなければ、許可試験の業務の全部又は一部を休止し、又は廃止してはならない。

（財務諸表等の備付け及び閲覧等）

第五十二条　登録試験機関は、毎事業年度経過後三月以内に、その事業年度の財産目録、貸借対照表及び損益計算書又は収支計算書並びに事業報告書（その作成に代えて電磁的記録（電子的方式、磁気的方式その他の人の知覚によっては認識することができない方式で作られる記録であって、電子計算機による情報処理の用に供されるものをいう。以下この条において同じ。）の作成がされている場合における当該電磁的記録を含む。次項及び第七十八条第三号において「財務諸表等」という。）を作成し、五年間事業所に備えて置かなければならない。

2　特別用途食品営業者その他の利害関係人は、登録試験機関の業務時間内は、いつでも、次に掲げる請求をすることができる。ただし、第二号又は第四号の請求をするには、登録試験機関の定めた費用を支払わなければならない。

一　財務諸表等が書面をもって作成されているときは、当該書面の閲覧又は謄写の請求

二　前号の書面の謄本又は抄本の請求

三　財務諸表等が電磁的記録をもって作成されているときは、当該電磁的記録に記録された事項を内閣府令で定める方法により表示したものの閲覧又は謄写の請求

四　前号の電磁的記録に記録された事項を電磁的方法であって内閣府令で定めるものにより提供することの請求又は当該事項を記載した書面の交付の請求

（秘密保持義務等）

第五十三条　登録試験機関の役員若しくは職員又はこれらの職にあった者は、許可試験の業務に関して知り得た秘密を漏らしてはならない。

2　許可試験の業務に従事する登録試験機関の役員又は職員は、刑法（明治四十年法律第四十五号）その他の罰則の適用については、法令により公務に従事する職員とみなす。

（適合命令）

第五十四条　内閣総理大臣は、登録試験機関が第四十六条第一項各号のいずれかに適合しなくなったと認めるときは、その登録試験機関に対し、これらの規定に適合するため必要な措慨をとるべきことを命ずることができる。

（登録の取消し等）

第五十五条　内閣総理大臣は、登録試験機関が次の各号のいずれかに該当するときは、その登録を取り消し、又は期間を定めて許可試験の業務の全部若しくは一部の停止を命ずることができる。

一　第四十五条第一号又は第三号に該当するに至ったとき。

二　第四十八条、第四十九条、第五十一条、第五十二条第一項又は次条の規定に違反したとき。

三　正当な理由がないのに第五十二条第二項各号の規定による請求を拒んだとき。

四　第五十条第一項の認可を受けた試験業務規程によらないで許可試験を行ったとき。

五　第五十条第三項又は前条の規定による命令に違反したとき。

六　不正の手段により第四十三条第三項の登録（第四十七条第一項の登録の更新を含む。）を受けたとき。

（帳簿の記載）

第五十六条　登録試験機関は、内閣府令で定めるところにより、帳簿を備え、許可試験に関する業務に関し内閣府令で定める事項を記載し、これを保存しなければならない。

（登録試験機関以外の者による人を誤認させる行為の禁止）

第五十七条　登録試験機関以外の者は、その行う業務が許可試験であると人を誤認させるような表示その他の行為をしてはならない。

2　内閣総理大臣は、登録試験機関以外の者に対し、その行う業務が許可試験であると人を誤認させないようにするための措置をとるべきことを命ずることができる。

（報告の徴収）

第五十八条　内閣総理大臣は、この法律の施行に必要な限度において、登録試験機関に対し、その業務又は経理の状況に関し報告をさせることができる。

（立入検査）

第五十九条　内閣総理大臣は、この法律の施行に必要な限度において、その職員に、登録試験機関の事務所又は事業所に立ち入り、業務の状況又は帳簿、書類その他の物件を検査させることができる。

2　前項の規定により立入検査をする職員は、その身分を示す証明書を携帯し、関係者に提示しなければならない。

3　第一項の立入検査の権限は、犯罪捜査のために認められたものと解釈してはならない。

（公示）

第六十条　内閣総理大臣は、次の場合には、その旨を官報に公示しなければならない。

一　第四十三条第三項の登録をしたとき。

二　第四十七条第一項の規定により登録試験機関の登録がその効力を失ったとき。

三　第四十九条の規定による届出があったとき。

四　第五十一条の規定による許可をしたとき。

五　第五十五条の規定により登録試験機関の登録を取り消し、又は許可試験の業務の停止を命じたとき。

（特別用途食品の検査及び収去）

第六十一条　内閣総理大臣又は都道府県知事は、必要があると認めるときは、当該職員に特別用途食品の製造施設、貯蔵施設又は販売施設に立ち入らせ、販売の用に供する当該特別用途食品を検査させ、又は試験の用に供するの

に必要な限度において当該特別用途食品を収去させることができる。

2　前項の規定により立入検査又は収去をする職員は、その身分を示す証明書を携帯し、関係者に提示しなければならない。

3　第一項に規定する当該職員の権限は、食品衛生法第三十条第一項に規定する食品衛生監視員が行うものとする。第一項の規定による権限は、犯罪捜査のために認められたものと解釈してはならない。

4　内閣総理大臣は、研究所に、第一項の規定により収去された食品の試験を行わせるものとする。

（特別用途表示の許可の取消し）

第六十二条　内閣総理大臣は、第四十三条第一項の許可を受けた者が次の各号のいずれかに該当するときは、当該許可を取り消すことができる。

一　第四十三条第六項の規定に違反したとき。

二　当該許可に係る食品につき虚偽の表示をしたとき。

三　当該許可を受けた日以降における科学的知見の充実により当該許可に係る食品について当該許可に係る特別用途表示をすることが適切でないことが判明するに至ったとき。

（特別用途表示の承認）

第六十三条　本邦において販売に供する食品につき、外国において特別用途表示をしようとする者は、内閣総理大臣の承認を受けることができる。

2　第四十三条第二項から第七項まで及び前条の規定は前項の承認について、第六十一条の規定は同項の承認に係る食品について、それぞれ準用する。この場合において、同条第一項中「製造施設、貯蔵施設」とあるのは、「貯蔵施設」と読み替えるものとする。

（特別用途表示がされた食品の輸入の許可）

第六十四条　本邦において販売に供する食品であって、第四十三条第一項の規定による許可又は前条第一項の規定による承認を受けずに特別用途表示がされたものを輸入しようとする者については、その者を第四十三条第一項に規定する特別用途表示をしようとする者とみなして、同条及び第七十二条第二号の規定を適用する。

（誇大表示の禁止）

第六十五条　何人も、食品として販売に供する物に関して広告その他の表示をするときは、健康の保持増進の効果その他内閣府令で定める事項（次条第三項において「健康保持増進効果等」という。）について、著しく事実に相違する表示をし、又は著しく人を誤認させるような表示をしてはならない。

2　内閣総理大臣は、前項の内閣府令を制定し、又は改廃しようとするときは、あらかじめ、厚生労働大臣に協議しなければならない。

（勧告等）

第六十六条　内閣総理大臣は、前条第一項の規定に違反して表示をした者がある場合において、国民の健康の保持増進及び国民に対する正確な情報の伝達に重大な影響を与えるおそれがあると認めるときは、その者に対し、当該表示に関し必要な措置をとるべき旨の勧告をすることができる。

2　内閣総理大臣は、前項に規定する勧告を受けた者が、正当な理由がなくてその勧告に係る措置をとらなかったときは、その者に対し、その勧告に係る措置をとるべきことを命ずることができる。

3　第六十一条の規定は、食品として販売に供する物であって健康保持増進効果等についての表示がされたもの（特別用途食品及び第六十三条第一項の承認を受けた食品。

4　都道府県知事は、第一項又は第二項の規定によりその権限を行使したときは、その旨を内閣総理大臣に通知するものとする。

（再審査請求）

第六十七条　第六十一条第一項（第六十三条第二項において準用する場合を含む。）の規定により保健所を設置する市又は特別区の長が行う処分についての審査請求の裁決に不服がある者は、内閣総理大臣に対して再審査請求をすることができる。

2　保健所を設置する市又は特別区の長が第六十一条第一項（第六十三条第二項において準用する場合を含む。）の規定による処分をする権限をその補助機関である職員又はその管理に属する行政機関の長に委任した場合において、委任を受けた職員又は行政機関の長がその委任に基づいてした処分につき、地方自治法（昭和二十二年法律第六十七号）第二百五十五条の二第二項の再審査請求の裁決があったときは、当該裁決に不服がある者は、同法第二百五十二条の十七の四第五項から第七項までの規定の例により、内閣総理大臣に対して再々審査請求をすることができる。

第九章　罰　　則

第七十条　国民健康・栄養調査に関する事務に

従事した公務員、研究所の職員若しくは国民健康・栄養調査員又はこれらの職にあった者が、その職務の執行に関して知り得た人の秘密を正当な理由がなく漏らしたときは、一年以下の懲役又は百万円以下の罰金に処する。

2　職務上前項の秘密を知り得た他の公務員又は公務員であった者が、正当な理由がなくその秘密を漏らしたときも、同項と同様とする。

3　第五十三条一第一項の規定に違反してその職務に関して知り得た秘密を漏らした者は、一年以下の懲役又は百万円以下の罰金に処する。

4　第五十五条の規定による業務の停止の命令に違反したときは、その違反行為をした登録試験機関の役員又は職員は、一年以下の懲役又は百万円以下の罰金に処する。

第七十一条　第六十六条第二項の規定に基づく命令に違反した者は、六月以下の懲役又は百万円以下の罰金に処する。

第七十二条　次の各号のいずれかに該当する者は、五十万円以下の罰金に処する。

一　第二十三条第二項の規定に基づく命令に違反した者

二　第四十三条第一項の規定に違反した者

三　第五十七条第二項の規定による命令に違反した者

第七十三条　次に掲げる違反があった場合においては、その行為をした登録試験機関の代表者、代理人、使用人その他の従業者は、五十万円以下の罰金に処する。

一　第五十一条の規定による許可を受けないで、許可試験の業務を廃止したとき。

二　第五十六条の規定による帳簿の記載をせず、虚偽の記載をし、又は帳簿を保存しなかったとき。

三　第五十八条の規定による報告をせず、又は虚偽の報告をしたとき

四　第五十九条第一項の規定による検査を拒み、妨げ、又は忌避したとき。

第七十四条　次の各号のいずれかに該当する者は、三十万円以下の罰金に処する。

一　第二十四条第一項の規定による報告をせず、若しくは虚偽の報告をし、又は同項の規定による検査を拒み、妨げ、若しくは忌避し、若しくは同項の規定による質問に対して答弁をせず、若しくは虚偽の答弁をした者

二　第六十一条第一項（第六十三条第二項において準用する場合を含む。）の規定による検査又は収去を拒み、妨げ、又は忌避した者

第七十五条　法人の代表者又は法人若しくは人の代理人、使用人その他の従業者が、その法人又は人の業務に関し、第七十二条又は前条の違反行為をしたときは、行為者を罰するほか、その法人又は人に対して各本条の刑を科する。

第七十六条　次の各号のいずれかに該当する者は、五十万円以下の過料に処する。

一　第三十二条第三項、第三十四条第三項又は第三十六条第四項の規定に基づく命令に違反した者

二　第三十三条第三項、第三十五条第三項又は第三十七条の規定に違反した者

第七十七条　次の各号のいずれかに該当する者は、三十万円以下の過料に処する。

一　第二十九条第二項の規定に基づく命令に違反した者

二　第三十三条第七項又は第三十五条第十項の規定に違反した者

第七十八条　次の各号のいずれかに該当する者は、二十万円以下の過料に処する。

一　第三十五条第六項の規定による帳簿を備え付けず、帳簿に記載せず、若しくは虚偽の記載をし、又は帳簿を保存しなかった者

二　第三十八条第一項の規定による報告をせず、若しくは虚偽の報告をし、又は同項の規定による検査を拒み、妨げ、若しくは忌避し、若しくは同項の規定による質問に対して答弁をせず、若しくは虚偽の答弁をした者

三　第五十二条第一項の規定に違反して財務諸表等を備えて置かず、財務諸表等に記載すべき事項を記載せず、若しくは虚偽の記載をし、又は正当な理由がないのに同条第二項各号の規定による請求を拒んだ者

(3) 健康増進法施行規則（抄）

（平成十五年四月三十日厚生労働省令第八六号，最終改正 ;令和元年五月七日号外厚生労働省令一号）

（国民健康・栄養調査の調査事項）

第一条　健康増進法（平成十四年法律第百三号。以下「法」という。）第十条第一項に規定する国民健康・栄養調査は、身体状況、栄養摂取状況及び生活習慣の調査とする。

2　前項に規定する身体状況の調査は、国民健康・栄養調査に関する事務に従事する公務員又は国民健康・栄養調査員（以下「調査従事者」という。）が、次に掲げる事項について測定し、若しくは診断し、その結果を厚生労働大臣の

定める調査票に記入すること又は被調査者ごとに、当該調査票を配布し、次に掲げる事項が記入された調査票の提出を受けることによって行う。

一　身長

二　体重

三　血圧

四　その他身体状況に関する事項

3　第一項に規定する栄養摂取状況の調査は、調査従事者が、調査世帯ごとに、厚生労働大臣の定める調査票を配布し、次に掲げる事項が記入された調査票の提出を受けることによって行う。

一　世帯及び世帯員の状況

二　食事の状況

三　食事の料理名並びに食品の名称及びその摂取量

四　その他栄養摂取状況に関する事項

4　第一項に規定する生活習慣の調査は、調査従事者が、被調査者ごとに、厚生労働大臣の定める調査票を配布し、次に掲げる事項が記入された調査票の提出を受けることによって行う。

一　食習慣の状況

二　運動習慣の状況

三　休養習慣の状況

四　喫煙習慣の状況

五　飲酒習慣の状況

六　歯の健康保持習慣の状況

七　その他生活習慣の状況に関する事項

（調査世帯の選定）

第二条　法第十一条第一項の規定による対象の選定は、無作為抽出法によるものとする。

2　都道府県知事（保健所を設置する市又は特別区にあっては、市長又は区長。以下同じ。）は、法第十一条第一項の規定により調査世帯を指定したときは、その旨を当該世帯の世帯主に通知しなければならない。

（国民健康・栄養調査員）

第三条　国民健康・栄養調査員は、医師、管理栄養士、保健師その他の者のうちから、毎年、都道府県知事が任命する。

2　国民健康・栄養調査員は、非常勤とする。

（国民健康・栄養調査員の身分を示す証票）

第四条　国民健康・栄養調査員は、その職務を行う場合には、その身分を示す証票を携行し、かつ、関係者の請求があるときには、これを提示しなければならない。

2　前項に規定する国民健康・栄養調査員の身分を示す証票は、別記様式第一号による。

（市町村による健康増進事業の実施）

第四条の二　法第十九条の二の厚生労働省令で定める事業は、次の各号に掲げるものとする。

一　歯周疾患検診

二　骨粗鬆症検診

三　肝炎ウイルス検診

四　四十歳以上七十四歳以下の者であって高齢者の医療の確保に関する法律（昭和五十七年法律第八十号）第二十条の特定健康診査の対象とならない者（特定健康診査及び特定保健指導の実施に関する基準第一条第一項の規定に基づき厚生労働大臣が定める者（平成二十年厚生労働省告示第三号）に規定する者を除く。次号において「特定健康診査非対象者」という。）及び七十五歳以上の者であって同法第五十一条第一号又は第二号に規定する者に対する健康診査

五　特定健康診査非対象者に対する保健指導

六　がん検診

（特定給食施設）

第五条　法第二十条第一項の厚生労働省令で定める施設は、継続的に一回百食以上又は一日二百五十食以上の食事を供給する施設とする。

（特定給食施設の届出事項）

第六条　法第二十条第一項の厚生労働省令で定める事項は、次のとおりとする。

一　給食施設の名称及び所在地

二　給食施設の設置者の氏名及び住所（法人にあっては、給食施設の設置者の名称、主たる事務所の所在地及び代表者の氏名）

三　給食施設の種類

四　給食の開始日又は開始予定日

五　一日の予定給食数及び各食ごとの予定給食数

六　管理栄養士及び栄養士の員数

（特別の栄養管理が必要な給食施設の指定）

第七条　法第二十一条第一項の規定により都道府県知事が指定する施設は、次のとおりとする。

一　医学的な管理を必要とする者に食事を供給する特定給食施設であって、継続的に一回三百食以上又は一日七百五十食以上の食事を供給するもの

二　前号に掲げる特定給食施設以外の管理栄養士による特別な栄養管理を必要とする特定給食施設であって、継続的に一回五百食以上又は一日千五百食以上の食事を供給するもの

（特定給食施設における栄養士等）

第八条　法第二十一条第二項の規定により栄養

士又は管理栄養士を置くように努めなければならない特定給食施設のうち、一回三百食又は一日七百五十食以上の食事を供給するものの設置者は、当該施設に置かれる栄養士のうち少なくとも一人は管理栄養士であるように努めなければならない。

（栄養管理の基準）

第九条　法第二十一条第三項の厚生労働省令で定める基準は、次のとおりとする。

一　当該特定給食施設を利用して食事の供給を受ける者（以下「利用者」という。）の身体の状況、栄養状態、生活習慣等（以下「身体の状況等」という。）を定期的に把握し、これらに基づき、適当な熱量及び栄養素の量を満たす食事の提供及びその品質管理を行うとともに、これらの評価を行うよう努めること。

二　食事の献立は、身体の状況等のほか、利用者の日常の食事の摂取量、嗜好等に配慮して作成するよう努めること。

三　献立表の掲示並びに熱量及びたんぱく質、脂質、食塩等の主な栄養成分の表示等により、利用者に対して、栄養に関する情報の提供を行うこと。

四　献立表その他必要な帳簿等を適正に作成し、当該施設に備え付けること。

五　衛生の管理については、食品衛生法（昭和二十二年法律第二百三十三号）その他関係法令の定めるところによること。

（栄養指導員の身分を証す証票）

第十条　法第二十四条第二項に規定する栄養指導員の身分を示す証明書は、別記様式第二号による。（法第十六条の二第二項第二号の厚生労働省令で定める栄養素）

第十一条　法第十六条の二第二項第二号イの厚生労働省令で定める栄養素は、次のとおりとする。

一　たんぱく質

二　n—6 系脂肪酸及び n—3 系脂肪酸

三　炭水化物及び食物繊維

四　ビタミンA、ビタミンD、ビタミンE、ビタミンK、ビタミンB1、ビタミンB2、ナイアシン、ビタミンB6、ビタミンB12、葉酸、パントテン酸、ビオチン及びビタミンC

五　カリウム、カルシウム、マグネシウム、リン、鉄、亜鉛、銅、マンガン、ヨウ素、セレン、クロム及びモリブデン

2　法第十六条の二第二項第二号ロの厚生労働省令で定める栄養素は、次のとおりとする。

一　脂質、飽和脂肪酸及びコレステロール

二　糖類（単糖類又は二糖類であって、糖アルコールでないものに限る。）

三　ナトリウム

(4) 健康増進法に規定する特別用途表示の許可等に関する内閣府令

（平成二十一年八月三一日内閣府令第五十七号、最終改正：令和三年三月二九日内閣府令第一五号）

（特別の用途）

第一条　健康増進法（以下「法」という。）第四十三条第一項の内閣府令で定める特別の用途は、次のとおりとする。

一　授乳婦用

二　えん下困難者用

三　特定の保健の用途

（特別用途食品の表示事項等）

第八条　法第四十三条第六項の内閣府令で定める事項は、次のとおりとする。ただし、内閣総理大臣の承認を受けた事項については、その記載を省略することができる。

一　商品名

二　定められた方法により保存した場合において品質が急速に劣化しやすい食品にあっては、消費期限（定められた方法により保存した場合において、腐敗、変敗その他の品質の劣化に伴い安全性を欠くこととなるおそれがないと認められる期限を示す年月日をいう。）である旨の文字を冠したその年月日及びその他の食品にあっては、賞味期限（定められた方法により保存した場合において、期待されるすべての品質の保持が十分に可能であると認められる期限を示す年月日をいう。ただし、当該期限を超えた場合であっても、これらの品質が保持されていることがあるものとする。以下同じ。）である旨の文字を冠したその年月日（製造又は加工の日から賞味期限までの期間が三月を超える場合にあっては、賞味期限である旨の文字を冠したその年月）

三　保存の方法（常温で保存する旨の表示を除く。）

四　製造所所在地

五　製造者の氏名（法人にあっては、その名称）

六　別記様式第二号（特定保健用食品にあっては、別記様式第三号（許可の際、その摂取により特定の保健の目的が期待できる旨について条件付きの表示をすることとされたもの（以下「条件付き特定保健用食品」

という。）にあっては、別記様式第四号））による許可証票

七　許可を受けた表示の内容

八　栄養成分量、熱量及び原材料の名称

九　特定保健用食品にあっては、特定保健用食品である旨（条件付き特定保健用食品にあっては、条件付き特定保健用食品である旨）、内容量、一日当たりの摂取目安量、摂取の方法、摂取をする上での注意事項及びバランスの取れた食生活の普及啓発を図る文言

十　特定保健用食品であって、保健の目的に資する栄養成分について国民の健康の維持増進等を図るために性別及び年齢階級別の摂取量の基準が示されているものにあっては、一日当たりの摂取目安量に含まれる当該栄養成分の、当該基準における摂取量を性及び年齢階級（十八歳以上に限る。）ごとの人口により加重平均した値に対する割合

十一　摂取、調理又は保存の方法に関し、特に注意を必要とするものについては、その注意事項

十二　許可を受けた者が、製造者以外のものであるときは、その許可を受けた者の営業所所在地及び氏名（法人にあっては、その名称）

2　前項の規定は、法第六十三条第二項において準用する法第四十三条第六項の規定による表示について準用する。この場合において、前項中「法第四十三条第六項」とあるのは「法第六十三条第二項において準用する法第四十三条第六項」と、同項第六号中「別記様式第二号（特定保健用食品にあっては、別記様式第三号（許可の際、その摂取により特定の保健の目的が期待できる旨について条件付きの表示をすることとされたもの（以下「条件付き特定保健用食品」という。）にあっては、別記様式第四号））による許可証票」とあるのは「別記様式第五号（特定保健用食品にあっては、別記様式第六号（承認の際、その摂取により特定の保健の目的が期待できる旨について条件付きの表示をすることとされたもの（以下「条件付き特定保健用食品」という。）にあっては、別記様式第七号））による承認証票」と、同項第七号及び第十二号中「許可」とあるのは「承認」と読み替えるものとする。

3　法第四十三条第六項（法第六十三条第二項において準用する場合を含む。）の規定により表示すべき事項は、邦文で当該食品の容器包装（容器包装が小売のために包装されている場合は、当該包装）を開かないでも容易に見ることができるように当該容器包装若しくは包装の見やすい場所又はこれに添付する文書に記載されていなければならない。

（法第六十五条第一項の内閣府令で定める事項）

第十九条　法第六十五条第一項の内閣府令で定める事項は、次のとおりとする。

一　含有する食品又は成分の量

二　特定の食品又は成分を含有する旨

三　熱量

四　人の身体を美化し、魅力を増し、容ぼうを変え、又は皮膚若しくは毛髪を健やかに保つことに資する効果

（5）食育基本法（抄）

（平成十七年六月十七日法律第六十三号）

二十一世紀における我が国の発展のためには、子どもたちが健全な心と身体を培い、未来や国際社会に向かって羽ばたくことができるようにするとともに、すべての国民が心身の健康を確保し、生涯にわたって生き生きと暮らすことができるようにすることが大切である。

子どもたちが豊かな人間性をはぐくみ、生きる力を身に付けていくためには、何よりも「食」が重要である。今、改めて、食育を、生きる上での基本であって、知育、徳育及び体育の基礎となるべきものと位置付けるとともに、様々な経験を通じて「食」に関する知識と「食」を選択する力を習得し、健全な食生活を実践することができる人間を育てる食育を推進することが求められている。もとより、食育はあらゆる世代の国民に必要なものであるが、子どもたちに対する食育は、心身の成長及び人格の形成に大きな影響を及ぼし、生涯にわたって健全な心と身体を培い豊かな人間性をはぐくんでいく基礎となるものである。

一方、社会経済情勢がめまぐるしく変化し、日々忙しい生活を送る中で、人々は、毎日の「食」の大切さを忘れがちである。国民の食生活にお

いては、栄養の偏り、不規則な食事、肥満や生活習慣病の増加、過度の痩身志向などの問題に加え、新たな「食」の安全上の問題や、「食」の海外への依存の問題が生じており、「食」に関する情報が社会に氾濫する中で、人々は、食生活の改善の面からも、「食」の安全の確保の面からも、自ら「食」のあり方を学ぶことが求められている。また、豊かな緑と水に恵まれた自然の下で先人からはぐくまれてきた、地域の多様性と豊かな味覚や文化の香りあふれる日本の「食」が失われる危機にある。

こうした「食」をめぐる環境の変化の中で、国民の「食」に関する考え方を育て、健全な食生活を実現することが求められるとともに、都市と農山漁村の共生・対流を進め、「食」に関する消費者と生産者との信頼関係を構築して、地域社会の活性化、豊かな食文化の継承及び発展、環境と調和のとれた食料の生産及び消費の推進並びに食料自給率の向上に寄与することが期待されている。

国民一人一人が「食」について改めて意識を高め、自然の恩恵や「食」に関わる人々の様々な活動への感謝の念や理解を深めつつ、「食」に関して信頼できる情報に基づく適切な判断を行う能力を身に付けることによって、心身の健康を増進する健全な食生活を実践するために、今こそ、家庭、学校、保育所、地域等を中心に、国民運動として、食育の推進に取り組んでいくことが、我々に課せられている課題である。さらに、食育の推進に関する我が国の取組が、海外との交流等を通じて食育に関して国際的に貢献することにつながることも期待される。

ここに、食育について、基本理念を明らかにしてその方向性を示し、国、地方公共団体及び国民の食育の推進に関する取組を総合的かつ計画的に推進するため、この法律を制定する。

第一章　総　　則

（目的）

第一条　この法律は、近年における国民の食生活をめぐる環境の変化に伴い、国民が生涯にわたって健全な心身を培い、豊かな人間性をはぐくむための食育を推進することが緊要な課題となっていることにかんがみ、食育に関し、基本理念を定め、及び国、地方公共団体等の責務を明らかにするとともに、食育に関する施策の基本となる事項を定めることにより、食育に関する施策を総合的かつ計画的に推進し、もって現在及び将来にわたる健康で文化的な国民の生活と豊かで活力ある社会の実現に寄与することを目的とする。

（国民の心身の健康の増進と豊かな人間形成）

第二条　食育は、食に関する適切な判断力を養い、生涯にわたって健全な食生活を実現することにより、国民の心身の健康の増進と豊かな人間形成に資することを旨として、行われなければならない。

（食に関する感謝の念と理解）

第三条　食育の推進に当たっては、国民の食生活が、自然の恩恵の上に成り立っており、また、食に関わる人々の様々な活動に支えられていることについて、感謝の念や理解が深まるよう配慮されなければならない。

（食育推進運動の展開）

第四条　食育を推進するための活動は、国民、民間団体等の自発的意思を尊重し、地域の特性に配慮し、地域住民その他の社会を構成する多様な主体の参加と協力を得るものとするとともに、その連携を図りつつ、あまねく全国において展開されなければならない。

（子どもの食育における保護者、教育関係者等の役割）

第五条　食育は、父母その他の保護者にあっては、家庭が食育において重要な役割を有していることを認識するとともに、子どもの教育、保育等を行う者にあっては、教育、保育等における食育の重要性を十分自覚し、積極的に子どもの食育の推進に関する活動に取り組むこととなるよう、行われなければならない。

（食に関する体験活動と食育推進活動の実践）

食育は、広く国民が家庭、学校、保育所、地域その他のあらゆる機会とあらゆる場所を利用して、食料の生産から消費等に至るまでの食に関する様々な体験活動を行うとともに、自ら食育の推進のための活動を実践することにより、食に関する理解を深めることを旨として、行われなければならない。

（伝統的な食文化、環境と調和した生産等への配意及び農山漁村の活性化と食料自給率の向上への貢献）

第七条　食育は、我が国の伝統のある優れた食文化、地域の特性を生かした食生活、環境と調和のとれた食料の生産とその消費等に配意し、我が国の食料の需要及び供給の状況についての国民の理解を深めるとともに、食料の生産者と消費者との交流等を図ることにより、農山漁村の活性化と我が国の食料自給率の向上に資するよう、推進されなければならない。

（食品の安全性の確保等における食育の役割）

第八条　食育は、食品の安全性が確保され安心して消費できることが健全な食生活の基礎であることにかんがみ、食品の安全性をはじめとする食に関する幅広い情報の提供及びこれについての意見交換が、食に関する知識と理解を深め、国民の適切な食生活の実践に資することを旨として、国際的な連携を図りつつ積極的に行われなければならない。

（国の責務）

第九条　国は、第二条から前条までに定める食育に関する基本理念（以下「基本理念」という。）にのっとり、食育の推進に関する施策を総合的かつ計画的に策定し、及び実施する責務を有する。

（地方公共団体の責務）

第十条　地方公共団体は、基本理念にのっとり、食育の推進に関し、国との連携を図りつつ、その地方公共団体の区域の特性を生かした自主的な施策を策定し、及び実施する責務を有する。

（教育関係者等及び農林漁業者等の責務）

第十一　条教育並びに保育、介護その他の社会福祉、医療及び保健（以下「教育等」という。）に関する職務に従事する者並びに教育等に関する関係機関及び関係団体（以下「教育関者等」という。）は、食に関する関心及び理解の増進に果たすべき重要な役割にかんがみ、基本理念にのっとり、あらゆる機会とあらゆる場所を利用して、積極的に食育を推進するよう努めるとともに、他の者の行う食育の推進に関する活動に協力するよう努めるものとする。

2　農林漁業者及び農林漁業に関する団体（以下「農林漁業者等」という。）は、農林漁業に関する体験活動等が食に関する国民の関心及び理解を増進する上で重要な意義を有することにかんがみ、基本理念にのっとり、農林漁業に関する多様な体験の機会を積極的に提供し、自然の恩恵と食に関わる人々の活動の重要性について、国民の理解が深まるよう努めるとともに、教育（食品関連事業者等の責務）

第十二条　食品の製造、加工、流通、販売又は食事の提供を行う事業者及びその組織する団体（以下「食品関連事業者等」という。）は、基本理念にのっとり、その事業活動に関し、自主的かつ積極的に食育の推進に自ら努めるとともに、国又は地方公共団体が実施する食育の推進に関する施策その他の食育の推進に関する活動に協力するよう努めるものとする。

（国民の責務）

第十三条　国民は、家庭、学校、保育所、地域その他の社会のあらゆる分野において、基本理念にのっとり、生涯にわたり健全な食生活の実現に自ら努めるとともに、食育の推進に寄与するよう努めるものとする。

（法制上の措置等）

第十四条　政府は、食育の推進に関する施策を実施するため必要な法制上又は財政上の措置その他の措置を講じなければならない。

（年次報告）

第十五条　政府は、毎年、国会に、政府が食育の推進に関して講じた施策に関する報告書を提出しなければならない。

第二章　食育推進基本計画等

（食育推進基本計画）

第十六条　食育推進会議は、食育の推進に関する施策の総合的かつ計画的な推進を図るため、食育推進基本計画を作成するものとする。

2　食育推進基本計画は、次に掲げる事項について定めるものとする。

一　食育の推進に関する施策についての基本的な方針

二　食育の推進の目標に関する事項

三　国民等の行う自発的な食育推進活動等の総合的な促進に関する事項

四　前三号に掲げるもののほか、食育の推進に関する施策を総合的かつ計画的に推進するために必要な事項

3　食育推進会議は、第一項の規定により食育推進基本計画を作成したときは、速やかにこれを内閣総理大臣に報告し、及び関係行政機関の長に通知するとともに、その要旨を公表しなければならない。

4　前項の規定は、食育推進基本計画の変更について準用する。

（都道府県食育推進計画）

第十七条　都道府県は、食育推進基本計画を基本として、当該都道府県の区域内における食育の推進に関する施策についての計画（以下「都道府県食育推進計画」という。）を作成するよう努めなければならない。

2　都道府県（都道府県食育推進会議が置かれている都道府県にあっては、都道府県食育推進会議）は、都道府県食育推進計画を作成し、又は変更したときは、速やかに、その要旨を公表しなければならない。

（市町村食育推進計画）

第十八条　市町村は、食育推進基本計画（都道府県食育推進計画が作成されているときは、食育推進基本計画及び都道府県食育推進計画）を基本として、当該市町村の区域内における

食育の推進に関する施策についての計画」(以下「市町村食育推進計画という。)を作成するよう努めなければならない。

2　市町村(市町村食育推進会議が置かれている市町村にあっては、市町村食育推進会議)は、市町村食育推進計画を作成し、又は変更したときは、速やかに、その要旨を公表しなければならない。

第三章基本的施策

(家庭における食育の推進)

第十九条　国及び地方公共団体は、父母その他の保護者及び子どもの食に対する関心及び理解を深め、健全な食習慣の確立に資するよう、親子で参加する料理教室その他の食事についての望ましい習慣を学びながら食を楽しむ機会の提供、健康美に関する知識の啓発その他の適切な栄養管理に関する知識の普及及び情報の提供、妊産婦に対する栄養指導又は乳幼児をはじめとする子どもを対象とする発達段階に応じた栄養指導その他の家庭における食育の推進を支援するために必要な施策を講ずるものとする。

(学校、保育所等における食育の推進)

第二十条　国及び地方公共団体は、学校、保育所等において魅力ある食育の推進に関する活動を効果的に促進することにより子どもの健全な食生活の実現及び健全な心身の成長が図られるよう、学校、保育所等における食育の推進のための指針の作成に関する支援、食育の指導にふさわしい教職員の設置及び指導的立場にある者の食育の推進において果たすべき役割についての意識の啓発その他の食育に関する指導体制の整備、学校、保育所等又は地域の特色を生かした学校給食等の実施、教育の一環として行われる農場等における実習、食品の調理、食品廃棄物の再生利用等様々な体験活動を通じた子どもの食に関する理解の促進、過度の痩身又は肥満の心身の健康に及ぼす影響等についての知識の啓発その他必要な施策を講ずるものとする。

(地域における食生活の改善のための取組の推進)

第二十一条　国及び地方公共団体は、地域において、栄養、食習慣、食料の消費等に関する食生活の改善を推進し、生活習慣病を予防して健康を増進するため、健全な食生活に関する指針の策定及び普及啓発、地域における食育の推進に関する専門的知識を有する者の養成及び資質の向上並びにその活用、保健所、市町村保健センター、医療機関等における食育に関する普及及び啓発活動の推進、医学教育等における食育に関する指導の充実、食品関連事業者等が行う食育の推進のための活動への支援等必要な施策を講ずるものとする。

(食育推進運動の展開)

第二十二条　国及び地方公共団体は、国民、教育関係者等、農林漁業者等、食品関連事業者等その他の事業者若しくはその組織する団体又は消費生活の安定及び向上等のための活動を行う民間の団体が自発的に行う食育の推進に関する活動が、地域の特性を生かしつつ、相互に緊密な連携協力を図りながらあまねく全国において展開されるようにするとともに、関係者相互間の情報及び意見の交換が促進されるよう、食育の推進に関する普及啓発を図るための行事の実施、重点的かつ効果的に食育の推進に関する活動を推進するための期間の指定その他必要な施策を講ずるものとする。

2　国及び地方公共団体は、食育の推進に当たっては、食生活の改善のための活動その他の食育の推進に関する活動に携わるボランティアが果たしている役割の重要性にかんがみ、これらのボランティアとの連携協力を図りながら、その活動の充実が図られるよう必要な施策を講ずるものとする。

(生産者と消費者との交流の促進、環境と調和のとれた且林漁業の活性化等)

第二十三条　国及び地方公共団体は、生産者と消費者との間の交流の促進等により、生産者と消費者との信頼関係を構築し、食品の安全性の確保、食料資源の有効な利用の促進及び国民の食に対する理解と関心の増進を図るとともに、環境と調和のとれた農林漁業の活性化に資するため、農林水産物の生産、食品の製造、流通等における体験活動の促進、農林水産物の生産された地域内の学校給食等における利用その他のその地域内における消費の促進、創意工夫を生かした食品廃棄物の発生の抑制及び再生利用等必要な施策を講ずるものとする。

(食文化の継承のための活動への支援等)

第二十四条　国及び地方公共団体は、伝統的な行事や作法と結びついた食文化、地域の特色ある食文化等我が国の伝統のある優れた食文化の継承を推進するため、これらに関する啓発及び知識の普及その他の必要な施策を講ずるものとす る。

(食品の安全性、栄養その他の食生活に闘する調査、研究、情報の提供及び国際交流の推進)

第二十五条　国及び地方公共団体は、すべての世代の国民の適切な食生活の選択に資するよう、国民の食生活に関し、食品の安全性、栄養、食習慣、食料の生産、流通及び消費並びに食品廃棄物の発生及びその再生利用の状況等について調査及び研究を行うとともに、必要な各種の情報の収集、整理及び提供、データベースの整備その他食に関する正確な情報を迅速に提供するために必要な施策を講ずるものとする。

2　国及び地方公共団体は、食育の推進に資するため、海外における食品の安全性、栄養、食習慣等の食生活に関する情報の収集、食育に関する研究者等の国際的交流、食育の推進に関する活動についての情報交換その他国際交流の推進のために必要な施策を講ずるものとする。

第四章　食育推進会議等

（食育推進会議の設置及び所掌事務）

第二十六条　内閣府に、食育推進会議を置く。

2　食育推進会議は、次に掲げる事務をつかさどる。

一　食育推進基本計画を作成し、及びその実施を推進すること。

二　前号に掲げるもののほか、食育の推進に関する重要事項について審議し、及び食育の推進に関する施策の実施を推進すること。

（組織）

第二十七　条食育推進会議は、会長及び委員二十五人以内をもって組織する。

（会長）

第二十八条　会長は、内閣総理大臣をもって充てる。

2　会長は、会務を総理する。

3　会長に事故があるときは、あらかじめその指名する委員がその職務を代理する。

（委員）

第二十九条　委員は、次に掲げる者をもって充てる。

一　内閣府設置法（平成十一年法律第八十九号）第九条第一項に規定する特命担当大臣であって、同項の規定により命を受けて同法第四条第一項第十八号に掲げる事項に関する事務及び同条第三項第二十七号の三に掲げる事務を掌理するもの（次号において「食育担当大臣」という。）

二　食育担当大臣以外の国務大臣のうちから、内閣総理大臣が指定する者

三　食育に関して十分な知識と経験を有する者のうちから、内閣総理大臣が任命する者

2　前項第三号の委員は、非常勤とする。

（委員の任期）

第三十条　前条第一項第三号の委員の任期は、二年とする。ただし、補欠の委員の任期は、前任者の残任期間とする。

2　前条第一項第三号の委員は、再任されることができる。

（政令への委任）

第三十一条　この章に定めるもののほか、食育推進会議の組織及び運営に関し必要な事項は、政令で定める。

（都道府県食育推進会議）

第三十二条　都道府県は、その都道府県の区域における食育の推進に関して、都道府県食育推進計画の作成及びその実施の推進のため、条例で定めるところにより、都道府県食育推進会議を置くことができる。

2　都道府県食育推進会議の組織及び運営に関し必要な事項は、都道府県の条例で定める。

（市町村食育推進会議）

第三十三条　市町村は、その市町村の区域における食育の推進に関して、市町村食育推進計画の作成及びその実施の推進のため、条例で定めるところにより、市町村食育推進会議を置くことができる。

2　市町村食育推進会議の組織及び運営に関し必要な事項は、市町村の条例で定める。

(6) 栄養士法（抄）

（昭和二十二年十二月二十九日法律第二百四十五号）

第一条　この法律で栄養士とは、都道府県知事の免許を受けて、栄養士の名称を用いて栄養の指導に従事することを業とする者をいう。

2　この法律で管理栄養士とは、厚生労働大臣の免許を受けて、管理栄養士の名称を用いて、傷病者に対する療養のため必要な栄養の指導、個人の身体の状況、栄養状態等に応じた高度の専門的知識及び技術を要する健康の保持増進のための栄養の指導並びに特定多数人に対して継続的に食事を供給する施設における利用者の身体の状況、栄養状態、利用の状況等に応じた特別の配慮を必要とする給食管理及びこれらの施設に対する栄養改善上必要な指導等を行うことを業とする者をいう。

第二条　栄養士の免許は、厚生労働大臣の指定した栄養士の養成施設（以下「養成施設」という。）において二年以上栄養士として必要な知識及び技能を修得した者に対して、都道

府県知事が与える。

2　養成施設に入所することができる者は、学校教育法（昭和二十二年法律第二十六号）第九十条に規定する者とする。

3　管理栄養士の免許は、管理栄養士国家試験に合格した者に対して、厚生労働大臣が与える。

第三条　次の各号のいずれかに該当する者には、栄養士又は管理栄養士の免許を与えないことがある。

一　罰金以上の刑に処せられた者

二　前号に該当する者を除くほか、第一条に規定する業務に関し犯罪又は不正の行為があった者

第三条の二　都道府県に栄養士名簿を備え、栄養士の免許に関する事項を登録する。

2　厚生労働省に管理栄養士名簿を備え、管理栄養士の免許に関する事項を登録する。

第四条　栄養士の免許は、都道府県知事が栄養士名簿に登録することによって行う。

3　都道府県知事は、栄養士の免許を与えたときは、栄養士免許証を交付する。

4　管理栄養士の免許は、厚生労働大臣が管理栄養士名簿に登録することによって行う。

5　厚生労働大臣は、管理栄養士の免許を与えたときは、管理栄養士免許証を交付する。

第五条　栄養士が第三条各号のいずれかに該当するに至ったときは、都道府県知事は、当該栄養士に対する免許を取り消し、又は一年以内の期間を定めて栄養士の名称の使用の停止を命ずることができる。

2　管理栄養士が第三条各号のいずれかに該当するに至つたときは、厚生労働大臣は、当該管理栄養士に対する免許を取り消し、又は一年以内の期間を定めて管理栄養士の名称の使用の停止を命ずることができる。

3　都道府県知事は、第一項の規定により栄養士の免許を取り消し、又は栄養士の名称の使用の停止を命じたときは、速やかに、その旨を厚生労働大臣に通知しなければならない。

4　厚生労働大臣は、第二項の規定により管理栄養士の免許を取り消し、又は管理栄養士の名称の使用の停止を命じたときは、速やかに、その旨を当該処分を受けた者が受けている栄養士の免許を与えた都道府県知事に通知しなければならない。

第五条の二　厚生労働大臣は、毎年少なくとも一回、管理栄養士として必要な知識及び技能について、管理栄養士国家試験を行う。

第五条の三　管理栄養士国家試験は、栄養士であつて次の各号のいずれかに該当するものでなければ、受けることができない。

一　修業年限が二年である養成施設を卒業して栄養士の免許を受けた後厚生労働省令で定める施設において三年以上栄養の指導に従事した者

二　修業年限が三年である養成施設を卒業して栄養士の免許を受けた後厚生労働省令で定める施設において二年以上栄養の指導に従事した者

三　修業年限が四年である養成施設を卒業して栄養士の免許を受けた後厚生労働省令で定める施設において一年以上栄養の指導に従事した者

四　修業年限が四年である養成施設であって、学校（学校教育法第一条の学校並びに同条の学校の設置者が設置している同法第百二十四条の専修学校及び同法第百三十四条の各種学校をいう。以下この号において同じ。）であるものにあっては文部科学大臣及び厚生労働大臣が、学校以外のものにあっては厚生労働大臣が、政令で定める基準により指定したもの（以下「管理栄養士養成施設」という。）を卒業した者

第五条の四　管理栄養士国家試験に関して不正の行為があった場合には、当該不正行為に関係のある者について、その受験を停止させ、又はその試験を無効とすることができる。この場合においては、なお、その者について、期間を定めて管理栄養士国家試験を受けることを許さないことができる。

第五条の五　管理栄養士は、傷病者に対する療養のため必要な栄養の指導を行うに当たつては、主治の医師の指導を受けなければならない。

第六条　栄養士でなければ、栄養士又はこれに類似する名称を用いて第一条第一項に規定する業務を行つてはならない。

2　管理栄養士でなければ、管理栄養士又はこれに類似する名称を用いて第一条第二項に規定する業務を行つてはならない。

第六条の二　管理栄養士国家試験に関する事務をつかさどらせるため、厚生労働省に管理栄養士国家試験委員を置く。

第六条の三　管理栄養士国家試験委員その他管理栄養士国家試験に関する事務をつかさどる者は、その事務の施行に当たつて厳正を保持し、不正の行為がないようにしなければならない。

第六条の四　この法律に規定する厚生労働大臣

の権限は、厚生労働省令で定めるところにより、地方厚生局長に委任することができる。
2　前項の規定により地方厚生局長に委任された権限は、厚生労働省令で定めるところにより、地方厚生支局長に委任することができる。
第七条　この法律に定めるもののほか、栄養士の免許及び免許証、養成施設、管理栄養士の免許及び免許証、管理栄養士養成施設、管理栄養士国家試験並びに管理栄養士国家試験委員に関し必要な事項は、政令でこれを定める。
第七条の二　第六条の三の規定に違反して、故意若しくは重大な過失により事前に試験問題を漏らし、又は故意に不正の採点をした者は、六月以下の懲役又は五十万円以下の罰金に処する。
第八条　次の各号のいずれかに該当する者は、三十万円以下の罰金に処する。
一　第五条第一項の規定により栄養士の名称の使用の停止を命ぜられた者で、当該停止を命ぜられた期間中に、栄養士の名称を使用して第一条第一項に規定する業務を行つたもの
二　第五条第二項の規定により管理栄養士の名称の使用の停止を命ぜられた者で、当該停止を命ぜられた期間中に、管理栄養士の名称を使用して第一条第二項に規定する業務を行つたもの
三　第六条第一項の規定に違反して、栄養士又はこれに類似する名称を用いて第一条第一項に規定する業務を行った者
四　第六条第二項の規定に違反して、管理栄養士又はこれに類似する名称を用いて第一条第二項に規定する業務を行った者

(7) 母子保健法（抄）

（昭和四十年八月十八日法律第百四十一号）
最終改正：平成二六年六月四日法律第五一号

第一章総則（第一条―第八条の三）
第二章母子保健の向上に関する措置（第九条―第二十一条の四）
第三章母子保健施設（第二十二条）
第四章雑則（第二十三条―第二十八条）
附則

第一章　総　　則

（目的）
第一条　この法律は、母性並びに乳児及び幼児の健康の保持及び増進を図るため、母子保健に関する原理を明らかにするとともに、母性並びに乳児及び幼児に対する保健指導、健康診査、医療その他の措置を講じ、もつて国民保健の向上に寄与することを目的とする。
（母性の尊重）
第二条　母性は、すべての児童がすこやかに生まれ、かつ、育てられる基盤であることにかんがみ、尊重され、かつ、保護されなければならない。
（乳幼児の健康の保持増進）
第三条　乳児及び幼児は、心身ともに健全な人として成長してゆくために、その健康が保持され、かつ、増進されなければならない。
（母性及び保護者の努力）
第四条　母性は、みずからすすんで、妊娠、出産又は育児についての正しい理解を深め、その健康の保持及び増進に努めなければならない。
2　乳児又は幼児の保護者は、みずからすすんで、育児についての正しい理解を深め、乳児又は幼児の健康の保持及び増進に努めなければならない。
（国及び地方公共団体の責務）
第五条　国及び地方公共団体は、母性並びに乳児及び幼児の健康の保持及び増進に努めなければならない。
2　国及び地方公共団体は、母性並びに乳児及び幼児の健康の保持及び増進に関する施策を講ずるに当たつては、その施策を通じて、前三条に規定する母子保健の理念が具現されるように配慮しなければならない。
（用語の定義）
第六条　この法律において「妊産婦」とは、妊娠中又は出産後一年以内の女子をいう。
2　この法律において「乳児」とは、一歳に満たない者をいう。
3　この法律において「幼児」とは、満一歳から小学校就学の始期に達するまでの者をいう。
4　この法律において「保護者」とは、親権を行う者、未成年後見人その他の者で、乳児又は幼児を現に監護する者をいう。
5　この法律において「新生児」とは、出生後二十八日を経過しない乳児をいう。
6　この法律において「未熟児」とは、身体の発育が未熟のまま出生した乳児であって、正常児が出生時に有する諸機能を得るに至るまでのものをいう。
（都道府県児童福祉審議会等の権限）
第七条　児童福祉法（昭和二十二年法律第百六十四号）第八条第二項に規定する都道府県児童福祉審議会（同条第一項ただし書に規定す

る都道府県にあっては、地方社会福祉審議会。以下この条において同じ。）及び同条第四項に規定する市町村児童福祉審議会は、母子保健に関する事項につき、調査審議するほか、同条第二項に規定する都道府県児童福祉審議会は都道府県知事の、同条第四項に規定する市町村児童福祉審議会は市町村長の諮問にそれぞれ答え、又は関係行政機関に意見を具申することができる。

（都道府県の援助等）

第八条　都道府県は、この法律の規定により市町村が行う母子保健に関する事業の実施に関し、市町村相互間の連絡調整を行い、及び市町村の求めに応じ、その設置する保健所による技術的事項についての指導、助言その他当該市町村に対する必要な技術的援助を行うものとする。

（実施の委託）

第八条の二　市町村は、この法律に基づく母子保健に関する事業の一部について、病院若しくは診療所又は医師、助産師その他適当と認められる者に対し、その実施を委託することができる。

（連携及び調和の確保）

第八条の三　都道府県及び市町村は、この法律に基づく母子保健に関する事業の実施に当たつては、学校保健安全法（昭和三十三年法律第五十六号）、児童福祉法その他の法令に基づく母性及び児童の保健及び福祉に関する事業との連携及び調和の確保に努めなければならない。

第二章　母子保健の向上に関する措置

（知識の普及）

第九条　都道府県及び市町村は、母性又は乳児若しくは幼児の健康の保持及び増進のため、妊娠、出産又は育児に関し、相談に応じ、個別的又は集団的に、必要な指導及び助言を行い、並びに地域住民の活動を支援すること等により、母子保健に関する知識の普及に努めなければならない。

（保健指導）

第十条　市町村は、妊産婦若しくはその配偶者又は乳児若しくは幼児の保護者に対して、妊娠、出産又は育児に関し、必要な保健指導を行い、又は医師、歯科医師、助産師若しくは保健師について保健指導を受けることを勧奨しなければならない。

（新生児の訪問指導）

第十一条　市町村長は、前条の場合において、当該乳児が新生児であって、育児上必要があると認めるときは、医師、保健師、助産師又はその他の職員をして当該新生児の保護者を訪問させ、必要な指導を行わせるものとする。ただし、当該新生児につき、第十九条の規定による指導が行われるときは、この限りでない。

2　前項の規定による新生児に対する訪問指導は、当該新生児が新生児でなくなった後においても、継続することができる。

（健康診査）

第十二条　市町村は、次に掲げる者に対し、厚生労働省令の定めるところにより、健康診査を行わなければならない。

一　満一歳六か月を超え満二歳に達しない幼児

二　満三歳を超え満四歳に達しない幼児

2　前項の厚生労働省令は、健康増進法（平成十四年法律第百三号）第九条第一項に規定する健康診査等指針（第十六条第四項において単に「健康診査等指針」という。）と調和が保たれたもの でなければならない。

第十三条　前条の健康診査のほか、市町村は、必要に応じ、妊産婦又は乳児若しくは幼児に対して、健康診査を行い、又は健康診査を受けることを勧奨しなければならない。

2　厚生労働大臣は、前項の規定による妊婦に対する健康診査についての望ましい基準を定めるものとする。

（栄養の摂取に関する援助）

第十四条　市町村は、妊産婦又は乳児若しくは幼児に対して、栄養の摂取につき必要な援助をするように努めるものとする。

（妊娠の届出）

第十五条　妊娠した者は、厚生労働省令で定める事項につき、速やかに、市町村長に妊娠の届出をするようにしなければならない。

（母子健康手帳）

第十六条　市町村は、妊娠の届出をした者に対して、母子健康手帳を交付しなければならない。

2　妊産婦は、医師、歯科医師、助産師又は保健師について、健康診査又は保健指導を受けたときは、その都度、母子健康手帳に必要な事項の記載を受けなければならない。乳児又は幼児の健康診査又は保健指導を受けた当該乳児又は幼児の保護者についても、同様とする。

3　母子健康手帳の様式は、厚生労働省令で定める。

4　前項の厚生労働省令は、健康診査等指針と調和が保たれたものでなければならない。

（妊産婦の訪問指導等）

第十七条　第十三条第一項の規定による健康診査を行つた市町村の長は、その結果に基づき、当該妊産婦の健康状態に応じ、保健指導を要する者については、医師、助産師、保健師又はその他の職員をして、その妊産婦を訪問させて必要な指導を行わせ、妊娠又は出産に支障を及ぼすおそれがある疾病にかかつている疑いのある者については、医師又は歯科医師の診療を受けることを勧奨するものとする。

2　市町村は、妊産婦が前項の勧奨に基づいて妊娠又は出産に支障を及ぼすおそれがある疾病につき医師又は歯科医師の診療を受けるために必要な援助を与えるように努めなければならない。

（低体重児の届出）

第十八条　体重が二千五百グラム未満の乳児が出生したときは、その保護者は、速やかに、その旨をその乳児の現在地の市町村に届け出なければならない。

（未熟児の訪問指導）

第十九条　市町村長は、その区域内に現在地を有する未熟児について、養育上必要があると認めるときは、医師、保健師、助産師又はその他の職員をして、その未熟児の保護者を訪問させ、必要な指導を行わせるものとする。

2　第十一条第二項の規定は、前項の規定による訪問指導に準用する。

（養育医療）

第二十条　市町村は、養育のため病院又は診療所に入院することを必要とする未熟児に対し、その養育に必要な医療（以下「養育医療」という。）の給付を行い、又はこれに代えて養育医療に要する費用を支給することができる。

2　前項の規定による費用の支給は、養育医療の給付が困難であると認められる場合に限り、行なうことができる。

3　養育医療の給付の範囲は、次のとおりとする。

一　診察

二　薬剤又は治療材料の支給

三　医学的処置、手術及びその他の治療

四　病院又は診療所への入院及びその療養に伴う世話その他の看護

五　移送

4　養育医療の給付は、都道府県知事が次項の規定により指定する病院若しくは診療所又は薬局（以下「指定養育医療機関」という。）に委託して行うものとする。

5　都道府県知事は、病院若しくは診療所又は薬局の開設者の同意を得て、第一項の規定による養育医療を担当させる機関を指定する。

6　第一項の規定により支給する費用の額は、次項の規定により準用する児童福祉法第十九条の十二の規定により指定養育医療機関が請求することができる診療報酬の例により算定した額のうち、本人及びその扶養義務者（民法（明治二十九年法律第八十九号）に定める扶養義務者をいう。第二十一条の四第一項において同じ。）が負担することができないと認められる額とする。

7　児童福祉法第十九条の十二、第十九条の二十及び第二十一条の三の規定は養育医療の給付について、同法第二十条第七項及び第八項並びに第二十一条の規定は指定養育医療機関について、それぞれ準用する。この場合において、同法第十九条の十二中「診療方針」とあるのは「診療方針及び診療報酬」と、同法第十九条の二十（第二項を除く）。中「小児慢性特定疾病医療費の」とあるのは「診療報酬の」と、同条第一項中「第十九条の三第十項」とあるのは「母子保健法第二十条第七項において読み替えて準用する第十九条の十二」と、同条第四項中「都道府県」とあるのは「市町村」と、同法第二十一条の三第二項中「都道府県の」とあるのは「市町村の」と読み替えるものとする。

（医療施設の整備）

第二十条の二　国及び地方公共団体は、妊産婦並びに乳児及び幼児の心身の特性に応じた高度の医療が適切に提供されるよう、必要な医療施設の整備に努めなければならない。

（調査研究の推進）

第二十条の三　国は、乳児及び幼児の障害の予防のための研究その他母性並びに乳児及び幼児の健康の保持及び増進のため必要な調査研究の推進に努めなければならない。

（費用の支弁）

第二十一条　市町村が行う第十二条第一項の規定による健康診査に要する費用及び第二十条の規定による措置に要する費用は、当該市町村の支弁とする。

（都道府県の負担）

第二十一条の二　都道府県は、政令の定めるところにより、前条の規定により市町村が支弁する費用のうち、第二十条の規定による措置に要する費用については、その四分の一を負担するものとする。

（国の負担）

第二十一条の三 国は、政令の定めるところにより、第二十一条の規定により市町村が支弁する費用のうち、第二十条の規定による措置に要する費用については、その二分の一を負担するも のとする。

（費用の徴収）

第二十一条の四 第二十条の規定による養育医療の給付に要する費用を支弁した市町村長は、当該措置を受けた者又はその扶養義務者から、その負担能力に応じて、当該措置に要する費用の全部又は一部を徴収することができる。

2 前項の規定による費用の徴収は、徴収されるべき者の居住地又は財産所在地の市町村に嘱託することができる。

3 第一項の規定により徴収される費用を、指定の期限内に納付しない者があるときは、地方税の滞納処分の例により処分することができる。この場合における徴収金の先取特権の順位は、国税及び地方税に次ぐものとする。

第三章 母了保健施設

第二十二条 市町村は、必要に応じ、母子健康センターを設置するように努めなければならない。

2 母子健康センターは、母子保健に関する各種の相談に応ずるとともに、母性並びに乳児及び幼児の保健指導を行ない、又はこれらの事業にあわせて助産を行なうことを目的とする施設とする。

第四章 雑　　則

（非課税）

第二十三条 第二十条の規定により支給を受けた金品を標準として、租税その他の公課を課することができない。

（差押えの禁止）

第二十四条 第二十条の規定により金品の支給を受けることとなった者の当該支給を受ける権利は、差し押えることができない。

第二十五条 削除

（大都市等の特例）

第二十六条 この法律中都道府県が処理することとされている事務で政令で定めるものは、地方自治法（昭和二十二年法律第六十七号）第二百五十二条の十九第一項の指定都市（以下「指定都市」という。）及び同法第二百五十二条の二十二第一項の中核市（以下「中核市」という。）に おいては、政令の定めるところにより、指定都市又は中核市（以下「指定都市等」という。）が 処理するものとする。この場合においては、この法律中都道府県に関する規定は、指定都市等に関する規定として、指定都市等に適用があるものとする。

（緊急時における厚生労働大臣の事務執行）

第二十七条 第二十条第七項において準用する児童福祉法第二十一条の三第一項の規定により都道府県知事の権限に属するものとされている事務は、未熟児の利益を保護する緊急の必要があると厚生労働大臣が認める場合にあっては、厚生労働大臣又は都道府県知事が行うものとする。この場合においては、第二十条第七項において準用する同法の規定中都道府県知事に関する規定（当該事務に係るものに限る。）は、厚生 労働大臣に関する規定として厚生労働大臣に適用があるものとする。

2 前項の場合において、厚生労働大臣又は都道府県知事が当該事務を行うときは、相互に密接な連携の下に行うものとする。

（権限の委任）

第二十八条 この法律に規定する厚生労働大臣の権限は、厚生労働省令で定めるところにより、地方厚生局長に委任することができる。

2 前項の規定により地方厚生局長に委任された権限は、厚生労働省令で定めるところにより、地方厚生支局長に委任することができる。

(8) 高齢者の医療の確保に関する法律（抄）

（昭和五十七年八月十七日法律第八十号，
最終改正：令和三年六月一一日法律第六六号）

第一章　総　　則

（目的）

第一条　この法律は、国民の高齢期における適切な医療の確保を図るため、医療費の適正化を推進するための計画の作成及び保険者による健康診査等の実施に関する措置を講ずるとともに、高齢者の医療について、国民の共同連帯の理念等に基づき、前期高齢者に係る保険者間の費用負担の調整、後期高齢者に対する適切な医療の給付等を行うために必要な制度を設け、もつて国民保健の向上及び高齢者の福祉の増進を図ることを目的とする。

（基本的理念）

第二条　国民は、自助と連帯の精神に基づき、自ら加齢に伴つて生ずる心身の変化を自覚して常に健康の保持増進に努めるとともに、高齢者の医療に要する費用を公平に負担するものとする。

2　国民は、年齢、心身の状況等に応じ、職域若しくは地域又は家庭において、高齢期における健康の保持を図るための適切な保健サービスを受ける機会を与えられるものとする。

（国の責務）

第三条　国は、国民の高齢期における医療に要する費用の適正化を図るための取組が円滑に実施され、高齢者医療制度（第三章に規定する前期高齢者に係る保険者間の費用負担の調整及び第四章に規定する後期高齢者医療制度をいう。以下同じ。）の運営が健全に行われるよう必要な各般の措置を講ずるとともに、第一条に規定する目的の達成に資するため、医療、公衆衛生、社会福祉その他の関連施策を積極的に推進しなければならない。

（地方公共団体の責務）

第四条　地方公共団体は、この法律の趣旨を尊重し、住民の高齢期における医療に要する費用の適正化を図るための取組及び高齢者医療制度の運営が適切かつ円滑に行われるよう所要の施策を実施しなければならない。

（保険者の責務）

第五条　保険者は、加入者の高齢期における健康の保持のために必要な事業を積極的に推進するよう努めるとともに、高齢者医療制度の運営が健全かつ円滑に実施されるよう協力しなければならない。

（医療の担い手等の責務）

第六条　医師、歯科医師、薬剤師、看護師その他の医療の担い手並びに医療法（昭和二十三年法律第二百五号）第一条の二第二項に規定する医療提供施設の開設者及び管理者は、前三条に規定する各般の措置施策及び事業に協力しなければならない。

（定義）

第七条　この法律において「医療保険各法」とは、次に掲げる法律をいう。

一　健康保険法（大正十一年法律第七十号）

二　船員保険法（昭和十四年法律第七十三号）

三　国民健康保険法（昭和三十三年法律第百九十二号）

四　国家公務員共済組合法（昭和三十三年法律第百二十八号）

五　地方公務員等共済組合法（昭和三十七年

法律第百五十二号）
六　私立学校教職員共済法（昭和二十八年法律第二百四十五号）
2　この法律において「保険者」とは、医療保険各法の規定により医療に関する給付を行う全国健康保険協会、健康保険組合、市町村（特別区を含む。）、国民健康保険組合、共済組合又は日本私立学校振興・共済事業団をいう。
3　この法律において「被用者保険等保険者」とは、保険者（健康保険法第百二十三条第一項の規定による保険者としての全国健康保険協会、都道府県及び市町村並びに国民健康保険組合を除く。）又は健康保険法第三条第一項第八号の規定による承認を受けて同法の被保険者とならない者を組合員とする国民健康保険組合であつて厚生労働大臣が定めるものをいう。
4　この法律において「加入者」とは、次に掲げる者をいう。
一　健康保険法の規定による被保険者。ただし、同法第三条第二項の規定による日雇特例被保険者を除く。
二　船員保険法の規定による被保険者
三　国民健康保険法の規定による被保険者
四　国家公務員共済組合法又は地方公務員等共済組合法に基づく共済組合の組合員
五　私立学校教職員共済法の規定による私立学校教職員共済制度の加入者
六　健康保険法、船員保険法、国家公務員共済組合法（他の法律において準用する場合を含む。）又は地方公務員等共済組合法の規定による被扶養者。ただし、健康保険法第三条第二項の規定による日雇特例被保険者の同法の規定による被扶養者を除く。
七　健康保険法第百二十六条の規定により日雇特例被保険者手帳の交付を受け、その手帳に健康保険印紙をはり付けるべき余白がなくなるに至るまでの間にある者及び同法の規定によるその者の被扶養者。ただし、同法第三条第二項ただし書の規定による承認を受けて同項の規定による日雇特例被保険者とならない期間内にある者及び同法第百二十六条第三項の規定により当該日雇特例被保険者手帳を返納した者並びに同法の規定によるその者の被扶養者を除く。

第二章　医療費適正化の推進

第一節　医療費適正化計画等

（医療費適正化基本方針及び全国医療費適正化計画）
第八条　厚生労働大臣は、国民の高齢期における適切な医療の確保を図る観点から、医療に要する費用の適正化（以下「医療費適正化」という。）を総合的かつ計画的に推進するため、医療費適正化に関する施策についての基本的な方針（以下「医療費適正化基本方針」という。）を定めるとともに、五年ごとに、五年を一期として、医療費適正化を推進するための計画（以下「全国医療費適正化計画」という。）を定めるものとする。
2　医療費適正化基本方針においては、次に掲げる事項を定めるものとする。
一　次条第一項に規定する都道府県医療費適正化計画において定めるべき目標に係る参酌すべき標準その他の当該計画の作成に当たつて指針となるべき基本的な事項
二　次条第一項に規定する都道府県医療費適正化計画の達成状況の評価に関する基本的な事項
三　医療に要する費用の調査及び分析に関する基本的な事項四前三号に掲げるもののほか、医療費適正化の推進に関する重要事項
3　医療費適正化基本方針は、医療法第三十条の三第一項に規定する基本方針、介護保険法（平成九年法律第百二十三号）第百十六条第一項に規定する基本指針及び健康増進法（平成十四年法律第百三号）第七条第一項に規定する基本方針と調和が保たれたものでなければならない。
4　全国医療費適正化計画においては、次に掲げる事項を定めるものとする。
一　国民の健康の保持の推進に関し、国が達成すべき目標に関する事項
二　医療の効率的な提供の推進に関し、国が達成すべき目標に関する事項
三　前二号に掲げる目標を達成するために国が取り組むべき施策に関する事項
四　第一号及び第二号の目標を達成するための保険者、第四十八条に規定する後期高齢者医療広域連合（以下この条から第十六条まで及び第二十七条において「後期高齢者医療広域連合」という。）、医療機関その他の関係者の連携及び協力に関する事項
五　各都道府県の医療計画（医療法第三十条の四第一項に規定する医療計画をいう。以下同じ。）に基づく事業の実施による病床の機能（同法第三十条の三第二項第六号に規定する病床の機能をいう。以下同じ。）の分化及び連携の推進の成果、国民の健康の保持の推進及び医療の効率的な提供の推進に

より達成が見込まれる医療費適正化の効果その他厚生労働省令で定める事項を踏まえて、厚生労働省令で定めるところにより算定した計画の期間における医療に要する費用の見込み（第十一条第八項において「国の医療に要する費用の目標」という。）に関する事項

六　計画の達成状況の評価に関する事項

七　前各号に掲げるもののほか、医療費適正化の推進のために必要な事項

5　厚生労働大臣は、前項第一号から第三号までに掲げる事項を定めるに当たつては、病床の機能の分化及び連携の推進並びに地域における医療及び介護の総合的な確保の促進に関する法律（平成元年法律第六十四号）第二条第一項に規定する地域包括ケアシステム（次条第四項において「地域包括ケアシステム」という。）の構築に向けた取組の重要性に留意するものとする。

6　厚生労働大臣は、医療費適正化基本方針及び全国医療費適正化計画を定め、又はこれを変更しようとするときは、あらかじめ、関係行政機関の長に協議するものとする。

7　厚生労働大臣は、医療費適正化基本方針及び全国医療費適正化計画を定め、又はこれを変更したときは、遅滞なく、これを公表するものとする。

8　厚生労働大臣は、全国医療費適正化計画の作成及び全国医療費適正化計画に基づく施策の実施に関して必要があると認めるときは、保険者、後期高齢者医療広域連合、医療機関その他の関係者に対して必要な協力を求めることができる。

（都道府県医療費適正化計画）

第九条　都道府県は、医療費適正化基本方針に即して、六年ごとに、六年を一期として、当該都道府県における医療費適正化を推進するための計画（以下「都道府県医療費適正化計画」という。）を定めるものとする。

2　都道府県医療費適正化計画においては、当該都道府県の医療計画に基づく事業の実施による病床の機能の分化及び連携の推進の成果並びに住民の健康の保持の推進及び医療の効率的な提供の推進により達成が見込まれる医療費適正化の効果を踏まえて、厚生労働省令で定めるところにより算定した計画の期間における医療に要する費用の見込み（第十一条第四項において「都道府県の医療に要する費用の目標」という。）に関する事項を定めるものとする。

3　都道府県医療費適正化計画においては、前項に規定する事項のほか、おおむね次に掲げる事項について定めるものとする。

一　住民の健康の保持の推進に関し、当該都道府県において達成すべき目標に関する事項

二　医療の効率的な提供の推進に関し、当該都道府県において達成すべき目標に関する事項

三　前二号に掲げる目標を達成するために都道府県が取り組むべき施策に関する事項

四　第一号及び第二号に掲げる目標を達成するための保険者、後期高齢者医療広域連合、医療機関その他の関係者の連携及び協力に関する事項

五　当該都道府県における医療に要する費用の調査及び分析に関する事項

六　計画の達成状況の評価に関する事項

4　都道府県は、前項第一号から第三号までに掲げる事項を定めるに当たつては、地域における病床の機能の分化及び連携の推進並びに地域包括ケアシステムの構築に向けた取組の重要性に留意するものとする。

5　都道府県は、第三項第五号に掲げる事項を定めるに当たつては、当該都道府県以外の都道府県における医療に要する費用その他厚生労働省令で定める事項を踏まえるものとする。

6　都道府県医療費適正化計画は、医療計画、介護保険法第百十八条第一項に規定する都道府県介護保険事業支援計画及び健康増進法第八条第一項に規定する都道府県健康増進計画と調和が保たれたものでなければならない。

7　都道府県は、都道府県医療費適正化計画を定め、又はこれを変更しようとするときは、あらかじめ、関係市町村（第百五十七条の二第一項の保険者協議会（以下この項及び第十項において「保険者協議会」という。）が組織されている都道府県にあつては、関係市町村及び保険者協議会）に協議しなければならない。

8　都道府県は、都道府県医療費適正化計画を定め、又はこれを変更したときは、遅滞なく、これを公表するよう努めるとともに、厚生労働大臣に提出するものとする。

9　都道府県は、都道府県医療費適正化計画の作成及び都道府県医療費適正化計画に基づく施策の実施に関して必要があると認めるときは、保険者、後期高齢者医療広域連合、医療機関その他の関係者に対して必要な協力を求めることができる。

10　保険者協議会が組織されている都道府県が、前項の規定により当該保険者協議会を組織する保険者又は後期高齢者医療広域連合に対して必要な協力を求める場合においては、当該保険者協議会を通じて協力を求めることができる。

（厚生労働大臣の助言）

第十条　厚生労働大臣は、都道府県に対し、都道府県医療費適正化計画の作成の手法その他都道府県医療費適正化計画の作成上重要な技術的事項について必要な助言をすることができる。

（計画の進捗状況の公表等）

第十一条　都道府県は、厚生労働省令で定めるところにより、年度（毎年四月一日から翌年三月三十一日までをいう。以下同じ。）（次項の規定による結果の公表及び次条第一項の評価を行つた年度を除く。）ごとに、都道府県医療費適正化計画の進捗状況を公表するよう努めるものとする。

2　都道府県は、次期の都道府県医療費適正化計画の作成に資するため、厚生労働省令で定めるところにより、都道府県医療費適正化計画の期間（以下この項から第五項までにおいて「計画期間」という。）の終了の日の属する年度において、当該計画期間における当該都道府県医療費適正化計画の進捗状況に関する調査及び分析の結果を公表するよう努めるものとする。

3　都道府県は、医療費適正化基本方針の作成に資するため、前項の調査及び分析を行つたときは、厚生労働省令で定めるところにより、その結果を厚生労働大臣に報告するよう努めるものとする。

4　都道府県は、計画期間において、当該都道府県における医療に要する費用が都道府県の医療に要する費用の目標を著しく上回ると認める場合には、その要因を分析するとともに、当該都道府県における医療提供体制（医療法第三十条の三第一項に規定する医療提供体制をいう。）の確保に向けて、保険者、後期高齢者医療広域連合、医療機関その他の関係者と協力して必要な対策を講ずるよう努めるものとする。

5　都道府県は、計画期間において、第九条第三項第一号及び第二号の目標を達成できないと認める場合には、その要因を分析するとともに、同項第一号及び第二号の目標の達成のため、保険者、後期高齢者医療広域連合、医療機関その他の関係者と協力して必要な対策を講ずるよう努めるものとする。

6　厚生労働大臣は、厚生労働省令で定めるところにより、年度（次項の規定による結果の公表及び次条第三項の評価を行つた年度を除く。）ごとに、全国医療費適正化計画の進捗状況を公表するものとする。

7　厚生労働大臣は、次期の全国医療費適正化計画の作成に資するため、厚生労働省令で定めるところにより、全国医療費適正化計画の期間（以下この項及び次項において「計画期間」という。）の終了の日の属する年度において、当該計画期間における当該全国医療費適正化計画の進捗状況に関する調査及び分析の結果を公表するものとする。

8　厚生労働大臣は、計画期間において、第八条第四項第一号及び第二号の目標を達成できないと認める場合又は国における医療に要する費用が国の医療に要する費用の目標を著しく上回ると認める場合には、その要因を分析するとともに、当該要因の解消に向けて、保険者、後期高齢者医療広域連合、医療機関その他の関係者と協力して必要な対策を講ずるものとする。

（計画の実績に関する評価）

第十二条

都道府県は、厚生労働省令で定めるところにより、都道府県医療費適正化計画の期間の終了の日の属する年度の翌年度において、当該計画の目標の達成状況及び施策の実施状況の調査及び分析を行い、当該計画の実績に関する評価を行うものとする。

2　都道府県は、前項の評価を行つたときは、厚生労働省令で定めるところにより、その結果を公表するよう努めるとともに、厚生労働大臣に報告するものとする。

3　厚生労働大臣は、厚生労働省令で定めるところにより、全国医療費適正化計画の期間の終了の日の属する年度の翌年度において、当該計画の目標の達成状況及び施策の実施状況の調査及び分析を行い、当該計画の実績に関する評価を行うとともに、前項の報告を踏まえ、関係都道府県の意見を聴いて、各都道府県における都道府県医療費適正化計画の実績に関する評価を行うものとする。

4　厚生労働大臣は、前項の評価を行つたときは、その結果を公表するものとする。

第二節　特定健康診査等基本指針等

（特定健康診査等基本指針）

第十八条　厚生労働大臣は、特定健康診査（糖

尿病その他の政令で定める生活習慣病に関する健康診査をいう。以下同じ。）及び特定保健指導（特定健康診査の結果により健康の保持に努める必要がある者として厚生労働省令で定めるものに対し、保健指導に関する専門的知識及び技術を有する者として厚生労働省令で定めるものが行う保健指導をいう。以下同じ。）の適切かつ有効な実施を図るための基本的な指針（以下「特定健康診査等基本指針」という。）を定めるものとする。

2　特定健康診査等基本指針においては、次に掲げる事項を定めるものとする。

一　特定健康診査及び特定保健指導（以下「特定健康診査等」という。）の実施方法に関する基本的な事項

二　特定健康診査等の実施及びその成果に係る目標に関する基本的な事項

三　前二号に掲げるもののほか、次条第一項に規定する特定健康診査等実施計画の作成に関する重要事項

3　特定健康診査等基本指針は、健康増進法第九条第一項に規定する健康診査等指針と調和が保たれたものでなければならない。

4　厚生労働大臣は、特定健康診査等基本指針を定め、又はこれを変更しようとするときは、あらかじめ、関係行政機関の長に協議するものとする。

5　厚生労働大臣は、特定健康診査等基本指針を定め、又はこれを変更したときは、遅滞なく、これを公表するものとする。

（特定健康診査等実施計画）

第十九条　保険者（国民健康保険法の定めるところにより都道府県が当該都道府県内の市町村とともに行う国民健康保険（以下「国民健康保険」という。）にあつては、市町村。以下この節並びに第百二十五条の三第一項及び第四項において同じ。）は、特定健康診査等基本指針に即して、六年ごとに、六年を一期として、特定健康診査等の実施に関する計画（以下「特定健康診査等実施計画」という。）を定めるものとする。

2　特定健康診査等実施計画においては、次に掲げる事項を定めるものとする。

一　特定健康診査等の具体的な実施方法に関する事項

二　特定健康診査等の実施及びその成果に関する具体的な目標

三　前二号に掲げるもののほか、特定健康診査等の適切かつ有効な実施のために必要な事項

3　保険者は、特定健康診査等実施計画を定め、又はこれを変更したときは、遅滞なく、これを公表しなければならない。

（特定健康診査）

第二十条　保険者は、特定健康診査等実施計画に基づき、厚生労働省令で定めるところにより、四十歳以上の加入者に対し、特定健康診査を行うものとする。ただし、加入者が特定健康診査に相当する健康診査を受け、その結果を証明する書面の提出を受けたとき、又は第二十六条第二項の規定により特定健康診査に関する記録の送付を受けたときは、この限りでない。

（他の法令に基づく健康診断との関係）

第二十一条　保険者は、加入者が、労働安全衛生法（昭和四十七年法律第五十七号）その他の法令に基づき行われる特定健康診査に相当する健康診断を受けた場合又は受けることができる場合は、厚生労働省令で定めるところにより、前条の特定健康診査の全部又は一部を行ったものとする。

2　労働安全衛生法第二条第三号に規定する事業者その他の法令に基づき特定健康診査に相当する健康診断を実施する責務を有する者（以下「事業者等」という。）は、当該健康診断の実施を保険者に対し委託することができる。この場合において、委託をしようとする事業者等は、その健康診断の実施に必要な費用を保険者に支払わなければならない。

（特定健康診査に関する記録の保存）

第二十二条　保険者は、第二十条の規定により特定健康診査を行ったときは、厚生労働省令で定めるところにより、当該特定健康診査に関する記録を保存しなければならない。同条ただし書の規定により特定健康診査の結果を証明する書面の提出若しくは特定健康診査に関する記録の送付を受けた場合又は第二十七条第三項の規定により特定健康診査若しくは健康診断に関する記録の写しの提供を受けた場合においても、同様とする。

（特定健康診査の結果の通知）

第二十三条　保険者は、厚生労働省令で定めるところにより、特定健康診査を受けた加入者に対し、当該特定健康診査の結果を通知しなければならない。第二十六条第二項の規定により、特定健康診査に関する記録の送付を受けた場合においても、同様とする。

（特定保健指導）

第二十四条　保険者は、特定健康診査等実施計画に基づき厚生労働省令で定めるところによ

り、特定保健指導を行うものとする。

（特定保健指導に関する記録の保存）

第二十五条　保険者は、前条の規定により特定保健指導を行ったときは、厚生労働省令で定めるところにより、当該特定保健指導に関する記録を保存しなければならない。次条第二項の規定により特定保健指導に関する記録の送付を受けた場合又は第二十七条第三項の規定により特定保健指導に関する記録の写しの提供を受けた場合においても、同様とする。

（他の保険者の加入者への特定健康診査等）

第二十六条　保険者は、その加入者の特定健康診査等の実施に支障がない場合には、他の保険者の加入者に係る特定健康診査又は特定保健指導を行うことができる。この場合において、保険者は、当該特定健康診査又は特定保健指導を受けた者に対し、厚生労働省令で定めるところにより、当該特定健康診査又は特定保健指導に要する費用を請求することができる。

2　保険者は、前項の規定により、他の保険者の加入者に対し特定健康診査又は特定保健指導を行つたときは、厚生労働省令で定めるところにより、当該特定健康診査又は特定保健指導に関する記録を、速やかに、その者が現に加入する当該他の保険者に送付しなければならない。

3　保険者は、その加入者が、第一項の規定により、他の保険者が実施する特定健康診査又は特定保健指導を受け、その費用を当該他の保険者に支払つた場合には、当該加入者に対して、厚生労働省令で定めるところにより、当該特定健康診査又は特定保健指導に要する費用として相当な額を支給する。

4　第一項及び前項の規定にかかわらず、保険者は他の保険者と協議して、当該他の保険者の加入者に係る特定健康診査又は特定保健指導の費用の請求及び支給の取扱いに関し、別段の定めをすることができる。

（特定健康診査等に関する記録の提供）

第二十七条　保険者は、特定健康診査等の適切かつ有効な実施を図るため、加入者の資格を取得した者（国民健康保険にあつては、同一の都道府県内の他の市町村の区域内から住所を変更した被保険者を含む。次項において同じ。）があるときは、当該加入者が加入していた他の保険者に対し、当該他の保険者が保存している当該加入者に係る特定健康診査又は特定保健指導に関する記録の写しを提供するよう求めることができる。

2　保険者は、特定健康診査等の適切かつ有効な実施を図るため、加入者の資格を取得した者が後期高齢者医療広域連合の被保険者の資格を有していたことがあるときは、当該後期高齢者医療広域連合に対し、当該後期高齢者医療広域連合が保存している当該加入者に係る第百二十五条第一項に規定する健康診査又は保健指導に関する記録の写しを提供するよう求めることができる。

3　保険者は、特定健康診査等の適切かつ有効な実施を図るため、加入者を使用している事業者等（厚生労働省令で定める者を含む。以下この項及び次項において同じ。）又は使用していた事業者等に対し、厚生労働省令で定めるところにより、労働安全衛生法その他の法令に基づき当該事業者等が保存している当該加入者に係る健康診断に関する記録の写しその他これに準ずるものとして厚生労働省令で定めるものを提供するよう求めることができる。

4　前三項の規定により、特定健康診査若しくは特定保健指導に関する記録、第百二十五条第一項に規定する健康診査若しくは保健指導に関する記録又は労働安全衛生法その他の法令に基づき保存している健康診断に関する記録の写しの提供を求められた他の保険者、後期高齢者医療広域連合又は事業者等は、厚生労働省令で定めるところにより、当該記録の写しを提供しなければならない。

（実施の委託）

第二十八条　保険者は、特定健康診査等について、健康保険法第六十三条第三項各号に掲げる病院又は診療所その他適当と認められるものに対し、その実施を委託することができる。この場合において、保険者は、受託者に対し、委託する特定健康診査等の実施に必要な範囲内において、厚生労働省令で定めるところにより、自らが保存する特定健康診査又は特定保健指導に関する記録の写しその他必要な情報を提供することができる。

（関係者との連携）

第二十九条　保険者は、第三十二条第一項に規定する前期高齢者である加入者に対して特定健康診査等を実施するに当たつては、前期高齢者である加入者の心身の特性を踏まえつつ、介護保険法第百十五条の四十五第一項及び第二項の規定により地域支援事業を行う市町村との適切な連携を図るよう留意するとともに、当該特定健康診査等が効率的に実施されるよう努めるものとする。

2　保険者は、前項に規定するもののほか、特定健康診査の効率的な実施のために、他の保険者、医療機関その他の関係者との連携に努めなければならない。

（秘密保持義務）

第三十条　第二十八条の規定により保険者から特定健康診査等の実施の委託を受けた者（その者 が法人である場合にあっては、その役員）若しくはその職員又はこれらの者であった者は、その実施に関して知り得た個人の秘密を正当な理由がなく漏らしてはならない。

（健康診査等指針との調和）

第三十一条　第十八条第一項、第二十条、第二十一条第一項、第二十二条から第二十五条まで、第二十六条第二項、第二十七条第二項及び第三項並びに第二十八条に規定する厚生労働省令は、健康増進法第九条第一項に規定する健康診査等指針と調和が保たれたものでなければならない。

第三章　前期高齢者に係る保険者間の費用負担の調整

（前期高齢者交付金）

第三十二条　支払基金は、各保険者（国民健康保険にあつては、都道府県。以下この章において同じ。）に係る加入者の数に占める前期高齢者である加入者（六十五歳に達する日の属する月の翌月（その日が月の初日であるときは、その日の属する月）以後である加入者であつて、七十五歳に達する日の属する月以前であるものその他厚生労働省令で定めるものをいう。以下同じ。）の数の割合に係る負担の不均衡を調整するため、政令で定めるところにより、保険者に対して、前期高齢者交付金を交付する。

2　前項の前期高齢者交付金は、第三十六条第一項の規定により支払基金が徴収する前期高齢者納付金をもつて充てる。

第四章　後期高齢者医療制度

第一節　総　　則

（後期高齢者医療）

第四十七条　後期高齢者医療は、高齢者の疾病、負傷又は死亡に関して必要な給付を行うものとする。

（広域連合の設立）

第四十八条　市町村は、後期高齢者医療の事務（保険料の徴収の事務及び被保険者の便益の増進に寄与するものとして政令で定める事務を除く。）を処理するため、都道府県の区域ごとに当該区域内のすべての市町村が加入する広域連合（以下「後期高齢者医療広域連合」という。）広域連を設けるものとする。

（特別会計）

第四十九条　後期高齢者医療広域連合及び市町村は、後期高齢者医療に関する収入及び支出について、政令で定めるところにより、特別会計を設けなければならない。

第二節　被保険者

（被保険者）

第五十条　次の各号のいずれかに該当する者は、後期高齢者医療広域連合が行う後期高齢者医療の被保険者とする。

一　後期高齢者医療広域連合の区域内に住所を有する七十五歳以上の者

二　後期高齢者医療広域連合の区域内に住所を有する六十五歳以上七十五歳未満の者であって、厚生労働省令で定めるところにより、政令で定める程度の障害の状態にある旨の当該後期高齢者医療広域連合の認定を受けたもの

第三節　後期高齢者医療給付

第一款　通　　則

（後期高齢者医療給付の種類）

第五十六条　被保険者に係るこの法律による給付（以下「後期高齢者医療給付」という。）は、次のとおりとする。

一　療養の給付並びに入院時食事療養費、入院時生活療養費、保険外併用療養費、療養費、訪問看護療養費、特別療養費及び移送費の支給

二　高額療養費及び高額介護合算療養費の支給

三　前二号に掲げるもののほか、後期高齢者医療広域連合の条例で定めるところにより行う給付

（他の法令による医療に関する給付との調整）

第五十七条　療養の給付又は入院時食事療養費、入院時生活療養費、保険外併用療養費、療養費、訪問看護療養費、特別療養費若しくは移送費の支給は、被保険者の当該疾病又は負傷につき、労働者災害補償保険法（昭和二十二年法律第五十号）の規定による療養補償給付若しくは療養給付、国家公務員災害補償法（昭和二十六年法律第百九十一号。他の法律において準用する場合を含む。(の規定による療養補償、地方公務員災害補償法（昭和四十二年法律第百二十一号）若しくは同法に基づく条例の規定による療養補償その他政令で定める

法令に基づく医療に関する給付を受けることができる場合、介護保険法の規定によって、それぞれの給付に相当する給付を受けることができる場合又はこれらの法令以外の法令により国若しくは地方公共団体の負担において医療に関する給付が行われた場合には、行わない。

2　後期高齢者医療広域連合は、前項に規定する法令による給付が医療に関する現物給付である場合において、その給付に関し一部負担金の支払若しくは実費徴収が行われ、かつ、その一部負担金若しくは実費徴収の額が、その給付がこの法律による療養の給付として行われたものとした場合におけるこの法律による一部負担金の額を超えるとき、又は同項に規定する法令（介護保険法を除く。）による給付が医療費の支給である場合において、その支給額が、当該療養につきこの法律による入院時食事療養費、入院時生活療養費、保険外併用療養費、療養費、訪問看護療養費、特別療養費又は移送費の支給をすべきものとした場合における入院時食事療養費、入院時生活療養費、保険外併用療養費、療養費、訪問看護療養費、特別療養費又は移送費の額に満たないときは、それぞれその差額を当該被保険者に支給しなければならない。

3　前項の場合において、被保険者が保険医療機関等（健康保険法第六十三条第三項第一号に規定する保険医療機関（以下「保険医療機関」という。）又は保険薬局をいう。以下同じ。）について当該療養を受けたときは、後期高齢者医療広域連合は、前項の規定により被保険者に支給すべき額の限度において、当該被保険者が保険医療機関等に支払うべき当該療養に要した費用を、当該被保険者に代わって保険医療機関等に支払うことができる。

4　前項の規定により保険医療機関等に対して費用が支払われたときは、その限度において、被保険者に対し第二項の規定による支給が行われたものとみなす。

第二款　療養の給付及び入院時食事療養費等の支給

第一目　療養の給付並びに入院時食事療養費、入院時生活療養費、保険外併用療養費及び療養費の支給

（療養の給付）

第六十四条　後期高齢者医療広域連合は、被保険者の疾病又は負傷に関しては、次に掲げる療養の給付を行う。ただし、当該被保険者が被保険者資格証明書の交付を受けている間は、この限りでない。

一　診察

二　薬剤又は治療材料の支給

三　処置、手術その他の治療

四　居宅における療養上の管理及びその療養に伴う世話その他の看護

五　病院又は診療所への入院及びその療養に伴う世話その他の看護

2　次に掲げる療養に係る給付は、前項の給付に含まれないものとする。

一　食事の提供である療養であって前項第五号に掲げる療養（医療法第七条第二項第四号に規定する療養病床への入院及びその療養に伴う世話その他の看護（以下「長期入院療養」という。）を除く。）と併せて行うもの（以下「食事療養」という。）

二　次に掲げる療養であって前項第五号に掲げる療養（長期入院療養に限る。）と併せて行うもの（以下「生活療養」という。）

イ　食事の提供である療蓑

ロ　温度、照明及び給水に関する適切な療贅環境の形成である療養

三　厚生労働大臣が定める高度の医療技術を用いた療養その他の療養であって、前項の給付の対象とすべきものであるか否かについて、適正な医療の効率的な提供を図る観点から評価を行うことが必要な療養として厚生労働大臣が定めるもの（以下「評価療養」という。）

四　被保険者の選定に係る特別の病室の提供その他の厚生労働大臣が定める療養（以下「選定療養」という。）

3　被保険者が第一項の給付を受けようとするときは、自己の選定する保険医療機関等から、電子資格確認（保険医療機関等から療養を受けようとする者又は指定訪問看護事業者から第七十八条第一項に規定する指定訪問看護を受けようとする者が、後期高齢者医療広域連合に対し、個人番号カード（行政手続における特定の個人を識別するための番号の利用等に関する法律（平成二十五年法律第二十七号）第二条第七項に規定する個人番号カードをいう。）に記録された利用者証明用電子証明書（電子署名等に係る地方公共団体情報システム機構の認証業務に関する法律（平成十四年法律第百五十三号）第二十二条第一項に規定する利用者証明用電子証明書をいう。）を送信する方法により、被保険者の資格に係る情報（保険給付に係る費用の請求に必要な情報を含む。）の照会を行い、電子情報処を利用する

方法により、後期高齢者医療広域連合から回答を受けて当該情報を当該保険医療機関等又は指定訪問看護事業者に提供し、当該保険医療機関等又は指定訪問看護事業者から被保険者であることの確認を受けることをいう。以下同じ。）その他厚生労働省令で定める方法（以下「電子資格確認等」という。）により被保険者であることの確認を受け、第一項の給付を受けるものとする。ただし、厚生労働省令で定める場合に該当するときは、当該確認を受けることを要しない。

4　第二項第四号の申出は、厚生労働大臣が定めるところにより、厚生労働大臣に対し、当該申出に係る療養を行う医療法第四条の三に規定する臨床研究中核病院（保険医療機関であるものに限る。）の開設者の意見書その他必要な書類を添えて行うものとする。

5　厚生労働大臣は、第二項第四号の申出を受けた場合は、当該申出について速やかに検討を加え、当該申出に係る療養が同号の評価を行うことが必要な療養と認められる場合には、当該療養を患者申出療養として定めるものとする。

6　厚生労働大臣は、前項の規定により第二項第四号の申出に係る療養を患者申出療養として定めることとした場合には、その旨を当該申出を行つた者に速やかに通知するものとする。

7　厚生労働大臣は、第五項の規定により第二項第四号の申出について検討を加え、当該申出に係る療養を患者申出療養として定めないこととした場合には、理由を付して、その旨を当該申出を行つた者に速やかに通知するものとする。

（保険医療機関等の責務）

第六十五条　保険医療機関等又は保険医等（健康保険法第六十四条に規定する保険医又は保険薬剤師をいう。以下同じ。）は、第七十一条第一項の療養の給付の取扱い及び担当に関する基準に従い、後期高齢者医療の療養の給付を取り扱い、又は担当しなければならない。

（厚生労働大臣又は都道府県知事の指導）

第六十六条　保険医療機関等は療養の給付に関し、保険医等は後期高齢者医療の診療又は調剤に関し、厚生労働大臣又は都道府県知事の指導を受けなければならない。

2　厚生労働大臣又は都道府県知事は、前項の指導をする場合において、必要があると認めるときは、診療又は調剤に関する学識経験者をその関係団体の指定により立ち会わせるものとする。ただし、関係団体が指定を行わない場合又は指定された者が立ち会わない場合は、この限りでない。

第二目　訪問看護療養費の支給

（訪問看護療養費）

第七十八条　後期高齢者医療広域連合は、被保険者が指定訪問看護事業者から当該指定に係る訪問看護事業（健康保険法第八十八条第一項に規定する訪問看護事業をいう。）を行う事業所により行われる訪問看護（疾病又は負傷により、居宅において継続して療養を受ける状態にある被保険者（主治の医師がその治療の必要の程度につき厚生労働省令で定める基準に適合していると認めたものに限る。）に対し、その者の居宅において看護師その他厚生労働省令で定める者が行う療養上の世話又は必要な診療の補助をいう。以下「指定訪問看護」という。）を受けたときは、当該被保険者に対し、当該指定訪問看護に要した費用について、訪問看護療養費を支給する。ただし、当該被保険者が被保険者資格証明書の交付を受けている間は、この限りでない。

2　前項の訪問看護療養費は、厚生労働省令で定めるところにより、後期高齢者医療広域連合が必要と認める場合に限り、支給するものとする。

3　被保険者が指定訪問看護を受けようとするときは、自己の選定する指定訪問看護事業者から、電子資格確認等により、被保険者であることの確認を受け、当該指定訪問看護を受けるものとする。

4　訪問看護療養費の額は、当該指定訪問看護につき平均訪問看護費用額（指定訪問看護に要する平均的な費用の額をいう。）を勘案して厚生労働大臣が定める基準により算定した費用の額から、その額に第六十七条第一項各号に掲げる場合の区分に応じ、同項各号に定める割合を乗じて得た額（療養の給付について第六十九条第一項各号の措置が採られるべきときは、当該措置が採られたものとした場合の額）を控除した額とする。

5　厚生労働大臣は、前項の基準を定めようとするときは、あらかじめ中央社会保険医療協議会の意見を聴かなければならない。

6　第七十一条第二項の規定は、前項に規定する事項に関する中央社会保険医療協議会の権限について準用する。

7　後期高齢者医療広域連合は、指定訪問看護事業者から訪問看護療養費の請求があったときは、第四項の厚生労働大臣が定める基準及び次条第一項に規定する指定訪問看護の事業の運営に関する基準（指定訪問看護の取扱いに関する部分に限る。）に照らして審査した上、支払うものとする。

8　第七十条第四項から第七項まで及び第七十四条第五項から第七項までの規定は、指定訪問看護事業者について受けた指定訪問看護及びこれに伴う訪問看護療養費の支給について準用する。この場合において、これらの規定に関し必要な技術的読替えは、政令で定める。

9　第六十八条の規定は、前項において準用する第七十四条第五項の場合において第四項の規定により算定した費用の額から当該指定訪問看護に要した費用について訪問看護療養費として支給される額に相当する額を控除した額の支払について準用する。

10　指定訪問看護は、第六十四条第一項各号に掲げる療養に含まれないものとする。

11　前各項に規定するもののほか、第四項の厚生労働大臣が定める算定方法の適用及び指定訪問看護事業者の訪問看護療養費の請求に関して必要な事項は、政令で定める。

第三目　特別療養費の支給

第八十二条　後期高齢者医療広域連合は、被保険者が被保険者資格証明書の交付を受けている場合において、当該被保険者が保険医療機関等又は指定訪問看護事業者について療養を受けたときは、当該被保険者に対し、その療養に要した費用について、特別療養費を支給する。

2　健康保険法第六十四条並びに本法第六十四条第三項、第六十五条、第六十六条、第七十条第二項、第七十二条、第七十四条第七項（第七十八条第八項において準用する場合を含む）、第七十六条第二項、第七十八条第三項、第七十九条第二項、第八十条及び前条の規定は、保険医療機関等又は指定訪問看護事業者について受けた特別療養費に係る療養及びこれに伴う特別療養費の支給について準用する。この場合において必要な技術的読替えは、政令で定める。

3　第一項に規定する場合において、当該被保険者に対し被保険者証が交付されているならば第七十七条第一項の規定が適用されることとなるときは、後期高齢者医療広域連合は、療養費を支給することができる。

4　第一項に規定する場合において、被保険者が電子資格確認等により被保険者であることの確認を受けないで保険医療機関等について診療又は薬剤の支給を受け、当該確認を受けなかつたことが、緊急その他やむを得ない理由によるものと認めるときは、後期高齢者医療広域連合は、療養費を支給するものとする。

5　第七十七条第三項及び第四項の規定は、前二項の規定による療養費について準用する。この場合において、同条第四項中「療養の給付を受けるべき場合」とあるのは「被保険者証が交付されているならば療養の給付を受けることができる場合」と、「入院時食事療養費の支給を受けるべき場合」とあるのは「被保険者証が交付されているならば入院時食事療養費の支給を受けることができる場合」と、「入院時生活療養費の支給を受けるべき場合」とあるのは「被保険者証が交付されているならば入院時生活療養費の支給を受けることができる場合」と、「保険外併用療養費の支給を受けるべき場合」とあるのは「被保険者証が交付されているならば保険外併用療養費の支給を受けることができる場合」と読み替えるものとする。

第四目　移送費の支給

第八十三条　後期高齢者医療広域連合は、被保険者が療養の給付（保険外併用療養費に係る療養及び特別療養費に係る療養を含む。）を受けるため病院又は診療所に移送されたときは、当該被保険者に対し、移送費として、厚生労働省令で定めるところにより算定した額を支給する。

2　前項の移送費は、厚生労働省令で定めるところにより、後期高齢者医療広域連合が必要であると認める場合に限り、支給するものとする。

第三款　高額療養費及び高額介護合算療養費の支給

（高額療養費）

第八十四条　後期高齢者医療広域連合は、療養の給付につき支払われた第六十七条に規定する一部負担金の額又は療養（食事療養及び生活療養を除く。以下この条において同じ。）に要した費用の額からその療養に要した費用につき保険外併用療養費、療養費、訪問看護療養費若しくは特別療養費として支給される額若しくは第五十七条第二項の規定により支給される差額に相当する額を控除した額（次条第一項において「一部負担金等の額」という。）が著しく高額であるときは、その療養の給付又はその保険外併用療養費、療養費、訪問看護療養費若しくは特別療養費の支給を受けた被保険者に対し、高額療養費を支給する。

2　高額療養費の支給要件、支給額その他高額療養費の支給に関して必要な事項は、療養に必要な費用の負担の家計に与える影響及び療養に要した費用の額を考慮して、政令で定める。

第四款 その他の後期高齢者医療給付

第八十六条 後期高齢者医療広域連合は、被保険者の死亡に関しては、条例の定めるところにより、葬祭費の支給又は葬祭の給付を行うものとする。ただし、特別の理由があるときは、その全部又は一部を行わないことができる。

2 後期高齢者医療広域連合は、前項の給付のほか、後期高齢者医療広域連合の条例の定めるところにより、傷病手当金の支給その他の後期高齢者医療給付を行うことができる。

第五款 後期高齢者医療給付の制限

第八十七条 被保険者又は被保険者であった者が、自己の故意の犯罪行為により、又は故意に疾病にかかり、若しくは負傷したときは、当該疾病又は負傷に係る療養の給付又は入院時食事療養費、入院時生活療養費、保険外併用療養費、療養費、訪問看護療養費、特別療養費若しくは移送費の支給（以下この款において「療養の給付等」という。）は、行わない。

第八十八条 被保険者が闘争、泥酔又は著しい不行跡によって疾病にかかり、又は負傷したときは、当該疾病又は負傷に係る療養の給付等は、その全部又は一部を行わないことができる。

第八十九条 被保険者又は被保険者であった者が、刑事施設、労役場その他これらに準ずる施設に拘禁された場合には、その期間に係る療養の給付等は、行わない。

第九十条 後期高齢者医療広域連合は、被保険者又は被保険者であった者が、正当な理由がなく療養に関する指示に従わないときは、療養の給付等の一部を行わないことができる。

第九十一条 後期高齢者医療広域連合は、被保険者若しくは被保険者であった者又は後期高齢者医療給付を受ける者が、正当な理由がなく第六十条の規定による命令に従わず、又は答弁若しくは受診を拒んだときは、療養の給付等の全部又は一部を行わないことができる。

第九十二条 後期高齢者医療広域連合は、後期高齢者医療給付を受けることができる被保険者が保険料を滞納しており、かつ、当該保険料の納期限から厚生労働省令で定める期間が経過するまでの間に当該保険料を納付しない場合においては、当該保険料の滞納につき災害その他の政令で定める特別の事情があると認められる場合を除き、厚生労働省令で定めるところにより、後期高齢者医療給付の全部又は一部の支払を一時差し止めるものとする。

2 後期高齢者医療広域連合は、前項に規定する厚生労働省令で定める期間が経過しない場合においても、後期高齢者医療給付を受けることができる被保険者が保険料を滞納している場合においては、当該保険料の滞納につき災害その他の政令で定める特別の事情があると認められる場合を除き、厚生労働省令で定めるところにより、後期高齢者医療給付の全部又は一部の支払を一時差し止めることができる。

3 後期高齢者医療広域連合は、第五十四条第七項の規定により被保険者資格証明書の交付を受けている被保険者であって、前二項の規定による後期高齢者医療給付の全部又は一部の支払の一時差止がなされているものが、なお滞納している保険料を納付しない場合においては、厚生労働省令で定めるところにより、あらかじめ、当該被保険者に通知して、当該一時差止に係る後期高齢者医療給付の額から当該被保険者が滞納している保険料額を控除することができる。

第四節 費用等

第一款費用の負担

（国の負担）

第九十三条 国は、政令で定めるところにより、後期高齢者医療広域連合に対し、被保険者に係る療養の給付に要する費用の額から当該給付に係る一部負担金に相当する額を控除した額並びに入院時食事療養費、入院時生活療養費、保険外併用療養費、療養費、訪問看護療養費、特別療養費、移送費、高額療養費及び高額介護合算療養費の支給に要する費用の額の合計額（以下「療養の給付等に要する費用の額」という。）から第六十七条第一項第二号に掲げる場合に該当する者に係る療養の給付等に要する費用の額（以下「特定費用の額」という。）を控除した額（以下「負担対象額」という。）の十二分の三に相当する額を負担する。

2 国は、前項に掲げるもののほか、政令で定めるところにより、後期高齢者医療広域連合に対し、後期高齢者医療の財政の安定化を図るため、被保険者に係るすべての医療に関する給付に要する費用の額に対する高額な医療に関する給付の割合等を勘案して、高額な医療に関する給付の発生による後期高齢者医療の財政に与える影響が著しいものとして政令で定めるところにより算定する額以上の高額な医療に関する給付に要する費用の合計額に次に掲げる率の合計を乗じて得た額（第九十六条第二項において「高額医療費負担対象額」という。）の四分の一に相当 する額を負担する。

一　負担対象額の十二分の一に相当する額を療養の給付等に要する費用の額で除して得た率

二　第百条第一項の後期高齢者負担

（都道府県の負担）

第九十六条　都道府県は、政令で定めるところにより、後期高齢者医療広域連合に対し、負担対象額の十二分の一に相当する額を負担する。

2 都道府県は、前項に掲げるもののほか、政令で定めるところにより、後期高齢者医療広域連合に対し、高額医療費負担対象額の四分の一に相当する額を負担する。

（市町村の一般会計における負担）

第九十八条　市町村は、政令で定めるところにより、後期高齢者医療広域連合に対し、その一般会計において、負担対象額の十二分の一に相当する額を負担する。

第五節　保健事業

第百二十五条　後期高齢者医療広域連合は、高齢者の心身の特性に応じ、健康教育、健康相談、健康診査及び保健指導並びに健康管理及び疾病の予防に係る被保険者の自助努力についての支援その他の被保険者の健康の保持増進のために必要な事業（以下「高齢者保健事業」という。）を行うように努めなければならない。

2　後期高齢者医療広域連合は、高齢者保健事業を行うに当たつては、医療保険等関連情報を活用し、適切かつ有効に行うものとする。

3　後期高齢者医療広域連合は、高齢者保健事業を行うに当たつては、市町村及び保険者との連携を図るとともに、高齢者の身体的、精神的及び社会的な特性を踏まえ、高齢者保健事業を効果的かつ効率的で被保険者の状況に応じたきめ細かなものとするため、市町村との連携の下に、市町村が実施する国民健康保険法第八十二条第五項に規定する高齢者の心身の特性に応じた事業（次条第一項において「国民健康保険保健事業」という。）及び介護保険法第百十五条の四十五第一項から第三項までに規定する地域支援事業（次条第一項において「地域支援事業」という。）と一体的に実施するものとする。

4　後期高齢者医療広域連合は、高齢者保健事業を行うに当たつては、効果的かつ効率的で被保険者の状況に応じたきめ細かな高齢者保健事業の実施が推進されるよう、地方自治法第二百九十一条の七に規定する広域計画（次条第一項において「広域計画」という。）に、後期高齢者医療広域連合における市町村との連携に関する事項を定めるよう努めなければならない。

5　後期高齢者医療広域連合は、被保険者の療養のために必要な用具の貸付けその他の被保険者の療養環境の向上のために必要な事業、後期高齢者医療給付のために必要な事業、被保険者の療養のための費用に係る資金の貸付けその他の必要な事業を行うことができる。

6　厚生労働大臣は、第一項の規定により後期高齢者医療広域連合が行う高齢者保健事業に関して、その適切かつ有効な実施を図るため、指針の公表、情報の提供その他の必要な支援を行うものとする。

7　前項の指針においては、次に掲げる事項を定めるものとする。

一　高齢者保健事業の効果的かつ効率的な実施に関する基本的事項

二　高齢者保健事業の効果的かつ効率的な実施に向けた後期高齢者医療広域連合及び次条第一項前段の規定により委託を受けた市町村が行う取組に関する事項

三　高齢者保健事業の効果的かつ効率的な実施に向けた後期高齢者医療広域連合及び次条第一項前段の規定により委託を受けた市町村に対する支援に関する事項

四　高齢者保健事業の効果的かつ効率的な実施に向けた後期高齢者医療広域連合と市町村との連携に関する事項

五　高齢者保健事業の効果的かつ効率的な実施に向けた後期高齢者医療広域連合と地域の関係機関及び関係団体との連携に関する事項

六　その他高齢者保健事業の効果的かつ効率的な実施に向けて配慮すべき事項

八　第六項の指針は、健康増進法第九条第一項に規定する健康診査等指針、国民健康保険法第八十二条第十一項に規定する指針及び介護保険法第百十六条第一項に規定する基本指針と調和が保たれたものでなければならない。

第六節　後期高齢者医療診療報酬審査委員会

（審査委員会）

第百二十六条　第七十条第四項の規定による委託を受けて診療報酬請求書の審査を行うため、国保連合会に後期高齢者医療診療報酬審査委員会を置く。

2　前項の規定にかかわらず、国民健康保険法第八十七条に規定する審査委員会を置く国保連合会は、当該審査委員会において後期高齢者医療に係る診療報酬請求書の審査を行うことができる。

（国民健康保険法の準用）

第百二十七条　国民健康保険法第八十八条から第九十条までの規定は、後期高齢者医療診療報酬審査委員会について準用する。

第八節　高齢者保健事業等に関する援助等

第百三十一条　国保連合会及び指定法人は、後期高齢者医療の運営の安定化を図るため、後期高齢者医療広域連合が行う高齢者保健事業及び第百二十五条第五項に規定する事業、後期高齢者医療給付に要する費用の適正化のための事業その他の事業（以下この条において「高齢者保健事業等」という。）に関する調査研究及び高齢者保健事業等の実施に係る後期高齢者医療広域連合間（国保連合会においては、後期高齢者医療広域連合と当該後期高齢者医療広域連合から第百二十五条の二第一項前段の規定により委託を受けた市町村との間及び当該委託を受けた市町村間を含む。）の連絡調整を行うとともに、高齢者保健事業等に関し、専門的な技術又は知識を有する者の派遣、情報の提供、高齢者保健事業等の実施状況の分析及び評価その他の必要な援助を行うよう努めなければならない。

第六章　国民健康保険団体連合会高齢者医療関係業務

（国保連合会の業務）

第百五十五条　国保連合会は、国民健康保険法の規定による業務のほか、第七十条第四項（第七十四条第十項、第七十五条第七項、第七十六条第六項及び第七十八条第八項において準用する場合を含む。）の規定により後期高齢者医療広域連合から委託を受けて行う療養の給付に要する費用並びに入院時食事療養費、入院時生活療養費、保険外併用療養費及び訪問看護療養費の請求に関する審査及び支払の業務を行う。

2　国保連合会は、前項各号に規定する業務のほか、後期高齢者医療の円滑な運営に資するため、次に掲げる業務を行うことができる。

一　第五十八条第三項の規定により後期高齢者医療広域連合から委託を受けて行う第三者に対する損害賠償金の徴収又は収納の事務

二　前号に掲げるもののほか、後期高齢者医療の円滑な運営に資する事業

(9)「健康日本21（第二次）最終評価報告書（案）概要

指標毎の評価（A：目標値に達した、B：現時点で目標値に達していないが、改善傾向にある
C：変わらない、D：悪化している、E評価困難）

1. 健康寿命の延伸と健康格差の縮小の実現に関する目標

項　目	評価指標	ベースライン値	中間評価	最終評価（最新値）	目標値	評価	評価項目
①健康寿命の延伸（日常生活に制限のない期間の平均の延伸）	健康寿命（日常生活に制限のない期間の平均）男性	70.42 年	72.14 年	72.68 年	平均寿命の増加分を上回る健康寿命の増加	A	A
		平成 22 年	平成 28 年	令和元年	令和 4 年度		
	健康寿命（日常生活に制限のない期間の平均）女性	73.62 年	74.79 年	75.38 年	平均寿命の増加分を上回る健康寿命の増加	A	
		平成 22 年	平成 28 年	令和元年	令和 4 年度		
②健康格差の縮小（日常生活に制限のない期間の平均の都道府県格差の縮小）	健康寿命（日常生活に制限のない期間の平均）の最も長い県と短い県の差　男性	2.79 年	2.00 年	2.33 年	都道府県格差の縮小	A	C
		平成 22 年	平成 28 年	令和元年	令和 4 年度		
	健康寿命（日常生活に制限のない期間の平均）の最も長い県と短い県の差　女性	2.95 年	2.70 年	3.90 年	都道府県格差の縮小	D	
		平成 22 年	平成 28 年	令和元年	令和 4 年度		

2. 主要な生活習慣病の発症予防と重症化予防の徹底に関する目標

(1) がん

項目	評価指標	ベースライン値	中間評価	最終評価（最新値）	目標値	評価	評価項目
①75 歳未満のがんの年齢調整死亡率の減少（10 万当たり）	75 歳未満のがんの年齢調整死亡率	84.3	76.1	70.0 (参考:69.6)	減少傾向へ	A	A
		平成 22 年	平成 28 年	令和元年 (参考:令和 2 年)	令和 4 年度		
②がん健診の受診率の向上	胃がん健診受診率　男性	36.6%	46.4%	48.0%	50%	B	B
		平成 22 年	平成 28 年	令和元年	令和 4 年度		
	胃がん健診受診率　女性	28.3%	35.6%	37.1%	50%	B＊	
		平成 22 年	平成 28 年	令和元年	令和 4 年度		
	肺がん健診受診率　男性	26.4%	51.0%	53.4%	50%	A	
		平成 22 年	平成 28 年	令和元年	令和 4 年度		
	肺がん健診受診率　女性	23.0%	41.7%	45.6%	50%	B	
		平成 22 年	平成 28 年	令和元年	令和 4 年度		
	大腸がん健診受診率　男性	28.1%	44.5%	47.8%	50%	B	
		平成 22 年	平成 28 年	令和元年	令和 4 年度		
	大腸がん健診受診率　女性	23.9%	38.5%	40.9%	50%	B＊	
		平成 22 年	平成 28 年	令和元年	令和 4 年度		
	子宮頸がん健診受診率　女性	37.7%	42.4%	43.7%	50%	B＊	
		平成 22 年	平成 28 年	令和元年	令和 4 年度		
	乳がん健診受診率　女性	39.1%	44.9%	47.4%	50%	B	
		平成 22 年	平成 28 年	令和元年	令和 4 年度		

(2) 糖尿病

項目	評価指標	ベースライン値	中間評価	最終評価（最新値）	目標値	評価	評価項目
①合併症（糖尿病腎症にいる年間新規透析導入患者数）の導入	糖尿病腎症による年間新規透析導入患者数	16.247 人	16.103 人	16,019 人 (参考:15,690 人)	15.000 人	C	C
		平成 22 年	平成 28 年	令和元年 (参考:令和 2 年)	令和 4 年度		
②治療継続者の割合の増加	治療継続者の割合	63.7%	66.7% 63.8%(年齢調整値)	67.6% 64.9%(年齢調整値)	75%	C	C
		平成 22 年	平成 28 年	令和元年	令和 4 年度		
③血糖コントロール指標におけるコントロール不良者の割合の減少 (HbA1c が JDS 値 8.0%(NGSP 値 8.4%)以上の者の割合の減少)	(HbA1c が JDS 値 8.0%(NGSP 値 8.4%)以上の者の割合	1.2%	0.96%	0.94%	1.0%	A	A
		平成 21 年度	平成 26 年度	平成 30 年度	令和 4 年度		
④糖尿病有病者の増加の抑制	糖尿病有病者数	890 万人	1,000 万人	(参考値) (1,150 万人)	1.000 万人	E 参考指標 B＊	E 参考指標 B＊
		平成 19 年	平成 28 年	(令和元年)	令和 4 年度		
⑤メタボリックシンドロームの該当者及び予備軍の減少(再掲)	メタボリックシンドロームの該当者及び予備軍の人数	約 1,400 万人	約 1,412 万人	約 1,516 万人	平成 20 年度と比べて 25%減少	D	D
		平成 20 年度	平成 27 年度	令和元年度	令和 4 年度		
⑥特定健康診査・特定保健指導の実施率の向上(再掲)	特定健康診査の実施率	41.3%	50.1%	55.6%	70%以上	B＊	B＊
		平成 21 年度	平成 27 年度	令和元年度	令和 5 年度		
	特定保健指導の実施率	12.3%	17.5%	23.2%	45%以上	B＊	
		平成 21 年度	平成 27 年度	令和元年度	令和 5 年度		

(3) 循環器疾患

項　　目	評価指標	ベースライン値	中間評価	最終評価（最新値）	目標値	評価	評価項目
①脳血管疾患･虚血性心疾患の年齢調整死亡率の減少（10 万人当たり）	脳血管疾患の年齢調整死亡率 男性	49.5	36.2	33.2	41.6	A	A
		平成 22 年	平成 22 年	令和元年	令和 4 年度		
	脳血管疾患の年齢調整死亡率 女性	26.9	20.0	18.0	24.7	A	
		平成 22 年	平成 28 年	令和元年	令和 4 年度		
	虚血性心疾患の年齢調整死亡率 男性	37.0	30.2	27.8	31.8	A	
		平成 22 年	平成 28 年	令和元年	令和 4 年度		
	虚血性心疾患の年齢調整死亡率 女性	15.3	11.3	9.8	13.7	A	
		平成 22 年	平成 28 年	令和元年	令和 4 年度		
②高血圧の改善（収縮期血圧の平均値の低下	収縮期血圧の平均値　男性	138mmHg	136mmHg 136mmHg（年齢）調整値	137mmHg 137mmHg（年齢調整値）（参考：134mm）（134mmHg（年齢調整値））	134mmHg	B＊	B＊
		平成 22 年	平成 28 年	平成 30 年 （参考：令和元年）	令和 4 年度		
	収縮期血圧の平均値　女性	133mmHg	130mmHg 130mmHg（年齢調整値）	131mmHg 130mmHg（年齢調整値）（参考：129mmHg）（128mmHg（年齢調整値））	129mmHg	B	
		平成 22 年	平成 28 年	平成 30 年 （参考：令和元年）	令和 4 年度		
③脂質異常症の減少	総コレステロール 240mg/dL 以上の者の割合　男性	13.8%	10.8% 11.2%（年齢調整値）	14.2% 14.8%（年齢調整値）	10%	C	C
		平成 22 年	平成 28 年	令和元年	令和 4 年度		
	総コレステロール 240mg/dL 以上の者の割合　女性	22.0%	20.1% 20.7%（年齢調整値）	25.0% 26.0%（年齢調整値）	17%	D	
		平成 22 年	平成 28 年	令和元年	令和 4 年度		
	LDL コレステロール 160mg/dL 以上の者の割合　男性	8.3%	7.5% 7.8%（年齢調整値）	9.8% 10.0%（年齢調整値）	6.2%	C	
		平成 22 年	平成 28 年	令和元年	令和 4 年度		
	LDL コレステロール 160mg/dL 以上の者の割合　女性	11.7%	11.3% 11.6%（年齢調整値）	13.1% 13.7%（年齢調整値）	8.8%	C	
		平成 22 年	平成 28 年	令和元年	令和 4 年度		
④メタボリックシンドロームの該当者及び予備群の減少	ﾒﾀﾎﾞﾘｯｸｼﾝﾄﾞﾛｰﾑの該当者及び予備軍群の人数	約 1,400 万人	約 1,412 万人	約 1,516 万人	平成 20 年と比べて 25%減少	D	D
		平成 20 年度	平成 27 年度	令和元年度	令和 4 年度		
⑤特定健康診査･特定保健指導の向上	特定健康診査の実施率	41.3%	50.1%	55.6%	70%以上	B＊	C
		平成 21 年度	平成 27 年度	令和元年度	令和 5 年度		
	特定保健指導の実施率	12.3%	17.5%	23.2%	45%以上	B＊	
		平成 21 年度	平成 27 年度	令和元年度	令和 5 年度		

(4) COPD

項　　目	評価指標	ベースライン値	中間評価	最終評価（最新値）	目標値	評価	評価項目
①COPD の認知度の向上	自殺者の割合（人口 10 万人当たり）	25%	26%	28% （参考：28%）	80%	C	C
		平成 23 年	平成 29 年	令和元年 （参考：令和 3 年）	（参考：令和 4 年）		

3. 社会生活を営むために必要な機能の維持・向上に関する目標

(1) こころの健康

<table>
<tr><th>項　　目</th><th>評価指標</th><th>ベースライン値</th><th>中間評価</th><th>最終評価（最新値）</th><th>目標値</th><th>評価</th><th>評価項目</th></tr>
<tr><td rowspan="2">①自殺者の減少（人口 10 万人当たり）</td><td rowspan="2">自殺者の割合（人口 10 万人当たり）</td><td>23.4</td><td>16.8</td><td>15.7
（参考:16.4）</td><td>13.0 以下</td><td rowspan="2">B</td><td rowspan="2">B</td></tr>
<tr><td>平成 22 年</td><td>平成 28 年</td><td>令和元年
（参考:令和 2 年）</td><td>令和 8 年度</td></tr>
<tr><td rowspan="2">②気分障害・不安障害に相当する心理的苦痛を感じている者の割合の減少</td><td rowspan="2">気分障害・不安障害に相当する心理的苦痛を感じている者の割合</td><td>10.4%</td><td>10.5%</td><td>10.3%</td><td>9.4%</td><td rowspan="2">C</td><td rowspan="2">C</td></tr>
<tr><td>平成 22 年</td><td>平成 28 年</td><td>令和元年</td><td>令和 4 年度</td></tr>
<tr><td rowspan="2">③メンタルヘルスに関する措置を受けられる職場の割合の増加</td><td rowspan="2">メンタルヘルスに関する措置を受けられる職場の割合</td><td>33.6%</td><td>56.6%</td><td>59.2%
（参考:59.2%）</td><td>100%</td><td rowspan="2">B＊</td><td rowspan="2">B＊</td></tr>
<tr><td>平成 19 年</td><td>平成 28 年</td><td>平成 30 年
（参考:令和 3 年）</td><td>令和 2 年</td></tr>
<tr><td rowspan="4">④小児人口 10 万人当たりの小児科医・児童精神科医師の割合の増加</td><td rowspan="2">小児人口 10 万人当たりの小児科医師の割合</td><td>94.4</td><td>107.3</td><td>112.4
（参考:119.7）</td><td>増加傾向へ</td><td rowspan="2">A</td><td rowspan="4">A</td></tr>
<tr><td>平成 22 年</td><td>平成 28 年</td><td>平成 30 年
（参考:令和 2 年）</td><td>令和 4 年度</td></tr>
<tr><td rowspan="2">小児人口 10 万人当たりの児童精神科医師の割合</td><td>10.6</td><td>12.9</td><td>17.3
（参考:20.2）</td><td>増加傾向</td><td rowspan="2">A</td></tr>
<tr><td>平成 21 年</td><td>平成 28 年</td><td>令和元年度
（参考:令和 3 年）</td><td>令和 4 年度へ</td></tr>
</table>

(2) 次世代の健康

<table>
<tr><th>項　　目</th><th>評価指標</th><th>ベースライン値</th><th>中間評価</th><th>最終評価（最新値）</th><th>目標値</th><th colspan="2">評価</th><th>評価項目</th></tr>
<tr><td rowspan="2">①健康な生活習慣（栄養・食生活、運動）を有する子どもの割合の増加。　ア 朝・昼・夕の三食を必ず食べることに気をつけて食事をしている子ども割合の増加</td><td rowspan="2">朝・昼・夕の三食を必ず食べることに気をつけて食事をしている子ども割合の割合 小学 5 年生</td><td>89.4%</td><td>89.5%</td><td>93.1%</td><td>100%に近づける</td><td rowspan="2" colspan="2">C</td><td rowspan="6">B＊</td></tr>
<tr><td>平成 22 年度</td><td>平成 26 年度</td><td>令和 3 年度</td><td>令和 4 年度</td></tr>
<tr><td rowspan="4">イ　運動やスポーツを習慣的に行っていない子どもの割合の減少</td><td rowspan="2">1 週間の総運動時間が 60 分未満の子どもの割合　小学 5 年生男子</td><td>10.5%</td><td>6.4%</td><td>7.6%
（参考:8.8%）</td><td>減少傾向</td><td rowspan="2">B＊</td><td rowspan="4">B＊</td></tr>
<tr><td>平成 22 年度</td><td>平成 29 年度</td><td>令和元年度
（参考:令和 3 年度）</td><td>令和 4 年度</td></tr>
<tr><td rowspan="2">1 週間の総運動時間が 60 分未満の子どもの割合　小学 5 年生女子</td><td>24.2%</td><td>11.6%</td><td>13.0%
（参考:14.4%）</td><td>減少傾向へ</td><td rowspan="2">B＊</td></tr>
<tr><td>平成 22 年度</td><td>平成 29 年度</td><td>令和元年度
（参考:令和 3 年度）</td><td>令和 4 年度</td></tr>
<tr><td rowspan="2">②適正体重の子どもの増加
ア　全出生数中の低出生体重児の割合の減少</td><td rowspan="2">全出生数中の低出生体重児の割合</td><td>9.8%</td><td>9.4%</td><td>9.4%
（参考:9.2%）</td><td>減少傾向へ</td><td rowspan="2" colspan="2">C</td><td rowspan="4">D</td></tr>
<tr><td>平成 22 年</td><td>平成 28 年</td><td>令和元年
（参考:令和 2 年）</td><td>令和 4 年</td></tr>
<tr><td rowspan="2">イ　肥満傾向にある子どもの割合の減少</td><td rowspan="2">小学 5 年生の肥満傾向児の割合</td><td>8.59%</td><td>（8.89%）</td><td>9.57%
（参考:11.91%）</td><td>児童・生徒における肥満傾向児の割合 7.0%</td><td rowspan="2" colspan="2">D</td></tr>
<tr><td>平成 23 年</td><td>（平成 29 年）</td><td>令和元年
（参考:令和 2 年）</td><td>令和 6 年度</td></tr>
</table>

(3) 高齢者の健康

項　　目	評価指標	ベースライン値	中間評価	最終評価（最新値）	目標値	評価	評価項目
①介護保険サービス利用者の増加の抑制	介護保険サービス利用者数	452万人	521万人	567万人	657万人	B＊	B＊
		平成24年度	平成27年度	令和元年度	令和7年度		
(変更後) ②認知症サポーター数の増加	認知症サポーター数	330万人	(882万人)	1,264万人 (参考:1,380万人)	1200万人	A	A
		平成23年度	(平成28年度)	令和元年度 (参考:令和3年度)	令和2年度		
③ロコモティブシンドローム(運動器症候群)を認知している国民の割合の増加	ロコモティブシンドローム(運動器症候群)を認知している国民の割合	44.4% (参考値:17.3%)	46.8%	44.8% (参考:44.6%)	80%	C	C
		平成27年 (参考値:平成24年)	平成29年	令和元年 (参考:令和3年)	令和4年度		
④低栄養傾向(BMI20以下)の高齢者の割合の増加の抑制	低栄養傾向(BMI20以下)の高齢者の割合	17.4%	17.9%	16.8%	22%	A	A
		平成22年	平成28年	令和元年	令和4年度		
⑤足腰に痛みのある高齢者の割合の減少 (1,000人当たり)	足腰に痛みのある高齢者の割合 男性	218人	210人	206人	200人	B＊	B＊
		平成22年	平成28年	令和元年	令和4年度		
	足腰に痛みのある高齢者の割合 女性	291人	267人	255人	260人	A	
		平成22年	平成28年	令和元年	令和4年度		
⑥高齢者の社会参加の促進(就業又は何らかの地域活動をしている高齢者の割合の増加)	(変更後)高齢者の社会参加の状況 男性	63.6%	62.4%	—	80%	E / E	E (参考指標:B)
		平成24年	平成28年	—	令和4年度		
	(変更後)高齢者の社会参加の状況 女性	55.2%	55.0%	—	80%	E	
		平成24年	平成28年	—	令和4年度		

4 健康を支え、守るための社会環境の整備に関する目標

項　　目	評価指標	ベースライン値	中間評価	最終評価（最新値）	目標値	評価	評価項目
①地域のつながりの強化（居住地域でお互いに助け合っていると思う国民の割合の増加）	(変更後)居住地域でお互いに助け合っていると思う国民の割合	50.4%	55.9% 55.5%(年齢調整値)	50.1% 49.1%(年齢調整値)	65%	C	C
		平成23年	平成27年	令和元年	令和4年度		
②健康づくりを目的とした活動に主体的に関わっている国民の割合の増加	(変更後)健康づくりに関係したボランティア活動への参加割合	27.7%	27.8%	—	35%	E	E
		平成24年	平成28年	—	令和4年度		
(変更後)③健康づくりに関する活動に取り組み、自発的に情報発信を行う企業等登録数の増加	参画企業数	233社	(2,890社)	4,182社	3,000社	A	B
		平成23年度	(平成28年度)	令和元年度	令和4年度		
	参画企業数	367団体	(3,673団体)	5,476団体	7,000団体	B	
		平成23年度	(平成28年度)	令和元年度	令和4年度		
④健康づくりに関して身近で専門的な支援・相談が受けられる民間団体の活動拠点数の増加	民間団体から報告のあった活動拠点数	(参考値) 7,134	(参考値) 13,404	—	15,000	E (参考指標:B)	E (参考指標:B)
		平成24年	平成27年	—	令和4年度		
⑤健康格差対策に取り組む自治体の増加(課題となる健康格差の実態を把握し、健康づくりが不利な集団への対策を実施してしている都道府県の数)	課題となる健康格差の実態を把握し、健康づくりが不利な集団への対策を実施してしている都道府県の数	11	40	41	47	B	B
		平成24年	平成28年	令和元年	令和4年度		

5 栄養・食生活、身体活動・運動、休養、飲酒、喫煙及び歯・口腔の健康に関する生活習慣及び社会環境の改善に関する目標

項目	評価指標	ベースライン値	中間評価	最終評価（最新値）	目標値	評価	評価項目
①適正体重を維持している者の増加（肥満（BMI25 以上）、やせ（BMI18.5 未満）の減少）	20～60 歳代男性の肥満者の割合	31.2%	32.4% 32.3%（年齢調整値）	35.1% 34.7%（年齢調整値）	28%	D	C
		平成 22 年	平成 28 年	令和元年	令和 4 年度		
	40～60 歳代女性の肥満者の割合	22.2%	21.6% 21.7%（年齢調整値）	22.5% 22.7%（年齢調整値）	19%	C	
		平成 22 年	平成 28 年	令和元年	令和 4 年度		
	20 歳代女性のやせの者の割合	29.0%	20.7%	20.7%	20%	C	
		平成 22 年	平成 28 年	令和元年	令和 4 年度		
②適切な量と質の食事をとる者の増加 ア 主食･主菜･副菜を組み合わせた食事が 1 日 2 回以上の日がほぼ毎日の者の割合の増加	主食･主菜･副菜を組み合わせた食事が 1 日 2 回以上の日がほぼ毎日の者の割合	68.1%	59.7%	56.1% （参考:37.7%）	80%	D	C
		平成 23 年度	平成 28 年度	令和元年度 （参考:令和 3 年度）	令和 4 年度		
イ 食塩摂取量の減少	食塩摂取量	10.6g	9.9g 9.9g（年齢調整値）	10.1g 10.0g（年齢調整値）	8g	B＊	
		平成 22 年	平成 28 年	令和元年	令和 4 年度		
ウ 野菜と果物の摂取量の増加	野菜摂取量の平均値	282g	277g 274g（年齢調整値）	281g 275g（年齢調整値）	350g	C	
		平成 22 年	平成 28 年	令和元年	令和 4 年度	D	
	果物摂取量 100g 未満の者の割合	61.4%	62.7% 64.3%（年齢調整値）	63.3% 66.5%（年齢調整値）	30%	D	
		平成 22 年	平成 28 年	令和元年	令和 4 年度		
③共食の増加（食事を 1 人で食べる子どもの割合の減少）	朝食 小学生	15.3%	11.3%	12.1%	減少傾向	A	A
		平成 22 年度	平成 26 年度	令和 3 年度	令和 4 年度		
	朝食 中学生	33.7%	31.9%	28.8%	減少傾向	A	
		平成 22 年度	平成 26 年度	令和 3 年度	令和 4 年度		
	夕食 小学生	2.2%	1.9%	1.6%	減少傾向	A	
		平成 22 年度	平成 26 年度	令和 3 年度	令和 4 年度		
	夕食 中学生	6.0%	7.1%	4.3%	減少傾向	A	
		平成 22 年度	平成 26 年度	令和 3 年度	令和 4 年度		
④食品中の食塩や脂肪の低減に取り組む食品企業及び飲食店の登録数の増加	食品企業登録数	14 社	103 社	117 社以上	100 社	A	B＊
		平成 24 年	平成 28 年度	令和 3 年度	令和 4 年度		
	飲食店登録数	17,284 店舗	26,225 店舗	24,441 店舗	30,000 店舗	B＊	
		平成 24 年	平成 29 年	令和元年	令和 4 年度		
⑤利用者に応じた食事の計画、調理及び栄養の評価、改善を実施している特定給食施設の割合の増加	（参考値）管理栄養士･栄養士を配置している施設の割合	70.5%	72.7%	74.7% （参考:75.5%）	80%	B＊	B＊
		平成 22 年度	平成 27 年度	令和元年度 （参考:令和 2 年度）	令和 4 年度		

(2) 身体活動

項目	評価指標	ベースライン値	中間評価	最終評価（最新値）	目標値	評価	評価項目
①日常生活における歩数の増加	20歳～64歳 男性	7,841歩	7,769歩 7,762歩(調整値)	7,864歩 7,887歩(調整値)	9,000歩	C	C
		平成22年	平成28年	令和元年	令和4年度		
	20歳～64歳 女性	6,883歩	6,770歩 6,757歩(調整値)	6,685歩 6,671歩(調整値)	8,500歩	C	
		平成22年	平成28年	令和元年	令和4年度		
	65歳以上 男性	5,628歩	5,744歩 5,775歩(調整値)	5,396歩 5,403歩(調整値)	7,000歩	C	
		平成22年	平成28年	令和元年	令和4年度		
	65歳以上 女性	4,584歩	4,856歩 4,891歩(調整値)	4,656歩 4,674歩(調整値)	6,000歩	C	
		平成22年	平成28年	令和元年	令和4年度		
②運動習慣者の割合の増加	20歳～64歳 男性	26.3%	23.9% 24.3%(調整値)	23.5% 24.1%(調整値)	36%	C	C
		平成22年	平成28年	令和元年	令和4年度		
	20歳～64歳 女性	22.9%	19.0% 19.0(調整値)	16.9% 16.5%(調整値)	33%	D	
		平成22年	平成28年	令和元年	令和4年度		
	65歳以上 男性	47.6%	46.5% 46.3(調整値)	41.9% 41.5%(調整値)	58%	C	
		平成22年	平成28年	令和元年	令和4年度		
	65歳以上 女性	37.6%	38.0% 38.2歩(調整値)	33.9% 33.8%(調整値)	48%	C	
		平成22年	平成28年	令和元年	令和4年度		
③住民が運動しやすいまちづくり・環境整備に取り組む自治体の増加	住民が運動しやすいまちづくり・環境整備に取り組む自治体数	17	29	34	47	B＊	B＊
		平成24年	平成28年	令和元年	令和4年度		

※調整値：年齢調整値

(3) 休養

項目	評価指標	ベースライン値	中間評価	最終評価（最新値）	目標値	評価	評価項目
①睡眠による休養を十分とれていない者の割合の減少	睡眠による休養を十分とれていない者の割合	18.4%	19.7% 20.3%(調整値)	21.7% 22.6%(調整値)	15%	D	D
		平成21年	平成28年	平成30年	令和4年度		
②過労働時間60時間以上の雇用者の割合の減少	過労働時間60時間以上の雇用者の割合	9.3%	7.7%	6.5% (参考：5.0%)	5.0%	B＊	B＊
		平成23年	平成28年	令和元年 (参考：令和3年)	令和2年		

※調整値：年齢調整値

(4) 飲酒

項　　目	評価指標	ベースライン値	中間評価	最終評価（最新値）	目標値	評価	評価項目
①生活習慣病のリスクを高める量を飲酒している者（1日当たりの純アルコール摂取量が男性40g以上、女性20g以上の者）の割合の減少	1日当たりの純アルコール摂取量が男性40g以上の割合	15.3%	14.6% 14.9%（調整値）	14.9% 15.2%（調整値）	13%	C	D
		平成22年	平成28年	令和元年	令和4年度		
	1日当たりの純アルコール摂取量が女性20g以上の割合	7.5%	9.1% 9.3%（調整値）	9.1% 9.6%（調整値）	6.4%	D	
		平成22年	平成28年	令和元年	令和4年度		
②未成年者の飲酒をなくす	中学3年生男子	10.5%	7.2%	3.8% （参考：1.7%）	0%	B	B
		平成22年	平成26年	平成29年 （参考：令和3年）	令和4年度		
	中学3年生女子	11.7%	5.2%	2.7% （参考：2.7%）	0%	B	
		平成22年度	平成26年	平成29年 （参考：令和3年）	令和4年度		
	高校3年生男子	21.6%	13.7%	10.7% （参考：4.2%）	0%	B＊	
		平成22年	平成26年	平成29年 （参考：令和3年）	令和4年度		
	高校3年生女子	19.9%	10.9%	8.1% （参考：2.9%）	0%	B	
		平成22年	平成26年	平成29年 （参考：令和3年）	令和4年度		
③妊娠中の飲酒をなくす	妊娠中の飲酒した者の割合	8.7%	4.3%	1.0% （参考：0.8%）	0%	B	B
		平成22年	平成25年	令和元年 （参考：令和2年）	令和4年度		

※調整値：年齢調整値

(5) 喫煙

項　　目	評価指標	ベースライン値	中間評価	最終評価（最新値）	目標値	評価	評価項目
①成人の喫煙率の減少（喫煙をやめたい者がやめる）	成人の喫煙率	19.5%	18.3% 19.0%（調整値）	16.7% 17.5%（調整値）	12%	B＊	B＊
		平成22年	平成28年	令和元年	令和4年度		
②未成年の喫煙をなくす	中学1年生男子	1.6%	1.0%	0.5% （参考：0.1%）	0%	B	B
		平成22年	平成26年	平成29年 （参考：令和3年）	令和4年度		
	中学1年生女子	0.9%	0.3%	0.5% （参考：0.1%）	0%	B＊	
		平成22年	平成26年	平成29年 （参考：令和3年）	令和4年度		
	高校3年生男子	8.6%	4.6%	3.1% （参考：1.0%）	0%	B	
		平成22年	平成26年	平成29年 （参考：令和3年）	令和4年度		
	高校3年生女子	3.8%	1.4%	1.3% （参考：0.6%）	0%	B	
		平成22年	平成26年	平成29年 （参考：令和3年）	令和4年度		
③妊娠中の喫煙をなくす	妊娠中の喫煙した者の割合	5.0%	3.8%	2.3% （参考：2.0%）	0%	B＊	B＊
		平成22年	平成25年	令和元年 （参考：令和2年）	令和4年度		

※調整値：年齢調整値

(6) 歯・口腔の健康

項　目	評価指標	ベースライン値	中間評価	最終評価（最新値）	目標値	評価	評価項目
①口腔機能の維持・向上(60歳代における咀嚼良好者の割合の増加	60歳代における咀嚼良好者の割合	73.4%	72.6%	71.5%	80%	C	C
		平成21年	平成27年	令和元年	令和4年		
②歯の喪失防止 ア 80歳で20歯以上の自分の歯を有する者の割合の増加	80歳で20歯以上の自分の歯を有する者の割合	25.0%	51.2%		60%	E (参考指標:B)	E (参考指標:B)
		平成17年	平成28年		令和4年		
イ 60歳で24歯以上の自分の歯を有する者の割合の増加	60歳で24歯以上の自分の歯を有する者の割合	60.2%	74.4%		80%	E (参考指標:B)	
		平成17年	平成28年		令和4年		
ウ 40歳で喪失歯のない者の割合の増加	40歳で喪失歯のない者の割合	54.1%	73.4%		75%	E (参考指標:B)	
		平成17年	平成28年		令和4年		
③歯周病を有する者の割合の減少 ア 20歳代における歯肉に炎症所見を有する者の割合の減少	20歳代における歯肉に炎症所見を有する者の割合	31.7%	27.1%	21.1%	25%	A	E
		平成21年	平成26年	平成30年	令和4年		
イ 40歳代における進行した歯周炎を有する者の割合の減少	40歳代における進行した歯周炎を有する者の割合	37.3%	44.7%		25%	E	
		平成17年	平成28年		令和4年		
ウ 60歳代における進行した歯周炎を有する者の割合の減少	60歳代における進行した歯周炎を有する者の割合	54.7%	62.0%		45%	E	
		平成17年	平成28年		令和4年		

索　引

和文

こ

さ

し

『栄養管理と生命科学シリーズ』
公衆栄養学

2022年10月26日　初版第1刷発行

編著者　大和田　浩　子
　　　　中　山　健　夫

発行者　柴　山　斐呂子

発行所　理工図書株式会社
〒102-0082　東京都千代田区一番町27-2
電話 03（3230）0221（代表）
FAX03（3262）8247
振替口座　00180-3-36087番
http://www.rikohtosho.co.jp

ISBN978-4-8446-0906-3
印刷・製本　丸井工文社